Elektrodynamik

von
Prof. Dr. Heinrich Mitter
Universität Graz

Bibliographisches Institut Mannheim/Wien/Zürich
B. I.-Wissenschaftsverlag

CIP-Kurztitelaufnahme der Deutschen Bibliothek

Mitter, Heinrich:
Elektrodynamik / von Heinrich Mitter. – Mannheim, Wien, Zürich: Bibliographisches Institut, 1980.
(BI-Hochschultaschenbücher; Bd. 707)
ISBN 3-411-00707-9

Druck und Bindearbeit: Hain-Druck KG, Meisenheim/Glan
Printed in Germany
ISBN 3-411-00707-9

V O R W O R T

Der vorliegende Text ist aus Kursvorlesungen entstanden. Er richtet sich an Studenten, die mit den Arbeitsmethoden der theoretischen Physik vertraut werden wollen. Der Text ist kein Lehrbuch und erhebt daher keinen Anspruch auf Vollständigkeit. Eine Auswahl der behandelten Problemkreise war durch den begrenzten zeitlichen Rahmen einer Kursvorlesung erforderlich. Was dabei herausgekommen ist, reflektiert eine persönliche Auffassung über das Minimum des für eine Kursvorlesung erforderlichen Stoffes und seiner Präsentation.

Allen Hörern meiner Vorlesung, allen mit der Durchführung von Übungen betrauten Assistenten und einigen Kollegen, die frühere Fassungen des Textes erprobt haben, bin ich für ihre Kritik und Mitarbeit zu Dank verpflichtet. Ich danke ferner Frau E.Neuhold für das mühevolle Schreiben des Textes und Herrn W.Neyer für die Anfertigung der Zeichnungen.

Heinrich Mitter

INHALTSVERZEICHNIS

III. Anwendungen

IV. Elektrodynamik in materiellen Medien

Einleitung:

Grundsätzliches zur Struktur der Elektrodynamik

Die Elektrodynamik befaßt sich mit dem Gesamtgebiet der elektrischen und magnetischen Erscheinungen. Soweit die beschriebenen Phänomene in den Rahmen der klassischen Physik (als Gegensatz zur Quantentheorie) fallen, werden sie durch die von Ampère, Faraday und vor allem Maxwell erarbeitete Theorie beschrieben. Diese Theorie genügt den Forderungen der speziellen Relativitätstheorie. De facto wurde die relativistische Elektrodynamik vor der relativitstischen Mechanik entwickelt. Das ist aber ein historischer Zufall (es ist technisch einfacher, Elektronen auf Geschwindigkeiten nahe der Lichtgeschwindigkeit zu beschleunigen als geworfene Steine) und liegt nicht an der logischen Struktur dieser Theorien.

Die Elektrodynamik ist eine Feldtheorie (Nahewirkungstheorie): alle elektromagnetischen Phänomene werden durch 6 Funktionen $\vec{E}(\vec{x},t), \vec{B}(\vec{x},t)$ beschrieben, die nur von einem Punkt in Raum und Zeit abhängen (lokale Theorie) und die Komponenten zweier Vektoren, der elektrischen Feldstärke $\vec{E}$ und der magnetischen Feldstärke $\vec{B}$ bilden. Diese Felder werden durch ruhende bzw. bewegte Ladungen hervorgerufen. Die elektrische Kraftwirkung einer ruhenden Ladung 1 auf eine andere 2 an einer anderen Stelle beschreibt man z.B. in der Weise, daß man sich vorstellt, die eine Ladung rufe im ganzen Raum ein Feld $\vec{E}_{(1)}(\vec{x},t)$ hervor. Die Kraft auf die zweite Ladung wird dann durch den Wert von $\vec{E}_{(1)}$ an der Stelle $\vec{x}_{(2)}$ bedingt, also nur durch lokale

Eigenschaften des Feldes. Da das Feld überall im Raum vorhanden sein soll, ist die Theorie die eines Kontinuums. Die Feldgleichungen (Maxwell'sche Gleichungen) beschreiben die Änderungen der Feldstärken $\vec{E}$ und $\vec{B}$ in Raum und Zeit und ihre Wechselwirkung mit Ladungen und Strömen. Sie sind partielle Differentialgleichungen, d.h. das Verhalten der Feldstärken in einem Punkt wird nur von dessen infinitesimaler Umgebung beeinflußt. Die Ausbreitung von Wirkungen erfolgt von Punkt zu Punkt (Nahewirkung) über das Feld.

Wie bereits erwähnt, ist die klassische Elektrodynamik eine relativistische Theorie. Das bedeutet, daß die Ausbreitung von Wirkungen mit endlicher Geschwindigkeit (höchstens mit Lichtgeschwindigkeit) erfolgt. Außerdem muß es für den physikalischen Inhalt der Theorie gleichgültig sein, in welchem Inertialsystem man sie formuliert. Ihre physikalischen Aussagen dürfen sich also nicht ändern, wenn man von einem Koordinatensystem $\vec{x}$, t zu einem anderen $\vec{x}'$, t' übergeht, das aus dem ersten durch eine Lorentztransformation hervorgeht. Dabei zeigt sich aber, daß die Feldstärken $\vec{E}$ und $\vec{B}$ ineinander transformiert ("vermischt") werden. Die Aufspaltung in elektrische und magnetische Phänomene ist daher vom Bezugssystem (vom Bewegungszustand des Beobachters, der die Beschreibung vornimmt) abhängig und hat keine tiefere physikalische Bedeutung. Man sollte daher nur von eletromagnetischen Vorgängen sprechen.

Ein weiterer logisch wichtiger Punkt betrifft das Verhältnis der Elektrodynamik im Vakuum zu der in Materie. Wir wissen heute, daß die Materie eine atomare Struktur hat und nur an Stellen von relativ geringer Ausdehnung konzentriert ist. Selbst bei verhältnismäßig dichter Packung der Atome im Gitter eines Festkörpers ist der weitaus größte Teil des Volumens, das der Körper einnimmt, frei von geladenen Teilchen: diese sitzen hier in den Kernen und Hüllen, der Raum dazwischen ist leer. Die grundlegende Theorie ist daher die von elektrischen und magnetischen Feldern im Vakuum, wobei diese Felder durch mehr oder weniger gut lokalisierte Ladungs- und Stromverteilungen hervorgerufen werden. Elektromagnetische Felder in Materie kommen durch das Zusammenspiel von frei beweglichen und in den Atomen bzw. Molekülen gebundenen Ladungen zustande. Bis zu einem gewissen Grad läßt sich der Beitrag der gebundenen Ladungsträger in einige Materialkonstanten zusammenfassen (Dielektrizitätskonstante, Permeabilität, Leitfähigkeit), die man als phänomenologische Größen auffassen kann. Man kommt so zu einer Theorie von Feldern in Medien mit Materialeigenschaften. Das ist aber nur eine mehr oder weniger zweckmäßige Näherung, bei der man die Wirkungen der gebundenen Ladungen über ein gewisses Gebiet mittelt und die diskrete Struktur durch ein Kontinuum ersetzt. Eine Begründung für Größe und Verhalten der Materialkonstanten (die in Wirklichkeit nicht konstant sind) erhält man auf diese Weise nicht. Der Standpunkt "Elektrodynamik mit Materialkonstanten ist allgemeiner, die Theorie im Vakuum resultiert als Spezialfall" ist daher physikalisch unhaltbar. Eine konsequente Theorie der Materialkonstanten muß auf die atomistische Struktur der Materie Rücksicht nehmen und ist nur mit Hilfe der Quantentheorie der Festkörper, Flüssigkeiten und Gase zu leisten.

Die hier gewählte Darstellung versucht, dieser Struktur Rechnung zu tragen. Ausgangspunkt ist die Elektrostatik: für ruhende Ladungen ist die mathematische Struktur der Theorie relativ einfach, sie erlaubt trotzdem, alle wesentlichen Züge einer Feldtheorie zu erkennen. Das betreffende Kapitel I hat daher Modellcharakter für alle späteren Abschnitte. Mathematische Kenntnisse aus Vektoranalysis in drei Dimensionen und etwas Vertrautheit im Umgang mit der δ-Distribution sind zum Verständnis erforderlich (dieses Rüstzeug ist in Anhang I und II kurz zusammengestellt). Die Verallgemeinerung zur Elektrodynamik wird mit Hilfe relativistischer Überlegungen in Kap. II vollzogen. Als Voraussetzung sind Grundkenntnisse aus relativistischer Mechanik und Vertrautheit mit der relativistischen Tensoranalysis im Minkowskiraum (vgl. Anhänge III u. IV) erforderlich. Die wichtigsten Anwendungen der Theorie im Vakuum sind in Kap. III dargestellt. Die Medienelektrodynamik wird in Kap. IV als phänomenologische Theorie anhand einzelner Problemkreise entwickelt. Da die Kenntnis der quantenmechanischen Theorie der Materie hier nicht vorausgesetzt werden soll, muß auf eine strenge Begründung auf fundamentalem Niveau verzichtet werden. Es wird aber wenigstens andeutungsweise versucht, auf das Zustandekommen der makroskopischen Phänomene und auf die Grenzen der phänomenologischen Beschreibung hinzuweisen. Aus den zahlreichen Anwendungen der Medienelektrodynamik wurde in Kap. V das Gebiet der Wellenausbreitung ausgewählt. Selbst dieser eingeschränkte Problemkreis umfaßt aber noch so viele Phänomene, daß er nur in begrenztem Umfang behandelt werden konnte.

Nach Umfang, Inhalt und Anforderungen entsprechen die Kap. I - V etwa dem Stoff des auf die Elektrodynamik entfallenden Teiles einer Kursvorlesung aus Theoretischer Physik für Hauptfachphysiker. Das letzte Kap. VI bringt einige Ergänzungen. Sie betreffen Problemkreise, die in den meisten Lehrbüchern zu kurz kommen.

Einige Bemerkungen sind noch über das verwendete Maßsystem angebracht. Die Verwendung geeigneter Einheiten ist eine Frage der Zweckmäßigkeit; was als zweckmäßig anzusehen ist, hängt davon ab, welche Zusammenhänge transparent erscheinen sollen. In einer Darstellung, in der besonderer Wert auf die den Phänomenen zugrundeliegende (mikroskopische und relativistische) Struktur gelegt wird, wäre es inkonsequent, die entsprechenden Zusammenhänge durch die gewählten Maßeinheiten zu verschleiern. Deswegen wurde dem Gauß'schen CGS-System als dem für diesen Zweck "natürlichsten" System der Vorzug gegeben. In diesem sind z.B. elektrische und magnetische Feldstärken (die bei Lorentztransformationen ineinander transformiert werden) dimensionsgleich und relativistische Korrekturen sind stets als solche zu erkennen. Die Umrechnung in das durch internationale Vereinbarungen "geheiligte" (für die Zwecke dieses Buches aber höchst unzweckmäßige) SI sollte keine Schwierigkeiten bereiten. Um sie zu erleichtern, sind die wichtigsten Formeln an geeigneter Stelle in beiden Systemen in Tabellenform zusammengefaßt.

I Elektrostatik

1. Grundtatsachen: Coulomb'sches Gesetz, Ladung.

Als Ausgangspunkt unserer Untersuchungen notieren wir folgende Tatsachen, die aus den Resultaten vieler Experimente folgen:

(I) Ruhende geladene Körper üben aufeinander elektrische Kräfte aus. Die Kräfte hängen vom Betrag der Ladungen und von der Entfernung ab. Ladung ist also eine quantitative Größe, meßbar an der Stärke der Kräfte auf eine feste Probeladung bei festem Abstand. Zwischen zwei Ladungen q_1, q_2 im Abstand $\vec{r}(1,2)$ gilt das Coulomb'sche Gesetz

$$\vec{F}_{(2)} = k\frac{q_1\, q_2}{(\vec{r}(1,2))^2}\vec{e}(1,2) \qquad \vec{e}(1,2) = \frac{\vec{r}(1,2)}{|\vec{r}(1,2)|} \text{ von 1 nach 2}$$

$\vec{F}_{(2)}$ ist die Kraft auf die Ladung 2. Die Kraft erfüllt die Newton'sche Forderung $\vec{F}_{(2)}=-\vec{F}_{(1)}$. Der Wert der Dimensionskonstanten k hängt davon ab, welches Maßsystem man benützt. Wir werden stets das CGS-System verwenden, in dem k=1 ist.

Das Coulomb'sche Gesetz gilt für zwei ruhende Ladungen, die so gut lokalisiert sind, daß ihr Abstand $\vec{r}(1,2)$ definiert werden kann. Das bedeutet, daß die Ausdehnung der Ladungen klein gegen ihren Abstand sein muß. Daß die Kraft die Richtung der Verbindungslinie zwischen den Ladungen hat, ist logisch einleuchtend. Die Ladung q ist erfahrungsgemäß ein Skalar, d.h. die betrachteten Ladungen haben keine "eingebaute" Richtung, q hängt nicht von den Richtungen der Koordinatenachsen des Systems ab, in dem wir unsere Physik beschreiben. Im leeren Raum darf offenbar ebenfalls keine Richtung ausgezeichnet sein. Die einzige in unserem Problem ausgezeichnete Richtung ist daher die Verbindungslinie der Ladungen. Die Abhängigkeit $\sim\frac{1}{r^2}$ ist hingegen eine nichttriviale Aussage, die dem Experiment zu entnehmen ist.

Das Coulomb'sche Gesetz gilt bis zu Abständen der Größenordnung $r_{min} \approx 10^{-11}$ cm. Bei kleineren Abständen treten Abweichungen auf, die mit Hilfe der Quantenelektrodynamik verstanden werden können. Abweichungen bei großen Abständen $r > r_{max}$ würden bedeuten, daß das Lichtquant eine von Null verschiedene Ruhemasse $m \sim \frac{\hbar}{cr_{max}}$ hat, und das würde dazu führen, daß auch die anderen elektromagnetischen Gesetze bei großen Abständen nicht gelten. Aus der Messung der Abnahme des Magnetfeldes der Erde mit Satelliten weiß man, daß r_{max} größer als einige Erdradien ist. Aus der Messung der Eigenfrequenz des Kondensators, der aus der Erde und der Ionosphäre gebildet wird, erhält man etwa dieselbe Abschätzung. Die experimentelle Situation ist daher mit $r_{max} = \infty$ verträglich.

(II) Es gibt anziehende und abstoßende Kräfte, also zwei Ladungsvorzeichen. Warum, ist unbekannt; aus dem Coulomb'schen Gesetz folgt das nicht: auch Gravitationskräfte genügen dem Coulomb'schen Gesetz , sie sind aber stets anziehend, es gibt keine "negative Masse".

(III) Die gesamte Ladung eines abgeschlossenen Systems (die algebraische Summe der in ihm enthaltenen positiven und negativen Ladungen) ist konstant. Ein abgeschlossenes System ist dabei eines, dessen materielle Bestandteile das System nicht verlassen und zu dem auch keine solchen Bestandteile hinzugefügt werden. Das heißt nicht, daß in dem System keine Ladungen entstehen können, sondern nur, daß mit jeder positiven Ladung, die entsteht, eine genau gleich große negative Ladung gebildet wird (z.B. Paarbildung durch γ-Strahlen).

(IV) Ladung tritt in der Natur nicht kontinuierlich, sondern portionsweise ("quantisiert") auf. Die kleinste bisher beobachtete Ladung ist die des Elektrons, die sog. Elementarladung

$q_e = -e = -4{\cdot}803242(14).10^{-10}\text{ESE} = -1{\cdot}6021892(46).10^{-19}\text{Coulomb}$

Das Vorzeichen ist dabei eine Konvention. Nach aller bisherigen Erfahrung ist elektrische Ladung stets an geladene Elementarteilchen gebunden. Alle bisher beobachteten stabilen geladenen Teilchen haben die Ladung $\pm e$. Gewisse instabile Teilchen sind mehrfach geladen. Zu jedem geladenen Elementarteilchen existiert ein entgegengesetzt geladenes Gegenstück (Antiteilchen) mit sonst gleichen Eigenschaften (z.B. gleiche Masse). Die Gleichheit der Ladung von Teilchen und Antiteilchen (bis auf das Vorzeichen) ist am genauesten für das Elektron und Positron gemessen worden, und zwar an der Struktur des Positroniumatoms (Atom aus e^+ und e^-), dessen Lebensdauer für eine Messung seiner Energieniveaus groß genug ist. Solche Messungen sind deshalb besonders wichtig, weil Abweichungen von der Ladungsgleichheit zu einer Verletzung der Ladungserhaltung führen würden. Daß die Ladung von Elektron und Proton bis auf das Vorzeichen gleich groß ist, kann z.B. aus der Beobachtung geschlossen werden, daß Strahlen aus neutralen Atomen in elektrischen Feldern nicht abgelenkt werden. Durch die Steigerung der Präzision der Verfahren zur Prüfung der Ladungsgleichheit in den letzten Jahren ist diese für die wichtigsten Teilchen mit einer relativen Genauigkeit von 10^{-20} gesichert.

In der Elementarteilchenphysik faßt man schwere

Elementarteilchen als zusammengesetzte Gebilde aus Fundamentalbausteinen (den sog. Quarks) auf. Diese sollten drittelzahlige Ladungen ($-\frac{1}{3}e$, $\frac{2}{3}e$) haben. Ob diese Gebilde in der Natur als freie Teilchen auftreten können, ist noch nicht klar. Sie wurden bisher nicht beobachtet.
(V) Die Ausdehnung der geladenen Elementarteilchen ist sehr klein. Die Ladung des Protons ist z.B. über ein Gebiet verteilt, dessen Abmessung kleiner als 10^{-13} cm ist. Die anderen stabilen Elementarteilchen sind nicht größer. Für eine makroskopische Beschreibung kann man daher Elementarladungen als Punktladungen auffassen. Jedes geladene makroskopische Objekt besteht aus sehr vielen Elementarladungen, die sich an vielen Stellen des Objektes befinden. Die gesamte Ladung des Objektes

$$q = \sum_i q_{(i)}$$

besteht aus vielen Beiträgen, die nur an diskreten Stellen von Null verschieden und dort klein im Vergleich zu q sind. Es ist daher sinnvoll, anstelle dieser diskreten Beiträge eine kontinuierliche Verteilung der Ladung zu betrachten, die man durch Mittelung über kleine (aber nicht <u>zu</u> kleine) Teilgebiete des Objektes erhalten würde. Anstelle der Summe hat man dann ein Integral zu betrachten.

$$q = \int dq = \int \rho(\vec{x})\, d^3x$$

wobei das Integral über das Volumen des Objektes zu erstrecken ist. Die Ladungsdichte ρ ist als Ladung pro Volumeneinheit durch

$$dq = \rho(\vec{x})\, d^3x$$

als stetige Funktion des Ortes definiert.

Formal kann man selbst einem punktförmigen Objekt eine solche Ladungsdichte zuordnen. Befindet sich eine solche Punktladung q_i an der Stelle $\vec{x}_i$, so kann man

$$\rho_i(\vec{x}) = q_i \delta(\vec{x}-\vec{x}_i)$$

setzen. δ bezeichnet dabei die Dirac'sche δ-Funktion (vgl. Anhang I). Die gesamte Ladungsdichte eines aus Punktladungen bestehenden Objektes ist dann

$$\rho(x) = \sum_i \rho_i(\vec{x})$$

Durch Integration erhält man daraus die oben angegebene Form der Gesamtladung als Summe.

2. Das elektrische Feld

Ein wichtiges Faktum, das im Coulomb'schen Gesetz enthalten ist, ist die Additivität der Ladungen bzw. der Kräfte. Sind N+1 ruhende Ladungen $q_o, q_1, \ldots q_N$ an den Raumpunkten $\vec{x}_{(o)} \ldots \vec{x}_{(N)}$ vorhanden, so stellt man experimentell fest, daß die Kraft auf eine herausgegriffene (q_o) von ihnen durch die Summe

$$(1)\quad F_{(o)} = \frac{q_o q_1 (\vec{x}_{(o)} - \vec{x}_{(1)})}{|\vec{x}_{(o)} - \vec{x}_{(1)}|^3} + \frac{q_o q_2 (\vec{x}_{(o)} - \vec{x}_{(2)})}{|\vec{x}_{(o)} - \vec{x}_{(2)}|^3} + \ldots = q_o \sum_{i=1}^{N} \frac{q_i (\vec{x}_{(o)} - \vec{x}_{(i)})}{|\vec{x}_{(o)} - \vec{x}_{(i)}|^3}$$

gegeben ist. Die Kraft zwischen <u>zwei</u> Ladungen (z.B. q_o und q_2) hängt nicht von der Anwesenheit weiterer Ladungen ab, die Gesamtkraft, die eine Ladung (q_o) spürt, ist die Summe von Paarkräften.

Das legt die Einführung des <u>Feldbegriffes</u> nahe. Dividiert man durch q_o, so erhält man einen Vektor, der nur von den Ladungen $q_1, \ldots q_N$ und vom Ort $\vec{x} = \vec{x}_{(o)}$

abhängt, an dem sich unsere herausgegriffene Ladung q_o (wir nennen sie die Probeladung) befindet, da die $\vec{x}_{(i)}$ fest sind. Wir nennen diesen Vektor die elektrische Feldstärke

$$\vec{E}(\vec{x}) = \sum_{i=1}^{N} \frac{q_i(\vec{x}-\vec{x}_{(i)})}{|\vec{x}-\vec{x}_{(i)}|^3}$$

des von den Ladungen $q_1 \ldots\ldots q_N$ erzeugten elektrischen Feldes. Kennt man $\vec{E}$ in der unmittelbaren Umgebung von $\vec{x}$, so kann man die Kraft auf eine beliebige Ladung an der Stelle $\vec{x}$ sofort angeben, ohne sich darum kümmern zu müssen, wie die Ladungen verteilt sind, die das Feld hervorrufen. Wir haben also durch unsere Definition jedem Punkt $\vec{x}$ des Raumes eine lokale Eigenschaft zugeordnet, die uns "alles" über die Verhältnisse an dieser Stelle aussagt.

Der Additivität der Kräfte entspricht das Superpositionsprinzip: die von verschiedenen Ladungen hervorgerufenen Felder überlagern sich nach den Regeln der Vektoraddition. M.a.W.. das Feld, das zwei Ladungen erzeugen, ist gleich der Summe der Felder, die jede einzelne Ladung erzeugen würde. Dieses Prinzip ist sehr wichtig und alles eher als trivial. Es gibt quantenmechanische Effekte in elektromagnetischen Feldern, die (vom Standpunkt der klassischen Physik betrachtet) zu einer Verletzung des Prinzips bei sehr hohen Feldstärken führen. Wir sehen von diesen Effekten ab.

Ersetzt man die Summe im Coulomb'schen Gesetz durch ein Integral, so erhält man für das Feld einer Ladungsverteilung

$$(2)\quad \vec{E}(x) = \int \frac{\rho(\vec{x}\,')(\vec{x}-\vec{x}\,')}{|\vec{x}-\vec{x}\,'|^3}\, d^3x'$$

Das Integral ist über den ganzen Raum zu erstrecken. Man kann damit bei gegebenem ρ das Feld ausrechnen.

Dieser Zusammenhang zwischen Ladung und Feld kann noch anders ausgedrückt werden (und es wird sich herausstellen, daß das sehr vorteilhaft ist). Wir betrachten den Fluß Φ des Vektorfeldes $\vec{E}$, d.h. wir stellen uns eine geschlossene Fläche F im Feld vor, auf der ein Flächenelement $d\vec{f}$ definiert sei, das nach außen gerichtet sein soll und betrachten

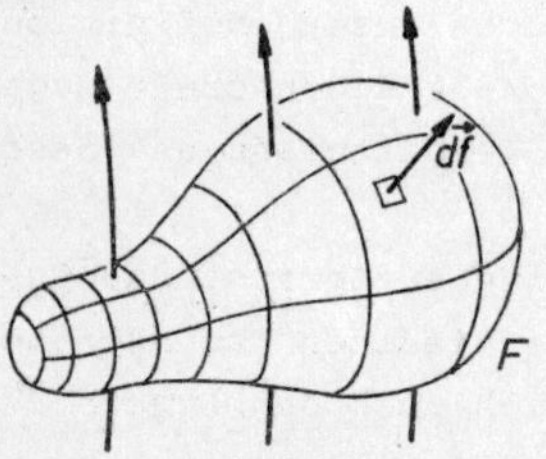

$$\Phi = \int_F \vec{E}.d\vec{f}$$

Als einfachstes Beispiel betrachten wir das Feld einer Punktladung q und nehmen als Fläche eine Kugelfläche, in deren Zentrum die Ladung sitzt. Dann zeigt $\vec{E}$ in jedem Punkt auf der Kugel radial nach außen (ist daher parallel zu $d\vec{f}$) und hat auf der ganzen Fläche den konstanten Betrag q/r^2, wobei r der Kugelradius ist

$$\Phi = \frac{q}{r^2}.4\pi r^2 = 4\pi q$$

Der Fluß ist daher unabhängig von der Größe der Kugel.

Betrachten wir nun eine beliebige Fläche F, in der die Kugel enthalten ist. Wir denken uns durch einen Kegel auf der Kugel und der Fläche zwei einander entsprechende kleine Flächenstücke ausgeschnitten:

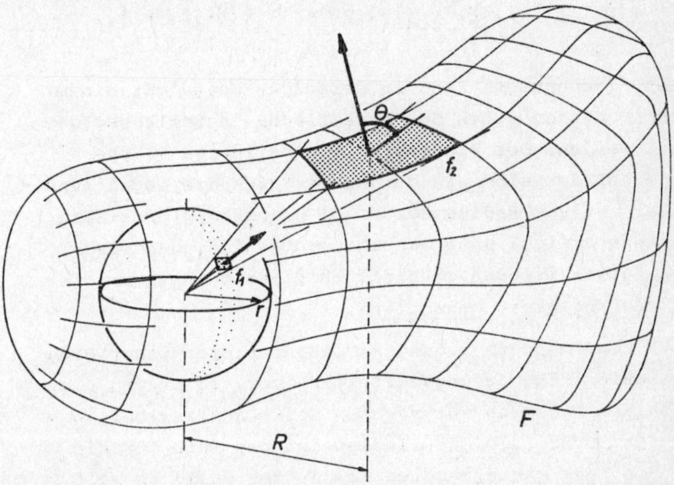

Das Flächenstück f_2 auf F ist dann wegen der größeren Entfernung vom Zentrum und infolge seiner Neigung um den Faktor $(\frac{R}{r})^2 \frac{1}{\cos\theta}$ größer:

$$f_2 = f_1 (\frac{R}{r})^2 \frac{1}{\cos\theta}$$

Das elektrische Feld ist in f_2 wegen der größeren Entfernung schwächer. Der Fluß durch die beiden Flächen ist

$$\Phi_1 = \vec{E}(\vec{r}).\vec{f}_1 = |\vec{E}(\vec{r})|f_1$$

$$\Phi_2 = \vec{E}(\vec{R}).\vec{f}_2 = |\vec{E}(\vec{R})|f_2\cos\theta =$$

$$=|\vec{E}(\vec{r})|(\frac{r}{R})^2.f_1(\frac{R}{r})^2\frac{1}{\cos\theta}.\cos\theta = |\vec{E}(\vec{r})|f_1 = \Phi_1$$

Jedes Flächenstück kann in derselben Weise mit einem entsprechenden Stück der Kugelfläche in Beziehung gesetzt werden. Der Fluß durch die <u>beliebige</u> Fläche F ist daher derselbe wie derjenige durch die Kugel (und dieser ist vom Radius der Kugel unabhängig).Der Satz ist anschaulich, wenn man sich vorstellt, daß wirklich "etwas fließt". Für die Gültigkeit ist aber die $1/r^2$-Abhängigkeit <u>wesentlich</u>.

Sind mehrere Ladungen vorhanden oder liegt eine kontinuierliche Ladungsverteilung vor, so tragen die einzelnen Ladungen zur rechten Seite additiv bei. Wegen des Superpositionsprinzips ist das auch für die von den Ladungen erzeugten Felder der Fall. Es gilt daher ganz allgemein das Gesetz von Gauß:
<u>Der Fluß des elektrischen Feldes durch eine beliebige geschlossene Fläche ist der eingeschlossenen Ladung proportional:</u>

$$(3) \quad \int_F \vec{E}.d\vec{f} = 4\pi\int_V \rho(\vec{x})d^3x$$

Mit dieser Form des Coulomb'schen Gesetzes kann man die umgekehrte Aufgabe zu (2) lösen: ist das Feld auf einer Fläche vorgegeben, so kann man die von ihr umschlossene Ladung berechnen. Wir werden sehen, daß (3) etwas allgemeiner als (2) ist.

3. Feldgleichungen der Elektrostatik

Aus der Integralbeziehung kann man sofort eine differentielle Beziehung machen. Wenden wir den Gauß'schen Satz (Anhang II, 3, Satz III) auf die linke Seite von (3) an, so erhalten wir

$$\int_F \vec{E}.d\vec{f} = \int_V \vec{\nabla}.\vec{E}d^3x = 4\pi\int_V \rho(\vec{x})d^3x$$

Das gilt, ebenso wie das Gauß'sche Gesetz (3), für ein beliebiges Volumen. Daher ist

$$(4) \quad \vec{\nabla}.\vec{E}(\vec{x}) = 4\pi\rho(\vec{x})$$

Damit haben wir eine <u>Feldgleichung</u> für $\vec{E}$ gefunden. Wir werden uns später davon überzeugen, daß diese Gleichung (ebenso wie (3)) im Gegensatz zu (2) oder (1) auch für nichtstatische Verhältnisse ($\vec{E}$ u. ρ zeitabhängig) gilt.

Zunächst wollen wir uns aber auf die Elektrostatik beschränken. Bevor wir uns mit der Berechnung der Felder spezieller Ladungsverteilung befassen, vervollständigen wir die Feldgleichungen für $\vec{E}$. Die Divergenz $\vec{\nabla}.$ ist nicht die einzige kovariante erste Ableitung eines Vektorfeldes, es gibt auch noch die Rotation $\vec{\nabla}\times$. Um über sie etwas zu erfahren, müssen wir die Zirkulation von $\vec{E}$ (d.h. das Linienintegral über eine geschlossene Kurve) untersuchen. Betrachten wir zunächst das Linienintegral entlang eines endlichen Kurvenstückes

$$A(1,2) := -\int_1^2 \vec{E}.d\vec{s}$$

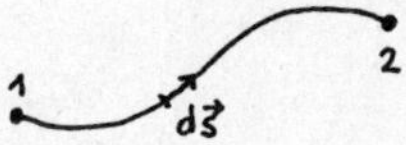

Nach unserer Definition ist $\vec{E}$ die Kraft, die auf die (punktförmig gedachte) Ladungseinheit ausgeübt wird. A(1,2) ist das Wegintegral dieser Kraft, also die Arbeit, die aufgewendet werden muß, um die Ladungseinheit (gegen die elektrischen Kräfte, daher -) entlang der Kurve von 1 nach 2 zu transportieren.

Zunächst wird man erwarten, daß diese Arbeit bei festgehaltenen Punkten 1 und 2 davon abhängt, auf welchem Weg man die Probeladung transportiert. Wenn das der Fall ist, kann man dem Feld Energie entnehmen, indem man die Ladung erst auf einem bestimmten Weg von 1 nach 2 bringt und sie dann auf einem anderen Weg (der mehr Arbeitsaufwand kosten würde, für den also der Betrag des Integrals einen größeren Wert hat) wieder zurückbringt. Dagegen ist von der Physik her nichts einzuwenden, solche Situationen sind möglich; es könnte sein, daß man bei Bewegungen der Ladung Kräfte auf die Quellen des Feldes ausübt, denen sie folgen, wobei sie Energie verlieren (die Energie könnte insgesamt erhalten bleiben, sie würde nur von den Quellen auf die Probeladung übertragen). Wir werden zeigen, daß das in der Elektrostatik nicht möglich ist (die Quellen sind fest!) und daß das Integral nicht vom Weg abhängt.

Betrachten wir zunächst das Feld einer einzigen Punktladung q und vergleichen die Wege S_1 und S_2.

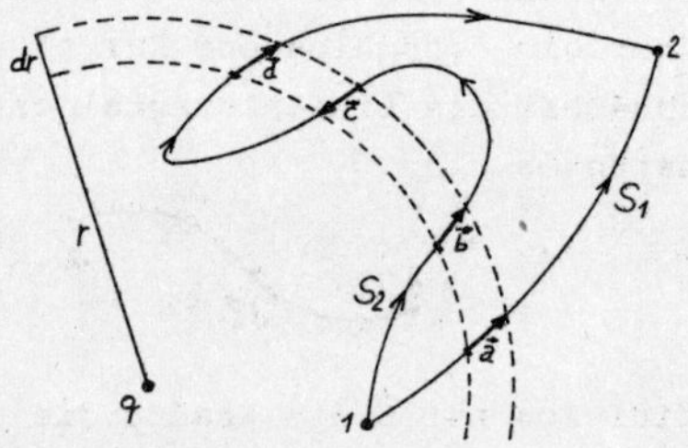

Jede Kugelschale um q zwischen 1 und 2 muß von den Wegen S_1 und S_2 mindestens einmal gekreuzt werden. Der Beitrag zu A von den Kurvenstücken $\vec{a}$ und $\vec{b}$ ist derselbe: das elektrische Feld ist an beiden Stellen radial nach außen gerichtet und gleich groß (Betrag: E(r)). Das Linienelement hat den Betrag $ds = dr/\cos\theta$, wenn θ der Neigungswinkel der Kurve gegen die Radialrichtung ist (Winkel zwischen $d\vec{s}$ und $\vec{E}$!). Daher ist z.B. für $\vec{a}$

$$dA = -|\vec{E}(r)|\frac{dr}{\cos\theta}\cos\theta = -|\vec{E}(r)|dr$$

und genauso für $\vec{b}$. Die Beiträge von $\vec{c}$ und $\vec{d}$ fallen gegeneinander weg, weil die Linienelemente entgegengesetzt gerichtet sind. Da diese Überlegung für jede Kugelschale und damit für jedes Teilstück der beiden Wege gilt, ist A entlang beider Wege gleich groß und hängt daher nur vom Anfangs- und Endpunkt ab. Für das Feld einer beliebigen Ladungsverteilung erhält man die Aussage wieder mit Hilfe des Superpositionsprinzips. Wir notieren daher

$$A(1,2) = -\int_{\vec{x}(1)}^{\vec{x}(2)} \vec{E}.d\vec{s} \qquad \underline{\text{hängt nicht vom Weg ab.}}$$

Für eine <u>beliebige</u> geschlossene Kurve erhält man daher keinen Beitrag: die Zirkulation verschwindet

$$\oint \vec{E}.d\vec{s} = 0$$

Wenden wir darauf den Stokes'schen Satz (Anhang II, 3,

Satz II) an, so erhalten wir

$$\int_F (\vec{\nabla} \times \vec{E}) . d\vec{f} = 0$$

Da die Fläche F beliebig ist, können wir sie auch infinitesimal annehmen und erhalten als zweite Feldgleichung

(6) $\vec{\nabla} \times \vec{E} = 0$

Das statische elektrische Feld ist daher <u>wirbelfrei.</u> Nach dem in Anhang II, 3 erwähnten Satz (1) gibt es dann ein <u>skalares</u> Feld $\phi(x)$, dessen Gradient $\vec{E}$ ist:

(7) $\vec{E}(\vec{x}) = - \vec{\nabla}\phi(\vec{x})$

ϕ heißt das (skalare) elektrische Potential (das - ist Konvention). Anstelle der drei Komponenten des Vektors $\vec{E}$ kann man daher eine einzige skalare Größe $\phi(\vec{x})$ zur Beschreibung des Feldes benützen. Das bedeutet eine wesentliche mathematische Vereinfachung. Der Preis, den wir dafür entrichten müssen, besteht darin, daß wir differenzieren müssen, um Größen mit unmittelbarer physikalischer Bedeutung (nämlich Feldstärken, d.h. Kräfte) zu erhalten. Ändern wir ϕ um eine Konstante, so ändert sich E (und damit die Physik) überhaupt nicht. Daher hat nur die Potential<u>differenz</u> physikalische Bedeutung. Das sieht man unmittelbar, wenn man (7) in (5) einsetzt und Satz (I) aus Anh. II, 3 benützt. Wir erhalten

(8) $-\int_{\vec{x}_{(1)}}^{\vec{x}_{(2)}} \vec{E}.d\vec{s} = +\int_{\vec{x}_{(1)}}^{\vec{x}_{(2)}} \vec{\nabla}\phi.d\vec{s} = \phi(\vec{x}_{2)}) - \phi(\vec{x}_{(1)})$

Wir untersuchen nun, welche Gleichungen für ϕ unseren Feldgleichungen (4) und (6)

$$\vec{\nabla}.\vec{E} = 4\pi\rho$$
$$\vec{\nabla}\times\vec{E} = 0$$

entsprechen. Die zweite Gleichung ist durch (7) automatisch erfüllt. Aus der ersten Gleichung erhalten wir durch Einsetzen die folgende Feldgleichung (Poisson-Gl.) für das Potential

$$(9)\quad \Delta\phi(\vec{x}) = -\,4\pi\rho(\vec{x})$$

Das ist eine partielle Differentialgleichung 2. Ordnung zur Berechnung von ϕ bei gegebenem ρ.

Die Lösung dieser Gleichung können wir aus der für $\vec{E}$, Gl. (2) erraten: wir müssen einen Ausdruck finden, dessen negativer Gradient durch (2) gegeben ist. Das ist <u>für das Coulombpotential</u>

$$(10)\quad \phi(\vec{x}) = \int\frac{\rho(\vec{x}\,')}{|\vec{x}-\vec{x}\,'|}\,d^3x'+C$$

der Fall, wie man leicht nachrechnet. Dabei ist C eine beliebige Konstante. Die physikalische Bedeutung des Potentials ist aus (8) bzw. (7) zu ersehen. $\phi(\vec{x})$ ist die Arbeit, die aufzuwenden ist, um die Ladungseinheit von einem festen Punkt an die Stelle x zu transportieren, also die potentielle Energie, die die Ladungseinheit an dieser Stelle (relativ zu dem festen Punkt) hat. Üblicherweise wählt man als Referenzpunkt die Stelle

$|\vec{x}| = \infty$ (wobei man sich vorstellt, daß im Unendlichen keine Ladungen sitzen). Dann ist $C = 0$. Aus (10) sieht man, daß auch das Potential ein Superpositionsprinzip erfüllt; die von mehreren Ladungsverteilungen erzeugten Potentiale überlagern sich additiv. Das ist kein Wunder, da die Feldgleichungen linear sind.

Nun wollen wir kurz rekapitulieren, was wir erarbeitet haben. Wir haben aus dem empirisch gefundenen Coulombgesetz und dem darin enthaltenen Superpositionsprinzip gesehen, daß man alle elektrischen Phänomene durch ein Vektorfeld $\vec{E}(\vec{x})$ beschreiben kann, das von den vorhandenen Ladungen erzeugt wird. Dieses Feld erfüllt die Feldgleichungen (4) und (6) und ist wirbelfrei. Es kann aus einem skalaren Potentialfeld $\phi(\vec{x})$ abgeleitet werden (vgl. (7)), das als Feldgleichung die Poissongleichung (9) erfüllt. Explizite Lösungen sind (2) für $\vec{E}$ bzw.(10) für ϕ. Zur Berechnung des Feldes gegebener Ladungsverteilungen kann man entweder diese expliziten Darstellungen benützen oder die Feldgleichungen selbst. In vielen praktischen Fällen ist es günstiger, die Integralform der Feldgleichung für $\vec{E}$ (das heißt: das Gauß'sche Gesetz (3) und die Tatsache, daß die Zirkualtion verschwindet) zu benützen.

4. Berechnung einfacher elektrostatischer Felder

Nun berechnen wir die Felder bzw. Potentiale einfacher Ladungsverteilungen. Dafür können entweder die Feldgleichungen (4), (6) bzw. (9) oder die Integraldarstellungen (2) bzw. (10) verwendet werden. Bei Problemen, die eine symmetrische Struktur haben, kann man u. U. auch mit dem Gauß'schen Gesetz (3) allein auskommen, das dann am wenigsten Rechenaufwand erfordert. Die folgenden Beispiele sollen einen Einblick in die Praxis geben.

(A) Punktladung q im Koordinatenursprung:

Zur Berechnung des Feldes benützen wir das Gauß'sche Gesetz. Wir denken uns um die Punktladung im Abstand $x = |\vec{x}|$ eine Kugel gezeichnet und berechnen den Fluß durch die Kugel. Da bei dem Problem keine Richtung ausgezeichnet ist, muß das Feld radial gerichtet sein $\vec{E} \parallel d\vec{f}$ in Richtung $\vec{e}(x) = \frac{\vec{x}}{|\vec{x}|}$. Ist der Betrag von $\vec{E}$ gleich E, so ist der Fluß

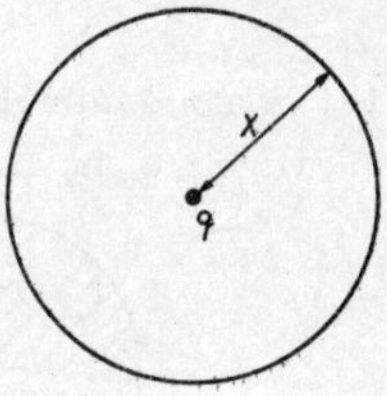

$$\int \vec{E} . d\vec{f} = E \int df = E . 4\pi x^2 = 4\pi q$$

(Gauß'sches Gesetz), daher ist

$$E = q/x^2$$

und

$$\vec{E} = q \frac{\vec{x}}{|\vec{x}|^3}$$

Das gleiche Ergebnis erhält man mit

$$\rho(\vec{x}) = q\delta(\vec{x})$$

aus (2) durch Integration. Das Potential lautet

$$\phi(\vec{x}) = \frac{q}{|\vec{x}|}$$

(B) Homogen geladene Kugel (Radius R, Gesamtladung q, Mittelpunkt im Ursprung): Wir verwenden wieder das Gauß'sche Gesetz. Um das Feld im Außenraum zu bestimmen, betrachten wir wieder den Fluß durch eine (gedachte) Kugel mit dem Radius $|\vec{x}|>R$. Auch hier gilt daselbe Symmetrieüberlegung wie vorhin, und man erhält genau dasselbe Resultat

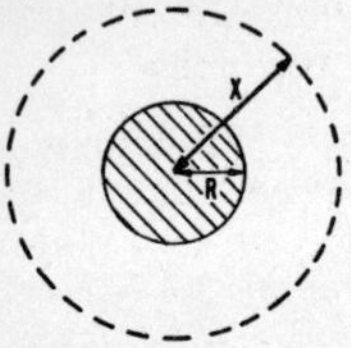

$$\vec{E}\ (\text{außen}) = q\frac{\vec{x}}{|\vec{x}|^3},\quad \phi(\text{außen}) = \frac{q}{|\vec{x}|}$$

Das Feld ist also dasselbe wie das einer Punktladung mit gleich großem q im Kugelmittelpunkt.

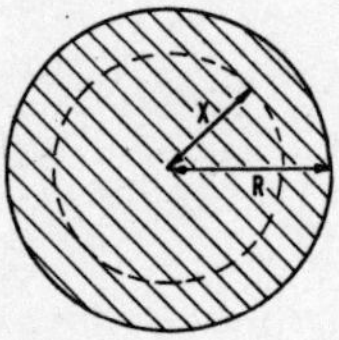

Das Feld im <u>Innenraum</u> erhält man, indem man den Fluß durch eine Kugelfläche mit dem Radius $|\vec{x}|<R$ betrachtet. Auch hier besteht Radialsymmetrie, die eingeschlossene Ladung ist aber kleiner, sie beträgt $q.(|\vec{x}|/R)^3$. Daher ist

$$\int \vec{E}.d\vec{f} = 4\pi|\vec{x}|^2 = 4\pi q\left(\frac{|\vec{x}|}{R}\right)^3$$

also ist

$$\vec{E}\ (\text{innen}) = \frac{q}{R^3}\,\vec{x}$$

Das Potential ist

$$\phi\ (\text{innen}) = -\frac{q}{2R^3}\vec{x}^2 + C$$

mit einer unbestimmten Konstanten C. Wählen wir

$$C = \frac{3q}{2R}$$

so geht das Potential an der Stelle x = R in den früher gefundenen Wert über. Die Feldstärke hat diese Eigenschaft ebenfalls. Sie nimmt daher vom Kugelmittelpunkt bis zum Kugelrand linear zu und fällt nach außen wie $1/x^2$ ab. Aus (2) erhält man dieses Resultat mit der Ladungsverteilung

$$\rho(\vec{x}) = \rho_o\Theta(R-|\vec{x}|) = \begin{cases} \rho_o & \text{für } |\vec{x}|<R \\ 0 & \text{für } |\vec{x}|>R \end{cases}$$

wobei

$$q = \int\rho(\vec{x})d^3x = \frac{4\pi}{3}\rho_o R^3$$

ist. ρ_o ist der Betrag der Ladungsdichte. Die Integration ist allerdings nicht ganz einfach.

(C) Geladene Linie: eine Gerade soll so aufgeladen sein, daß die Ladung pro Längeneinheit λ (Linienladungsdichte) konstant ist. Wir verwenden wieder das Gauß'sche Gesetz und betrachten den Fluß durch einen Zylinder mit dem Radius r um die Linie, der die Länge l haben soll. Das Problem ist zylindersymmetrisch, d.h. das Feld muß radial gerichtet sein. Hätte $\vec{E}$ eine Komponente in Richtung

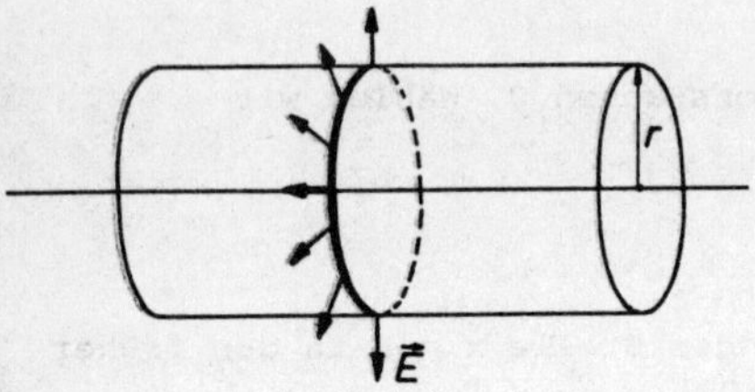

der Zylinderachse, so wäre ein "Durchlaufungssinn" ausgezeichnet, was der Symmetrie widersprechen würde. Daher $\vec{E} \parallel d\vec{f}$ auf der Mantelfläche, $E \perp d\vec{f}$ auf den Deckflächen.

Der Betrag von $\vec{E}$ ist überall auf der Mantelfläche derselbe. Daher ist

$$\int \vec{E}.d\vec{f} = E.2\pi rl$$
$$= 4\pi\lambda l$$

$$E = \frac{2\lambda}{r}$$

Richtung: radial.

Legen wir die x^3-Achse unseres Koordinatensystems in Richtung der geladenen Linie, so ist mit $tg\phi' = \frac{x^2}{x^1}$

$$\vec{E} = \left(\frac{2\lambda\cos\phi'}{\sqrt{(x^1)^2+(x^2)^2}}, \frac{2\lambda\sin\phi'}{\sqrt{(x^1)^2+(x^2)^2}}, 0\right) = \left(\frac{2\lambda x^1}{\sqrt{(x^1)^2+(x^2)^2}}, \frac{2\lambda x^2}{\sqrt{(x^1)^2+(x^2)^2}}, 0\right)$$

In Zylinderkoordinaten (r,ϕ,z) mit

$$x^1 = r\cos\phi' \qquad x^3 = z$$
$$x^2 = r\sin\phi'$$

lauten die Komponenten von $\vec{E}$

$$E_r = E^1\cos\phi' + E^2\sin\phi' = 2\lambda/r$$

$$E^3=0$$

$$E_\phi = E^2\cos\phi' - E^1\sin\phi' = 0$$

Der Ableitungsvektor $\vec{\nabla}$ hat in diesen Koordinaten die Komponenten

$$\nabla_r = \frac{\partial}{\partial r}\,, \qquad \nabla_{\phi'} = \frac{1}{r}\frac{\partial}{\partial\phi'}\,, \qquad \nabla_z = \frac{\partial}{\partial z}$$

Daher ist das elektrische Potential für die geladene Linie

$$\phi(r,\phi',z) = -\,2\lambda\ln r + C$$

Hier darf man als Referenzpunkt nicht die Stelle $r = \infty$ wählen, denn dann wäre $C = \infty$.

(D) Geladene Ebene: eine Ebene soll so aufgeladen sein, daß die Ladung pro Flächeneinheit σ (Flächenladungsdichte) konstant ist. Aus Symmetriegründen muß die Feldstärke senkrecht zur Ebene gerichtet sein. Der $\vec{E}$-Vektor muß in spiegelbildlich zur Fläche liegenden Punkten den gleichen Betrag E und die entgegengesetzte Richtung haben (eine Probeladung des gleichen Vorzeichens wie σ wird auf beiden Seiten abgestoßen). Betrachten wir den Fluß durch einen Würfel der Kantenlänge a, der von der Ebene halbiert wird, so geben nur die Flächen parallel zur Ebene einen Beitrag, weil für alle anderen Flächen $\vec{E} \perp d\vec{f}$ ist. Wir erhalten

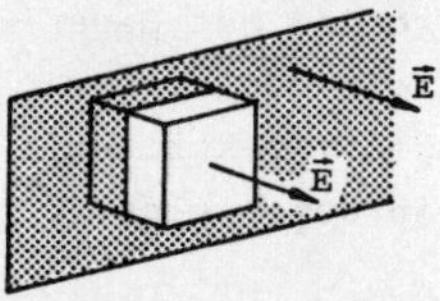

$$\int\vec{E}.d\vec{f} = Ea^2 + Ea^2$$
$$= 4\pi\sigma a^2$$
$$E = 2\pi\sigma$$

(E) Als weiteres Beispiel betrachten wir die Frage, ob eine Punktladung (z.B. ein Elementarteilchen) in einem beliebigen elektrostatischen Feld im leeren Raum im stabilen Gleichgewicht sein kann. Wenn das der Fall ist, muß eine kleine, beliebige Verrückung das Teilchen an eine Stelle bringen, an der das dort herrschende elektrische Feld Kräfte auf das Teilchen ausübt, die so beschaffen sind, daß sie das Teilchen in seine Ausgangsposition drücken. Wenn das Teilchen positiv geladen ist, muß also das Feld auf einer kleinen Kugel um den Gleichgewichtspunkt überall nach innen gerichtet sein. Das widerspricht dem Gauß'schen Gesetz: der Fluß durch die Kugel wäre negativ und man würde schließen, daß die Kugel eine negative Ladung umschließt, was nicht der Fall ist (die Ladung des Teilchens kann als Probeladung vernachlässigt werden; außerdem ist sie positiv). Für ein negativ geladenes Teilchen kann analog geschlossen werden. Ein stabiles Gleichgewicht ist daher (ohne andere als elektrische Kräfte) nicht möglich. Das heißt natürlich nicht, daß es kein Gleichgewicht gibt: z.B. wäre ein Teilchen in der Mitte zwischen zwei gleichen Ladungen im Gleichgewicht, das Gleichgewicht ist aber instabil.

Ist der Raum nicht leer, so ist ein stabiles Gleichgewicht möglich: z.B. wenn das positive Teilchen in der Mitte einer negative Ladungsverteilung sitzt. Natürlich muß diese Ladungsverteilung dann ihrerseits durch andere als elektrische Kräfte im Gleichgewicht gehalten werden! Dieses Problem hat Bedeutung für die Atomphysik: es ist nicht möglich, sich eine Konfiguration von Punktladungen (Elektronen und Protonen) zu denken, die allein durch elektrostatische Kräfte zusammengehalten wird und stabil ist.

<u>Übungsaufgaben</u>:

(1) Berechne das Feld und das Potential im Außen- und Innenraum einer Kugel, deren Oberfläche geladen ist (Radius R, Gesamtladung q).

(2) Berechne die Feldstärke außerhalb und innerhalb von zwei parallelen Ebenen, die entgegengesetzt geladen sind (Flächenladungsdichten $\pm\sigma$).

(3) Zwei entgegengesetzt gleich geladene Kugeln befinden sich im Abstand $\pm a/2$ auf der z-Achse (a sei größer als die Radien der Kugeln). Berechne das Potential im Außenraum und diskutiere den wichtigsten nichttrivialen Beitrag für große Abstände $|\vec{x}|>>a$.

(4) Berechne das Potential einer homogen geladenen Linie der Länge 2a, die sich längs der z-Achse von -a bis +a erstreckt und die konstante Linienladungsdichte λ besitzt. Diskutiere die Grenzfälle $a>>z$, $a>>r = \sqrt{x^2+y^2}$ (Aufpunkt nahe der Linie) und $r>>a$, $r>>z$.

(5) Das zeitgemittelte Potential eines Wasserstoffatoms ist gegeben durch

$$\phi(r) = +e\frac{e^{-\beta r}}{r}\left(1+\frac{\beta r}{2}\right)$$

wobei e die Elementarladung bedeutet und die Konstante $\beta = \frac{2}{a_o}$ durch den Bohr'schen Radius a_o bestimmt ist. Berechne die zugehörige Ladungsverteilung und diskutiere das Ergebnis.

(6) Die Ladungen einer Verteilung seien symmetrisch um die z-Achse (und symmetrisch zur xy-Ebene) so angeordnet, daß die Umgebung der z-Achse quellenfrei ist. Drücke das Potential in der Nähe der z-Achse durch das Potential auf der z-Achse aus.

(7) Betrachte eine geänderte Theorie, in der das Coulombgesetz die Form $\vec{F} = \frac{q_1 q_2}{[r(1,2)]^n} \vec{e}(1,2)$ haben möge.

(a) Kann sich eine Probeladung q im Zentrum einer homogen positiv geladenen Kugelschale im stabilen Gleichgewicht befinden? Diskutiere das Vorzeichen der Probeladung für $n \gtrless 2$! Inwiefern ist der (realistische) Fall n = 2 ausgezeichnet?

(b) Gelten die Feldgleichungen

$$\vec{\nabla}.\vec{E} = 4\pi\rho \qquad \text{bzw.} \qquad \vec{\nabla}\times\vec{E} = 0$$

für $n \neq 2$?

(8) Drücke das Potential einer beliebigen sphärischen Ladungsverteilung $\rho=\rho(r)$, $r=|\vec{x}|$ durch Radialintegrale aus.

(9) Eine sphärische Ladungsverteilung sei für $r>R$ gleich Null und sonst beliebig. Berechne das Potential an der Stelle R.

(10) Berechne mit Hilfe der in Aufgabe (8) gefundenen Darstellung das Potential der folgenden Verteilungen

(a) homogen geladene Kugel (Radius R, Gesamtladung q)

(b) geladene Kugelschale (Radius R, Gesamtladung q)

(c) $\rho(r) = ae^{-\lambda r}$ (Gesamtladung q)

und gib für diese Verteilungen den mittleren quadratischen Radius r_Q an, der durch

$$r_Q^2 := \frac{1}{q}\int \vec{x}^2 \rho(\vec{x})\, d^3x$$

definiert ist.

5. Leiter in der Elektrostatik

Befassen wir uns nun mit dem statischen Feld in und um Leiter. In einem (idealen) Leiter sind Elektronen vorhanden, die leicht beweglich sind, aber den Leiter nicht verlassen können, wenn er von einem Isolator umgeben ist. Herrscht im Innern des Leiters ein elektrisches Feld, so werden die Elektronen in Bewegung gesetzt und diese Bewegung hält so lange an, bis die Quellen, die das Feld hervorgerufen haben, entladen sind, bis also im Leiterinnern kein Feld mehr vorhanden ist. Erst dann liegt aber die in der Elektrostatik betrachtete Situation vor. Diese ist daher dadurch gekennzeichnet, daß das Feld im Innern des Leiters verschwindet. Das bedeutet, daß im Innern eines Leiters der Potentialgradient verschwindet: Im Innern eines Leiters ist

$\vec{E} = -\vec{\nabla}\,\phi = 0.$

Ein Leiter ist daher ein Gebiet konstanten Potentials, seine Oberfläche ist eine sog. Äquipotentialfläche. Wegen des Gauß'schen Gesetzes können daher im Innern keine Ladungen sitzen: die Ladungsdichte im Inntern eines Leiters ist Null. Das heißt, daß die Ladungen eines geladenen Leiters an der Oberfläche sitzen müssen, wo sie durch starke Kräfte am Verlassen des Leiters gehindert werden und daher nicht frei beweglich sind. Ladet man einen Leiter, so sammelt sich die Ladung an der Oberfläche (und zwar, wie man aus der Festkörperphysik weiß, in einer Schicht, deren Dicke 1 - 2 Atomradien beträgt).

An der Außenfläche eines Leiters muß die elektrische Feldstärke senkrecht zur Oberfläche sein, da diese eine Äuipotentialfläche ist. Wäre eine Tangentialkomponente vorhanden, so würde sie die Ladungen an der Oberfläche verschieben und es läge keine statische Situation vor. Der Wert der Feldstärke läßt sich wieder mit Hilfe des Gauß'schen Gesetzes ermitteln. Ist die Flächenladungsdichte σ (ESE pro cm^2 bzw. Coulomb pro m^2), so findet man durch Integration über einen kleinen Zylinder, der von der Oberfläche get eilt wird:

An der Außenfläche eines Leiters $E_{\perp} = 4\pi\sigma$, $\vec{E}_{tang} = 0$

Das ist der doppelte Wert wie für eine geladene Fläche. Der Unterschied ist dadurch bedingt, daß die Feldstärke im Innern eines Leiters verschwindet. Dieses Resultat kommt durch die Wirkung aller Ladungen des ganzen Leiters zustande. Die Rechnung für eine geladene Ebene (D) ging von der Voraussetzung aus, daß außer den Ladungen auf der Ebene <u>keine</u> weiteren Ladungen vorhanden sind: solche können zu ganz anderen Feldern führen (vgl. das Beispiel der beiden geladenen Ebenen Aufgabe (2)!). Für einen Leiter ist die genannte Voraussetzung nicht erfüllt.

An der Oberfläche des Leiters ist die Normalkomponente der Feldstärke unstetig: ihr Wert ändert sich $4\pi\sigma$ (außen) auf Null (innen).

Betrachten wir nun das Feld im Innern eines von einem geladenen Leiter umschlossenen, leeren Hohlraumes. Wendet man das Gauß'sche Gesetz auf eine geschlossene Fläche an, die ganz innerhalb des Leiters verläuft, so sieht man, daß die gesamte Ladung innerhalb der Fläche Null ist. Daher müssen über die Innenflächen gleich viele positive wie negative Ladungsträger verteilt sein.

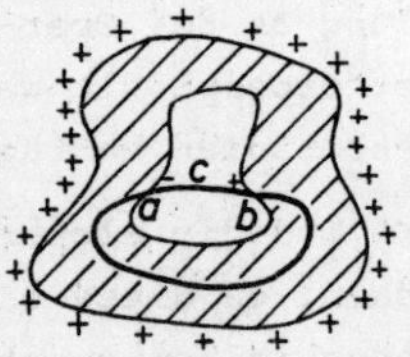

Wären an einer Stelle mehr positive und an einer anderen Stelle mehr negative Ladungsträger konzentriert, so daß es also im Inneren ein elekrisches Feld gäbe, so wäre das Linienintegral entlang einer Feldlinie (d.h. entlang des im Hohlraum verlaufenden Teiles ab der Kurve c) von Null verschieden. Schließt man die Kurve durch ein im Leiter von b nach a verlaufendes Stück, so ist das Linienintegral entlang dieses Teiles Null, weil die Feldstärke im Leiter verschwindet. Insgesamt wäre

$$\oint_c \vec{E}.d\vec{s} \neq 0 \qquad \vec{\nabla}x\vec{E} \neq 0$$

im Widerspruch zu (6). Daher kann es diese Situation bei statischen Verhältnissen nicht geben: die Feldstärke im Innern eines solchen Hohlraumes muß verschwinden (Faraday'scher Käfig!).

Übungsaufgaben:

(11) Eine homogen geladene Gerade (Linienladungsdichte λ) bildet die Achse eines leitenden, geerdeten Hohlzylinders. Berechne das Potential und die Feldstärke im Inneren des Zylinders.

(12) Zwei leitende Hohlzylinder (Radien R_1, R_2) seien konzentrisch angeordnet. Der äußere Zylinder sei geerdet, der innere befinde sich auf dem Potential V. Berechne das Potential und die Feldstärke zwischen den Zylindern.

6. Feldlinien, Äquipotentialflächen, Bildladungen

Das elektrische Feld kann graphisch dargestellt werden, wobei man allerdings einige Vorsicht walten lassen muß.

Wir zeichnen als Feldlinien gerichtete Kurven, die an positiven Ladungen beginnen und an negativen Ladungen enden und für die der $\vec{E}$-Vektor in jedem Punkt der Tangentialvektor ist. Damit ist der Richtung von $\vec{E}$ Rechnung getragen, nicht aber dem Betrag von $\vec{E}$. Diesen kann man darstellen, indem man die Linien bei größerem $|\vec{E}|$ dichter zeichnet, d.h. man setzt die Zahl der Linien pro Flächeneinheit (auf einer Fläche senkrecht zu $\vec{E}$) proportional $|\vec{E}|$. Das entspricht dem Gauß'schen Gesetz, wenn die Linien außer an Ladungsträgern nirgends unterbrochen werden, sodaß die Zahl der gezeichneten Linien konstant ist.

Zeichnen wir nun Flächen, die überall senkrecht zu den Feldlinien liegen, so ist das Potential in jedem Punkt einer solchen Fläche das gleiche. Diese Äquipotentialflächen geben ein geometrisches Bild für den Verlauf von ϕ. Für zwei Punktladungen im Vakuum erhält man so z.B. die folgende Darstellung des Feldverlaufs:

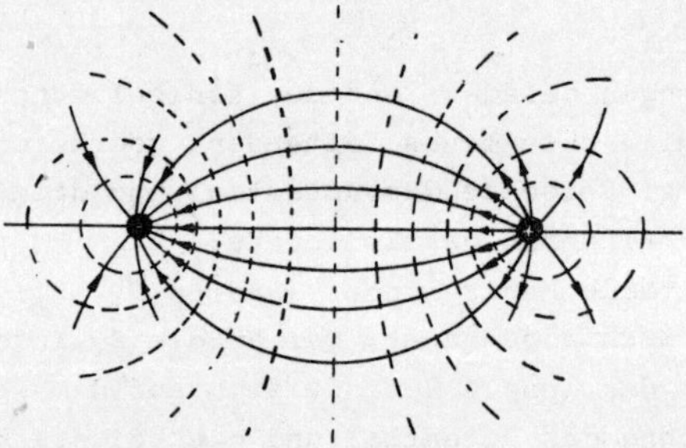

Feldlinien ——◄—— Äquipotentialflächen.......

Die gezeichnete Darstellung kann man nicht durch Übereinanderlegen der Darstellungen für zwei einzelne Punktladungen erhalten: das ist ein Nachteil der Darstellung! Die Darstellung liefert eine Methode, mit der man die Potentiale verschiedener Konfigurationen aufeinander zurückführen kann. Offenbar erhalten wir dieselbe Darstellung, wenn wir eine der Äquipotentialflächen durch eine Fläche aus leitendem Material ersetzen. So stellt das gezeichnete Bild z.B. auch das Potential einer Punktladung vor einer leitenden Ebene dar: Dazu muß man die senkrechte Äquipotentialebene durch ein leitendes Blatt ersetzen. Man darf dann sogar den ganzen Halbraum durch einen Leiter ersetzen, ohne daß sich etwas ändert. Ebenso kann man eine andere Äquipotentialfläche durch eine entsprechende Leiterfläche ersetzen. Umgekehrt kann man das Potential einer Punktladung vor einer leitenden Ebene finden, indem man die entsprechende "Bildladung" sucht, die denselben Potentialverlauf im leeren Raum erzeugt. Entsprechendes gilt für andere elektrostatische Probleme. Diese "Methode der Bildladung" lernt man am besten an Hand von Beispielen.

Übungsbeispiele :

(13) Eine Punktladung q befinde sich im Abstand a von einer leitenden, geerdeten Ebene. Berechne das Potential der Anordnung und die auf der Ebene induzierte Ladung.

(14) Eine Punktladung q befinde sich im Abstand a vom Mittelpunkt einer geerdeten, leitenden Kugel (Radius $R<a$). Berechne das Potential der Anordnung und die auf der Kugel induzierte Ladung.

(15) Eine Punktladung q befinde sich in gleichem Normalabstand a von zwei zueinander senkrechten, leitenden, geerdeten Ebenen. Berechne das Potential der Anordnung und skizziere den Feldverlauf.

(16) Auf einer Geraden durch den Mittelpunkt einer geerdeten, leitenden Kugel (Radius R) befinden sich in symmetrischer Lage zum Mittelpunkt im Abstand

a>R zwei Punktladungen ±q. Berechne das Potential der Anordnung und diskutiere den Grenzfall a>>R.

7. Dipole und Multipolentwicklung

In vielen Fällen hat man es mit einer Ladungsverteilung zu tun, die auf ein relativ kleines Gebiet beschränkt ist. Das von ihr hervorgerufene Feld in Punkten, die verhältnismäßig weit von der Verteilung entfernt sind, läßt sich dann mit einem Näherungsverfahren berechnen, das wir hier untersuchen wollen. Vorher betrachten wir eine wichtige Begriffsbildung: den sog. elektrischen Dipol. Dazu betrachten wir zwei entgegengesetzte gleiche Punktladungen ±q in festem Abstand $\vec{a}$. Legen wir den Ursprung des Koordinatensystems in die Mitte zwischen die Ladungen, so ist die Ladungsverteilung

$$\rho(\vec{x}) = q(\delta(\vec{x}-\frac{\vec{a}}{2}) - \delta(\vec{x}+\frac{\vec{a}}{2}))$$

$\vec{a}$ ist von der negativen zur positiven Ladung gerichtet. Das Potential ist

$$\phi(\vec{x}) = q(\frac{1}{|\vec{x}-\vec{a}/2|} - \frac{1}{|\vec{x}+\vec{a}/2|})$$

Aus großen Abständen

$$|\vec{x}| >> |\vec{a}|$$

betrachtet, besteht die Ladungsverteilung aus zwei benachbarten Punktladungen mit entgegengesetztem Ladungsvorzeichen. Eine solche Anordnung heißt ein <u>elektrischer</u>

<u>Dipol</u> und ist ein vereinfachtes Modell für viele als ganzes neutrale Ladungsverteilungen mit unsymmetrischer Anordnung der Ladungen. Entwickeln wir das Potential für $|\vec{x}|>>|\vec{a}|$ (vgl. Übung 3): Mit

$$|\vec{x}\pm\frac{\vec{a}}{2}|^{-1} \simeq (\vec{x}^2\pm\vec{a}\vec{x})^{-1/2} = [\vec{x}^2(1\pm\frac{\vec{a}.\vec{x}}{\vec{x}^2})]^{-1/2}$$

$$\simeq \frac{1}{r}(1\mp\frac{\vec{a}\vec{x}}{2r^2}) \qquad r:=|\vec{x}|$$

$$\phi(\vec{x}) = \frac{q(\vec{a}\vec{x})}{r^3} + \ldots\ldots =: \frac{\vec{x}.\vec{d}}{r^3} + \ldots$$

Dabei heißt der Vektor

$$\vec{d} = q\vec{a}$$

das Dipolmoment der Anordnung. Der angeschriebene Term der Entwicklung heißt das elektrische Dipolpotential. Dieses fällt mit wachsendem r wie r^{-2} ab. Die Feldstärke erhält man durch Gradientenbildung. Sie fällt wie r^{-3} ab.

Nun betrachten wir eine analoge Problemstellung für eine beliebige Ladungsverteilung $\rho(\vec{x})$, die auf ein endliches Raumgebiet konzentriert ist. Wir berechnen das Potential in einem Punkt $\vec{x}$, dessen Abstand von der Verteilung <u>groß</u> gegen alle Abmessungen der Verteilung ist. Die Gesamtladung muß nicht null sein:

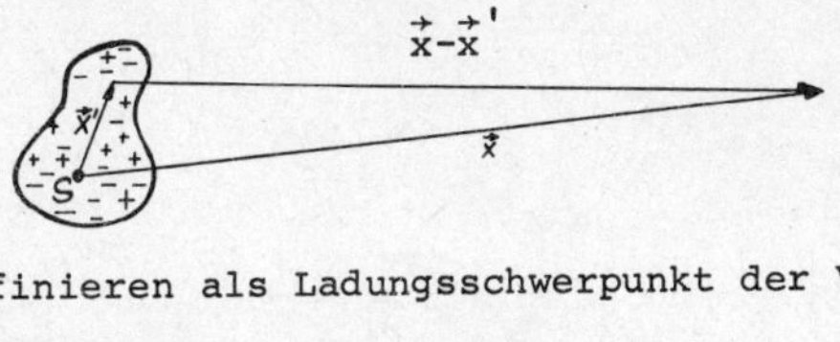

Wir definieren als Ladungsschwerpunkt der Verteilung den

Punkt S mit den Koordinaten

$$(11) \qquad \vec{x}_S = \frac{\int \vec{x}\rho(\vec{x})d^3x}{\int |\rho(\vec{x})| d^3x}$$

und wählen ihn als Koordinatenursprung

$$\vec{x}_S = (0,0,0)$$

Wir berechnen das Potential aus

$$(10) \quad \phi(x) = \int \frac{\rho(\vec{x}\,')d^3x'}{|\vec{x}-\vec{x}\,'|}$$

unter der Voraussetzung, daß $r := |\vec{x}|$ groß gegen alle Abmessungen der Verteilung ist. Die Integration läuft nur über das Gebiet, in dem $\rho \neq 0$ ist. Für alle Punkte $\vec{x}\,'$ ist dann

$$r' := |\vec{x}\,'| << r$$

Wir entwickeln den Nenner in eine Taylorreihe:

$$(12) \quad \frac{1}{|\vec{x}-\vec{x}\,'|} = [r^2+r'^2-2.(\vec{x}\vec{x}\,')]^{-1/2} = [r^2(1+\frac{r'^2-2(\vec{x}\vec{x}\,')}{r^2})]^{-1/2}$$

$$\simeq \frac{1}{r}[1-\frac{r'^2-2(\vec{x}\vec{x}\,')}{2r^2} + \frac{3}{8r^4}(r'^2-2(\vec{x}\vec{x}\,'))^2+\ldots\ldots]$$

$$\simeq \frac{1}{r}[1+\frac{\vec{x}\vec{x}\,'}{r^2} + \frac{1}{2r^4}(3(\vec{x}\vec{x}\,')^2-r^2r'^2)+\ldots\ldots\ldots]$$

Der letzte Schritt ergibt sich aus einer Ordnung nach Potenzen von $\frac{r'}{r}$. Setzen wir das in den Ausdruck (10) ein, so erhalten wir mit

$\vec{x} = r\,\vec{e}\,, \qquad \vec{e}^{\,2} = 1$

$$(13)\quad \phi(\vec{x}) = \frac{q}{r} + \frac{\vec{e}.\vec{d}}{r^2} + \frac{e^i e^k Q^{ik}}{r^3} + \ldots\ldots$$

mit folgenden, für die Ladungsverteilung charakteristischen Konstanten

(14a) $q = \int \rho(\vec{x}\,')\,d^3x'$ Gesamtladung (Skalar)

(14b) $d^i = \int x'^i \rho(\vec{x}\,')\,d^3x'$ Dipolmoment (Vektor)

(14c) $Q^{ik} = \int (3x'^i x'^k - (\vec{x}\,')^2 \delta^{ik})\,\rho(\vec{x}\,')\,d^3x'$

Quadrupoloment (Tensor 2.St.)

usw.

Der erste Term der Entwicklung (13), das "Monopolpotential", fällt am langsamsten ab und hat daher (für $q \neq 0$) die größte Reichweite. Als nächster Term folgt das Dipolpotential $\sim 1/r^2$, das der wichtigste Beitrag für als ganzes neutrale Körper ($q=0$) ist, sofern $d \neq 0$ ist, weiters das Quadrupolpotential $\sim 1/r^3$ usw. Die Feldstärke findet man durch Gradientenbildung. Sie fällt für die einzelnen Beiträge mit einer um 1 höheren Potenz von $1/r$ ab:

$$(15)\quad E^k(\vec{x}) = q\frac{e^k}{r^2} - \frac{1}{r^3}(d^k - 3e^k \vec{e}.\vec{d}) - \frac{1}{r^4}\,(2Q^{kl}e^l - 5e^k Q^{il} e^i e^l) + \ldots\ldots$$

Das Dipolmoment verschwindet für eine Verteilung, die nur aus Ladungen eines Vorzeichens besteht: in diesem Fall ist $\rho=\pm|\rho|$ und $\vec{d}$ wird bis auf einen Faktor mit $\vec{x}_S$ identisch, das voraussetzungsgemäß der Nullvektor ist. Nebenbei sei bemerkt, daß Gravitationskräfte kein Dipolpotential haben, da es keine negative Masse gibt.

Für jede kugelsymmetrische Verteilung (z.B. sphärischer Atomkern: α-Teilchen, Kern von O_{16} etc.) sind alle Multipolmomente Null, da das Potential mit dem ersten Term der Entwicklung (13) identisch ist (vgl. Beispiele in Abschnitt 4). Nichtsphärische Verteilungen aus Ladungen eines Vorzeichens (z.B. zigarren- oder pfannkuchenförmige Kerne) haben ein von Null verschiedenes Quadrupolmoment (und kein Dipolmoment, s.o.). Natürlich sind auch Verteilungen denkbar, bei denen die Reihe mit dem Quadrupolterm beginnt.

Wird der Ladungsschwerpunkt nicht als Ursprung genommen, so muß man lediglich

$$r \to |\vec{x}-\vec{x}_S| \qquad \text{und} \qquad \rho(\vec{x}') \to \rho(\vec{x}'+\vec{x}_S)$$

ersetzen.

8. Darstellung in Polarkoordinaten

Der Tensor Q^{ik} hat nicht 9, sondern nur 5 wesentliche Komponenten, denn es gelten die Relationen

$$Q^{ik} = Q^{ki}$$

(15)

$$Q^{kk} = Q^{11} + Q^{22} + Q^{33} = 0$$

Analoge Beziehungen gelten für die höheren Multipolmomente. Eine Darstellung in Polarkoordinaten zeigt nicht nur, wieviele Komponenten wesentlich sind: sie ist auch für die praktische Rechnung sehr brauchbar. Wir führen Polarkoordinaten ein

(16) $$x^1 = r \sin\theta \cos\phi$$
$$x^2 = r \sin\theta \sin\phi \qquad \text{d.h. } \vec{e} = (\sin\theta \cos\phi,\ \sin\theta \sin\phi,\ \cos\theta)$$
$$x^3 = r \cos\theta$$

Das Volumelement ist dann

$$\int d^3x'. = \int_0^\infty dr r^2 \int d\Omega(\vec{e})., \quad \int d\Omega(\vec{e}). = \int_0^\pi d\theta \sin\theta \int_0^{2\pi} d\phi.$$

Wir betrachten die Kugelfunktionen

(17) $$Y_{lm}(\vec{e}) = \frac{1}{\sqrt{4\pi}} \sqrt{\frac{(2l+1)\ (l-m)!}{(l+m)!}}\ e^{im\phi} P_l^m(\cos\theta)$$

mit ganzen Zahlen l,m aus dem Bereich $0 \leq l \leq \infty$, $-l \leq m \leq +l$. Die P_l^m entstehen durch Differentation aus den Legendrepolynomen P_l

(18) $$P_l^m(\cos\theta) = \varepsilon_m (\sin\theta)^m \left(\frac{d}{d\cos\theta}\right)^{|m|} P_l(\cos\theta),$$

$$\varepsilon_m = \begin{cases} (-1)^m & m \geq 0 \\ 1 & m < 0 \end{cases}$$

Die Y_{lm} bilden ein vollständiges Orthonormalsystem auf der Einheitskugel:

(19) $$\int d\Omega(\vec{e}) Y^*_{lm}(\vec{e}) Y_{l'm'}(\vec{e}) = \delta_{ll'} \delta_{mm'}$$
$$\sum_{l=0}^{\infty} \sum_{m=-l}^{+l} Y_{lm}(\vec{e}) Y^*_{lm}(\vec{e}') = \delta(\phi-\phi')\ \delta(\cos\theta-\cos\theta')$$

Jede Funktion der Winkel θ, ϕ (bzw. eines Einheitsvektors $\vec{e}$) kann nach den Y_{lm} entwickelt werden. Hängt die Funktion außerdem von r (also insgesamt von $\vec{x}$) ab, so sind die Entwicklungskoeffizienten Funktionen von r

$$(20)\quad f(\vec{x}) = \sum_{l,m} f_{lm}(r) Y_{lm}(\vec{e})$$

Die Koeffizienten findet man durch Multiplikation mit $Y^*_{l'm'}$ und Integration über $d\Omega(\vec{e})$. Mit (19) erhalten wir

$$(21)\quad f_{lm}(r) = \int d\Omega(\vec{e}) Y^*_{lm}(\vec{e}) f(\vec{x})$$

Wir suchen nun eine entsprechende Entwicklung für das Potential (10). Die dabei verwendete Technik ist typisch und wird daher hier ausführlich dargestellt. Der für die Multipolentwicklung relevante Nenner in (10) ist eine erzeugende Funktion der Legendrepolynome. Für r'/r ist

$$(22)\quad \frac{1}{|\vec{x}-\vec{x}'|} = \frac{1}{r}\left(1+\left(\frac{r'}{r}\right)^2+2\frac{r'}{r}\cos\psi\right)^{-1/2} = \frac{1}{r}\sum_{l=0}^{\infty}\left(\frac{r'}{r}\right)^l P_l(\cos\psi)$$

Dabei ist ψ der Winkel zwischen $\vec{x}$ und $\vec{x}'$, der mit Hilfe des sphärischen Kosinussatzes durch die Polarwinkel θ, ϕ bzw. $\theta' \phi'$ von $\vec{x}$ bzw. $\vec{x}'$ mit den Koordinatenachsen ausgedrückt werden kann:

$$(23)\quad \cos\psi = \cos\theta \cos\theta' + \sin\theta \sin\theta' \cos(\phi-\phi')$$

Mit dem Additionstheorem für P_l

$$(24)\quad P_l(\cos\psi) = \sum_{m=-l}^{+l} \frac{4\pi}{2l+1} Y_{lm}(\vec{e}) Y^*_{lm}(\vec{e}')$$

erhält man eine Bilinearentwicklung für (22):

$$(25)\quad \frac{1}{|\vec{x}-\vec{x}'|} = \sum_{l=0}^{\infty} \sum_{m=-l}^{+l} \frac{4\pi}{(2l+1)} \frac{(r')^{l}}{(r)^{l+1}} Y_{lm}(\vec{e}) Y^{*}_{lm}(\vec{e}')$$

Setzt man das in (10) ein, so erhält man

$$(26)\quad \phi(\vec{x}) = \sum_{l=0}^{\infty} \frac{\sqrt{4\pi}}{r^{l+1}} \sum_{m=-l}^{+l} \rho_{lm} Y_{lm}(\vec{e})$$

mit den Koeffizienten

$$(27)\quad \rho_{lm} = \frac{\sqrt{4\pi}}{2l+1} \int d\Omega(\vec{e}') \int dr'(r')^{l+2} Y^{*}_{lm}(\vec{e}')\rho(\vec{x}')$$

Diese Koeffizienten sind Integrale der Entwicklungskoeffizienten von ρ nach Kugelfunktionen (vgl. (20), (21) mit $f = \rho$). Die Integration über r' läuft nur über einen endlichen Bereich, da ρ auf ein endliches Gebiet konzentriert ist.

Die Summe über l entspricht der Multipolentwicklung (13). Vergleicht man die Koeffizienten der Potenzen von $\frac{1}{r}$, so erhält man

$$(28a)\quad q = \rho_{00}$$

$$(28b)\quad e^{i} d^{i} = \sqrt{4\pi}(\rho_{1,-1} Y_{1,-1} + \rho_{1,0} Y_{1,0} + \rho_{11} Y_{11})$$

$$(28c)\quad e^{i} e^{k} Q^{ik} = \sqrt{4\pi} \sum_{m=-2}^{+2} \rho_{2m} Y_{2m} \qquad \text{usw.}$$

Setzt man links die Komponenten (16) von e^{i} und rechts die expliziten Formen (17) für die Y_{lm} ein, so kann man die Komponenten der Multipolmomente ablesen, z.B.

(29) $d^1 = \sqrt{\frac{3}{2}}(\rho_{1,-1}-\rho_{1,1})$, $d^2 = -i\sqrt{\frac{3}{2}}(\rho_{11}+\rho_{1,-1})$, $d^3 = \sqrt{3}\rho_{1,0}$
usw.

Da die Summe über m aus 2l+1 Summanden besteht, hat das Multipolmoment 2l+1 wesentliche Komponenten (l=1 entspricht dem Dipolmoment, l=2 dem Quadrupolmoment etc.) Für regelmäßig geformte Rotationskörper (Kugel, Ellipsoide etc.) sind nur wenige der ρ_{lm} von Null verschieden und es ist relativ einfach, sie zu berechnen. Darin besteht der praktische Nutzen dieser Darstellung, die sich auch auf nichtstatische Vorgänge übertragen läßt.

Übungsbeispiele

(17) Beweise, daß die Ladungsverteilung

$$\rho(\vec{x}) = -\vec{d}.\vec{\nabla}\delta(\vec{x})$$

das Feld eines Dipols im Koordinatenursprung erzeugt.

(18) Ein vereinfachtes Modell für ein Wassermolekül besteht aus einer Punktladung -2e (Sauerstoffion) und aus zwei Punktladungen +e (Wasserstoffionen), die an den Eckpunkten eines gleichschenkeligen Dreiecks angebracht sind. Der Abstand der H-Ionen vom O-Ion sei a, der Bindungswinkel θ.

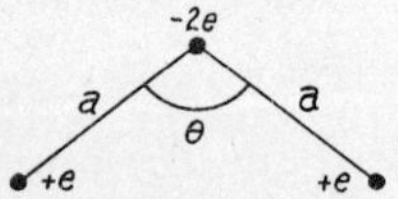

Berechne das Dipolmoment der Anordnung. Welchen Wert erhält man für $|\vec{d}|$ mit den realistischen Werten

$$a = 0{\cdot}958 \,.\, 10^{-8}\text{cm}, \qquad \theta = 105^\circ?$$

(19) Betrachte die Anordnung von Übung 18 mit $\theta = 180^{\circ}$ und berechne die Komponenten des Quadrupolmoments.

(20) Konstruiere aus vier Punktladungen vom Betrag e eine Anordnung, die kein Monopol- und Dipolmoment, aber ein Quadrupolmoment besitzt. Berechne seine Kompoponenten.

(21) Welche Komponenten des Quadrupolmoments eines homogen geladenen Rotationsellipsoids sind von Null verschieden? Wie kann man aus den Komponenten die Form des Körpers erkennen?

9. Die Energie des elektrostatischen Feldes

Aus der physikalischen Bedeutung des elektrischen Potentials ist ersichtlich, daß man Arbeit leisten muß, um eine statische Ladungsverteilung (und damit ein elektrisches Feld) aufzubauen. In einem vorgegebenen Feld muß daher potentielle Energie enthalten sein, die wir als die gesamte Arbeit interpretieren können, die man aufwenden muß, um die entsprechenden Ladungsverteilung zu "montieren". Wir berechnen nun diese Energie. Zunächst "montieren" wir ein System von n Punktladungen $q_1 \ldots\ldots q_n$ an den Stellen $\vec{x}_{(1)} \ldots\ldots \vec{x}_{(n)}$, indem wir die Ladungen der Reihe nach aus dem Unendlichen (Potential O!) an die entsprechenden Stellen bringen. Der Transport der ersten Ladung "kostet nichts" (es ist vorher kein Feld vorhanden). Ist die Ladung nach $\vec{x}_{(1)}$ gebracht, so erzeugt sie ein Feld, dessen Potential an der beliebigen Stelle $\vec{x}$ den Wert

$$\phi_1(\vec{x}) = \frac{q_1}{|\vec{x}-\vec{x}_{(1)}|}$$

hat. Bringt man die Ladung q_2 nach $\vec{x}_{(2)}$, so muß man (vgl. Def. des Potentials) die Arbeit

$$A_{21} = q_2\phi_1(\vec{x}_{(2)}) = \frac{q_2\, q_1}{|\vec{x}_{(2)}-\vec{x}_{(1)}|}$$

leisten. Die Anordnung erzeugt dann ein Feld mit dem Potential

$$\phi_{1,2}(\vec{x}) = \frac{q_1}{|\vec{x} - \vec{x}_{(1)}|} + \frac{q_2}{|\vec{x} - \vec{x}_{(2)}|}$$

Die Montage von q_3 in $\vec{x}_{(3)}$ kostet die Arbeit

$$A_{3,12} = \frac{q_3 q_1}{|\vec{x}_{(3)}-\vec{x}_{(1)}|} + \frac{q_3 q_2}{|\vec{x}_{(3)}-\vec{x}_{(2)}|} = \sum_{j=1}^{2} \frac{q_3 q_j}{|\vec{x}_{(3)}-\vec{x}_{(j)}|}$$

usw. Sind n - 1 Ladungen montiert, so ist das Potential

$$\phi_{1,1\ldots n-1}(\vec{x}) = \sum_{j=1}^{n-1} \frac{q_j}{|\vec{x} - \vec{x}_{(j)}|}$$

Das Hinzufügen der n-ten Ladung kostet

$$A_{n,1\ldots.n-1} = \sum_{j=1}^{n-1} \frac{q_n\, q_j}{|\vec{x}_{(n)} - \vec{x}_{(j)}|}$$

Insgesamt mußten wir die Arbeit

$$W = \frac{q_2\, q_1}{|\vec{x}_{(2)}-\vec{x}_{(1)}|} + \sum_{j=1}^{2}\frac{q_3\, q_j}{|\vec{x}_{(3)}-\vec{x}_{(j)}|} + \ldots. + \sum_{j=1}^{n-1}\frac{q_n\, q_j}{|\vec{x}_{(n)}-\vec{x}_{(j)}|}$$

$$= \sum_{i=2}^{n} \sum_{j<i} \frac{q_i\, q_j}{|\vec{x}_{(i)}-\vec{x}_{(j)}|}$$

$$= \frac{1}{2} \sum_{\substack{i,j=1 \\ i\neq j}}^{n} \frac{q_i\, q_j}{|\vec{x}_{(i)}-\vec{x}_{(j)}|}$$

leisten, die als potentielle Energie in dem Feld enthalten ist. Verallgemeinern wir das auf eine kontinuierliche Ladungsverteilung (d.h. denken wir uns diese aus lauter differentiellen Ladungsdichten $\rho(\vec{x})$ zusammengesetzt), so erhalten wir

$$(30)\quad W = \frac{1}{2}\iint \frac{\rho(\vec{x})\,\rho(\vec{x}\,')}{|\vec{x}-\vec{x}\,'|}\, d^3x\, d^3x'$$

Eigentlich wäre die Stelle $\vec{x} = \vec{x}\,'$ auszuschließen, die im diskreten Fall dem Term i=j entspricht. Das läßt sich im Integral nicht formulieren, da diese Stelle das Maß Null hat. Wir nehmen den Term daher mit (die Bedeutung wird unten diskutiert).

Wenn wir unserem feldtheoretischen Programm gerecht werden wollen, müssen wir diese Feldenergie durch <u>lokale</u> Größen (Potential bzw. Feldstärke) ausdrücken. Mit (10) und (9) erhalten wir

$$(31)\quad W = \frac{1}{2}\int \phi(\vec{x})\,\rho(\vec{x})\,d^3x = -\frac{1}{8\pi}\int \phi(\vec{x})\,\Delta\phi(\vec{x})\,d^3x$$

Das Integral kann ohne Schaden über den ganzen Raum erstreckt werden. Wenn ρ nicht ganz ins Unendliche reicht (was wir stets annehmen wollen! Das Potential soll im Unendlichen Null sein!), sorgt ρ bzw. $\Delta\phi$ von selbst dafür, daß nicht "zuviel" mitgenommen wird.

Um die Energie durch die Feldstärke auszudrücken, formen wir den Integranden nach dem Schema der partiellen Integration um:

$$\phi\Delta\phi = \phi\nabla^i\nabla^i\phi = \nabla^i(\phi\nabla^i\phi) - (\nabla^i\phi).(\nabla^i\phi)$$

$$= \vec{\nabla}(\phi\vec{\nabla}\phi) - (\vec{\nabla}\phi).(\vec{\nabla}\phi)$$

Mit (7) erhalten wir

$$\phi\Delta\phi = -\vec{\nabla}(\phi(\vec{x})\ \vec{E}\ (\vec{x})) - (\ \vec{E}\ (\vec{x}))^2$$

Der erste Term gibt zum Integral in (21) keinen Beitrag: integrieren wir über eine sehr große Kugel mit dem Radius R und wenden den Gauß'schen Satz (Anh.II, 3, Satz III) an, wobei wir

$$\vec{a} = \phi\vec{E}$$

setzen, so erhalten wir

$$\int\vec{\nabla}(\phi\vec{E})d^3x = \oint\phi\vec{E}.d\vec{f}$$

Das Flächenintegral ist über die Kugeloberfläche zu erstrecken. Für hinreichend große R fällt $\phi.E$ mindestens wie $1/R^3$ ab (vgl.(13)!), das Flächenelement ist $\sim R^2$, so daß das Integral wie $\frac{1}{R}$ abfällt und für $R\to\infty$ keinen Beitrag gibt, w.z.b.w. Wir erhalten daher

$$(32)\quad W = \frac{1}{8\pi}\int(\vec{E}(\vec{x}))^2 d^3x$$

als Gesamtenergie des elektrostatischen Feldes. Man sieht, daß diese Energie aus Beiträgen jedes Volumelements additiv zusammengesetzt ist. Wir können daher jedem infinitesimalen Bereich eine Energiedichte

$$(33)\quad w(\vec{x}) = \frac{1}{8\pi}(\vec{E}(\vec{x}))^2$$

zuordnen.

Die eben gefundene Formel besagt, daß sogar einer einzelnen Punktladung eine elektrostatische Energie zukommt. Sitzt die Ladung im Koordinatenursprung, so ist der Betrag der Feldstärke an der Stelle $\vec{x}$

$$|\vec{E}\ (\vec{x})| = \frac{q}{x^2}$$

Daher ist die Energiedichte

$$w(x) = \frac{q^2}{8\pi}\frac{1}{x^4}$$

Wir berechnen nun (32) in Polarkoordinaten

$$r = x = |\vec{x}|, \theta, \phi$$

$$d^3x = r^2 dr\ \sin\theta d\theta d\phi$$

$$W = \frac{q^2}{8\pi}\int_0^\infty \frac{r^2 dr}{r^4}\int_0^\pi \sin\theta d\theta \int_0^{2\pi} d\phi = \frac{q^2}{2}\int_0^\infty \frac{dr}{r^2} =$$

$$= -\frac{q^2}{2}\cdot\frac{1}{r}\Big|_0^\infty = \infty$$

Die Gesamtenergie ist also unendlich, und zwar divergiert sie linear. Dasselbe Ergebnis würde man auch direkt aus (30) mit $\rho = q\delta(\vec{x})$ erhalten. Dieses Resultat hängt mit dem Übergang zum Kontinuum zusammen, den wir zur Ableitung von (30) vorgenommen haben. Ursprünglich hatten wir nur von Energien zwischen Punktladungen, also nur von Wechselwirkungsenergie gesprochen und die Wechselwirkungsenergie einer Ladung mit sich selbst (d.h. ihre Energie in ihrem eigenen Feld, die sog. Selbstenergie) ausgeschlossen ($i \neq j$!). In (30) haben wir die Wechselwirkung jeder infinitesimalen Ladung mit allen anderen infinitesimalen Ladungen mitgezählt (und das ist daher auch in (32) der Fall). Wenn wir damit die Energie einer (endlichen) Ladungsverteilung berechnen, so impliziert das die Vorstellung, daß wir die Verteilung aus infinitesimalen

Elementen zusammensetzen. Aus dem Resultat für die Punktladung müssen wir schließen, daß der feldtheoretische Begriff der Energiedichte (also das feldtheoretische Konzept, daß infinitesimale Elemente Träger physikalischer Eigenschaften sind: die Lokalitätseigenschaft der Theorie) zu dem Begriff einer punktförmigen Quelle (Punktladung) im Widerspruch steht. Das kann also entweder bedeuten, daß der Begriff "Punktladung" sinnlos ist, d.h. daß alle Ladungen "in Wirklichkeit" ausgedehnt sind, oder daß der Feldbegriff (in diesem Fall: Energiedichte, das impliziert lokale Energieerhaltung) bei kleinen Abständen versagt.

Da es bei dieser Problematik um mikroskopische Eigenschaften geht (praktisch sind die kleinsten Ladungen Elementarteilchen von endlichen Radius!), ist die klassische Physik dabei sicher überfordert. Das Problem gehört aber auch im Rahmen der Quantenelektrodynamik noch immer zu den ungelösten Fragen.

Die klassische Physik kann immerhin einen Zahlenwert liefern, der für die Abschätzung der Größenordnung quantenelektrodynamischer Effekte brauchbar ist. Stellen wir uns ein Elektron als geladene Kugel von endlicher Größe vor, so ist

$$W = \frac{e^2}{r_o}$$

wobei r_o ein für die Ladungsverteilung charakteristischer Radius ist (vgl. Aufgabe 23). Identifizieren wir diese Selbstenergie mit der Ruheenergie des Elektrons, d.h. nehmen wir an, daß die ganze Masse des Elektrons elektrostatische Selbstenergie ist, so erhalten wir

$$\frac{e^2}{r_o} = mc^2 \qquad r_o = \frac{e^2}{mc^2} \simeq 2\cdot 82.10^{-13}\,\mathrm{cm}$$

Dieser Wert heißt klassischer Elektronenradius. Natürlich erklärt diese Betrachtung nicht, warum das Elektron zusammenhält.

Übungsaufgaben

(22) Ein Kondensator bestehe aus zwei beliebig geformten, voneinander getrennten, geladenen Leitern im Vakuum. Die Ladungen auf den Leitern seien +Q bzw. -Q, das Potential auf den Leitern sei V_1 bzw. V_2. Berechne die im elektrischen Feld enthaltene Energie.

(23) Berechne die im elektrischen Feld enthaltene Energie für die drei Ladungsverteilungen von Aufgabe (10).

Formeln Elektrostatik

	Gauß'sches Maßsystem	SI
Feldgleichungen der Feldstärken	$\vec{\nabla}.\vec{E} = 4\pi\rho$ $\vec{\nabla}\times\vec{E} = 0$	$\vec{\nabla}.\vec{E} = \frac{1}{\varepsilon_0}\rho$ $\vec{\nabla}\times\vec{E} = 0$
Potential vs. Feld	$\vec{E} = -\vec{\nabla}\phi$	$\vec{E} = -\vec{\nabla}\phi$
Feldgleichungen des Potentials	$\Delta\phi = -4\pi\rho$	$\Delta\Phi = -\frac{1}{\varepsilon_0}\rho$
Lösungen	$\phi(\vec{x}) = \int \frac{\rho(\vec{x}')}{\|\vec{x}-\vec{x}'\|} d^3x'$ $\vec{E}(\vec{x}) = \int \frac{(\vec{x}-\vec{x}')\rho(x')}{\|\vec{x}-\vec{x}'\|^3} d^3x'$	$\phi(\vec{x}) = \frac{1}{4\pi\varepsilon_0}\int \frac{\rho(\vec{x}')}{\|\vec{x}-\vec{x}'\|^3} d^3x'$ $\vec{E}(\vec{x}) = \frac{1}{4\pi\varepsilon_0}\int \frac{(\vec{x}-\vec{x}')\rho(x')}{\|\vec{x}-\vec{x}'\|^3} d^3x'$
Energiedichte	$w = \frac{1}{8\pi}\vec{E}^2$	$w = \frac{\varepsilon_0}{2}\vec{E}^2$
Ladung	$q = \int\rho(\vec{x})d^3x$	$q = \int\rho(\vec{x})d^3x$
Dimensionen	$[q] = cm^{3/2}g^{1/2}s^{-1}$ $[\phi] = cm^{1/2}g^{1/2}s^{-1}$	$[q] = A.s$ $\varepsilon_0 = \frac{10^7}{4\pi c^2}\frac{A.s}{V.m}$ $[\phi] = \frac{m^2 kg}{A.s^3}$
Maß=einheiten	q ESE ϕ Ves	Coulomb (=A.s) Volt

Umrechnung: 1 Coulomb = $\frac{c}{10}$ ESE, 1 Volt = $\frac{10^8}{c}$ Ves

c = Lichtgeschwindigkeit

II. Der Formalismus der Elektrodynamik

1. Bewegte Ladungen, Ladungsbilanz

Elektrische Ströme werden durch den Transport von Ladungsträgern hervorgerufen. Ein Maß dafür ist die Zahl der pro Sekunde transportierten Ladungseinheiten $I = nq/t$, die wir die elektrische Stromstärke nennen. Ihre Einheit ist im CGS-System 1 ESE/sec. Die entsprechende SI-Einheit ist

$$1A = 1 \text{ Coulomb/Sek.} = 3.10^9 \text{ ESE/Sek.}$$

das entspricht etwa einem Strom von $6{,}2.10^{18}$ Elektronen/sek.

Die zugehörige lokale Größe ist die Strom<u>dichte</u>. Wir betrachten ρ Ladungsträger pro cm^3, die sich alle mit der Geschwindigkeit $\vec{v}$ bewegen sollen und fragen nach der Zahl dn der Ladungseinheiten, die in der Zeit dt durch ein Flächenstück von df cm^2 fließen, dessen Flächennormale $d\vec{f}$ mit $\vec{v}$ den Winkel Θ bilden soll:

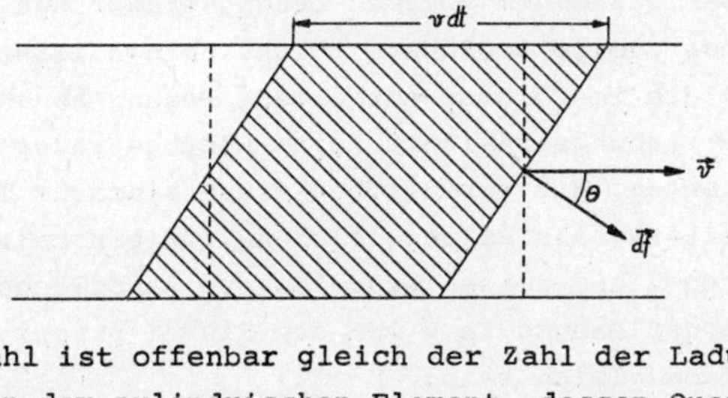

Diese Zahl ist offenbar gleich der Zahl der Ladungsträger in dem zylindrischen Element, dessen Querschnitt schraffiert gezeichnet wurde. Sein Volumen ist $df.v\cos\Theta.$ $.dt$ und daher ist

$$dn = \rho df\ v\ \cos\Theta dt = d\vec{f}.\vec{v}\rho dt$$

Pro Sekunde fließt dann durch f der Strom

$$dI = \frac{dn}{dt} = \rho\vec{v}.d\vec{f} = :\ \vec{j}.d\vec{f}$$

Wir nennen $\vec{j}$ die Stromdichte der bewegten Ladungsverteilung ρ:

$$(1)\quad \vec{j} = \rho\vec{v}$$

Dabei kann sowohl ρ als auch $\vec{v}$ von t abhängen. Da wir elektrische Ströme als systematische Bewegung von Ladungsträgern interpretiert haben, ist diese Begriffsbildung der entsprechenden in der Hydrodynamik völlig analog: die Ladungsdichte entspricht der Massendichte der Hydrodynamik. Die Dimension der elektrischen Stromdichte ist Ladung pro Fläche und Sekunde. Integriert man die Stromdichte über eine Fläche, so erhält man eine Stromstärke.

Fließen aus einem Volumen Ladungsträger aus, ohne daß von einer Quelle im Innern solche nachgeliefert werden, so muß die im Volumen enthaltene Ladung abnehmen, da wegen der Ladungserhaltung keine Ladungsträger verschwinden können. Wir formulieren diese einfache Tatsache quantitativ als Bilanzgleichung für ein beliebiges Volumen V und dessen geschlossene Randfläche F. Die Abnahme der Ladung in V muß dem Fluß (=Strom) durch die Oberfläche gleich sein:

$$-\frac{d}{dt}\int_V \rho d^3x = \oint \vec{j}.d\vec{f} = \int_V \vec{\nabla}.\vec{j} d^3x$$

Der letzte Schritt folgt aus dem Gauß'schen Satz (Anhang II, 3, Satz III). Betrachten wir ein infinitesimales Volumen, so erhalten wir die Kontinuitätsgleichung

$$\frac{\partial\rho}{\partial t} + \vec{\nabla}.\vec{j} = 0 \tag{2}$$

als lokalen (mikroskopischen) Ausdruck für die Ladungsbilanz.

2. Transformationsverhalten der Ladungs- u. Stromdichte

Nun wollen wir das Verhalten elektrischer Größen bei Lorentztransformationen untersuchen. Als Ausgangspunkt benützen wir dabei die Ladungsbilanz. Damit wir das tun können, müssen wir erst einmal klarstellen, daß die gesamte Ladung q eines abgeschlossenen Systems unabhängig vom Bewegungszustand ist und sich daher bei Lorentztransformationen nicht ändert (Invarianz der Ladung). Das ist keineswegs trivial, sondern eine Erfahrungstatsache. Ein experimenteller Anhaltspunkt ist die mit hoher Präzision gemessene Ladungsgleichheit von Systemen, die aus gleich vielen Elementarteilchen in verschiedenem Bewegungszustand bestehen. Ein Beispiel dafür ist:

(a) ein neutrales H_2-Molekül

(b) ein neutrales He-Atom

Beide Systeme bestehen aus den gleichen Ladungsträgern (2Protonen, 2 Elektronen). Im He-Atom bewegen sich die Protonen mit kinetischen Energien im MeV-Bereich, im H_2-Molekül sind sie annähernd in Ruhe. Beide Systeme sind aber, wie man mit großer Genauigkeit messen kann, elektrisch neutral (q=0). Ein weiteres Beispiel wäre

(a) ein einfach ionisiertes Deuteriummolekül

(b) ein einfach ionisiertes He-Atom
Hier ist in beiden Fällen q=1 Protonladung, obwohl auch hier der Bewegungszustand der Bestandteile verschieden ist. Man beachte, daß z.B. die Masse der betrachteten Systeme (a), (b) verschieden ist! Die Masse ist im Gegensatz zu q nicht invariant!

Weitere Anhaltspunkte wären Konsistenzbetrachtungen: alle Teilchenbeschleuniger sind z.B so konstruiert, daß man dabei von der Invarianz der Teilchenladung ausgeht. Schon sehr kleine Abweichungen davon würden dazu führen, daß diese Maschinen nicht funktionieren. Da sie in Wirklichkeit sehr präzise funktionieren, muß die Ladung offenbar invariant sein.

Wir betrachten nun zwei Bezugssysteme S und S', die durch eine Lorentztransformation zusammenhängen sollen. Man kann sich z.B. vorstellen, daß S das Bezugssystem eines auf der Erde ruhenden Beobachters ist. Das System S' ist dann das eines relativ zur Erde mit V bewegten Beobachters. Zunächst betrachten wir eine in S ruhende Ladungsverteilung q, z.B. einen homogen geladenen kleinen Würfel (Kantenlänge a, Gesamtladung q). Der Beobachter S' "sieht" in seinem System dieselbe Gesamtladung, sie verteilt sich aber über ein kleineres Gebiet, denn der (für ihn bewegte) Würfel ist in Bewegungsrichtung um den Faktor $1/\gamma(v) = \sqrt{1-v^2/c^2}$ kontrahiert. Von S' aus betrachtet ist daher die Ladungsdichte entsprechend höher:

$$(3) \quad \rho' = \gamma(V)\rho$$

Außerdem sieht der Beobachter S' eine bewegte Ladungsverteilung, die er als Strom interpretiert. Die Stromdichte hat für ihn die Komponenten

$$j'_{\parallel} = -\rho' V = -\gamma\rho V = -\gamma\beta c\rho$$

(4)

$$\vec{j}'_{\perp} = \vec{j}_{\perp} = 0$$

Dabei bedeutet $\parallel$ die Komponente $\parallel$ zu V, $\perp$ bedeutet die dazu senkrechten Komponenten (vgl. Anhang IV, 2). Vergleichen wir das mit den Transformationsformeln eines Vierervektors $a^{\mu} = (a^0, \vec{a})$

$$a'_0 = \gamma(a_0 - \beta a_{\parallel})$$

$$\vec{a}'_{\perp} = \vec{a}_{\perp}$$

$$a'_{\parallel} = \gamma(a_{\parallel} - \beta a_0)$$

so sehen wir, daß diese Formeln zueinander passen, wenn wir annehmen, daß

(5) $j^{\mu} = (c\rho, \vec{j})$

ein Vierervektor ist, wobei in unserem Fall im System S $\vec{j}=0$ ist. Das mag noch nicht überzeugend erscheinen. Betrachten wir daher eine in S <u>bewegte</u> Ladungsverteilung ρ, $\vec{j} = \rho\vec{v}$. Im bewegten System S' wird man dann (sofern nicht zufällig $\vec{v}=\vec{V}$ ist) ebenfalls eine bewegte Verteilung feststellen: ρ', $\vec{j}'=\rho'\vec{v}'$. Man könnte nun $\vec{v}'$ mit Hilfe der relativistischen Geschwindigkeitsaddition aus $\vec{v}$ und $\vec{V}$ zusammensetzen. Damit hat man aber noch nichts über den Zusammenhang zwischen ρ' und ρ gelernt, von dem wir nur wissen, daß er sich für $\vec{v} = 0$ auf den früher gefundenen reduzieren muß. Ein besseres Argument liefert uns die Kontinuitätsgleichung. Die im vorigen Abschnitt durchgeführte Bilanzbetrachtung läßt sich in beiden Systemen anstellen, d.h. es muß

$$\frac{\partial\rho}{\partial t} + \vec{\nabla}.\vec{j} = \frac{\partial\rho'}{\partial t'} + \vec{\nabla}'.\vec{j}' = 0$$

sein, denn es war bei der Herleitung nichts über das Bezugssystem vorausgesetzt worden. Der Ausdruck

$$\frac{\partial\rho}{\partial t} + \vec{\nabla}.\vec{j} = \frac{1}{c}\frac{\partial}{\partial t}(c\rho) + \vec{\nabla}.\vec{j}$$

ist daher forminvariant. Da $\partial_\mu = (\frac{1}{c}\frac{\partial}{\partial t}, \vec{\nabla})$ ein Vierervektor ist, muß $j^\mu = (c\rho, \vec{j})$ auch ein solcher sein, w.z.b.w. Durch Einsetzen der Formel für die Lorentztransformation sieht man, daß

$$(6)\quad \rho' = \gamma(V)\ (1 - \frac{\vec{v}.\vec{V}}{c^2})\rho$$

ist.

Die Kontinuitätsgleichung lautet in vierdimensionaler Schreibweise.

$$(7)\quad \partial_\mu j^\mu = 0$$

Benützen wir den in Anhang III erwähnten Satz V, so folgt

$$\int_{\Sigma_1} j_\mu d\sigma^\mu = \int_{\Sigma_2} j_\mu d\sigma^\mu$$

Das Integral ist daher unabhängig von der Hyperfläche, über die man integriert. Integrieren wir über eine Zeitebene (d.h. den <u>ganzen</u> Raum zu fester Zeit t), so erhalten wir

$$\int_{t_1} j^o d^3x = \int_{t_2} j^o d^3x$$

Daher ist die gesamte Ladung eines abgeschlossenen Systems

(8) $$Q = \int \rho \, d^3x$$

zeitunabhängig

(9) $$\frac{dQ}{dt} = 0$$

Die Invarianz der Ladung, die Kontinuitätsgleichung, die Transformationseigenschaften von j^μ und die Erhaltung der Gesamtladung sind daher eng miteinander verknüpft.

Ein allgemeineres Modell für eine Ladungs- und Stromdichte bilden N Punktladungen q_i (i=1,...N), die sich auf individuellen Bahnen $\vec{x}_i = \vec{x}_i(t)$ bewegen. Ist die Geschwindigkeit des i-ten Teilchens

$$\vec{v}_i(t) = \frac{d\vec{x}_i}{dt}$$

so lautet ein geeigneter Ansatz für die Ladungs- bzw. Stromdichte

$$\rho(t,\vec{x}) = \sum_{i=1}^{N} q_i \delta(\vec{x} - \vec{x}_i(t)) = \sum_i \rho_i(t,\vec{x})$$

$$\vec{j}(t,\vec{x}) = \sum_{i=1}^{N} q_i \vec{v}_i(t)\delta(\vec{x}-\vec{x}_i(t)) = \sum_i \vec{v}_i(t)\rho_i(t,\vec{x})$$

Man rechnet leicht nach, daß die Kontinuitätsgleichung erfüllt ist:

$$\frac{\partial\rho}{\partial t} = \sum_{i=1}^{N} q_i(-\frac{d\vec{x}}{dt}).\vec{\nabla}\delta(\vec{x}-\vec{x}_i(t)) = -\sum_i q_i\vec{v}_i(t).\vec{\nabla}\delta(\vec{x}-\vec{x}_i(t))$$

$$= -\vec{\nabla}.\vec{j}$$

Diese Beschreibung ist vom relativistischen Standpunkt korrekt, wenn wir t als Koordinatenzeit interpretieren (vgl. Anhang IV).

3. Transformationseigenschaften der elektrischen Feldstärke

Nun betrachten wir die elektrische Feldstärke einer Ladungsverteilung, die in einem Bezugssystem S ruht und fragen nach ihrer Form in einem relativ dazu bewegten System S'. Die Feldstärke $\vec{E}$ im System S kann mit Hilfe der (konstanten) Kraft $\vec{F}_{(o)}$ auf eine in S ruhende Probeladung $q_{(o)}$ ausgemessen werden. Befindet sich diese Probeladung an der Stelle $\vec{x}$, so ist

$$\vec{F}_{(o)} = q_{(o)}\vec{E}(\vec{x})$$

Betrachten wir nun die Kraft $\vec{F}$ auf eine in S mit konstanter Geschwindigkeit $\vec{v}$ bewegte Probeladung q an der Stelle $\vec{x}(t)$. Diese Kraft hängt von der Zeit ab. In einem bestimmten Zeitpunkt t beträgt sie

$\vec{F}(t) = q\vec{E}(\vec{x},t)$

Wir transformieren nun auf jenes System S', in dem die Probeladung q ruht. Nach Anhang IV, 2 ist in diesem System

$F'_{\parallel} = F_{\parallel}, \qquad \vec{F}'_{\perp} = \gamma(V)\vec{F}_{\perp}$

Im System S' bewegt sich die Ladungsverteilung, die das elektrische Feld hervorruft. Wir messen die Feldstärke in S' mit der in diesem System ruhenden Probeladung q aus:

$\vec{F}' = q\vec{E}'$

und finden durch Vergleich die folgende Transformationseigenschaft:

(10) $E'_{\parallel} = E_{\parallel}, \qquad \vec{E}'_{\perp} = \gamma(V)\vec{E}_{\perp}$

Dieses Resultat gilt nur für das Feld einer Ladungsverteilung, die in einem Bezugssystem ruht. Außerdem muß beachtet werden, daß sich $\vec{E}$ und $\vec{E}'$ auf denselben Raumpunkt beziehen.

Das Resultat kann an Beispielen direkt plausibel gemacht werden. Betrachten wir z.B. ein homogenes elektrisches Feld zwischen zwei parallelen Kondensatorplatten. Die Flächenladungsdichten seien $\pm\sigma$. Das elektrische Feld kann mit Hilfe des Gauß'schen Gesetzes bestimmt werden, das man auf einen rechteckigen Behälter um eine der Platten anwendet (vgl. Kap. I,4). Wegen der Invarianz der Ladung gilt das Gauß'sche Gesetz in jedem Lorentzsystem:

$$q = \int_{F'} \vec{E}.d\vec{f} = \int_{F'} \vec{E}'.d\vec{f}'$$

Ein ruhender Beobachter (System S) findet für die Feldstärke, daß sie senkrecht zu den Platten gerichtet ist und den Betrag

$$|\vec{E}| = 4\pi\sigma$$

hat. Ein parallel zu den Platten mit V bewegter Beobachter stellt in seinem Bezugssystem S' eine erhöhte Flächenladungsdichte

$$\sigma' = \gamma(V)\sigma$$

fest (vgl. Transformationseigenschaften von ρ). Aus Symmetriegründen ist auch für ihn die Feldstärke senkrecht zu den Platten und es ist

$$|\vec{E}'| = 4\pi\gamma(V)\sigma$$

Daraus folgt

$$\vec{E}'_{\perp} = \gamma(V)\vec{E}_{\perp}$$

Betrachtet man den Kondensator aus der Sicht eines Beobachters, der sich mit V senkrecht zu den Platten bewegt, so resultiert

$$E'_{\parallel} = E_{\parallel}$$

da die Flächenladungsdichte in Bewegungsrichtung unendlich "dünn" ist und daher nicht kontrahiert wird. Als Folge des Superpositionsprinzips muß die Überlegung auch für Bewegungen schräg zu den Kondensatorplatten gelten: man kann die Feldstärke stets in Komponenten ∥ und ⊥ zur Bewegungsrichtung zerlegen und diese getrennt betrachten. Von der speziellen Feldgeometrie (Plattenkondensator) hängt das Resultat nicht ab, denn es gilt für die Feldstärke an einem (beliebigen) Punkt. Es ist daher nicht wesentlich, ob die Feldstärke an einem anderen Punkt denselben Betrag bzw. dieselbe Richtung hat (wie das zwischen Kondensatorplatten der Fall ist) oder nicht.

Die Formel $\vec{F} = q\vec{E}$ für die Kraft auf eine Probeladung q gilt also, wenn entweder die Probeladung oder die Quelle (=die das Feld hervorrufende Ladungsverteilung) ruht (oder beide). Wir wollen uns nun davon überzeugen, daß dies nicht mehr der Fall ist, wenn sich <u>sowohl</u> die Probeladung <u>als auch</u> die Quelle bewegt. Wir betrachten zunächst eine Ladungsverteilung, die in einem Bezugssystem S ruht und in diesem System ein statisches Feld $\vec{E}(\vec{x})$ hervorruft. Eine Probeladung q soll sich in S mit beliebiger Geschwindigkeit $\vec{v}$ bewegen. In einem bestimmten Zeitpunkt t befinde sich die Probeladung an der Stelle $\vec{x}(t)$. Sie erfährt dann in diesem Moment die Kraft

$$\vec{F} = q\vec{E}(\vec{x})$$

Wir betrachten nun dieselbe Situation aus einem Bezugssystem S', das sich (von S aus gesehen) mit der konstanten Geschwindigkeit $\vec{V}$ bewegt. In diesem System hat die Probeladung die Geschwindigkeit $\vec{v}'$, die man aus $\vec{v}$ und $\vec{V}$ durch Geschwindigkeitsaddition ausrechnen könnte. Der Raumzeitpunkt, in dem wir die Kraft auf die Probeladung berechnet haben, ist nun $\vec{x}'(t')$. Wir berechnen die Kraft $\vec{F}'$ an dieser Stelle in Termen von $\vec{v}'$ und der Feldstärke $\vec{E}'$, die mit $\vec{E}$ durch (10) zusammenhängt. Dazu gehen wir von den in Anhang IV, 2 angegebenen Umkehrformeln für die Einsteinkraft $\vec{F}$ in Termen von $\vec{F}'$ und $\vec{v}'$ aus. Wir schreiben sie in der Form

$$\left(1+ \frac{\vec{v}'.\vec{V}}{c^2}\right) \gamma(V)\vec{F}_{\perp} = \vec{F}'_{\perp}$$

$$\left(1+ \frac{\vec{v}'.\vec{V}}{c^2}\right) F_{\parallel} = F'_{\parallel} + \frac{V}{c^2} (\vec{v}.\vec{F}')$$

Zerlegen wir in der zweiten Gleichung mit $\vec{V} = \vec{e}V$

$$\vec{F}' = \vec{e}(\vec{e}.\vec{F}') + \vec{F}'-\vec{e}(\vec{e}.\vec{F}') = \vec{e}\, F'_{\parallel} + \vec{F}'_{\perp}$$

so nimmt diese Gleichung folgende Form an

$$\left(1+ \frac{\vec{v}'.\vec{V}}{c^2}\right) F_{\parallel} = \left(1+ \frac{\vec{v}'.\vec{V}}{c^2}\right)F'_{\parallel} + \frac{V}{c^2} (\vec{v}'.\vec{F}'_{\perp})$$

Nun setzen wir für $\vec{F} = q\vec{E}$ ein und beachten (10). Dann erhalten wir

$$\left(1+ \frac{\vec{v}'.\vec{V}}{c^2}\right) q\vec{E}'_{\perp} = \vec{F}'_{\perp}$$

$$\left(1+ \frac{\vec{v}'.\vec{V}}{c^2}\right) qE'_{\parallel} = \left(1+ \frac{\vec{v}'.\vec{V}}{c^2}\right) F'_{\parallel} + \frac{V}{c^2} (\vec{v}.\vec{F}'_{\perp})$$

Wir multiplizieren die erste Gleichung skalar mit $\vec{v}'$ und setzen in die zweite Gleichung ein. Der Faktor $(1+\vec{v}.\vec{V}/c^2)$ kann gekürzt werden und wir erhal ten F' in der gesuchten Form

$$\vec{F}'_{\perp} = q(\vec{E}'_{\perp} + \frac{\vec{v}.\vec{V}}{c^2}\vec{E}'_{\perp})$$

$$F'_{\parallel} = q(E'_{\parallel} - \frac{V}{c^2}(\vec{v}'.\vec{E}'_{\perp}))$$

Schreiben wir das in der Form

$$\vec{F}' = q(\vec{E}' + \frac{1}{c^2}\vec{K})$$

so wird

$$\vec{K}_{\perp} = \vec{K}-\vec{e}(\vec{e}.\vec{K}) = (\vec{v}.\vec{V})\,\vec{E}'_{\perp}$$

$$K_{\parallel} = (\vec{e}.\vec{K}) = -V(\vec{v}.\vec{E}'_{\perp})$$

Daraus finden wir

$$\vec{K} = (\vec{v}'.\vec{V})\vec{E}'_{\perp} - \vec{e}V(\vec{v}'.\vec{E}'_{\perp}) = -\vec{v}'x(\vec{V}x\vec{E}'_{\perp})$$

$$= -\vec{v}'x(\vec{V}x\vec{E}')$$

und wir erhalten für F' die <u>Lorentzkraft</u>

(11) $\vec{F}' = q(\vec{E}' + \frac{1}{c}(\vec{v}'x\vec{B}'))$

mit

(12) $\vec{B}' = -\frac{1}{c}(\vec{V}x\vec{E}')$

Bewegt sich daher sowohl die Quelle, als auch die Probeladung, so wirkt außer der elektrischen Kraft $q\vec{E}'$ noch eine magnetische Kraft $\frac{q}{c}(\vec{v}'x\vec{B}')$. Das Magnetfeld (12) erscheint von diesem Standpunkt aus betrachtet als

"Hilfskonstruktion". Durch Übergang in das Ruhesystem S der Quelle kann das Magnetfeld (12) wegtransformiert werden.

Natürlich darf aus dieser Überlegung weder der Schluß gezogen werden, daß alle Magnetfelder nur "Hilfskonstruktionen" sind, noch daß jedes Magnetfeld in der Form (12) mit (10) dargestellt werden kann. Diese Form resultiert nur dann, wenn die gesamte Ladungsverteilung (alle Elementarladungen, aus denen sie aufgebaut ist) auf Ruhe transformiert werden kann, sodaß in einem Bezugssystem eine statische Situation vorliegt.

4. Der elektromagnetische Feldtensor

Die Überlegungen der vorherigen Abschnitte haben das Auftreten von magnetischen Feldern in bestimmten Situationen plausibel gemacht. Dabei sind wir aber stets von elektrostatischen Situationen ausgegangen. Für einen konsequenten Aufbau der Elektrodynamik reicht das natürlich nicht aus. Die erworbene Erfahrung ist aber groß genug, um den engen Zusammenhang zwischen elektrischen und magnetischen Phänomenen zu erkennen. Wir versuchen daher einen Aufbau der Elektrodynamik, der dieser Situation gerecht wird und im übrigen analog zu dem in der Elektrostatik gewählten Zugang ist, d.h. von einigen wenigen (letztlich empirisch zu rechtfertigenden) Grundannahmen ausgeht. Wir führen diese Voraussetzung (die z.T. schon in den vorhergehenden Abschnitten grundlegend waren) kurz an:

(I) Die Gültigkeit des Relativitätsprinzips und der zugehörigen Raumzeitstruktur,

(II) Die Erhaltung und Invarianz der Ladung (mit allen Konsequenzen für eine lokale Beschreibung durch eine Ladungs- und Stromdichte),

(III) Die Existenz elektrischer und magnetischer Felder $\vec{E}(t,\vec{x})$, $\vec{B}(t,\vec{x})$ die durch Ladungs- und Stromverteilung hervorgerufen werden,

(IV) Die Gültigkeit des Superpositionsprinzips für elektrische und magnetische Felder.

Zu Punkt III ist zu bemerken, daß wir (wie in der Elektrostatik) damit noch nicht angeben müssen, welche Felder eine bestimmte Ladungs- und Stromverteilung hervorruft: das ist Aufgabe der elektrodynamischen Feldgleichungen, die wir erst finden wollen. Es muß aber gesagt werden, wie man die Felder nachweist. In Analogie zur Elektrostatik verwenden wir dazu den Ausdruck für die Kraft, die eine Probeladung q in einem elektromagnetischen Feld spürt

$$(13) \quad \vec{F} = q(\vec{E} + \frac{1}{c}\,\vec{v}\times\vec{B})$$

Diese Form (Lorentzkraft) ist für unseren Zugang als Ausgangspunkt anzusehen, der durch das Experiment zu rechtfertigen ist. Mit seiner Hilfe kann man $\vec{E}$ durch die Kraft auf eine ruhende, $\vec{B}$ durch die Kraft auf eine mit $\vec{v}$ bewegte Probeladung ausmesen. Zur Sicherung von (13) muß man experimentell (in genügend vielen Versuchen) zeigen, daß man mit dieser Form auskommt. Als Theoretiker muß man zeigen, daß die aus (13) entwickelte Theorie konsistent ist und mit anderen möglichen Experimenten nicht im Konflikt steht.

Die angeführten Voraussetzungen reichen aus, um das relativistische Transformationsverhalten von $\vec{E}$ und $\vec{B}$ in voller Allgemeinheit zu finden. Zusammen mit dem (bereits bekannten) Transformationsverhalten von $\varrho, \vec{j}$ kann man dann die Feldgleichungen der Elektrodynamik aus den statischen Gleichungen herleiten (deren Gültigkeit man dazu voraussetzen muß).

Um die Transformationseigenschaften von $\vec{E}$ und $\vec{B}$ zu finden, schreiben wir (13) so um, daß anstelle der Einsteinkraft $\vec{F}$ die Minkowskikraft f^{μ} und anstelle der Geschwindigkeit $\vec{v}$ die Vierergeschwindigkeit u^{μ} auftritt (vgl.Anhang IV, 1). Durch Multiplikation von (13) mit $\frac{1}{c}\,\gamma(v)$ erhalten wir

$$f^k = \gamma F^k = q\gamma(E^k + \frac{1}{c}\,\varepsilon^{klm} v^l B^m)$$

$$= q(u^o E^k + \varepsilon^{klm} u^l B^m)$$

Analog wird

$$f^o = \frac{1}{c}\gamma\vec{F}.\vec{v} = \frac{q\gamma}{c}(v^k E^k + \frac{1}{c}\,\varepsilon^{klm} v^k v^l B^m) = q u^k E^k$$

Da f^o die Zeitkomponente eines Vierervektors ist, muß dies auch für die rechte Seite der letzten Gleichung der Fall sein. E^k verhält sich bei Lorentztransformationen <u>nicht</u> wie der Raumteil eines Vierervektors, wie man aus (10) sehen kann. Wir setzen

(14) $E^k =: F^{ko}$

Dann sieht man aus dem Verhalten von f^o, daß der <u>zweite</u> Index die Zeitkomponente eines kovarianten Objektes anzeigen sollte. Bezüglich des <u>ersten</u> Index wissen wir zunächst nur, daß es sich um einen Dreier-Vektorindex handelt, denn E^k benimmt sich bei Drehungen wie ein Vektor, u^k ebenfalls und f^o ist drehinvariant, wie.

das der Fall sein muß. Die Bildung

$$E^k u^k = F^{ko} u^k = -F^{ko} u_k$$

sieht zunächst nicht wie eine reine Zeitkomponente bei Lorentztransformationen aus. Das wäre hingegen der Fall für die Bildung

$$-F^{\nu o} u_\nu = -F^{oo} u_o - F^{ko} u_k$$

Wegen $u_o \neq 0$ stimmt dieser Ausdruck mit dem in f^o auftretenden dann überein, wenn F^{oo} identisch (d.h. in jedem Lorentzsystem) verschwindet. Das ist leicht zu erreichen: wir brauchen nur zu verlangen, daß

$$F^{\nu o} = -F^{o\nu}$$

sein soll. Dann wird

$$f^o = qF^{o\nu} u_\nu$$

Die Raumkomponenten von f nehmen mit $u^o = u_o$, $u^k = -u_k$ die folgende Form an

$$f^k = q\ (F^{ko} u_o - \varepsilon^{klm} B^m u_l)$$

Die rechte Seite hat das gleiche Transformationsverhalten wir die linke, wenn wir für die noch fehlende Komponenten.

(15) $F^{kl} = -\varepsilon^{klm} B^m = -F^{lk}$

ansetzen. Dann lautet die Lorentzkraft

(16) $f^{\mu} = qF^{\mu\nu}u_{\nu}$

und man sieht, daß sich die Komponenten von

(17) $F^{\mu\nu} = -F^{\nu\mu}$

bei Lorentztransformationen wie ein Tensor verhalten müssen

(18) $F^{\mu\nu\prime} = \Lambda^{\mu}{}_{\alpha}\Lambda^{\nu}{}_{\beta}F^{\alpha\beta}$

Die Feldstärken $\vec{E}$, $\vec{B}$ sind also die 6 wesentlichen Komponenten eines antisymmetrischen Tensors 2. Stufe (Feldtensor).
Expliziert lautet er

$$(19)\quad (F^{\mu\nu}) = \begin{pmatrix} 0 & -E^1 & -E^2 & -E^3 \\ E^1 & 0 & -B^3 & B^2 \\ E^2 & B^3 & 0 & -B^1 \\ E^3 & -B^2 & B^1 & 0 \end{pmatrix}$$

Bei Spiegelungen verhält sich $\vec{E}$ wie ein polarer, $\vec{B}$ wie ein axialer Vektor. Der zu $F^{\mu\nu}$ duale Tensor hat die Form

$$(20)\quad (\hat{F}^{\mu\nu}) := (\tfrac{1}{2}\,\varepsilon^{\mu\nu\alpha\beta}F_{\alpha\beta}) = \begin{pmatrix} 0 & -B^1 & -B^2 & -B^3 \\ B^1 & 0 & E^3 & -E^2 \\ B^2 & -E^3 & 0 & E^1 \\ B^3 & E^2 & -E^1 & 0 \end{pmatrix}$$

In ihm sind daher (bis auf ein Vorzeichen) die Rollen von $\vec{E}$ und $\vec{B}$ vertauscht.

Das Lorentztransformationsverhalten von $\vec{E}$ und $\vec{B}$ kann man durch Einsetzen der Matrizen $\Lambda(V)$ (vgl. Anhang

III) ablesen:

$$
(21)\qquad
\begin{aligned}
E'_{\parallel} &= E_{\parallel}\,, \qquad & \vec{E}'_{\perp} &= \gamma(V)\,[\vec{E}_{\perp} + \tfrac{1}{c}(\vec{V}\times\vec{B}_{\perp})]\\
B'_{\parallel} &= B_{\parallel}\,, \qquad & \vec{B}'_{\perp} &= \gamma(V)\,[\vec{B}_{\perp} - \tfrac{1}{c}(\vec{V}\times\vec{E}_{\perp})]
\end{aligned}
$$

Daraus sieht man, welche Komponenten "wegtransformiert" werden können. Die im vorigen Abschnitt gefundenen Formeln entsprechen dem Spezialfall $\vec{B} = 0$.

Der komplexe Tensor

$$f^{\mu\nu} := \frac{1}{2}\,(F^{\mu\nu} + i\hat{F}^{\mu\nu})$$

ist zu sich selbst dual

$$\hat{f}^{\mu\nu} = -if^{\mu\nu}$$

und hat daher nur drei unabhängige (komplexe) Komponenten, z.B.

$$f^{ko} =: \mathfrak{F}^{k} \qquad \vec{\mathfrak{F}} = \frac{1}{2}\,(\vec{E} + i\vec{B})$$

Bei Lorentztransformationen ist

$$\mathfrak{F}'_{\parallel} = \mathfrak{F}_{\parallel}\,, \qquad \vec{\mathfrak{F}}'_{\perp} = \gamma(V)\,[\vec{\mathfrak{F}}_{\perp} - \frac{i}{c}\,(\vec{V}\times\vec{\mathfrak{F}}_{\perp})]$$

Man kann sich davon überzeugen, daß spezielle Lorentztransformationen Drehungen des Vektors $\vec{\mathfrak{F}}$ um imaginäre Winkel entsprechen; gewöhnliche Drehungen sind solche um reelle Winkel. Insgesamt entsprechen die allgemeinen Lorentztransformationen der Gesamtheit aller komplexen

Rotationen von $\vec{\mathfrak{F}}$ in einem dreidimensionalen Raum: Die einzige Invariante ist dabei

$$(\vec{\mathfrak{F}})^2 = \frac{1}{4} (\vec{E}^2 - \vec{B}^2 + 2i\vec{E}.\vec{B})$$

Ist diese Größe von Null verschieden, so kann man $\vec{\mathfrak{F}}$ in der Form

$$\vec{\mathfrak{F}} = \mathfrak{F}.\vec{n}$$

darstellen, wobei $\vec{n}$ ein komplexer Einheitsvektor ist. Durch eine komplexe Drehung kann man $\vec{n}$ in die Richtung einer Koordinatenachse bringen und reell machen. Dann wird

$$\mathfrak{F} = |\vec{E}| + i\,|\vec{B}|$$

d.h. $\vec{E}$ und $\vec{B}$ sind parallel zueinander. Für $\mathfrak{F} \neq 0$ kann man daher stets eine Lorentztransformation finden, durch die $\vec{E}$ und $\vec{B}$ in einem vorgegebenen Punkt parallel gemacht werden. Aus der Invarianz von $\vec{\mathfrak{F}}^2$ folgt, daß die einzigen unabhängigen Invarianten, die man aus den Feldstärken bilden kann, durch Real- bzw. Imaginärteil von $\vec{\mathfrak{F}}^2$ gegeben sind. Durch $F^{\mu\nu}$ bzw. $\hat{F}^{\mu\nu}$ ausgedrückt, lauten diese Invarianten

$$S: = -\frac{1}{4}F^{\mu\nu}F_{\mu\nu} = \frac{1}{4}\hat{F}^{\mu\nu}\hat{F}_{\mu\nu} = \frac{1}{2}(\vec{E}^2 - \vec{B}^2)$$

$$P: = -\frac{1}{4}F^{\mu\nu}\hat{F}_{\mu\nu} = \vec{E}.\vec{B}$$

Mit ihrer Hilfe kann man weitere Aussagen über das Verhalten der Feldstärken bei Lorentztransformationen machen. Ist z.B. in einem Bezugssystem

$|\vec{E}| > |\vec{B}|$

so ist dies in allen Bezugssystemen der Fall (ebenso für < oder =). Ist der Winkel α zwischen $\vec{E}$ und $\vec{B}$ in einem Bezugssystem

$\alpha > \pi/2$

so ist dies in allen Systemen der Fall (ebenso für < oder =). Verschwindet in einem Bezugssystem $\vec{B}$ (bzw. $\vec{E}$), so ist in allen Systemen $\vec{E}$ senkrecht zu $\vec{B}$. Die Umkehrung dieses Satzes gilt nur für $S \neq 0$: Ist $\vec{E} \perp \vec{B}$, so läßt sich für

$$S \left.\begin{matrix} < 0 \\ > 0 \end{matrix}\right\} \text{ ein Bezugssystem finden, in dem } \left\{\begin{matrix} \vec{E}=0 \\ \vec{B}=0 \end{matrix}\right. \text{ ist.}$$

Für $S = P = 0$ sind $\vec{E}$ und $\vec{B}$ in allen Systemen senkrecht zueinander und betragsgleich.

Formeln für den Feldtensor

$$F^{\mu\nu} = -F^{\nu\mu} = -\frac{1}{2}\varepsilon^{\mu\nu\alpha\beta}\hat{F}_{\alpha\beta}$$

$$\hat{F}^{\mu\nu} = -\hat{F}^{\nu\mu} = \frac{1}{2}\varepsilon^{\nu\beta\alpha\beta}F_{\alpha\beta}$$

$$E^l = F^{l0} = \frac{1}{2}\varepsilon^{lmn}\hat{F}^{mn} \qquad \hat{F}^{kl} = \varepsilon^{klm}E^m$$

$$B^l = \hat{F}^{l0} = -\frac{1}{2}\varepsilon^{lmn}F^{mn} \qquad F^{kl} = -\varepsilon^{klm}B^m$$

$$F^{\mu\nu}F_{\mu\nu} = -\hat{F}^{\mu\nu}\hat{F}_{\mu\nu} = -2(\vec{E}^2-\vec{B}^2)$$

$$F^{\mu\nu}\hat{F}_{\mu\nu} = -4\vec{E}.\vec{B}$$

$$F^{o\mu}F_{\mu}{}^{o} = \vec{E}^2$$

$$\hat{F}^{o\mu}F_{\mu}{}^{o} = \vec{B}^2$$

$$F^{o\mu}\hat{F}_{\mu}{}^{o} = \hat{F}^{o\mu}F_{\mu}{}^{o} = -\frac{1}{3}F^{k\mu}\hat{F}_{\mu}{}^{k} = -\frac{1}{3}\hat{F}^{k\mu}F_{\mu}{}^{k} = \vec{E}.\vec{B}$$

$$F^{o\mu}F_{\mu}{}^{k} = \hat{F}^{o\mu}\hat{F}_{\mu}{}^{k} = \frac{1}{2}\varepsilon^{klm}\hat{F}^{l\mu}F_{\mu}{}^{m} = -\frac{1}{2}\varepsilon^{klm}F^{l\mu}\hat{F}_{\mu}{}^{m} = (\vec{E}x\vec{B})^k$$

$$\hat{F}^{o\mu}F_{\mu}{}^{k} = F^{o\mu}\hat{F}_{\mu}{}^{k} = 0$$

$$F^{k\mu}F_{\mu}{}^{l} = \delta^{kl}\vec{B}^2 - E^kE^l - B^kB^l$$

$$\hat{F}^{k\mu}\hat{F}_{\mu}{}^{l} = \delta^{kl}\vec{E}^2 - E^kE^l - B^kB^l$$

$$F^{k\mu}\hat{F}_{\mu}{}^{l} = -\delta^{kl}\vec{E}.\vec{B} - E^kB^l + B^kE^l$$

$$\hat{F}^{k\mu}F_{\mu}{}^{l} = -\delta^{kl}\vec{E}.\vec{B} + E^kB^l - B^kE^l$$

Übungsaufgaben:

(24) In einem Bezugssystem A sei $\vec{E} \neq 0$, $\vec{B} \neq 0$, $\vec{E} \perp \vec{B}$. Die Invariante S sei negativ. Finde das Bezugssystem, in dem $\vec{E}$ verschwindet und berechne die Komponenten von $\vec{B}$ im neuen System aus den ursprünglichen.

(25) In einem Bezugssystem A sei $\vec{E} \neq 0$, $\vec{B} \neq 0$, $\vec{E} \perp \vec{B}$. Die Invariante S sei positiv. Finde das Bezugssystem, in dem $\vec{B}$ verschwindet und berechne die Komponenten von $\vec{E}$ im neuen System aus den ursprünglichen.

(26) Betrachte ein konstantes gekreuztes Feld
$\vec{E}$ = const., $\vec{B}$ = const, $\vec{E} \perp \vec{B}$, $\vec{E}^2 = \vec{B}^2$
Welches Feld stellt ein Beobachter fest, der sich mit konstanter Geschwindigkeit $\vec{V}$ senkrecht zu $\vec{E}$ und $\vec{B}$ bewegt?

5. Das Feld eines gleichförmig bewegten geladenen Teilchens

Prinzipiell muß das von Ladungen und Strömen hervorgerufene Feld durch Lösung der Feldgleichungen berechnet werden. Diese Gleichungen haben wir bisher nur für elektrostatische Situationen betrachtet. Die entsprechenden Gleichungen für bewegte Ladungsverteilungen (Maxwell'sche Gleichungen) werden im nächsten Abschnitt aufgestellt, Gelegentlich ist es jedoch bereits mit den bisher erarbeiteten Hilfsmitteln möglich, das Feld bewegter Ladungen zu berechnen: nämlich dann, wenn die bewegte Verteilung durch Lorentztransformationen aus einer statischen Situation zu erhalten ist. Eine entsprechende Rechnung ermöglicht einigen Einblick in die Struktur der Theorie und soll daher hier für ein einfaches Beispiel durchgeführt werden. Wir betrachten das Feld eines punktförmigen Teilchens mit der Ladung $q > 0$, das im Ursprung eines Bezugssystems S ruht. Die Feldstärke im Punkt P mit den Koordinaten $\vec{x}$ ist

$$\vec{E} = \frac{q\vec{x}}{|\vec{x}|^3}, \quad \vec{B} = 0$$

Das Feld ist kugelsymmetrisch. Die Feldstärke ist überall radial gerichtet (vom Punkt $\vec{x} = 0$, in dem die Ladung sitzt, zum betrachteten Punkt P) und hat den Betrag

$$|\vec{E}| = \frac{q}{|\vec{x}^2|}$$

Betrachten wir nun das Feld $\vec{E}'$, $\vec{B}'$, eines gleichen Teilchens, das sich mit der konstanten Geschwindigkeit $\vec{v}$ bewegt. Dieses Feld können wir erhalten, indem wir die statische Situation aus einem System S' betrachten, das sich (von S aus gesehen) mit $-\vec{v}$ bewegt. Das <u>Teilchen</u> bewegt sich im System S' mit $+\vec{v}$ und ist im Zeitpunkt t' an der Stelle $v\vec{t}'$. Der <u>Punkt</u> P, in dem wir das Feld berechnen, hat im System S' die Koordinaten

$$x^{\mu'} = (ct', \vec{x}') \qquad \text{wobei}$$

$$x^0 = ct = \gamma(v)[ct' - \frac{v}{c}x'_{\parallel}]$$

$$x_{\parallel} = \gamma(v)[x'_{\parallel} - vt']$$

$$\vec{x}_{\perp} = \vec{x}'_{\perp}$$

Führen wir den Abstand r' von der momentanen Position der Ladung $\vec{v}t'$ ein:

$$r' := [(x'_{\parallel} - vt)^2 + \vec{x}'^2_{\perp}]^{1/2}$$

so wird

$$|\vec{x}| = [\gamma^2(x'_{\parallel} - vt')^2 + \vec{x}'^2_{\perp}]^{1/2} = \gamma r'[1 - \beta^2 \frac{\vec{x}'^2_{\perp}}{r'^2}]^{1/2}$$

und wir erhalten mit (21) für das Feld

$$E'_{\parallel} = E_{\parallel} = \frac{qx_{\parallel}}{|\vec{x}|^3} = f \frac{q}{(r')^3}(x'_{\parallel} - vt')$$

$$\vec{E}'_{\perp} = \gamma\vec{E}_{\perp} = f\frac{q}{(r')^3}\vec{x}'_{\perp}$$

$$B'_{\parallel} = B_{\parallel} = 0$$

$$\vec{B}'_{\perp} = \frac{\gamma}{c}(\vec{v}\times\vec{E}_{\perp}) = f\frac{q}{(r')^3} \cdot \frac{1}{c}(\vec{v}\times\vec{x}'_{\perp})$$

Dabei ist der Faktor f

$$f: = 1-\beta^2 / [1-\beta^2 \frac{\vec{x}'^2_\perp}{r'^2}]^{3/2}$$

Das Feld ist offenbar rotationssymmetrisch um die Richtung $\vec{v}$. Das Magnetfeld ist senkrecht zu $\vec{v}$ und $\vec{E}'$. In einer zu $\vec{v}$ senkrechten Ebene sind die magnetischen Feldlinien konzentrische Kreise, die elektrischen Feldlinien sind radial:

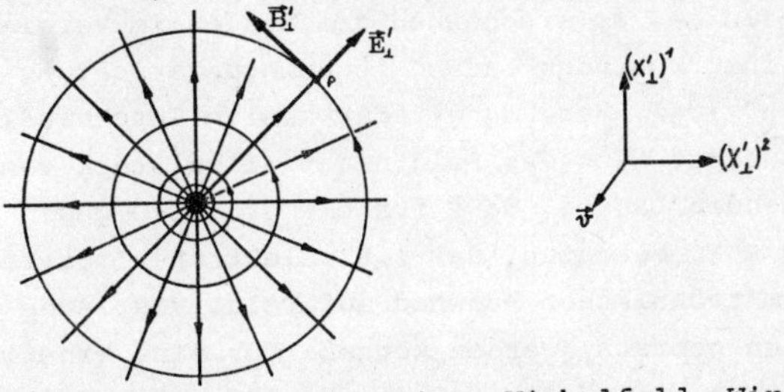

Das Magnetfeld ist daher ein reines Wirbelfeld. Wir zeichnen nun ein analoges Bild in der von $\vec{v}$ und einer der Komponenten von $\vec{x}'$ aufgespannten Ebene:

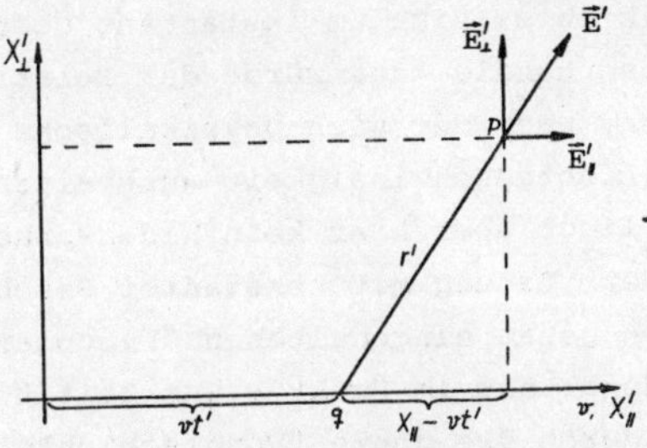

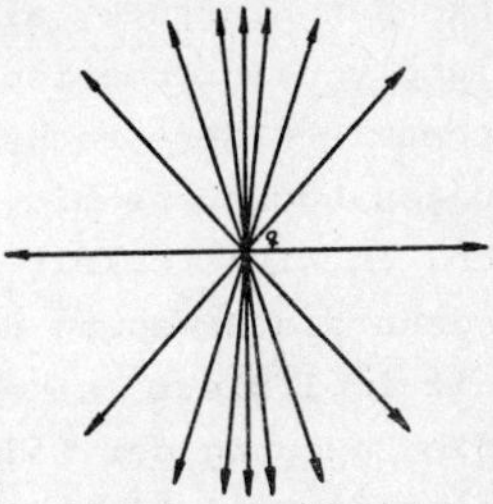

Das elektrische Feld ist immer noch radial gerichtet, d.h. es zeigt von der momentanen Position der Ladung zum Punkt P. Der Betrag ist

$$|\vec{E}'| = f \frac{q}{(r')^2}$$

Da der Faktor f von $x'_\perp/r'$ abhängt, ist der Betrag von $\vec{E}'$ nicht mehr in allen Richtungen gleich groß. Der größte Wert resultiert senkrecht zur Bewegungsrichtung. Deutet man den Betrag von $\vec{E}'$ durch die Dichte der gezeichneten Feldlinien an, so erscheinen die Linien im Vergleich zu denen einer ruhenden Ladung in Bewegungsrichtung "zusammengedrückt" (vgl. Zeichnung). Für kleine Geschwindigkeiten unterscheidet sich das Feld nicht allzu stark von dem einer ruhenden Ladung, da f für $c \to \infty$ d.h. $\beta \to 0$ gegen 1 strebt. Man muß aber beachten, daß z.B. Elektronen mit relativ geringem technischen Aufwand auf relativistische Geschwindigkeiten gebracht werden können: für eine kinetische Energie von 50 keV ist $\beta \approx 0{\cdot}4$, für 330 keV ist $\beta \approx 0{\cdot}8$!

Der früher erwähnte Sachverhalt, daß $\vec{E}'$ die Verbindungsrichtung zur momentanen Position der Ladung hat, erweckt den Eindruck, als ob es sich um instantane Übermittlung von Informationen handle; das würde der Relativitätstheorie widersprechen, nach der sich physikalische Wirkungen höchstens mit Lichtgeschwindigkeit ausbreiten können. In Wirklichkeit liegt aber hier kein Widerspruch vor, denn die Bewegung der Ladung mit konstanter Geschwindigkeit impliziert einen genau eingehaltenen "Flugplan" für die Bewegung der Ladung: das im Punkt P zur Zeit t' herrschende Feld $\vec{E}'$ ist durch die ganze "Vorgeschichte", d.h. die ganze <u>vorherige</u> Bewegung der Ladung bedingt, aus welcher eindeutig bestimmt ist, wo die Ladung zur Zeit t sein wird.

Betrachten wir nun eine <u>andere</u> Vorgeschichte. Die Ladung möge bis zur Zeit t' = O im Ursprung ruhen. Dann soll sie in vernachlässigbar kurzer Zeit auf die Geschwindigkeit v beschleunigt werden und dann mit konstantem v weiterfliegen. Wir betrachten eine Momentaufnahme ihres Feldes zur festen Zeit t'>O (vgl. Zeichnung; die tatsächliche räumliche Situation entsteht durch Rotation um die x -Achse).

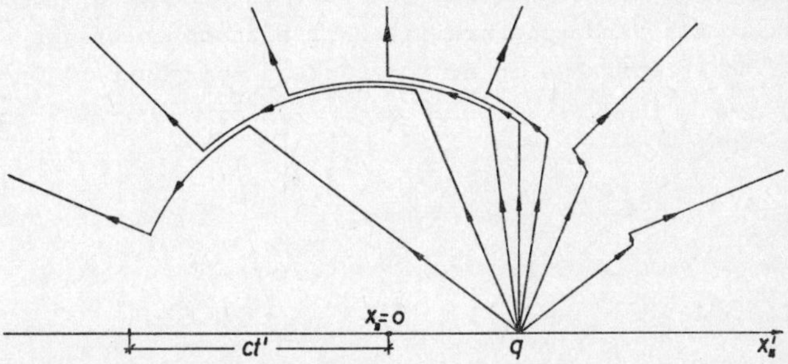

Alle Punkte außerhalb eines Kreises von Radius ct' dürfen, wenn die Relativitätstheorie richtig ist, noch nicht "wissen", daß die Ladung beschleunigt wurde. Für sie ist das Feld daher das einer im Ursprung ruhenden Punktladung: es ist symmetrisch um den Ursprung. Alle Punkte genügend weit innerhalb des Kreises haben "gemerkt", daß die Ladung sich bewegt. Sie sehen daher das Feld einer bewegten Punktladung, dessen Feldlinien von der momentanen Position der Ladung ausgehen und (s.o) senkrecht zur Bewegungsrichtung hin "zusammengedrückt" sind. Insgesamt müssen die Feldlinien ununterbrochen sein. In unserer Zeichnung müssen daher sowohl innerhalb als auch außerhalb des Kreises gleich viele Feldlinien gezeichnet werden, da $\vec{E}'$ stetig ist. In der Nähe des Kreisbogens muß sich die Situation daher drastisch ändern.Dieser Übergang von einer Situation zur anderen geschieht innerhalb einer dünnen Schale, deren Durchmesser von der Dauer der

Beschleunigung abhängt. Im Lauf der Zeit wird der Kreis (und damit diese Schale) immer größer, d.h. die Schale breitet sich über den ganzen Raum aus.

Nun betrachten wir noch kurz die umgekehrte Situation: die Ladung möge bis zum Zeitpunkt t'=0 konstanter Geschwindigkeit fliegen und in diesem Moment plötzlich im Ursprung zum Stillstand gebracht werden (etwa indem sie auf ein Hindernis prallt). Wir betrachten wieder eine Momentaufnahme in einem späteren Zeitpunkt t'>0.

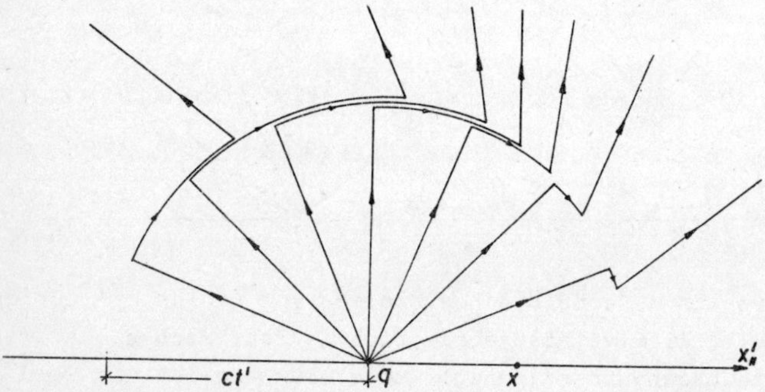

Alle Punkte außerhalb des Kreises mit dem Radius ct' haben noch nichts davon erfahren, daß die Ladung gestoppt wurde. Sie sehen das Feld einer gleichmäßig bewegten Punktladung, dessen Linien von der "erwarteten" momentanen Position der Ladung (mit x bezeichnet) ausgehen. Diese Position wird von der Ladung nicht erreicht, da sie im Ursprung stehen bleibt. Alle Punkte innerhalb des Kreises sehen das Feld einer im Ursprung ruhendes Punktladung. Die dünne Schale, in der sich das Feld drastisch ändert, breitet sich im Lauf der Zeit über den ganzen Raum aus. Will man die Zeichnung quantitativ genau machen, so muß man die Linien innerhalb und außerhalb der Schale so verbinden, daß man dem Gauß'schen Gesetz Rechnung trägt. Dadurch ist der Zusammenhang eindeutig festgelegt. Man sieht aus dem Beispiel in schöner Weise, wie die Beschleunigung bzw. Verzögerung einer elektrischen Ladung zur Emission von elektromagnetischen Erregungen führt. Es ist unmittelbar einsichtig, daß eine hin- und herschwingende Ladung elektromagnetische Wellen ausstrahlt. Wir werden dies in quantitativer Weise mit Hilfe der Feldgleichungen untersuchen.

6. Die Maxwell'schen Gleichungen

Mit Hilfe der Transformationseigenschaften von $\vec{E}$, $\vec{B}$, ϱ, $\vec{j}$ ist es möglich, die Feldgleichungen der Elektrodynamik aus den für eine statische Situation herzuleiten. Für die Elektrostatik hatten wir aus dem Gauß'schen Gesetz

$$4\pi q = \oint_{R(V)} \vec{E}.d\vec{f} = \int_V \vec{\nabla}.\vec{E}d^3x$$

die Feldgleichung

$$(22) \quad \vec{\nabla}.\vec{E} = 4\pi\rho$$

gefunden. Da das Gauß'sche Gesetz wegen der Invarianz der Ladung in jedem Bezugssystem gilt (vgl. Abschnitt 3)

$$4\pi q = \oint_{R(V')} \vec{E}'.d\vec{f}' = \int_{V'} \vec{\nabla}.\vec{E}'d^3x'$$

hat die Feldgleichung in einem lorentztransformierten Bezugssystem die Form

$$\vec{\nabla}'.\vec{E}' = 4\pi\rho'$$

d.h. sie ist <u>forminvariant</u>. Es muß sich daher um eine Gleichung zwischen Tensorkomponenten handeln, die einen vom Bezugssystem unabhängigen Sachverhalt ausdrückt. In vierdimensionaler Schreibweise lautet die Gleichung

$$\partial'_l F^{lo'} - \frac{4\pi}{c} j^{o'} = 0 = \partial'_\nu F^{\nu o'} - \frac{4\pi}{c} j^{o'}$$

Dabei haben wir

$$\partial'_o F^{oo'} \equiv 0$$

addiert. Wir können nun die Komponenten $j^{o'}$, $F^{\nu o'}$, ∂'_μ als Resultate einer Lorentztransformation aus einem anderen Bezugssystem auffassen:

$$x^{\mu'} = \Lambda^\mu{}_\nu x^\nu, \quad \partial'_\nu = \Lambda_\nu{}^\gamma \partial_\gamma$$

$$F^{\nu o'} = \Lambda^\nu{}_\alpha \Lambda^o{}_\beta F^{\alpha\beta}, \quad j^{o'} = \Lambda^o{}_\beta j^\beta$$

Damit wird

$$0 = \underbrace{\Lambda_\nu{}^\gamma \Lambda^\nu{}_\alpha}_{g^\gamma{}_\alpha} \Lambda^o{}_\beta \partial_\gamma F^{\alpha\beta} - \frac{4\pi}{c} \Lambda^o{}_\beta j^\beta$$

$$= \Lambda^o{}_\beta (\partial_\alpha F^{\alpha\beta} - \frac{4\pi}{c} j^\beta)$$

Die konstanten Koeffizienten $\Lambda^o{}_\beta$ sind i.A. $\neq 0$ und unabhängig. Daher muß allgemein gelten

$$(23) \quad \partial_\alpha F^{\alpha\beta} = \frac{4\pi}{c} j^\beta$$

Das sind bereits vier (β=0,1,2,3) der Maxwell'schen Gleichungen.

Um die restlichen Gleichungen zu erhalten, brauchen wir eine Aussage über den Fluß des magnetischen Feldes

$$q_{(m)} = \oint \vec{B}.d\vec{f} = \int \vec{\nabla}.\vec{B}d^3x$$

Zunächst kann man leicht einsehen, daß ein Magnetfeld, das durch Lorentztransformation einer statischen Ladungsverteilung entsteht, divergenzfrei ist. Ein solches Magnetfeld hat nach (21) die Komponenten

$$B'_{\parallel} = 0, \quad \vec{B}'_{\perp} = -\frac{1}{c}\gamma(V)(\vec{V} \times \vec{E}_{\perp})$$

wobei $\vec{E}$ das elektrostatische Feld ist. Da sich $\vec{\nabla}$ als Raumkomponente eines Vierervektors transformiert, ist

$$\vec{\nabla}'_{\perp} = \vec{\nabla}_{\perp}$$

und wir erhalten

$$\vec{\nabla}'.\vec{B}' = \vec{\nabla}'_{\perp}.\vec{B}'_{\perp} = -\frac{1}{c}\gamma(V)\vec{\nabla}_{\perp}.(\vec{V} \times \vec{E}_{\perp})$$
$$\frac{1}{c}\gamma(V)\vec{V}.(\vec{\nabla}_{\perp} \times \vec{E}_{\perp}) = 0$$

Das betrachtete Magnetfeld ist daher ein reines Wirbelfeld. Daß dieser Sachverhalt für <u>alle</u> Magnetfeld zutrifft, d.h. daß ganz allgemein

(24) $\vec{\nabla}.\vec{B} = 0$

gilt, ist keineswegs trivial, sondern eine Erfahrungstatsache: magnetische Felder werden nach allem bisherigen Wissen <u>nur</u> durch bewegte Ladungsträger hervorgerufen. Die

Feldlinien jedes magnetischen Feldes sind als Folge (24) geschlossene Kurven ohne Anfangs- oder Endpunkt, ganz im Gegensatz zu elektrischen Feldlinien, die an Ladungsträgern als Quellen des Feldes beginnen oder enden können. Die Gleichung (24) drückt die empirische Tatsache aus, daß man magnetische Gegenstücke zu den elektrischen Ladungen (sog. magnetische Monopole, $q_{(m)} \neq 0$) bisher nicht gefunden hat. Würden solche Monopole nachgewiesen, so müßte die Maxwell'sche Theorie abgeändert werden. Die entsprechend modifizierte Theorie wird in Kap. VI diskutiert. Hier wollen wir im Rahmen der Maxwell'schen Theorie bleiben, die sich bisher vielfach bewährt hat und gehen daher von (24) bzw. $q_{(m)}=0$ aus. Dieselbe Argumentation wie im elektrischen Fall (Invarianz von $q_{(m)}=0$) zeigt dann, daß auch (24) forminvariant ist, d.h. in einem anderen Lorentzsystem ist

$$\vec{\nabla}'.\vec{B}' = 0$$

Daher ist auch diese Gleichung eine solche zwischen Tensorkomponenten. In vierdimensionaler Schreibweise lautet sie mit dem dualen Feldtensor (20)

$$\partial'_l \hat{F}^{lo} = \partial'_\nu \hat{F}^{\nu o} = 0$$

Mit der früher verwendeten Argumentation erhält man durch Lorentztransformation

$$(25) \quad \partial_\alpha \hat{F}^{\alpha\beta} = 0$$

Eine dazu äquivalente Form erhält man durch Einsetzen von (20) mit Hilfe der Symmetrieeigenschaften des ε-Tensors

$$(26) \quad \partial^\alpha F^{\beta\gamma} + \partial^\beta F^{\gamma\alpha} + \partial^\gamma F^{\alpha\beta} = 0$$

Insgesamt lauten die Maxwell'schen Gleichungen also

(27) $\partial_\alpha F^{\alpha\beta} = \frac{4\pi}{c}\, j^\beta$

(28) $\partial_\alpha \hat{F}^{\alpha\beta} = 0$ oder $\partial^\alpha F^{\beta\gamma} + \partial^\beta F^{\gamma\alpha} + \partial^\gamma F^{\alpha\beta} = 0$

Da $F^{\alpha\beta}$ antisymmetrisch ist, folgt durch Differenzieren von (27) die Kontinuitätsgleichung für j^β als Identität

$$\partial_\alpha \partial_\beta F^{\alpha\beta} \equiv 0 = \frac{4\pi}{c}\partial_\beta j^\beta \qquad \partial_\alpha \partial_\beta \hat{F}^{\alpha\beta} \equiv 0$$

sodaß die Maxwell'schen Gleichungen insgesamt ein System von 6 partiellen Differentialgleichungen bilden. Bei gegebenen Quellen j^β kann man durch Lösung des Systems die Feldstärken berechnen. In dreidimensionaler Schreibweise lauten die Gleichungen

(27a) $\vec{\nabla}\cdot\vec{E} = 4\pi\rho$

(27b) $-\frac{1}{c}\frac{\partial\vec{E}}{\partial t} + \vec{\nabla}\times\vec{B} = \frac{4\pi}{c}\vec{j}$

(28a) $\vec{\nabla}\cdot\vec{B} = 0$

(28b) $\frac{1}{c}\frac{\partial\vec{B}}{\partial t} + \vec{\nabla}\times\vec{E} = 0$

Die ersten beiden Gleichungen (27a,b) heißen die inhomogenen, die restlichen beiden (28a,b) die homogenen Maxwellgleichungen. Man sieht, daß nur die Gleichungen (27b) und (28b) dynamische Gleichungen in dem Sinn sind, daß sie die zeitliche Änderung einer Situation beschreiben. Die anderen Gleichungen (27a), (28a) haben den Charakter von Nebenbedingungen, denen die Felder zu allen Zeiten unterworfen sind. Diese Gleichungen waren schon vor Maxwell bekannt. Die Gleichung (28b) heißt das Induktionsgesetz: sie beschreibt den quantitativen Zusammenhang zwischen der zeitlichen Änderung eines Magnetfeldes und dem zugehörigen elektrischen Feld und geht auf Faraday zurück. Maxwell's eigentliche Entdeckung ist der erste Term in (27b), die Dichte des sogenannten Verschiebungsstromes $\frac{1}{4\pi}\frac{\partial \vec{E}}{\partial t}$. Die Gleichung ohne diesen Term gilt für stationäre Vorgänge und geht auf Ampère zurück. Maxwell bemerkte, daß die Kontinuitätsgleichung nur zu erfüllen ist, wenn man zur Stromdichte die Dichte des Verschiebungsstromes addiert.

Integriert man die Maxwell'schen Gleichungen und benützt die anschaulichen Begriffsbildungen des Flusses und der Zirkulation (vgl. Anhang II), so lassen sich die Gleichungen in Worten formulieren:

(27a) Fluß des elektrischen Feldes durch eine geschlossene Fläche = 4π mal eingeschlossene Ladung

(27a) Fluß des magnetischen Feldes durch eine geschlossene Fläche = 0

(27b) Zirkulation des magnetischen Feldes entlang einer geschlossenen Kurve = $\frac{4\pi}{c}$ mal (Konvektionsstrom + Verschiebungsstrom) durch die umschlossene Fläche. Der Verschiebungsstrom ist dabei dabei proportional der Zunahme des Flusses des elektrischen Feldes durch die Fläche.

(28b) Zirkulation des elektrischen Feldes entlang einer geschlossenen Kurve = $\frac{1}{c}$ mal zeitliche Abnahme des Flusses des magnetischen Feldes durch die umschlossene Fläche.

(7) Fluß der Dichte des Konvektionsstromes durch eine geschlossene Fläche = zeitliche Abnahme der eingeschlossenen Ladung.

7. Der Verschiebungsstrom

Wir wollen uns nun die Bedeutung des Verschiebungsstroms veranschaulichen. Dazu betrachten wir als erstes eine kugelsymmetrische Stromverteilung: aus einer sphärischen Quelle sollen nach allen Seiten gleichmäßig Ladungen ausströmen (das ist z.B. für ein radioaktives Präparat der Fall); die Stromdichte hängt dann nur vom Betrag von $\vec{x}$ ab und ist radial gerichtet. Die gesamte Ladung innerhalb einer Kugel V_r vom Radius r ist

$$Q\,(t,r) = \int_{V_r} \rho(t,\vec{x})\,d^3x$$

Nach der Kontinuitätsgleichung ändert sie sich wie folgt:

$$\frac{\partial Q}{\partial t} = -\int_{V_r} \vec{\nabla}.\vec{j}(|\vec{x}|)\,d^3x = -\oint_{R(V_r)} \vec{j}(r)\,d\vec{f} = -4\pi r^2 j(r)$$

Wir suchen nun das Magnetfeld der Verteilung. Zeichnen wir auf der Kugel eine geschlossene Kurve C, so umschließt diese einen Strom, und man würde erwarten, daß die Zirkulation von $\vec{B}$ entlang der Kurve von Null verschieden ist, daß also ein Magnetfeld in tangentialer Richtung vorhanden ist:

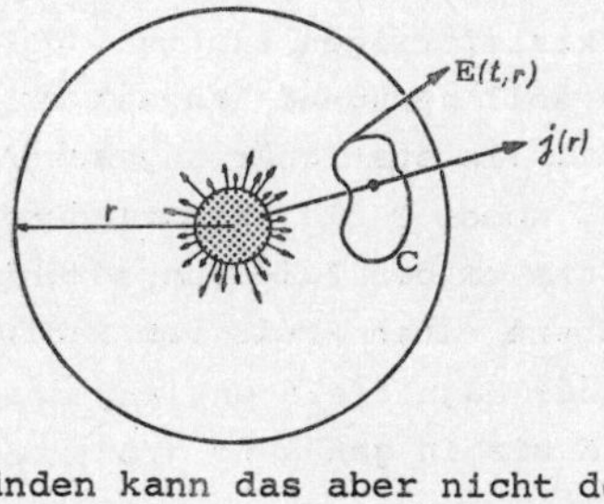

Aus Symmetriegründen kann das aber nicht der Fall sein, denn auf der Kugel ist keine Richtung ausgezeichnet; würde man durch einen Punkt auf der Kugel zwei verschiedene geschlossene Kurven legen, so erhielte man an dieser Stelle verschiedene (eventuell entgegengesetzt gleiche) magnetische Feldstärken. Daher muß $\vec{B} = 0$ sein. Ein Widerspruch zur Ladungserhaltung läßt sich nur vermeiden, wenn man den Verschiebungsstrom in die Betrachtung einschließt, wie das durch Maxwell'schen Gleichungen gefordert wird. Das elektrische Feld $\vec{E}$ auf der Kugel ist radial gerichtet. Sein Beitrag ist wegen der sphärischen Symmetrie überall auf der Kugel gleich groß und beträgt in einem festen Zeitpunkt

$$E(t,r) = \frac{Q(t,r)}{r^2}$$

Es ändert sich mit der Zeit gemäß

$$\frac{\partial E(t,r)}{\partial t} = \frac{1}{r^2} \frac{\partial Q(t,r)}{\partial t} = -4\pi j(r)$$

Daher ist die Zirkulation von $\vec{B}$ (vgl. (27b)) tatsächlich Null, wie das die sphärische Symmetrie erfordert. Daß auch $\vec{B}$ selbst verschwindet, folgt aus (28a): Ein Feld, das weder Quellen noch Wirbel hat, ist Null.

Als nächstes Beispiel betrachten wir einen Plattenkondensator mit kreisförmigen Platten, der gerade geladen wird. Die Ladung soll genügend langsam erfolgen, sodaß der Ladungsstrom I als stationär angesehen werden kann. Dann ist $I = \frac{dQ}{dt}$, wobei Q die Gesamtladung auf den Platten ist. Wir denken uns um den Zuleitungsdraht in einer dazu senkrechten Ebene einen Kreis vom Radius r gezeichnet und untersuchen das Magnetfeld entlang des Kreises . Befindet sich der Kreis in genügend großem Abstand von den

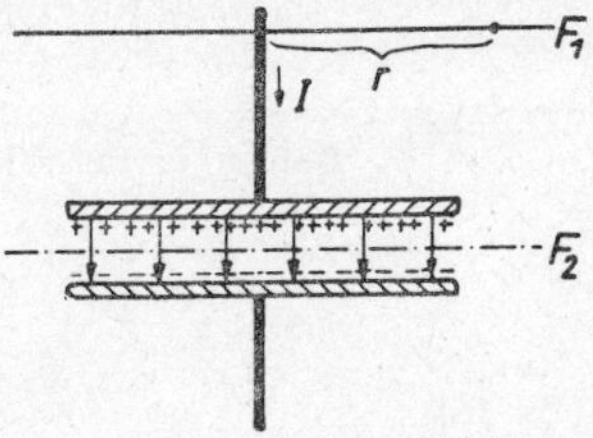

Kondensatorplatten (vgl. Zeichnung: Kreisfläche F_1), so gibt es innerhalb des Kreises kein elektrisches Feld. Integrieren wir (27b) über den Kreis, so erhalten wir (vgl. die "wörtliche" Formulierung S. 84), die Zirkulation des Magnetfeldes, d.h. das Linienintegral von $\vec{B}$ über den Kreisumfang u, die dann dem Konvektionsstrom gleich ist:

$$\int_{F_1} (\vec{\nabla} \times \vec{B}).d\vec{f} = \int_u \vec{B}.d\vec{s} = 2\pi r\, B =$$

$$= \frac{4\pi}{c} \int_{F_1} \vec{j}.d\vec{f} = \frac{4\pi}{c} I$$

Die Richtung von $\vec{B}$ ist tangential an den Kreis (Magnetfeld eines stromdurchflossenen Leiters). Wenn wir die Kreisfläche in Richtung auf die Platten nach unten verlegen, wird sich daran solange nichts ändern, bis die Kreisfläche die obere Kondensatorplatte überquert. Wenn dies der Fall ist,ändert sich der Konvektionsstrom plötzlich auf den Wert Null, denn zwischen den Platten fließt kein Leitungsstrom. Es wäre seltsam, wenn sich das Magnetfeld ebenso abrupt änderte. Tatsächlich ist das <u>nicht</u> der Fall: betrachten wie die Kreisfläche F_2, so ist quer zu dieser ein elektrisches Feld vorhanden; der Fluß durch F_2 ist in einem festen Zeitpunkt

$$\int \vec{E}.d\vec{f} = 4\pi Q$$

Die Zirkulation von $\vec{B}$ ist in diesem Fall gleich $\frac{4\pi}{c}$ mal dem Verschiebungsstrom, dieser ist aber proportional der zeitlichen Zunahme des Flusses von E. Daher erhalten wir für F_2

$$2\pi rB = \frac{4\pi}{c}\frac{dQ}{dt} = \frac{4\pi}{c} I$$

und das ist dasselbe Resultat wie oben.

8. Elektrodynamische Potentiale

Die Maxwellgleichungen sind ein System von partiellen Differentialgleichungen 1. Ordnung, aus denen man bei gegebenen Quellen die 6 Komponenten der Feldstärken berechnen kann. Diese Aufgabe wird wesentlich erleichtert, wenn man anstelle der Feldstärken andere Größen (Potentiale) einführt. Wir erinnern uns zu diesem Zweck an die analoge Situation in der Elektrostatik. Dort wurde die homogene Feldgleichung

$$\vec{\nabla} \times \vec{E}_{St} = 0 \qquad \text{oder} \qquad \varepsilon^{klm}\nabla^l E^m_{St} = 0$$

durch einen geeigneten Ansatz für $\vec{E}$

$$\vec{E}_{St} = -\vec{\nabla}\phi_{St} \text{ oder } E^k_{St} = -\nabla^k \phi_{St}$$

automatisch erfüllt, weil

$$\varepsilon^{klm}\nabla^k\nabla^l . \equiv 0$$

Die wesentlichen Züge sind dabei

(a) das Potential ist bezüglich des Transformationscharakters um eine Stufe einfacher als die Feldstärke

$\vec{E}_{St}$ ist ein Vektor, ϕ_{St} ein Skalar.

(b) Das Feld ist eine Ableitung des Potentials, die so eingeführt wird, daß die homogenen Feldgleichungen identisch erfüllt sind.

Dieser Trick läßt sich sofort auf die Elektrodynamik übertragen. Die homogenen Maxwellgleichungen sind

$$(28) \quad \partial_\mu \hat{F}^{\mu\nu} = \frac{1}{2}\, \varepsilon^{\mu\nu\alpha\beta} \partial_\mu F_{\alpha\beta} = 0$$

$F^{\alpha\beta}$ ist ein Tensorfeld, also sollten wir als Potential nach (a) ein Vektorfeld A^β benützen, aus dem $F^{\alpha\beta}$ durch Differentiation folgt. Da auch in vier Dimensionen

$$\varepsilon^{\mu\nu\alpha\beta} \partial_\mu \partial_\nu \cdot \equiv 0$$

ist, setzen wir

$$\hat{F}^{\mu\nu} = -\varepsilon^{\mu\nu\alpha\beta} \partial_\alpha\, A_\beta = -\,\frac{1}{2}\, \varepsilon^{\mu\nu\alpha\beta} (\partial_\alpha A_\beta - \partial_\beta A_\alpha)$$

Damit ist (28) automatisch erfüllt. Für $F^{\alpha\beta}$ bedeutet unser Ansatz.

$$(29) \quad F^{\alpha\beta} = \partial^\alpha A^\beta - \partial^\beta A^\alpha$$

Die inhomogenen Feldgleichungen sind dann gleichbedeutend mit

$$(30) \quad \Box\, A^\beta - \partial^\beta \partial_\alpha A^\alpha = \frac{4\pi}{c}\, j^\beta$$

Setzen wir für die vier Komponenten des Viererpotentials

$$(31) \quad A^\alpha = (\phi, \vec{A})$$

so lautet (29) in dreidimensionaler Schreibweise

$$(29a) \quad \vec{E} = -\,\frac{1}{c}\,\frac{\partial \vec{A}}{\partial t} - \vec{\nabla}\phi$$

(29b) $\vec{B} = \vec{\nabla} \times \vec{A}$

Man sieht, daß sich ϕ im statischen Fall auf das skalare Potential der Elektrostatik reduziert. $\vec{A}$ heißt das Vektorpotential. Der Ansatz (29b) bedeutet offenbar, daß $\vec{B}$ ein reines Wirbelfeld ist, wie das aus (28a) folgt.

Wie in der Elektrostatik ist der Zusammenhang zwischen Potentialen und Feldstärken nur in einer Richtung eindeutig: bei gegebenem A^α ist $F^{\alpha\beta}$ eindeutig bestimmt, aber nicht umgekehrt. Addiert man zu A^α die Ableitung einer beliebigen skalaren Funktion $\psi(x)$

(32) $A^\alpha \to A'^\alpha = A^\alpha + \partial^\alpha \psi$

also

(32a) $\phi' = \phi + \frac{1}{c}\frac{\partial\psi}{\partial t}$

(32b) $\vec{A}' = \vec{A} - \vec{\nabla}\psi$

so ändern sich die Feldstärken <u>nicht</u>:

$$F'^{\alpha\beta} = \partial^\alpha A'^\beta - \partial^\beta A'^\alpha = \partial^\alpha A^\beta - \partial^\beta A^\alpha + (\underbrace{\partial^\alpha\partial^\beta - \partial^\beta\partial^\alpha}_{0})\psi = F^{\alpha\beta}$$

Die Transformation (32) heißt <u>Eichtransformation</u>. Durch sie wird die mathematische Beschreibung abgeändert, ohne daß sich das auf physikalische Aussagen auswirkt: diese Aussagen sind in den Feldgleichungen enthalten, die sich durch $F^{\alpha\beta}$ ausdrücken lassen und daher <u>invariant</u> bei Eichtransformationen sind.

Die infolge der Beliebigkeit von ψ vorhandene Willkür in den Potentialen ist sozusagen der Preis, den man für die erreichte Vereinfachung des Formalismus (vier Komponenten statt sechs) entrichten muß. In der Praxis ist das eher ein Vorteil als ein Nachteil. Man kann durch geeignete Wahl von ψ in vielen Fällen eine weitere Verbesserung erreichen. Z.B. kann man die Eichung (also ψ) so wählen, daß die Feldgleichungen (30) nicht mehr verkoppelt sind (s.u.) und/oder so, daß noch weniger als vier Funktionen zur Darstellung der Felder ausreichen.

Die Aussage, daß nur die Feldstärken physikalisch sinnvolle Größen seien, weil sie einer Messung zugänglich sind, erscheint etwas zu radikal. Es ist zwar durchaus richtig, daß alle physikalischen Aussagen (und auch alle meßbaren Größen) unabhängig von der Eichung sein müssen. In vielen Fällen ist es jedoch nur unter sehr großem formalen Aufwand (und mit entsprechendem Verlust an Transparenz) möglich, einen Sachverhalt durch Feldstärken auszudrücken, der sich durch Potentiale einfach darstellen läßt. Die Potentiale erscheinen dann als das "physikalisch bessere" (weil verständlichere) Konzept: es ist durchaus legitim, jene Größen als "physikalisch bedeutsam" zu bezeichnen, durch die man die Natur in transparenter Weise beschreiben kann, auch wenn sie nicht direkt observabel sind. Man darf außerdem nicht vergessen, daß in die quantenmechanische Bewegungsgleichungen geladener Teilchen (Schrödinger-bzw. Dirac- oder Klein-Gordongleichung) die Potentiale A^{α} und nicht die Feldstärke $F^{\alpha\beta}$ eingehen. Im Rahmen der Quantenmechanik können die A^{α} genauso gut als "Observable" angesehen werden wie die $F^{\alpha\beta}$. Im Rahmen der Quantenfeldtheorie sind weder die A^{α} noch die $F^{\alpha\beta}$ direkt meßbar: mit realistischen Teilchen mißt man bestenfalls Mittelwerte von $F^{\alpha\beta}$ über kleine

Raumzeitgebiete aus. Mit Elektronenstrahlen kann man aber auch das Linienintegral von A^α über eine geschlossene Kurve ausmessen. Die Tatsache, daß alle physikalischen Aussagen eichinvariant sein müssen, bleibt natürlich auch im Rahmen der Quantentheorie richtig.

9. Lorentzeichung und Strahlungseichung

Nun betrachten wir zwei Eichungen, in denen die inhomogenen Feldgleichungen besonders einfach werden. Streng genommen handelt es sich dabei um zwei Klassen von Eichungen: hat man die entsprechende Vereinfachung erreicht, so ist in beiden Fällen noch möglich, weitere Eichtransformationen (mit speziellen Eichfunktionen ψ) durchzuführen, ohne daß man die betrachtete Klasse verläßt (u. ohne daß die Vereinfachung verloren geht). Die beiden Klassen können sich auch überlappen.

Als erstes betrachten wir die Lorentzeichung (Index L). Sie ist dadurch charakterisiert, daß wir für das Potential die (lorentzinvariante) Bedingung fordern

$$(33)\quad \partial_\alpha A^\alpha_L = 0 \qquad\qquad \frac{\partial \phi_L}{c\partial t} + \vec{\nabla} . \vec{A}_L = 0$$

(sog. Lorentzbedingung). Die Feldgleichung (30) sind dann nicht mehr verkoppelt. Sie lauten

$$(34)\quad \Box A^\alpha_L = \frac{4\pi}{c}\, j^\alpha$$

Das ist ein bedeutender Vorteil, denn man kann nun die Gleichung für die einzelnen Komponenten unabhängig voneinander lösen. Natürlich muß man darauf achten, daß

(33) bzw. die damit verknüpfte Kontinuitätsgleichung (7) erfüllt wird. Ist das Potential in einer beliebigen Eichung gegeben

$$A^\alpha \equiv A^\alpha_B$$

so erhält man A^α_L durch

$$A^\alpha_L = A^\alpha_B + \partial^\alpha \chi$$

mit

$$\Box\chi = -\partial_\alpha A^\alpha_B$$

Bei weiteren Eichtransformationen

$$A^\alpha_L \to A_L'^\alpha = A^\alpha_L + \partial^\alpha \psi$$

bleibt man innerhalb der Klasse der Lorentzeichungen, wenn

$$\Box\,\psi = 0$$

ist. Offenbar ist die Lorentzeichung unabhängig vom gewählten Inertialsystem.

Eine weitere wichtige Eichung ist die Coulomb- oder Strahlungseichung (Index S). Wir beginnen mit dem Potential in einer beliebigen Eichung (Index B) und zerlegen das skalare Potential in das instantane Coulombpotential ϕ_C der Ladungsverteilung $\rho(t,\vec{x})$ zu einem bestimmten Zeitpunkt t und einen Restanteil

(35) $\Phi_B = \Phi_C - \lambda$

mit

(36) $\Delta\phi_C(t,\vec{x}) = -4\pi\rho(t,\vec{x})$

bzw.

(37) $\phi_C(t,\vec{x}) = \int \frac{\rho(t,\vec{x}')}{|\vec{x}-\vec{x}'|} d^3x'$

Außerdem zerlegen wir das Vektorpotential in einen divergenzfreien (transversalen) Anteil $\vec{A}_T$ und einen (longitudinalen) Restanteil $\vec{A}_L$

(38) $\vec{A}_B = \vec{A}_T+\vec{A}_L$

mit

(39) $\vec{\nabla}.\vec{A}_T = 0$

Diese Zerlegung ist besonders bei Strahlungsproblemen zweckmäßig. Wir zeigen nun, daß es eine Eichung (die Strahlungseichung, Index S) gibt, in der nur mehr ϕ_C und $\vec{A}_T$ vorhanden sind:

(40) $A_S^\alpha = (\phi_C, \vec{A}_T)$

Wir suchen daher eine Eichfunktion ψ, mit der

(41) $A_S^0 = \phi_C = \phi_B + \frac{1}{c}\frac{\partial\psi}{\partial t}$

$\vec{A}_S = \vec{A}_T = \vec{A}_B - \vec{\nabla}\psi$

wird. Durch Vergleich mit der früher angegebenen Zerlegung sieht man, daß

$\lambda = \frac{1}{c}\frac{\partial\psi}{\partial t}, \qquad \vec{A}_L = \vec{\nabla}\psi$

ist. Aus der zweiten Gleichung folgt durch Anwendung von $\vec{\nabla}$.

$$\Delta\psi = \vec{\nabla}.\vec{A}_L = \vec{\nabla}.\vec{A}_B$$

Die Lösung dieser inhomogenen Laplacegleichung ist (vgl. Elektrostatik)

$$(42)\quad \psi(t,\vec{x}) = -\frac{1}{4\pi}\int \frac{\vec{\nabla}'.\vec{A}_B(t,\vec{x}')}{|\vec{x}-\vec{x}'|}\, d^3x'$$

Damit kann das gesuchte ψ aus $\vec{A}_B$ berechnet werden. Wir untersuchen nun die Feldgleichungen für A_S^α. Dazu gehen wir von der Form (30) aus, die in jeder Eichung gelten muß. Wir berechnen zunächst

$$\partial_\alpha A_S^\alpha = \frac{1}{c}\,\frac{\partial\phi_c}{\partial t} + \vec{\nabla}.\vec{A}_T = \frac{1}{c}\,\frac{\partial}{\partial t}\,\phi_c$$

Durch Einsetzen in die Gleichung (30) überzeugt man sich leicht, daß für $\beta = 0$ tatsächlich die Gl. (36) für das Coulombpotential übrigbleibt, die wir durch (37) bereits gelöst haben. Für die anderen drei Komponenten erhalten wir

$$(43)\quad \Box\vec{A}_T = \frac{4\pi}{c}\,\vec{j}_T$$

wobei

$$(44)\quad \vec{j}_T = \vec{j} - \frac{1}{4\pi}\,\vec{\nabla}\,\frac{\partial}{\partial t}\,\phi_c$$

ist. Durch Differenzieren kann man sich davon überzeugen, daß $\vec{j}_T$ divergenzfrei ist

$$(45)\quad \vec{\nabla}.\vec{j}_T = \vec{\nabla}.\vec{j} - \frac{1}{4\pi}\,\frac{\partial}{\partial t}\,\Delta\phi_c = \vec{\nabla}.\vec{j} + \frac{\partial\rho}{\partial t} = 0$$

Man sieht aus (43), daß die Feldgleichungen in der Strahlungseichung ebenfalls entkoppelt sind. Außerdem ist eine der Feldgleichungen durch (37) bereits gelöst. Man muß daher nur drei Differentialgleichungen (43) lösen, wobei die Lösung die Bedingung (39) erfüllen muß. Ein Nachteil gegenüber der Lorentzeichung besteht darin, daß die Strahlungseichung nicht unabhängig vom Bezugssystem ist. Die Eichung zeichnet vielmehr eine Richtung im vierdimensionalen Raum aus, und zwar die Zeitrichtung, denn das skalare Potential (bzw. ρ) nimmt eine Sonderstellung ein. Mit einigem Aufwand ist es möglich, die Eichung explizit kovariant zu formulieren. Dabei ist nicht mehr die Zeitrichtung, sondern eine beliebige zeitartige Richtung ausgezeichnet, die durch einen zeitartigen Einheitsvektor n^μ vorgegeben wird. Der hier betrachtete Fall resultiert als Spezialfall für $n^\mu = (1,0,0,0)$. Wir wollen jedoch den allgemeinen Fall nicht untersuchen.

Die Feldstärken sind (ebenso wie der Strom) von der Eichung unabhängig. Die beiden Terme, die zu $\vec{E}$ beitragen, liefern aber in Strahlungseichung eine natürliche Aufspaltung in das elektrische Coulombfeld und einen divergenzfreien (=transversalen) Anteil

$$\vec{E} = \vec{E}_C + \vec{E}_T$$

$$\vec{E}_C = - \vec{\nabla}\phi_C \qquad \vec{E}_T = - \frac{1}{c}\frac{\partial \vec{A}_T}{\partial t},$$

$$\vec{\nabla} \times \vec{E}_C = 0 , \qquad \vec{\nabla}.\vec{E}_T = 0$$

$$\vec{B} = \vec{B}_T, \quad \vec{B}_T = \vec{\nabla} \times \vec{A}_T , \quad \vec{\nabla}.\vec{B}_T = 0$$

Das Coulombfeld $\vec{E}_C$ kann (trotz der Zeitabhängigkeit von ρ) zu keinem zeitlichen veränderlichen Magnetfeld Anlaß geben: aus dem Induktionsgesetz folgt für $\vec{E} = \vec{E}_C$

$$\frac{1}{c}\frac{\partial \vec{B}}{\partial t} = -\vec{\nabla} \times \vec{E}_C = 0$$

Die zeitabhängigen Anteile des Magnetfeldes sind daher ganz in $\vec{A}_T$ enthalten. Hingegen kann $\vec{B}_T$ auch ein zeitkonstantes Magnetfeld enthalten, das z.B. durch einen konstanten Strom hervorgerufen werden kann.

Zum Abschluß stellen wir die wesentlichen Formeln für beide Eichungen zusammen:

Lorentzeichung:

$$\partial_\alpha A^\alpha_L = 0$$

$$A^\alpha_L = \frac{4\pi}{c} j^\alpha$$

Strahlungseichung:

$$A^\alpha_S = (\phi_C, \vec{A}_T)$$

$$\phi_C(t,\vec{x}) = \int \frac{\rho(t,\vec{x}')}{|\vec{x} - \vec{x}'|} d^3x'$$

$$\vec{\nabla}.\vec{A}_T = 0$$

$$\Box\vec{A}_T = \frac{4\pi}{c}\vec{j}_T$$

$$\vec{\nabla}.\vec{j}_T$$

$$\vec{j}_T = \vec{j} - \frac{1}{4\pi}\vec{\nabla}\frac{\partial}{\partial t}\phi_C = \frac{1}{4\pi}\vec{\nabla}\times(\vec{\nabla}\times\int d^3x' \frac{\vec{j}(t,\vec{x}')}{|\vec{x}-\vec{x}'|})^{+)}$$

+) Die letzte Form gilt nur für Stromverteilungen, die im ∞ verschwinden. Man findet sie mit Hilfe der Kontinuitätsgleichung und Identitäten für zweite Ableitung von Vektorfeldern (vgl. Aufgabe 28).

Übungsbeispiele

(27) Welches Vektorpotential $\vec{A}$ mit drei nichttrivialen Komponenten führt zu einem konstanten Magnetfeld $\vec{B}$? Mit welcher Eichfunktion χ kann man eine Komponente des Vektorpotentials zum Verschwinden bringen? Wie lautet $\vec{A}$, $\vec{A}'$ und χ für $\vec{B} = (0,0,B)$?

(28) Beweise die letzte angegebene Formel im Text.

(29) Die Invariante P aus Abschnitt 4 ist als Viererdivergenz eines Vierervektors darstellbar. Wie lautet dieser Vierervektor? Wie ändert er sich bei einer Eichtransformation?

10. Energie- und Impulsbilanz

Bevor wir uns für Lösungen der Maxwellgleichungen interessieren, wollen wir einige grundlegende und charakteristische Eigenschaften der Maxwelltheorie untersuchen, die für die physikalische Interpretation der Theorie von Bedeutung sind. Wir interessieren uns hier für die Frage, wie die Energie- und Impulsbilanz zu formulieren ist. In der Relativitätstheorie transformieren sich die Energie W und der Impuls $\vec{P}$ eines Systems als Vierervektor

(46) $P^{\nu} := (\frac{W}{c}, \vec{P})$

Für ein abgeschlossenes System müssen die Komponenten dieses Vektors erhalten sein

(47) $\frac{dP^{\nu}}{dt} = 0$

Die Elektrodynamik sollte ein abgeschlossenes System beschreiben, wenn man die Dynamik der Quellen einbezieht. Die Theorie ist aber eine <u>lokale</u> Theorie, d.h. sie beschreibt alle elektromagnetischen Vorgänge als solche in kleinen Raumzeitgebieten: zur Beschreibung werden Feldstärken bzw. Strom- u. Ladungs<u>dichten</u> verwendet. Es ist daher naheliegend, daß auch Energie und Impuls lokal einen Sinn haben sollten, so daß die globalen Größen $W, \vec{P}$ durch Integration aus entsprechenden Dichten $w(x), \vec{g}(x)$ gewonnen werden können:

(49) $W = \int w(x) d^3x, \qquad \vec{P} = \int \vec{g}(x) d^3x$

Wenn w und $\vec{g}$ sinnvoll definiert werden können, müssen sie kovariante Größen sein und der globale Erhaltungssatz für P^ν sollte aus einer lokalen Bilanzgleichung für die Dichten folgen. Einen "Mechanismus" dafür haben wir bereits in Abschnitt 1 u. 2 für die lokale Ladungsbilanz verwendet: man muß beachten, daß das Volumintegral zu fester Zeit eigentlich das Integral über eine raumartige Hyperfläche bedeutet

$$B^{\cdots\cdot} = \int_\Sigma b^{\mu\,\cdots\cdot}(x)\, d\sigma_\mu(x) \quad \to \int_t b^{0\cdots\cdot}(x)\, d^3x$$

denn für eine raumartige Ebene wird

$$\Sigma : t = \text{const}, \; d\sigma^\mu = (d^3x, 0, 0, 0)$$

Damit das Integral nicht von der speziellen Integrationsfläche Σ (und damit auch nicht von t) abhängt, muß die kovariante Dichte $b^{\mu\cdots}(x)$ einer Kontinuitätsgleichung genügen

$$\partial_\mu b^{\mu\cdots\cdot}(x) = 0$$

Für die Ladungsbilanz war B die skalare Gesamtladung Q und $B^{\mu\cdots}$ der Stromdichtevektor j^{μ}. Für die Energie-Impulsbilanz soll die globale Größe ein Vierervektor sein

$$B^{\cdots} = P^{\nu}$$

Die Dichten w(x) und $\vec{g}(x)$ müssen konsequenterweise Zeitkomponenten eines Tensors zweiter Stufe sein:

$$\frac{1}{c}w(x) = T^{oo}(x),\ g^{k}(x) = T^{ko}(x)$$

sodaß

$$P^{\nu} = \int_{\Sigma} T^{\mu\nu}(x)\,d\sigma_{\nu}(x)$$

ist, wobei $T^{\mu\nu}$ die Kontinuitätsgleichung

$$\partial_{\nu}T^{\mu\nu}(x) = 0$$

erfüllen muß.

Bei vorgegebenem P^{ν} ist $T^{\mu\nu}$ nicht eindeutig festgelegt. Um das einzusehen, betrachten wir einen antisymmetrischen Tensor 3.Stufe

$$A^{\mu\nu\rho} = -A^{\mu\rho\nu}$$

Seine zweite Ableitung verschwindet identisch

$$\partial_{\nu}\partial_{\rho}A^{\mu\nu\rho} \equiv 0$$

Addieren wir daher zu $T^{\mu\nu}$ die erste Ableitung von A

$$T^{\mu\nu} \to T^{\mu\nu} + \partial_{\rho}A^{\mu\nu\rho} =: \tilde{T}^{\mu\nu}$$

so erfüllt $\tilde{T}^{\mu\nu}$ dieselbe Kontinuitätsgleichung wie $T^{\mu\nu}$. Verlangt man außerdem, daß $A^{\mu\nu\rho}$ im Unendlichen verschwindet, so kann man zeigen, daß der zu T hinzugefügte Term zu P^{ν} nicht beiträgt. Durch geeignete Wahl von A kann man stets erreichen, daß $\tilde{T}^{\mu\nu}$ symmetrisch wird. Wir werden den Energie-Impulstensor stets so konstruieren, daß er bereits symmetrisch ist (d.h. wir betrachten stets $\tilde{T}$ und lassen $\sim$ weg):

(50) $T^{\mu\nu} = T^{\nu\mu}$

Insgesamt ist dann

$$T^{oo}(x) = \frac{1}{c}w(x) \qquad \text{Energiedichte}$$

(51)

$$T^{ok}(x) = T^{ko}(x) = g^{k}(x) \qquad \text{Impulsdichte}$$

$$T^{kl}(x) = T^{lk}(x) \qquad \text{Spannungstensor}$$

Die Kontinuitätsgleichung für T

(52) $\partial_{\nu}T^{\mu\nu} = 0$

ist dann gleichbedeutend mit den vier Bilanzgleichungen

(52a) $\frac{\partial w(x)}{\partial t} + c^2\vec{\nabla}.\vec{g}(x) = 0$

(52b) $\frac{\partial g^k}{\partial t} + c\nabla^l T^{lk} = 0$

Die erste Gl. (52a) drückt die lokale Energiebilanz aus. Der Vektor

(53) $\vec{S} = c^2\vec{g}$

beschreibt die Dichte des Energiestroms. Das Integral

$$\int_F \vec{S}.d\vec{f}$$

gibt die Energie an, die pro Sekunde durch die Fläche F strömt. Wegen der Symmetrie von $T^{\mu\nu}$ ist die Energiestromdichte bis auf den Faktor c^2 mit der Impulsdichte identisch. In einer nicht-relativistischen Theorie wären diese Größen wesentlich voneinander verschieden. Gl. (52b) beschreibt die lokale Impulsbilanz. Der Spannungstensor beschreibt im Wesentlichen die Impulsstromdichte.

Mit (50) und (52) kann man leicht zeigen, daß der Tensor

(54) $M^{\mu\nu\rho} = x^\mu T^{\nu\rho} - x^\nu T^{\mu\rho} = -M^{\nu\mu\rho}$

ebenfalls eine Kontinuitätsgleichung erfüllt:

(55) $\partial_\rho M^{\mu\nu\rho} = 0$

Die zugehörigen globalen Größen

(56) $J^{\mu\nu} = \int M^{\mu\nu\rho} d\sigma_\rho$

beschreiben den gesamten Drehimpuls

$J^k = \frac{1}{2}\epsilon^{klm} J^{lm}$

bzw. den (Energie-)Schwerpunkt (J^{ok}) des Systems.

Diese Zusammenhänge müssen für jedes relativistische, lokale System gelten, das abgeschlossen ist. Wir untersuchen nun die entsprechenden Konsequenzen für die Elektrodynamik. In dieser besteht ein abgeschlossenes System aus der (geladenen) Materie einschließlich ihrer Dynamik (also aus Ladungen und Strömen mit Einschluß des Mechanismus, der sie in Bewegung hält) und aus den von den Ladungs- u. Stromdichten erzeugten Feldern. Beide Anteile werden zu $T^{\mu\nu}$

beitragen. In Raumbereichen, in denen keine Quellen vorhanden sind ($j^\mu=0$), bleibt nur das elektromagnetische Feld übrig. Es erscheint daher sinnvoll, aus $T^{\mu\nu}$ einen Teil abzuspalten, der nur von den Feldstärken abhängt und außerhalb der Quellen übrig bleibt:

$$(57) \quad T^{\mu\nu} = T^{\mu\nu}_{em}(\vec{E},\vec{B}) + T^{\mu\nu}_{mat}$$

$T^{\mu\nu}_{mat}$ wird Anteile enthalten, die der Wechselwirkung von Ladungen mit dem Feld entsprechen (und daher von j^μ und den Feldstärken abhängen): diese Anteile müssen für $j^\mu = 0$ verschwinden. Außerdem kommen zu $T^{\mu\nu}_{mat}$ noch Beiträge hinzu, die der nichtelektromagnetischen Dynamik der Materie Rechnung tragen (z.B. Beiträge der Teilchenfelder in der Quantenelektrodynamik, Beiträge der kinetischen Gastheorie in der Plasmaphysik, evtl. Beiträge des Gravitationsfeldes etc.). Die Kontinuitätsgleichung für $T^{\mu\nu}$ wird in Strenge nur zu erfüllen sein, wenn alle Wechselwirkungen mitgenommen werden. Das Weglassen einzelner Beiträge kann aber für manche Phänomene eine sinnvolle Idealisierung darstellen.

Wir betrachten hier nur den ersten Term in (57). Ein Ansatz für diesen Tensor ist leicht zu erraten. Als Bestandteile, aus denen $T^{\mu\nu}_{em}$ konstruiert werden kann, stehen die Tensoren $F^{\mu\nu}$ und $g^{\mu\nu}$ und als einzige Dimensionskonstante c zur Verfügung. Die Potentiale A^μ sollten nicht verwendet werden, da $T^{\mu\nu}_{em}$ eichinvariant sein muß. Aus einer einfachen Dimensionsbetrachtung folgt, daß $cT^{\mu\nu}_{em}$ quadratisch in den Feldstärken sein muß: die Feldstärken haben im hier verwendeten CGS-System die Dimension (vgl. Lorentzkraft!)

$[F^{\mu\nu}] = g^{1/2} cm^{-1/2} sec^{-1}$

und cT^{oo} muß die Dimension einer Energiedichte haben

$[cT^{oo}] = gcm^2 sec^{-2} cm^{-3} = gcm^{-1} sec^{-2}$

Aus quadratischen Ausdrücken in $F^{\mu\nu}$ kann man aber nur zwei symmetrische Tensoren konstruieren

$F^{\mu\alpha}F_{\alpha}{}^{\nu}$ bzw. $g^{\mu\nu}F^{\alpha\beta}F_{\alpha\beta}$

Bildungen aus $F.\hat{F}$ kommen nicht in Frage, denn sie würden bei Raumspiegelungen das falsche Vorzeichen annehmen (die Energie muß ein Skalar und kein Pseudoskalar sein!). Bildungen aus $\hat{F}.\hat{F}$ lassen sich auf die angegebenen beiden Formen reduzieren. Ein allgemeiner Ansatz lautet daher

$$cT^{\mu\nu}_{em} = a(F^{\mu\alpha}F_{\alpha}{}^{\nu} + \frac{b}{4}\, g^{\mu\nu}F_{\alpha\beta}F^{\alpha\beta})$$

Dabei sind a und b dimensionslose Konstanten. Zu ihrer Bestimmung betrachten wir die Energiedichte

$$w_{em} = c\; T^{oo}_{em} = a[\,(1-\frac{b}{2})\vec{E}^2 + \frac{b}{2}\,\vec{B}^2]$$

Für $j^{\mu} = 0$ (Vakuum) soll das die gesamte Energiedichte sein. In Abwesenheit von Quellen ist die Maxwelltheorie aber symmetrisch bei Vertauschen von $\vec{E}$ und $\vec{B}$. Daher muß b=1 sein. Ist nur ein statisches elektrisches Feld vorhanden, so muß w_{em} in den entsprechenden Ausdruck der Elektrostatik (I,33) übergehen. Daraus folgt $a = \frac{1}{4\pi}$ und wir erhalten

$$(58)\quad T^{\mu\nu}_{em} = \frac{1}{4\pi c}\;[\,F^{\mu\alpha}F_{\alpha}{}^{\nu} + \frac{1}{4}g^{\mu\nu}F^{\alpha\beta}F_{\alpha\beta}\,]$$

Man sieht, daß die Spur dieses Tensors verschwindet

(59) $T_{em}{}^{\mu}{}_{\mu} = 0$

Die Komponenten von T_{em} lauten

(58a) $$w_{em}(x) = \frac{1}{8\pi}(\vec{E}^2+\vec{B}^2)$$

(58b) $$\vec{S}_{em}(x) = c^2\vec{g}_{em}(x) = \frac{c}{4\pi}(\vec{E} \times \vec{B})$$

(58c) $$T^{kl}_{em}(x) = -\frac{1}{4\pi c}(E^kE^l+B^kB^l-\frac{1}{2}\delta^{kl}(\vec{E}^2+\vec{B}^2))$$

Der Vektor (58b) heißt der Poyntingvektor, (58c) heißt der Maxwell'sche Spannungstensor.

Um den Energie-Impulstensor der Materie anzugeben, braucht man ein Modell für die Dynamik der Materie. Selbst ohne ein solches kann man aber die Bilanzgleichungen angeben und damit eine Aussage über die Divergenz des Materietensors erhalten. Wir betrachten

$$\partial_\mu T^{\mu\nu}_{em} = -\partial_\mu T^{\mu\nu}_{mat}$$

Mit Hilfe der Maxwellgleichungen erhält man nach etwas Rechnung

(60) $$\partial_\mu T^{\mu\nu}_{em} = \frac{1}{c^2} j_\mu F^{\mu\nu}$$

In Komponenten ausgeschrieben gibt das folgende Bilanzgleichungen

(60 a) $$\frac{\partial w_{em}}{\partial t} = -\vec{\nabla}.\vec{S}_{em} - \vec{j}.\vec{E}$$

(60b) $$\frac{\partial g^k_{em}}{\partial t} = -c\nabla^l T^{lk} - (\rho.\vec{E} + \frac{1}{c}\vec{j} \times \vec{B})^k$$

Der erste Term auf der rechten Seite von (60a) beschreibt

den Energietransport durch das Feld (z.B die in Form von elektromagnetischen Wellen ein- oder abgestrahlte Energie). Der letzte Term beschreibt die Energie, die pro Sekunde und cm^3 an die Materie abgegeben bzw. von ihr geliefert wird (z.B. durch Beschleunigung oder Abbremsung von Ladungsträgern). Daß diese Interpretation richtig ist, zeigt das folgende Beispiel: auf ein Teilchen, das sich im elektromagnetischen Feld bewegt, wirkt die Lorentzkraft

$$\vec{F} = q(\vec{E} + \frac{1}{c}\,\vec{v} \times \vec{B})$$

Bewegt sich das Teilchen entlang eines Weges von einem Punkt P zu einem anderen P', so leistet das Feld die Arbeit

$$A_1 = \int_P^{P'} \vec{F}.d\vec{s}$$

Für ein kleines Wegstück ist die Arbeit

$$dA_1 = \vec{F}.d\vec{s} = \vec{F}.\vec{v}dt$$

erforderlich. Daher ist für ein Teilchen

$$\frac{dA_1}{dt} = \vec{F}.\vec{v} = q\vec{E}.\vec{v}$$

Bewegen sich im Feld pro Volumeinheit n Teilchen, so wird pro cm^3 u. Sekunde die Energie

$$\frac{dA_n}{dt} = \vec{E}.nq\vec{v} = \vec{E}.\rho\vec{v} = \vec{E}.\vec{j}$$

aufgewendet, was der Bilanzgleichung (60a) entspricht. Die Impulsbilanz (60b) kann in analoger Weise interpretiert werden.

Übungsaufgaben

(30) Betrachte ein elektromagnetische Feld, für das
$\vec{E} \perp \vec{B}$, $|\vec{E}|^2 = |\vec{B}|^2 = \text{konst.}$
ist. Berechne den Poyntingvektor $\vec{S}$ und den in einem Zylinder (Radius R, Länge L) um die Richtung von $\vec{S}$ enthaltenen Drehimpuls:
$\vec{L} = \int d^3x \vec{l}$, $\qquad \vec{l} = \frac{1}{c^2} (\vec{x} \times \vec{S})$

(31) Beweise, daß
$\int P(x^o, \vec{x}) d^3x = 0$, $\qquad \int_{-\infty}^{+\infty} dx^o P(x^o, \vec{x}) = 0$
ist, wobei P die in Abschnitt 4 eingeführte Invariante bedeutet und das erste Integral über den ganzen Raum zu erstrecken ist. Die Feldstärken können dabei weitgehend beliebig sein: es ist lediglich notwendig, daß die Integrale existieren.

(32) Betrachte das Viererpotential
$A^\mu(x) = \sum_{i=1}^{2} e_i^\mu a_i(\xi)$
wobei a_i beliebige Funktionen des Arguments

$\xi = b(n,x)$, $\qquad b = \text{konst.}$

seien. n^μ und $e_i{}^\mu$ seien die in Anhang III definierten lichtartigen Basisvektoren.
(a) In welcher Klasse von Eichungen liegt A^μ?
(b) Zeige, daß das Potential die homogenen Maxwellgleichungen ($j^\mu = 0$) löst.
(c) Berechne die Feldstärken $F^{\mu\nu}$ bzw. $\vec{E}, \vec{B}$ und charakterissiere ihre wesentlichen Eigenschaften.
(d) Welche Funktionen a_i führen zu $\vec{E}^2 = \text{konst.}$?
(e) Berechne für beliebiges $a_i(\xi)$ die Dichten $T_{em}^{\mu\nu}$ $\equiv T^{\mu\nu}$

$$M^{\mu\nu\rho} := T^{\nu\rho}x^{\mu} - T^{\mu\rho}x^{\nu}$$

$$d^{\mu} := -T^{\mu\nu}x_{\nu}$$

$$k^{\mu\nu} := T^{\nu}{}_{\rho}(x^2 g^{\rho\mu} - 2x^{\rho}x^{\mu})$$

und beweise, daß sie Kontinuitätsgleichungen erfüllen.

FORMELN ELEKTRODYNAMIK

(a) Gauß'sches Maßsystem

Vierdimensionale bzw. dreidimensionale Schreibweise

$$x^{\mu} = (ct,\vec{x}), \quad x_{\mu} = (ct,-\vec{x}), \quad \partial^{\mu} = (\frac{\partial}{c\partial t}, -\vec{\nabla}), \quad \partial_{\mu} = (\frac{\partial}{c\partial t}, \vec{\nabla})$$

$$\Box = \partial^{\mu}\partial_{\mu} = \frac{1}{c}\ \frac{\partial^2}{\partial t^2} - \Delta$$

Kraft $f^{\mu} = (\frac{\gamma}{2}\ \vec{F}.\vec{v}, \gamma\ \vec{F})$ $\qquad \gamma = [1-v^2/c^2]^{-1/2}$

Geschwindigkeit $\quad u^{\mu} = (\gamma, \gamma\vec{v}/c) \qquad u^{\mu}u_{\mu} = 1$

$$\hat{F}^{\mu\nu} = \frac{1}{2}\varepsilon^{\mu\nu\alpha\beta}F_{\alpha\beta} \qquad F^{\mu\nu} = -F^{\nu\mu},\ \hat{F}^{\mu\nu} = -\hat{F}^{\nu\mu}$$

$$\vec{E} = (F^{10}, F^{20}, F^{30}) = (\hat{F}^{23}, -\hat{F}^{13}, \hat{F}^{12})$$

$$\vec{B} = (-F^{23}, F^{13}, -F^{12}) = (\hat{F}^{10}, \hat{F}^{20}, \hat{F}^{30})$$

$$j^{\mu} = (c\rho, \vec{j}), \qquad A^{\mu} = (\phi, \vec{A})$$

Kraft auf Punktladung q im Feld (Lorentz)

$f^{\mu} = qF^{\mu\nu}u_{\nu}$ $\quad$ $F = q(\vec{E} + \frac{1}{c}\vec{v}\times\vec{B})$

Feldgleichungen (Maxwell)

$$\partial_{\mu}F^{\mu\nu} = \frac{4\pi}{c} j^{\nu} \qquad \vec{\nabla}\vec{E} = 4\pi\rho, \quad -\frac{1}{c}\frac{\partial\vec{E}}{\partial t} + \vec{\nabla}\times\vec{B} = \frac{4\pi}{c}\vec{j}$$

$$\partial_{\mu}\hat{F}^{\mu\nu} = 0 \qquad \vec{\nabla}.\vec{B} = 0, \quad \frac{1}{c}\frac{\partial\vec{B}}{\partial t} + \vec{\nabla}\times\vec{E} = 0$$

Kontinuitätsgleichung für j (Ladungsbilanz)

$$\partial_{\mu}j^{\mu} = 0 \qquad \frac{\partial\rho}{\partial t} + \vec{\nabla}.\vec{j} = 0$$

Potentiale

$$F^{\mu\nu} = \partial^{\mu}A^{\nu} - \partial^{\nu}A^{\mu} \qquad \vec{E} = -\frac{1}{c}\frac{\partial\vec{A}}{\partial t} - \vec{\nabla}\phi, \quad \vec{B} = \vec{\nabla}\times\vec{A}$$

Umeichung der Potentiale (ändert nichts an der Physik)

$$A^{\mu} \to A^{\mu} + \partial^{\mu}\Lambda \qquad \phi \to \phi + \frac{1}{c}\frac{\partial\Lambda}{\partial t}$$

$\Lambda(ct,\vec{x})$ beliebig $\quad$ $\vec{A} \to \vec{A} - \vec{\nabla}\Lambda$

Feldgleichungen der Potentiale in Lorentzeichung (L) + Lösung

$$\partial_{\mu}A^{\mu}{}_{L} = 0 \qquad \frac{1}{c}\frac{\partial\phi_L}{\partial t} + \vec{\nabla}.\vec{A}_L = 0 \text{ (Lorentzbed.)}$$

$$\Box A_L^{\mu} = \frac{4\pi}{c} j^{\mu} \qquad \Box\phi_L = 4\pi\rho, \quad \Box\vec{A}_L = \frac{4\pi}{c}\vec{j}$$

Lösung (retardierte Potentiale):

$$A^\mu_L(x) = \frac{4\pi}{c} \int D_{ret}(x-x')\, j^\mu(x')\, d^4x'$$

$$\phi_L(ct,\vec{x}) = \int \frac{\rho(c\tau',\vec{x}')}{|\vec{x}-\vec{x}'|}\, d^3x'$$

$$\vec{A}_L(ct,\vec{x}) = \frac{1}{c} \int \frac{\vec{j}(c\tau',\vec{x}')}{|\vec{x}-\vec{x}'|}\, d^3x'$$

$$D_{ret}(x) = \frac{\delta\,(ct-|\vec{x}|)}{4\pi|\vec{x}|} \qquad \tau' = t - \frac{1}{c}\,|\vec{x}-\vec{x}'|$$

Feldgleichungen der Potentiale in Strahlungseichung (s)

$A^\mu_s = (\phi_C,\ \vec{A}_T)$ (Index T: transversal)

$$\phi_C(ct,\vec{x}) = \int \frac{\phi(ct,\vec{x}')}{|\vec{x}-\vec{x}'|}\, d^3x' \qquad \text{(nicht retardiert!)}$$

$$\vec{\nabla}.\vec{A}_T = 0, \qquad \Box \vec{A}_T = \frac{4\pi}{c}\, \vec{j}_T$$

$$\vec{j}_T = \vec{j} - \frac{1}{4\pi}\, \frac{\partial}{\partial t}\, \vec{\nabla}\phi_C\ , \qquad \vec{\nabla}.\vec{j}_T = 0$$

Energie- und Impulsdichten der Felder

$$T^{\mu\nu}_{(em)} = \frac{1}{4\pi c}\, [F^{\mu\alpha} F_\alpha^{\ \nu} + \frac{1}{4}\, g^{\mu\nu} F^{\alpha\beta} F_{\alpha\beta}]$$

Energiedichte $w = cT^{oo}_{(em)} = \frac{1}{8\pi}\, (\vec{E}^2+\vec{B}^2)$

Energiestromdichte $\vec{S} = c^2\vec{g} = (c^2 T^{ok}) = \frac{c}{4\pi}\, (\vec{E}\times\vec{B})$

$\vec{S}$ = Poyntingvektor, $\vec{g}$ = Impulsdichte

Impulsstrom-dichte $T^{kl}_{(em)} = -\frac{1}{4\pi c}\, (E^k E^l + B^k B^l - \frac{1}{2}\delta^{kl} (\vec{E}^2+\vec{B}^2))$

Spannungstensor

Kontinutätsgleichungen für T (Energie- Impulsbilanz)

$$\partial_\mu T^{\mu\nu}_{(em)} = \frac{1}{c^2}\, j_\mu F^{\mu\nu}$$

$$\frac{\partial w}{\partial t} + \vec{\nabla}.\vec{S} = -\vec{j}.\vec{E}$$

$$\frac{\partial g^k}{\partial t} + c\nabla^l T^{lk}_{(em)} = -\left(\rho.\vec{E} + \frac{1}{c}\vec{j} \times \vec{B}\right)^k$$

(b) Internationales Maßsystem (SI)

Lorentzkraft $\vec{F} = q(\vec{E} + (\vec{v}x\vec{B}))$

Maxwellgleichungen $\varepsilon_o \vec{\nabla}.\vec{E} = \rho$ $\qquad \vec{\nabla}.\vec{B} = 0$

$$-\varepsilon_o \frac{\partial E}{\partial t} + \frac{1}{\mu_o}\vec{\nabla}x\vec{B} = \vec{j} \qquad \frac{\partial B}{\partial t} + \vec{\nabla}x\vec{E} = 0$$

Kontinuitätsgleichung $\frac{\partial \rho}{\partial t} + \vec{\nabla}.\vec{j} = 0$

Potentiale $\vec{E} = -\vec{\nabla}\phi - \frac{\partial \vec{A}}{\partial t}, \quad \vec{B} = \vec{\nabla}x\vec{A}$

Lorentzbedingung $\varepsilon_o \mu_o \frac{\partial \phi_L}{\partial t} + \vec{\nabla}.\vec{A}_L = 0$

retardierte Potentiale

$$\phi_L(t,\vec{x}) = \frac{1}{4\pi\varepsilon_o}\int \frac{\rho(\tau',\vec{x}')}{|\vec{x}-\vec{x}'|}\, d^3x'$$

$$\vec{A}_L(t,\vec{x}) = \frac{\mu_o}{c}\int \frac{\vec{j}(\tau',\vec{x}')}{|\vec{x}-\vec{x}'|}\, d^3x'$$

$$\tau' = t - \frac{|\vec{x}-\vec{x}'|}{c}$$

Energiedichte	$w = \frac{1}{2}(\varepsilon_o \vec{E}^2 + \frac{1}{\mu_o}\vec{B}^2)$
Poyntingvektor	$\vec{S} = \frac{1}{\mu_o}(\vec{E} \times \vec{B}) = c^2\vec{g}$
Kontinuitätsgl.	$\frac{\partial w}{\partial t} + \vec{\nabla}.\vec{S} = - \vec{j}.\vec{E}$

Die zunächst unabhängigen Maßkonstanten ε_o, μ_o sind durch

$$\varepsilon_o \mu_o = \frac{1}{c^2}$$

verknüpft, was man als experimentell gestütztes Resultat (Experiment von Weber u. Kohlrausch) auffassen kann. Man braucht daher nur eine der beiden Konstanten. Eine relativistische Fassung mit einem Feldstärketensor für $\vec{E}$ und $\vec{B}$ ist nur möglich, wenn man diese Verknüpfung benützt und eine der Konstanten eliminiert. Man erhält sie z.B. so:

$$\vec{E} = (F^{10}, F^{20}, F^{30}) \quad = \quad (\hat{F}^{23}, -\hat{F}^{13}, \hat{F}^{12})$$

$$c\vec{B} = (-F^{23}, F^{13}, -F^{12}) \quad = \quad (\hat{F}^{10}, \hat{F}^{20}, \hat{F}^{30})$$

j^μ, u^μ, f^μ wie früher

$$f^\mu = qF^{\mu\nu}u_\nu, \quad \partial_\mu F^{\mu\nu} = \varepsilon_o c j^\nu, \quad \partial_\mu \hat{F}^{\mu\nu} = 0$$

$$A^\mu = (\phi, c\vec{A}), \qquad F^{\mu\nu} = \partial^\mu A^\nu - \partial^\nu A^\mu$$

$$T^{\mu\nu}_{em} = \frac{\varepsilon_o}{c} (F^{\mu\alpha}F_\alpha{}^\nu + \frac{1}{4} g^{\mu\nu}F^{\alpha\beta}F_{\alpha\beta}), \qquad w= cT^{oo}_{em}, \; S^k=c^2g^k=c^2T^{ok}_{em}$$

III Anwendungen

1. Statik als Grenzfall der Dynamik

Nun untersuchen wir, wie sich die Elektrostatik und ihr magnetisches Gegenstück, die Magnetostatik in den allgemeineren Rahmen der Elektrodynamik einfügt. Dazu betrachten wir den stationären Fall, d.h. wir nehmen an, daß sich die Quellen u. Felder zeitlich verhältnismäßig langsam ändern, sodaß man alle Zeitableitungen im Vergleich mit räumlichen Ableitungen vernachlässigen kann. Dann zerfallen die Maxwellgleichungen in zwei entkoppelte Systeme von Differentialgleichungen für E_{St} und B_{St}

$$(1) \begin{cases} \vec{\nabla}.\vec{E}_{St} = 4\pi\rho_{St} \\ \vec{\nabla}x\vec{E}_{St} = 0 \end{cases} \qquad \left. \begin{aligned} \vec{\nabla}x\vec{B}_{St} &= \frac{4\pi}{c}\vec{j}_{St} \\ \vec{\nabla}.\vec{B}_{St} &= 0 \end{aligned} \right\} (2) \qquad \vec{\nabla}.\vec{j}_{St} = 0$$

Bildet man den zeitlichen Mittelwert der (instationären) Maxwellgleichungen, so erhält man für die Zeitmittelwerte von $\vec{E}$ bzw. $\vec{B}$ ebenfalls die stationären Gleichungen. Für stationäre Verhältnisse (bzw. im zeitlichen Mittel) sind daher elektrische und magnetische Vorgänge getrennte Phänomene. Das ist auch aus den Gleichungen für die Potentiale ersichtlich. In beiden in Kap. II Abschnitt 9 untersuchten Eichungen lauten sie

$$(3)\quad \Delta\phi_{St} = -4\pi\rho_{St} \qquad \vec{E}_{St} = -\vec{\nabla}\phi_{St}$$

$$\Delta\vec{A}_{St} = -\frac{4\pi}{c}\vec{j}_{St} \qquad \vec{\nabla}.\vec{A}_{St} = 0 \qquad \vec{B}_{St} = \vec{\nabla}x\vec{A}_{St} \quad (4)$$

Die Gleichungen für $\vec{E}$ und $\vec{B}$ gehen auseinander durch die Ersetzung

$$\vec{E}_{St} \leftrightarrow \vec{B}_{St}, \qquad \rho_{St} \leftrightarrow \frac{1}{c}\vec{j}_{St}, \qquad \vec{\nabla}\,. \leftrightarrow \vec{\nabla}\,x$$

hervor. Sie sind also in gewissem Sinn dual zueinander. Man kann diese Tatsache zur Berechnung magnetischer Felder benützen: hat man ein elektrostatisches Problem gelöst, so beherrscht man damit auch das dazu duale magnetostatische Problem. Wie dabei im Einzelnen vorzugehen ist, sieht man am besten an Beispielen.

Übungsaufgabe

(33) Als Modell für eine Diode betrachte man zwei parallele, ebene Leiter im Abstand a. Der eine Leiter (Kathode) sei geerdet, der zweite (Anode) auf dem Potential V. Die Kathode kann beliebig viele Elektronen mit sehr kleiner Geschwindigkeit emittieren, die unter dem Einfluß des elektrischen Feldes in Richtung auf die Anode beschleunigt werden. Die Emission dauert so lange an, bis das Feld der zwischen den Leitern entstehenden Ladungsdichte ρ das ursprüngliche Feld an der Oberfläche der Kathode vollständig kompensiert. Wie hängt

die stationäre Stromdichte zwischen den Elektroden von der Spannung V ab (Gesetz von Schottky-Langmuir)?

2. Berechnung statischer Magnetfelder

Bei symmetrischen Problemen ist es im elektrostatischen Fall am einfachsten, das Feld mit Hilfe des Gauß'schen Gesetzes (I,3) zu berechnen. In der Magnetostatik kann man in analoger Weise vorgehen. Der zum Fluß duale Begriff ist die Zirkulation. Berechnen wir die Zirkulation von $\vec{B}_{St}$ entlang einer geschlossenen Kurve C, die ein Flächenstück F umschließt, so erhalten wir mit Hilfe des Stokes'schen Satzes (Anhang II, Satz II)

$$\oint \vec{B}_{St}.d\vec{s} = \int_F (\vec{\nabla}x\vec{B}_{St}).d\vec{f} = \frac{4\pi}{c}\int_F \vec{j}_{St}.d\vec{f}$$

Das Flächenintegral über $\vec{j}$ hängt offenbar nicht von der Form Form des Flächenstückes F ab, sondern nur davon, daß dieses von C umgrenzt wird. Man kann daher von dem von der Kurve C umschlossenen Strom

$$I_C = \int_{F(C)} \vec{j}_{St}.d\vec{f}$$

sprechen. Damit erhalten wir das Gesetz von Ampère:

$$(5) \qquad \oint \vec{B}_{St}.d\vec{s} = \frac{4\pi}{c} I_C$$

Das reicht zur Berechnung von $\vec{B}_{St}$ nur dann aus, wenn die Symmetrie des Problems $\vec{B}_{St}$ weitgehend festgelegt u. insbesondere die zweite Feldgleichung $\vec{\nabla}.\vec{B}_{St} = 0$

leicht zu erfüllen ist.

Als Beispiel betrachten wir das Feld eines sehr langen, geraden, zylindrischen Drahtes, der von einem konstanten Strom $\vec{I}$ durchflossen wird. Wegen der Zylindersymmetrie darf $|\vec{B}_{St}|$ nur vom Abstand r von der Drahtachse abhängen. Die Richtung von $|\vec{B}_{St}|$ ist aus der Symmetrie und dem Verschwinden des Flusses von $\vec{B}_{St}$ durch geschlossene Flächen abzulesen: hätte $\vec{B}_{St}$ eine Komponente $\neq 0$ in radialer Richtung, so wäre der Fluß durch eine Zylindermantelfläche um die Achse von Null verschieden; eine Komponente parallel zur Drahtachse könnte wegen der Zylindersymmetrie ebenfalls keine geschlossenen Feldlinien geben. Daher muß $\vec{B}_{St}$ tangential an Zylindermantelflächen und senkrecht zur Achse gerichtet sein. Berechnen wir die Zirkulation entlang eines Kreises mit festem Radius r in einer Ebene senkrecht zur Achse, so erhalten wir

$$\oint \vec{B}_{St}.d\vec{s} = B.2\pi r = \frac{4\pi}{c}I \qquad B_{St} = \frac{2I}{rc}$$

Die Richtung von $\vec{B}$ ist tangential an den Kreis. Wählen wir die Drahtrichtung als z- Achse, so ist

$$B_r = B_x\cos\phi + B_y\sin\phi = 0 \quad B_\phi = B_y\cos\phi - B_x\sin\phi = \frac{2I}{rc}$$

$$\vec{B}_{St} = \frac{2I}{c(x^2+y^2)} \quad (-y, x, 0)$$

Das zugehörige Vektorpotential ist

$$\vec{A}_{St} = (0,\ 0,\ -\frac{I}{c}\ln(x^2 + y^2) + \text{konst.})$$

In komplizierteren Fällen kommt man nicht ohne die

zweite Feldgleichung aus und es ist dann günstiger, mit dem Vektorpotential zu arbeiten, denn daraus berechnete Magnetfelder sind automatisch divergenzfrei. Die Feldgleichung für $\vec{A}$ läßt sich in Analogie zur Elektrostatik sofort integrieren

$$(6) \qquad \vec{A}_{St}(\vec{x}) = \frac{1}{c} \int \frac{\vec{j}_{St}(\vec{x}')}{|\vec{x}-\vec{x}'|} d^3x' + \text{konst.}$$

Die Konstante wird man wenn möglich so wählen, daß $\vec{A}$ im Unendlichen verschwindet. Man muß aber darauf achten, daß $\vec{A}$ divergenzfrei ist. Berechnen wir die Divergenz, so erhalten wir

$$\vec{\nabla}.\vec{A}_{St} = \frac{1}{c}\int d^3x'\vec{j}_{St}(\vec{x}').\vec{\nabla} \frac{1}{|\vec{x}-\vec{x}'|} = -\frac{1}{c}\int d^3x'\vec{j}_{St}(\vec{x}').\vec{\nabla}' \frac{1}{|\vec{x}-\vec{x}'|} =$$

$$= -\frac{1}{c}\int d^3x'\vec{\nabla}'. \frac{\vec{j}_{St}(x')}{|\vec{x}-\vec{x}'|} + \frac{1}{c}\int \frac{d^3x'}{|\vec{x}-\vec{x}'|} \vec{\nabla}'.\vec{j}_{St}(x')$$

Der zweite Term verschwindet wegen der Kontinuitätsgleichung für die Stromdichte. Der erste Term kann mit Hilfe des Gauß'schen Satzes in ein Flächenintegral umgewandelt werden

$$\vec{\nabla}.\vec{A}_{St} = -\frac{1}{c} \oint d\vec{f}. \frac{\vec{j}_{St}(\vec{x}')}{|\vec{x} - \vec{x}'|}$$

Das Integral ist über eine geschlossene Fläche im Unendlichen ($|\vec{x}'| \to \infty$) zu erstrecken, da wir über den ganzen Raum integriert haben. Die Abnahme von $\frac{1}{|x-x'|}$ für $|\vec{x}'| \to \infty$ reicht nicht aus, um das Flächenintegral zum Verschwinden zu bringen, denn df nimmt proportional zu $|\vec{x}'|$ zu. Damit $\vec{\nabla}.\vec{A}_{St} = 0$ ist, muß für große x' entweder $\vec{j}$ abnehmen oder es muß durch die betrachtete

Fläche gleich viel Strom zu - wie abfließen. Wir werden uns meistens auf Stromdichten beschränken, die nur innerhalb eines begrenzten Gebietes von Null verschieden sind. Dann ist die angegebene Auflösung der Feldgleichung nach $\vec{A}_{St}$ unproblematisch.

Durch Differentiation kann man eine Formel für das Magnetfeld erhalten, die das duale Analogon zu (I,2) ist:

$$(7) \quad \vec{B}_{St}(\vec{x}) = \frac{1}{c} \int \frac{\vec{j}_{St}(\vec{x}\,') \times (\vec{x}-\vec{x}\,')}{|\vec{x}-\vec{x}\,'|^3} \, d^3x'$$

Dieses Resultat ist automatisch divergenzfrei. In der Praxis ist es jedoch meist günstiger, zuerst das Integral in (6) zu berechnen und dann zu differenzieren.

In vielen praktischen Fällen fließt der Strom in einem Leiter, dessen <u>Querschnitt klein</u> im Vergleich zu den Abmessungen des ganzen stromdurchflossenen Systems ist. Die Stromdichte kann über den Querschnitt F des Leiters als konstant angenommen werden. Wir führen ein Linienelement $d\vec{s}\,'$ entlang des Leiters ein, das überall parallel zur Stromrichtung sein soll

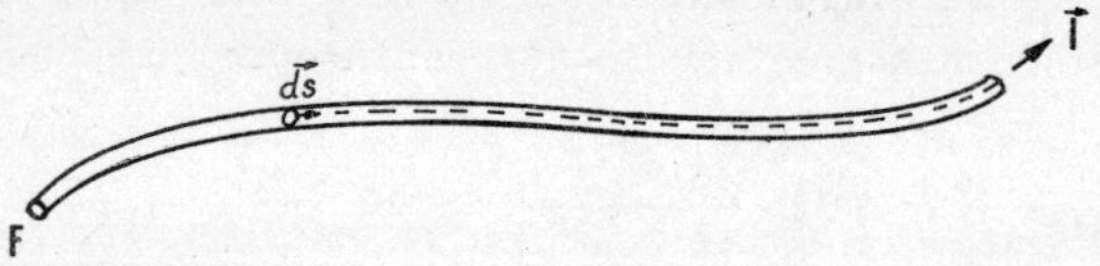

Dann wird

$$\vec{j}_{St}(\vec{x}\,')d^3x' \simeq |\vec{j}_{St}| F d\vec{s}\,' = I d\vec{s}\,'$$

und wir erhalten aus (6) die Formel

$$(8) \quad \vec{A}_{St}(\vec{x}) = \frac{I}{c} \int \frac{d\vec{s}\,'}{|\vec{x}-\vec{x}\,'|}$$

bzw. aus (7) das Gesetz von Biot-Savart

(9) $$\vec{B}_{St}(\vec{x}) = -\frac{I}{c}\int \frac{(\vec{x}-\vec{x}')\times d\vec{s}'}{|x-x'|^3}$$

Als Beispiel berechnen wir das Feld einer kreisförmigen Drahtschleife, die von einem konstanten Strom I durchflossen wird. Der Radius der Schleife sei a. Wir benützen Zylinderkoordinaten, wobei der Ursprung im Mittelpunkt der Schleife liegt. Dann ist $x = (r\cos\phi, r\sin\phi, z)$

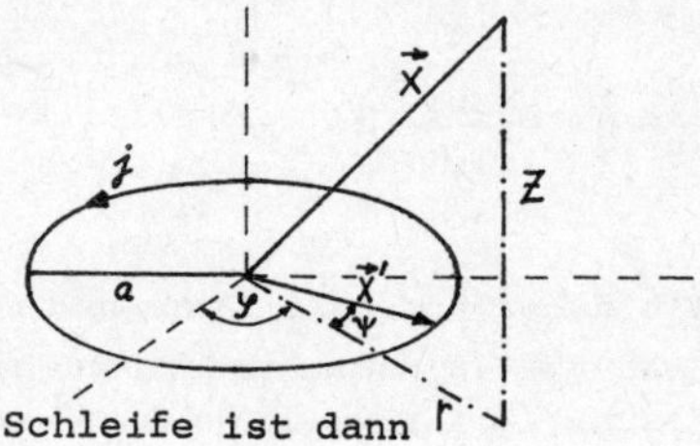

Für einen Punkt auf der Schleife ist dann

$$\vec{x}' = (a\cos\phi', a\sin\phi', 0)$$

und der Nenner in (6) bzw. (8) wird

$$|\vec{x}-\vec{x}'| = \left[z^2 + r^2 + a^2 - 2ra\cos\psi\right]^{1/2} \text{ mit } \psi = \phi' - \phi$$

Die Stromdichte hat die Komponenten

$$\vec{j}(\vec{x}') = I\delta(z')\delta(r'-a)(-\sin\phi', \cos\phi', 0)$$

$$= I\delta(z')\delta(r'-a)\ (-\sin\psi\cos\phi-\cos\psi\sin\phi, \cos\psi\cos\phi-\sin\psi\sin\phi, 0)$$

Bei der Integration zählen wir den Integrationswinkel ϕ' von ϕ an, d.h. wir integrieren über $d\psi$ von 0 bis 2π:

$$\int d^3x' = \int dr' \int dz' \int_0^{2\pi} d\psi$$

Dann wird

$$\vec{A}_{St}(\vec{x}) = (A_r\cos\phi - A_\phi\sin\phi,\ A_r\sin\phi + A_\phi\cos\phi, 0)$$

mit den Komponenten A_r, A_ϕ von $\vec{A}$ in Zylinderkoordinaten:

$$A_r = -\frac{aI}{c}\int_0^{2\pi} \frac{\sin\psi}{|\vec{x}-\vec{x}'|}\,d\psi = 0$$

$$A_\phi = \frac{aI}{c}\int_0^{2\pi} \frac{\cos\psi}{|\vec{x}-\vec{x}'|}\,d\psi$$

$\vec{A}_{St}$ hat daher nur eine Komponente in azimutaler Richtung. Geht man von (8) aus, so erhält man die gleiche Formel. Für die weitere Rechnung beachten wir

$$\int_0^{2\pi} d\psi = 2\int_0^{\pi} d\psi\ .$$

und substituieren $\psi = -2\alpha$, $\cos\psi = 2\sin^2\alpha - 1$

Damit erhalten wir

$$A_\phi = \frac{4aI}{c\sqrt{(r+a)^2+z^2}} \int_0^{\pi/2} \frac{(2\sin^2\alpha - 1)}{\sqrt{1-k^2\sin^2\alpha}}\,d\alpha\ ,\quad k^2 = \frac{4ar}{(r+a)^2+z^2}$$

Das Integral kann auf die beiden elliptischen Normalintegrale

$$K(k) = \int_0^{\pi/2} \frac{d\alpha}{\sqrt{1-k^2\sin^2\alpha}}\ ,\quad E(k) = \int_0^{\pi/2} \sqrt{1-k^2\sin^2\alpha}\,d\alpha$$

zurückgeführt werden, indem man den Zähler umschreibt

$$2\sin^2\alpha-1 = -\frac{2}{k^2}(1-k^2\sin^2\alpha) + \frac{2}{k^2} - 1$$

Damit wird

$$A_\phi = \frac{4I}{c}\sqrt{\frac{a}{r}}\ \frac{1}{k}\left[\left(1-\frac{k^2}{2}\right)K(k)-E(k)\right]$$

Das Magnetfeld erhält man durch Differenzieren. Am einfachsten ist es, die Rotation gleich in Zylinderkoordinaten zu berechnen

$$(\vec{\nabla}\mathrm{x}\vec{A})_r = -\frac{\partial A_\phi}{\partial z} + \frac{1}{r}\frac{\partial A_z}{\partial \phi} \qquad B_r = -\frac{\partial A_\phi}{\partial z}$$

$$(\vec{\nabla}\mathrm{x}\vec{A})_\phi = \frac{\partial A_r}{\partial z} - \frac{\partial A_z}{\partial r} \qquad B_\phi = 0$$

$$(\vec{\nabla}\mathrm{x}\vec{A})_z = -\frac{1}{r}\frac{\partial A_r}{\partial \phi} + \frac{1}{r}\frac{\partial}{\partial r}(rA_\phi) \qquad B_z = \frac{1}{r}\frac{\partial}{\partial r}(rA_\phi)$$

Nach längerer Rechnung erhält man

$$B_r = B_x\cos\phi + B_y\sin\phi = \frac{2I}{c}\frac{z}{r}\frac{1}{\sqrt{(r+a)^2+z^2}}\left[-K(k)+\frac{r^2+z^2+a^2}{(r-a)^2+z^2}E(k)\right]$$

$$B_\phi = B_y\cos\phi - B_x\sin\phi = 0$$

$$B_z = \frac{2I}{c}\frac{1}{\sqrt{(r+a)^2+z^2}}\left[K(k)+\frac{r^2+z^2-a^2}{(r-a)^2+z^2}E(k)\right]$$

Man sieht, daß die Rechnung selbst für relativ einfache Stromverteilungen nicht leicht ist.

Übungsaufgaben

(34) Ein unendlich langer, zylindrischer Leiter (Radius R) werde parallel zur Achse vom Strom I durchflossen. Die Stromdichte im Leiter sein konstant. Berechne

das Magnetfeld innerhalb und außerhalb des Leiters.

(35) Der Strom im Leiter der vorigen Aufgabe werde durch ein konstantes elektrisches Feld parallel zur Achse aufrechterhalten, das proportional zur Stromdichte ist: $\vec{j}=\sigma\vec{E}$ ($\frac{1}{\sigma}$ heißt der spezifische Widerstand des Leiters). Berechne den Poyntingvektor $\vec{S}$ an der Oberfläche des Leiters und begründe seine Richtung.

(36) Ein Stromkreis bestehe aus einer Batterie, die durch zwei lange, parallele, dünne Drähte mit einem Verbraucher in Form eines zylindrischen Widerstandsdrahtes verbunden ist (vgl. vorhergehende Aufgabe). Der Widerstand der Drähte werde vernachlässigt. Diskutiere (qualitativ) den Verlauf des Poyntingvektors für die Anordnung.

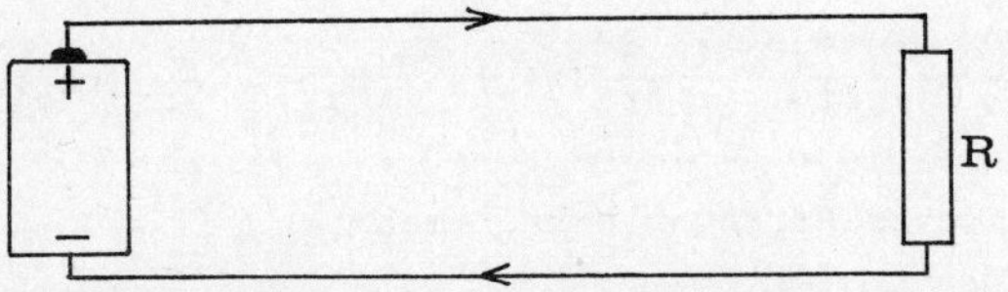

(37) Ein Koaxialkabel bestehe aus einem zylindrischen Innenleiter (Radius R_i) und einem konzentrisch angeordneten Hohlrohr mit dem Innendurchmesser $2R_a$ und der Wandstärke d. Das Kabel sei unendlich lang , die Stromdichte in den Leitern sei konstant, Im Innenleiter fließe parallel zur Achse der Strom I, im Außenleiter der Rückstrom -I. Berechne das Magnetfeld innerhalb und außerhalb des Kabels.

(38) Ein zylindrischer Leiter (Radius R) habe parallel zur Achse im Abstand d eine zylindrische Bohrung mit dem Radius r (r+d<R). Der Leiter werde parallel zur Achse von dem konstanten Strom I durchflossen. Die Stromdichte sei konstant. Berechne das Magnetfeld in der

Bohrung und im Leiter. Diskutiere den Grenzfall eines Hohlzylinders.

(39) Zwei unendlich lange, gerade, dünne Drähte sind im Abstand a parallel zueinander ausgespannt und werden im entgegengesetzten Sinn von einem konstanten Strom I durchflossen. Berechne das Vektorpotential und die magnetische Feldstärke.

(40) Eine unendlich lange zylindrische Spule besthe aus einer Lage eines dünnen Drahtes, der dicht aufgewickelt ist (n Windungen pro Längeneinheit). Berechne das Magnetfeld innerhalb u. außerhalb der Spule, wenn diese von einem konstanten Strom I durchflossen wird.

3. Magnetisches Moment und Multipolentwicklung

Wir untersuchen nun in Analogie zur Elektrostatik (Abschnitt I,7) das Verhalten des Potentials einer endlichen ausgedehnten Stromverteilung in großem Abstand von dieser. Dazu brauchen wir das Analogon zu einem elektrischen Dipol. Wir betrachten eine ebene, geschlossene Drahtschleife beliebiger Form, die von einem konstanten Strom I durchflossen wird. Die Schleife soll (im Vergleich zum Abstand $r = |\vec{x}|$ von ihr, in dem wir das Potential berechnen) sehr klein sein. Wir benützen zur Berechnung von $\vec{A}_{St}$ die Formel (8), entwickeln den Integranden in eine Taylorreihe (I, 12) und betrachten nun die ersten beiden Terme

$$A^l_{St}(\vec{x}) = \frac{I}{cr}[\oint ds'^l + \frac{x^m}{r^2}\oint ds'^l x'^m + \ldots\ldots]$$

Das Integral ist über die Schleife zu erstrecken. Wir benützen den Stokes'schen Satz in der am Schluß von Anhang II angegebenen symbolischen Form und setzen für . einmal 1 u. einmal x'^m ein. Man sieht, daß der erste Term verschwindet. Damit wird

$$A^l_{St}(\vec{x}) \simeq \frac{I}{cr^3} x^m \varepsilon^{ikl} \delta^{km} \int_F df^i = \varepsilon^{lik} \frac{IF}{c} n^i \frac{x^k}{r^3}$$

Dabei ist F die von der Schleife umschlossene (kleine) Fläche und $\vec{n}$ ein Einheitsvektor senkrecht zu ihr. Der Vektor

$$\vec{\mu} = \frac{IF}{c} \vec{n}$$

heißt das magnetische (Dipol-) Moment der Schleife. Damit wird

$$\vec{A}_{St}(\vec{x}) \simeq \frac{\vec{\mu} \times \vec{x}}{r^3}$$

Bevor wir die Multiopolentwicklung für das Vektorpotential skizzieren, untersuchen wir einige Hilfssätze, die für beliebige Stromverteilungen gelten, die auf ein endliches Gebiet konzentriert sind. Die Sätze gelten für zeitabhängige Stromdichten: zwar werden wir in diesem Abschnitt nur den stationären Grenzfall benützen, für spätere Anwendungen betrachten wir aber gleich den allgemeineren Fall. Zunächst gilt für eine Stromdichte $\vec{j}(t,\vec{x})$, die außerhalb eines endlichen Gebietes G verschwindet

(a) $$\int_G \vec{j}(t,\vec{x}) d^3x = \int d^3x \; \vec{x} \; \frac{\partial \rho(t,\vec{x})}{\partial t}$$

(b) $$\int_G (x^k j^l(t,\vec{x}) + x^l j^k(t,\vec{x})) d^3x = \int d^3x x^k x^l \frac{\partial \rho(t,\vec{x})}{\partial t}$$

Man beweist diese Sätze durch Multiplikation der Kontinuitätsgleichung mit Potenzen von $\vec{x}$ und Integration: z.B. für (a)

$$\int_G x^l \frac{\partial\rho}{\partial t}\, d^3x = -\int d^3x\, x^l \nabla_k j^k = -\int d^3x\, \nabla_k (x^l j^k) - \delta^{kl} j^l$$
$$= \int_G d^3x\, j^k - \oint_{R(G)} x^l j^k df^k$$

Im letzten Term ist über den geschlossenen Rand von G zu integrieren. Dort ist aber $\vec{j}=0$ und daher verschwindet dieser Term u. damit ist (a) bewiesen. Analog beweist man (b) und entsprechende Sätze über höhere Momente von j. Aus (b) folgt weiters

$$\text{c)}\ \int x^k j^l(t,\vec{x})\, d^3x = \frac{1}{2}\int d^3x\, x^k x^l \frac{\partial\rho}{\partial t} + \frac{1}{2}\varepsilon^{klm}\int \varepsilon^{rsm} x^r j^s(t,\vec{x})\, d^3x$$

Das beweist man mit Hilfe von

$$x^k j^l = \frac{1}{2}(x^k j^l + x^l j^k) + \frac{1}{2}(x^k j^l - x^l j^k)$$

und

$$x^k j^l - x^l j^k = (\delta^{ls}\delta^{kr} - \delta^{lr}\delta^{ks})\, x^r j^s = \varepsilon^{klm}\varepsilon^{rsm} x^r j^s$$

Im stationären Fall verschwinden alle Zeitableitungen in (a), (b), (c).

Damit untersuchen wir nun die Multipolentwicklung des Vektorpotentials. Wir betrachten irgendeinen Punkt $\vec{a}$ im Inneren der Stromverteilung, auf den die Momente bezogen sind. Man kann dafür z.B. den "Stromschwerpunkt"

$$(10)\quad \vec{x}_s := \int \vec{x}'\, |\vec{j}_{St}(x')|\, d^3x' \Big/ \int |\vec{j}_{St}(x')|\, d^3x'$$

nehmen. Diesen Punkt wählen wir zunächst als Ursprung

(zum Schluß kann man sich durch

$\vec{x} \to \vec{x} - \vec{a}, \quad \vec{j}(\vec{x}') \to \vec{j}(\vec{x}' + \vec{a})$

wieder von der speziellen Wahl des Ursprungs befreien) und setzen die Entwicklung (I , 12) in (6) ein. Der Einfachheit halber betrachten wir hier nur die ersten beiden Terme

$$A^k_{St}(\vec{x}) = \frac{1}{cr}\left[\int j^k_{St}(x')d^3x' + \frac{x^l}{r^2}\int j^k(x')x'^l d^3x' + \ldots.\right]$$

Nach (a) verschwindet der erste Term. Mit Hilfe von (c) erhalten wir für den zweiten Term

$$(11) \quad \vec{A}_{St}(\vec{x}) = \frac{\vec{\mu} \times \vec{x}}{r^3} \quad + \ldots\ldots$$

mit dem magnetischen (Dipol-) Moment der Stromverteilung

$$(12) \quad \vec{\mu} := \frac{1}{2c}\int (\vec{x}' \times \vec{j}_{St}(x')d^3x'$$

das unabhängig von der Wahl des Bezugspunktes $\vec{a}$ ist. Für eine Stromschleife reduziert sich dieser Ausdruck auf den früher angegebenen. Allgemein ist das magnetische Moment ein axialer Vektor.

Die magnetische Multipolentwicklung beginnt also (sofern $\vec{\mu} \neq 0$ ist) mit dem Dipolterm $\sim \frac{1}{r^2}$. Das ist eine Folge der Tatsache, daß es keine magnetischen Monopole gibt. Natürlich gibt es auch Quadrupol- und höhere Beiträge. Man kann sie aus den höheren Termen der Taylorreihe berechnen, wobei man die zu (a), (b) anlogen Sätze für höhere Momente von $\vec{j}$ beachten muß.

Die Entwicklung des Magnetfeldes erhält man durch Differentiation. Der erste Term lautet

$$(13)\quad \vec{B}_{St}(\vec{x}) = -\frac{\vec{\mu}}{r^3} + 3\,\frac{\vec{x}(\vec{\mu}.\vec{x})}{r^5} + \ldots..$$

In großen Abständen fällt daher das Magnetfeld jeder stationären endlichen Stromverteilung mindestens wie $1/r^3$ ab. Jede solche Verteilung wirkt auf große Distanzen wie ein magnetischer Dipol (den man durch kleine Stromschleifen ersetzen kann). Durch Vergleich mit dem Experiment kann man diese Aussage nachprüfen und so die Elektrodynamik bei großen Abständen kontrollieren (vgl. Bemerkung am Anfang von I,1).

Übungsaufgaben

(41) Berechne das magnetische Moment eines Stromes I, der in einem Kreis vom Radius a fließt.

(42) Zwei kleine Stromschleifen mit gleicher Fläche liegen in zueinander parallelen Ebenen und werden in entgegengesetztem Sinn vom gleichen Strom I durchflossen. Der Abstand der Schleifen sei a. Berechne das Vektorpotential für $|\vec{x}| \gg a$ und diskutiere das Resultat.

4. Elektromagnetische Wellen

Bereits vor Untersuchung der Maxwell'schen Gleichungen haben wir uns davon überzeugt (vgl. Abschnitt II, 5), daß es Situationen geben muß, bei denen sich eine elektromagnetische Erregung mit der Geschwindigkeit c über den ganzen Raum ausbreitet. Nun wollen wir die entsprechenden Lösungen der Maxwellgleichungen aufsuchen. Dazu betrachten wir einen Raumbereich, in dem keine Quellen vorhanden sind

$$\rho(x) = \vec{j}(x) = 0$$

Das soll nicht heißen, daß nie und nirgends (d.h. für kein t und $\vec{x}$) Quellen vorhanden sein sollen: dann gäbe es natürlich keine Felder. Wir interessieren uns vielmehr für die Felder außerhalb der Quellenbereiche. Später werden wir die allgemeine Lösung der Maxwellgleichungen bei vorgegebenen Quellen untersuchen und zeigen, wie der Anschluß erfolgt.

Allgemein kann man das elektrische Feld in einen Coulombanteil und einen transversalen Anteil zerlegen

$$\vec{E} = \vec{E}_C + \vec{E}_R \qquad \vec{E}_R \equiv \vec{E}_T$$

(diese Zerlegung resultiert in der Strahlungseichung automatisch) und aus dem Magnetfeld den statischen Anteil herausziehen

$$\vec{B} = \vec{B}_T = \vec{B}_{St}(\vec{x}) + \vec{B}_R(t,\vec{x})$$

Da die Maxwellgleichungen linear sind, gilt das Superpositionsprinzip und man kann daher die Teile getrennt betrachten. Wir wollen uns in diesem Abschnitt auf $\vec{E}_R$, $\vec{B}_R$ beschränken: Wir verwenden für die Potentiale die Strahlungseichung und brauchen dann nur $\vec{A}_R$ zu betrachten, wobei

$$\vec{A}_T(t,\vec{x}) = \vec{A}_{St}(\vec{x}) + \vec{A}_R(t,\vec{x})$$

ist. Das Vektorpotential erfüllt außerhalb des Quellenbereiches die homogene Wellengleichung

$$(14)\quad \Box \vec{A}_R \equiv \left(\frac{1}{c^2}\frac{\partial^2}{\partial t^2} - \Delta\right)\vec{A}_R = 0$$

und die Bedingung

$$(15)\quad \vec{\nabla}.\vec{A}_R = 0$$

Die Feldstärken findet man durch Differentiation

$$(16)\quad \vec{B}_R = \vec{\nabla} \times \vec{A}_R, \; \vec{E}_R = -\frac{1}{c}\frac{\partial \vec{A}_R}{\partial t}$$

Daraus folgt, daß auch die Feldstärken der Wellengleichung genügen

$$\Box \vec{B}_R = \Box \vec{E}_R = 0$$

Man muß aber beachten, daß $\vec{B}_R$ und $\vec{E}_R$ nicht unabhängig voneinander sind, denn die Maxwellgleichungen für $\vec{E}_R$ und $\vec{B}_R$ müssen erfüllt sein

$$\vec{\nabla}.\vec{E}_R = \vec{\nabla}.\vec{B}_R = 0, \qquad \vec{\nabla} \times \vec{E}_R = -\frac{1}{c}\frac{\partial \vec{B}_R}{\partial t}, \quad \vec{\nabla} \times \vec{B}_R = \frac{1}{c}\frac{\partial \vec{E}_R}{\partial t}$$

und dadurch sind $\vec{E}$ und $\vec{B}$ verkoppelt. Arbeitet man mit $\vec{A}_R$, so braucht man sich darum nicht zu kümmern.

Um einen Überblick zu erhalten, wie Lösungen der Wellengleichung aussehen, betrachten wir zunächst skalare Wellenvorgänge in einer Dimension, d.h. Lösungen $F(t,x)$ der Gleichung

$$(17)\left(\frac{1}{c^2}\cdot\frac{\partial^2}{\partial t^2} - \frac{\partial^2}{\partial x^2}\right) F(t,x) = 0$$

Durch Differenzieren sieht man sofort, daß jede Funktion $f(u)$ der Variablen $u = \frac{1}{\sqrt{2}}(ct-x)$ die Gleichung löst (der

Faktor $\sqrt{2}$ hat nur ästhetische Bedeutung):

$$\frac{1}{c}\frac{\partial f(u)}{\partial t} = \frac{1}{\sqrt{2}} f'(u),\ \frac{\partial}{\partial x} f(u) = -\frac{1}{\sqrt{2}} f'(u),\ (\frac{1}{c^2}\frac{\partial^2}{\partial t^2} - \frac{\partial^2}{\partial x^2}) f(u) = \frac{1}{2}(f''-f'') = 0$$

Eine solche Lösung beschreibt eine Erregung, die sich im Lauf der Zeit mit der Geschwindigkeit c in Richtung der positiven x-Achse weiterbewegt. Ist z.B. f zur Zeit t=O nur in der Nähe des Ursprungs von Null verschieden und hat dort eine spezielle Form, so tritt diese zur Zeit t≠O an der Stelle x=ct auf:

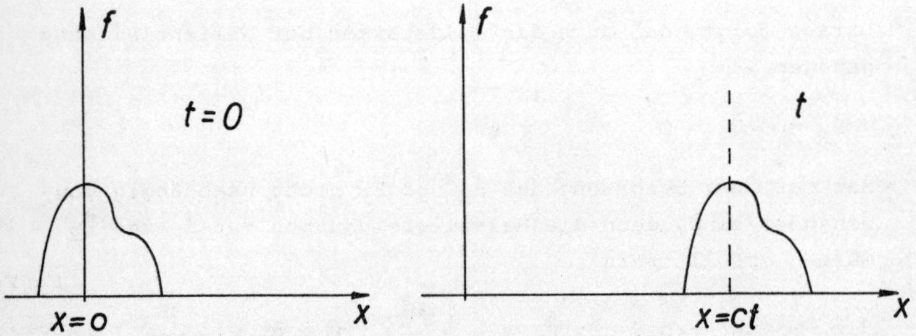

Eine beliebige Funktion g(v) der Variablen $v = \frac{1}{\sqrt{2}}(ct+x)$ ist ebenfalls eine Lösung von (17). Die entsprechende Erregung bewegt sich mit der Geschwindigkeit c in negativer x-Richtung. Die allgemeine Lösung von (17) ist dann die Überlagerung

$$F(t,x) = f(u) + g(v)$$

Als nächstes betrachten wir einen skalaren Vorgang $f(t,\vec{x})$ in drei Dimensionen, d.h. die Lösung von

$$(18)\quad (\frac{1}{c^2}\frac{\partial^2}{\partial t^2} - \Delta)\, F(t,\vec{x}) = 0$$

Wie vorhin kann man sich davon überzeugen, daß eine beliebige Funktion f(u) der Variablen

(19) $u = \frac{1}{\sqrt{2}} (ct - \vec{n}.\vec{x})$

mit einem konstanten Einheitsvektor $\vec{n}:\vec{n}^2 = 1$ eine Lösung von (18) ist:

$$\frac{1}{c^2} \; \frac{\partial^2 f}{\partial t^2} = \frac{1}{2} f''(u), \quad \vec{\nabla} f = -\frac{1}{\sqrt{2}} \vec{n} f, \quad \Delta f = \vec{\nabla}.\vec{\nabla} f = \frac{1}{2} \vec{n}^2 f'' = \frac{1}{2} f''$$

Zeigt $\vec{n}$ in Richtung der x-Achse $\vec{n} = (1,0,0)$, so erhält man die früher betrachtete eindimensionale Situation. Bei allgemeiner Lage von $\vec{n}$ erhält man eine ebene Welle, die sich in Richtung von $\vec{n}$ bewegt: betrachtet man ein Profil in einer beliebigen zu $\vec{n}$ senkrechten Ebene zu einem festen Zeitpunkt, so tritt dasselbe Profil zu einem späteren Zeitpunkt in einer zu $\vec{n}$ senkrechten Ebene auf, die im ct verschoben ist; d.h. das Profil bewegt sich mit der Geschwindigkeit c in Richtung von $\vec{n}$, wobei es seine Form behält:

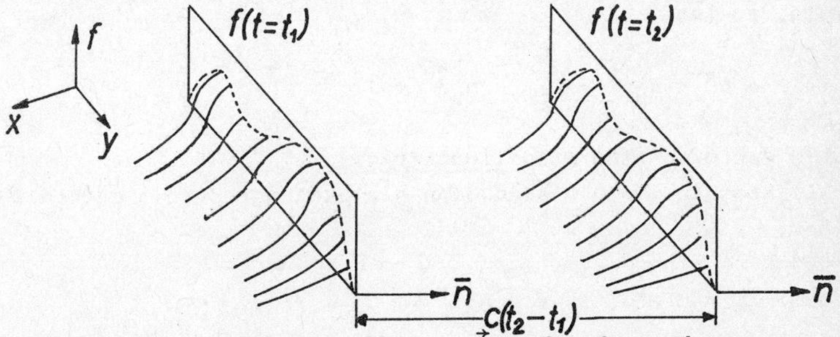

Das gilt für Profile in allen zu $\vec{n}$ senkrechten Ebenen. Insbesondere ist die Stirnfront der Erregung (die Fläche, die aus den Punkten besteht, in denen zu einer bestimmten

Zeit f von Null abzuweichen beginnt) eine Ebene senkrecht zu $\vec{n}$.

Analog sieht man, daß eine beliebige Funktion g(v) der Variablen

$$(20) \quad v = \frac{1}{\sqrt{2}} (ct + \vec{n}\vec{x})$$

ebenfalls eine Lösung von (18) ist. Sie entspricht einer ebenen Welle, die sich in der Richtung $-\vec{n}$ bewegt. Die Überlagerung

$$f(u) + g(v)$$

beschreibt dann den allgemeinsten <u>ebenen</u> Wellenvorgang, der (18) löst.

Man beachte, daß die Variablen u,v im Minkowskiraum $(ct,\vec{x})$ interpretiert werden können. Führen wir zwei konstante Vierervektoren $n^\mu, \hat{n}^\mu$ durch

$$(21) \quad n^\mu = \frac{1}{\sqrt{2}}(1,\vec{n}) \qquad \hat{n}^\mu = \frac{1}{\sqrt{2}}(1,-\vec{n})$$

ein, so ist

$$(22) \quad n_\mu n^\mu = \hat{n}_\mu \hat{n}^\mu = 0, \qquad n_\mu \hat{n}^\mu = 1$$

die Vektoren sind also <u>lichtartig</u>.
Die Koordinaten u,v sind dann als Skalarprodukte darstellbar:

$$(23) \quad u = n_\mu x^\mu, \qquad v = \hat{n}_\mu x^\mu$$

Konstante Werte von u oder v entsprechen lichtartigen Ebenen (d.s. Tangentialebenen an den Lichtkegel).

Die Überlagerung f(u) + g(v) ist noch nicht die allgemeine Lösung von (18). Durch Überlagerung von Lösungen f und / oder g mit verschiedenen Vektoren $\vec{n}$ (die in verschiedene Richtungen zeigen) erhält man wieder Lösungen von (18). Wir werden die allgemeinste mögliche Form später für $\vec{A}$ angeben. Selbst wenn man auf die Details nicht eingeht, ist jedoch klar, daß man auf diese Weise eine Fülle von Lösungstypen erzeugen kann, z.B. solche mit anderem als ebenem Symmetriecharakter, d.h. Lösungen, bei denen die Wellenfronten nicht Ebenen, sondern andere einfache Flächen sind. Ein besonders wichtiges Beispiel sind kugelsymmetrische Vorgänge, bei denen die Wellenfronten konzentrische Kugeln sind. Eine solche Lösung ist leicht zu finden. Wegen der Kugelsymmetrie darf die Lösung außer von t offenbar nur vom Betrag von $\vec{x}$ abhängen. Wir versuchen es daher mit einer Funktion

$h(t,r)$ mit $r = |\vec{x}|$. Mit

$$\vec{\nabla} h = \frac{\vec{x}}{r} \cdot \frac{\partial h}{\partial r}, \quad \Delta h = \frac{\partial^2 h}{\partial r^2} + \frac{2}{r} \frac{\partial h}{\partial r} = \frac{1}{r} \frac{\partial^2}{\partial r^2} (rh)$$

erhalten wir

$$0 = \Box h = \frac{1}{c^2} \frac{\partial^2 h}{\partial t^2} - \frac{1}{r} \frac{\partial^2}{\partial r^2} (rh) = \frac{1}{r} \left(\frac{1}{c^2} \frac{\partial^2}{\partial t^2} - \frac{\partial^2}{\partial r^2}\right) rh$$

Die Funktion rh erfüllt also die eindimensionale Wellengleichung (17).
Daher ist

$$h_{aus} = \frac{f(ct-r)}{r}$$

mit einer beliebigen Funktion f eine kugelsymmetrische Lösung von (18). Sie entspricht einem Wellenvorgang, der sich von der Stelle r=0 nach außen ausbreitet (der Radius der Kugelfläche, die der Wellenfront entspricht, nimmt im Lauf der Zeit zu). Die Amplitude h nimmt mit wachsendem r so ab, daß der Ausdruck $h^2 d^3 r \sim h^2 r^2 dr$ für schwach veränderliches f konstant bleibt (das entspricht für elektromagnetische Vorgänge der Energieerhaltung). An der Stelle r=0 ist unsere Lösung singulär, d.h. an dieser Stelle gilt unsere Ableitung nicht. Physikalisch ist das durchaus vernünftig: wenn sich von einem Punkt aus eine elektromagnetische Erregung ausbreiten soll, so muß es dort Quellen geben, die sie hervorrufen. In der Quellenregion gilt aber die homogene Wellengleichung ohnehin nicht, mit der wir gerechnet haben. Die Funktion

$$h_{ein} = \frac{g(ct+r)}{r}$$

ist ebenfalls eine Lösung von (18). Sie beschreibt einen kugelsymmetrischen Vorgang, der sich nach innen ausbreitet, d.h. die Welle läuft "zusammen". Mathematisch ist eine solche Lösung genau so sinnvoll wie eine "auseinanderlaufende". Empirisch beobachtet man aber, daß sich elektromagnetische Erregungen stets von der Quelle, die sie erzeugt, wegbewegen (vgl. Abschnitt II, 5), wie das auch der Kausalität entspricht: erst die Ursache, dann die Wirkung. Eine "zusammenlaufende" Welle würde einem umgekehrten Kausalzusammenhang entsprechen: eine sphärische Erregung läuft aus dem Unendlichen auf die Ladungen zu und erreicht sie in dem Augenblick, in dem sie sich zu bewegen beginnen. Wenn es sich um Abstrahlung handelt, schließt man daher meist die "zusammenlaufenden" Lösungen aus physikalischen Gründen aus. Das heißt nicht, daß man sie nie verwendet: man kann z.B. eine ebene Welle als Überlagerung von auseinander-

und zusammenlaufenden Kugelwellen darstellen.

Wie bereits erwähnt, gibt es eine Vielfalt anderer Symmetrietypen von Lösungen (z.B. Zylinderwellen, parabolische Wellen etc.). Wir wollen sie hier nicht betrachten, sondern uns nun vektoriellen Vorgängen zuwenden. Wir suchen nun Lösungen $\vec{A}_R$ der Gleichungen (14), (15)

$$\Box \vec{A}_R = 0 \quad , \qquad \vec{\nabla}.\vec{A}_R = 0$$

und betrachten ebene Wellen, die durch einen festen Einheitsvektor $\vec{n}$ charakterisiert sind. Wir betrachten ein Dreibein von orthogonalen Einheitsvektoren, von denen einer $\vec{n}$ ist

$\vec{n}, \vec{e}_{(1)}, \vec{e}_{(2)}$ mit

$$(24) \quad \vec{e}^{\,2}_{(1)} = \vec{e}^{\,2}_{(2)} = \vec{n}^2 = 1, \quad \vec{n}.\vec{e}_{(1)} = \vec{n}.\vec{e}_{(2)} = \vec{e}_{(1)}.\vec{e}_{(2)} = 0$$

$$\vec{n} \times \vec{e}_{(1)} = \vec{e}_{(2)}, \quad \vec{n} \times \vec{e}_{(2)} = -\vec{e}_{(1)}, \quad \vec{e}_{(1)} \times \vec{e}_{(2)} = \vec{n}$$

und spannen $\vec{A}_R$ auf diese Vektoren auf:

$$\vec{A}_R = \vec{e}_{(1)}a_{(1)} + \vec{e}_{(2)}a_{(2)} + \vec{n}a_{(3)}$$

Setzen wir nun die skalaren Koeffizienten $a_{(i)}$ als beliebige Funktionen von u an: $a_{(i)} = a_{(i)}(u)$, so ist das erhaltene $\vec{A}_R$ eine Lösung der Wellengleichung. Wegen

$$\vec{\nabla}a_{(i)}(u) = -\frac{1}{\sqrt{2}}\vec{n}f_{(i)} \qquad f_{(i)} = \frac{da_{(i)}}{du}$$

wird

$$\vec{\nabla}.\vec{A}_R = -\frac{1}{\sqrt{2}}f_{(3)}$$

Damit $\vec{A}_R$ divergenzfrei ist, muß dieser Ausdruck verschwinden. Da ein konstanter Beitrag zu $\vec{A}$ zu den Feldstärken nichts beiträgt und daher weggelassen werden kann, setzen wir

$$a_{(3)} = 0$$

Damit wird das Vektorpotential

$$(25)\quad \vec{A}_R = \vec{e}_{(1)}\, a_{(1)}(u) + \vec{e}_{(2)} a_{(2)}(u)$$

Wie man sieht, ist $\vec{A}_R$ senkrecht zur Ausbreitungsrichtung (transversal). Für die Feldstärken erhält man mit (16)

$$(26)\quad \begin{aligned} \vec{E}_R &= -\frac{1}{\sqrt{2}}\left(\vec{e}_{(1)} f_{(1)} + \vec{e}_{(2)} f_{(2)}\right) = \vec{B}_R \times \vec{n} \\ \vec{B}_R &= \frac{1}{\sqrt{2}}\left(\vec{e}_{(1)} f_{(2)} - \vec{e}_{(2)} f_{(1)}\right) = \vec{n} \times \vec{E}_R \end{aligned}$$

Die Feldstärken sind daher ebenfalls <u>transversal</u>. Außerdem ist $\vec{E}_R \perp \vec{B}_R$:

$$(27)\quad \vec{E}_R . \vec{B}_R = 0$$

Beide Eigenschaften gelten in allen Punkten. Für die Energiedichte (II,58a) bzw. den Poyntingvektor (II 58b) erhalten wir

$$(28)\quad w = \frac{1}{8\pi}\left(f^2_{(1)} + f^2_{(2)}\right)$$

$$(29)\quad \vec{S} = \frac{c}{8\pi}\vec{n}\left(f^2_{(1)} + f^2_{(2)}\right) = cw\vec{n}$$

Die Energie strömt daher tatsächlich in der Richtung $\vec{n}$, in der die Welle läuft.

Das Vektorpotential läßt sich mit Hilfe der beiden

raumartigen Vierervektoren

(30) $e_{(i)}{}^{\mu} = (0, \vec{e}_{(i)})$, $e_{(i)}{}^{\mu} e_{(j)\mu} = -\delta_{ij}$, $ij = 1,2$

kovariant schreiben

(31) $A_R^{\mu} = e^{\mu}_{(1)} a_{(1)}(u) + e^{\mu}_{(2)} a_{(2)}(u)$

Man kann leicht nachrechnen, daß dieses Vektorpotential auch der Lorentzbedingung $\partial_{\mu} A_R^{\mu} = 0$ genügt, die hier mit (15) identisch ist. Die angegebene Lösung stellt daher auch ein Potential in Lorentzeichung dar.

Eine Lösung für eine ebene Welle, die in Richtung von $-\vec{n}$ läuft, erhält man in anloger Weise mit der Koordinate v statt u. Die Vektoren $e^{\mu}_{(i)}$ bilden zusammen mit (21) ein orthogonales Vierbein von dem in Anhang (III, 3) behandelten Typ. Für die Beschreibung ebener Wellenvorgänge (und nicht nur dafür) ist es gelegentlich zweckmäßig, anstelle der kartesischen Koordinaten x^{μ} die sog. <u>lichtartigen</u> Koordinaten

(32) $(u, v, x_{\perp}^{(i)})$ mit $x_{\perp}^{(i)} = -e^{\mu}_{(i)} x_{\mu}$, $i = 1,2$

zu benützen, die der Wellenausbreitung besonders angepaßt sind.

Für unsere Lösung (25) ist das magnetische und das elektrische Feld eine Überlegung von zwei ebenen Wellenvorgängen in zwei zueinander senkrechten Richtungen $\vec{e}_{(i)}$ senkrecht zur Ausbreitungsrichtung. Die Richtung von $\vec{E}_R$ liegt in der durch $\vec{e}_{(i)}$ bestimmten Ebene und ändert sich im Lauf der Zeit proportional zu $f_{(1)}/f_{(2)}$. Wir betrachten nun als wichtigen Spezialfall sog. monochromatische ebene Wellen. In diesem Fall ist

(33) $a_{(i)}(u) = b_{(i)} \cos (\phi+\delta_{(i)})$

mit

(34) $\phi := \sqrt{2}\,\frac{\omega}{c}\,u = \omega t - \frac{\omega}{c}\,\vec{n}.\vec{x}$, $b_{(i)}$ und $\delta_{(i)}$ konst.

Die Konstante ω heißt die (Kreis-) Frequenz der Welle, $b_{(i)}$ heißt die Amplitude. Offenbar ist der ganze Wellenvorgang unendlich ausgedehnt, da der cos nur an einzelnen Stellen verschwindet. "Ausbreitung" bedeutet in diesem Fall, daß sich das durch den cos gegebene "Muster" im Lauf der Zeit in Richtung von $\vec{n}$ verschiebt. Die Richtung von $\vec{E}_R$ heißt der Polarisationsvektor der Welle. Im Laufe der Zeit läuft er in der $\vec{e}_{(1)}$, $\vec{e}_{(2)}$ Ebene um und ändert dabei i.A. seine Länge. Seine Spitze beschreibt dabei i.A. eine Ellipse, die evtl. zu einem Kreis oder einer Gerade ausarten kann (vgl. Zeichnung: diese ist so zu verstehen, daß man in Richtung von $\vec{n}$ schaut):

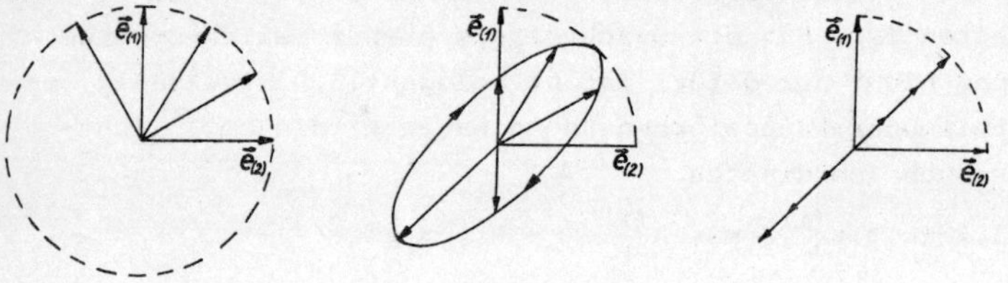

$a^{(1)} = \cos \phi$ | $a^{(1)} = \cos \phi$ | $a^{(1)}=a^{(2)}=\cos \phi$

$a^{(2)} = -\sin \phi$ | $a^{(2)} = \cos (\phi+\pi/4)$

rechtszirkulare Polarisation | elliptische Polarisation | lineare Polarisation

Aus solchen monochromatischen ebenen Wellen kann man den allgemeineren Typ (25) erzeugen, indem man die konstanten Koeffizienten $b_{(i)}$ durch Funktionen von ω ersetzt und über positive Werte von ω integriert. Die <u>allgemeine</u> Lösung von (14) und (15) erhält man, indem man außerdem über alle Richtungen von $\vec{n}$ integriert. Die mathematische Methode, die diesen Konstruktionen zugrundeliegt, ist die Fourieranalyse. Wir wollen nun die allgemeine Lösung in einer Weise konstruieren, aus der die Lorentzkovarianz klar ersichtlich wird. Das gelingt mit der folgenden Überlegung: statt Kosinusfunktionen $\cos(\phi+\delta_{(i)})$ mit reellen Koeffizienten zu überlagern, kann man ebensogut Exponentialfunktionen $e^{\pm i\phi}$ mit komplexen Koeffizienten betrachten (in die man die Phasenverschiebung $\delta_{(i)}$ aufnehmen kann); man muß nur dafür sorgen, daß $\vec{A}_R$ reell wird. Integriert man über alle Richtungen von $\vec{n}$, so sind auch die entgegengesetzt laufenden Wellen automatisch enthalten; man muß aber beachten, daß die Vektoren $e^{(i)}$ von $\vec{n}$ abhängen, da sie zu $\vec{n}$ orthogonal sein müssen. Bei Integration über alle Richtungen muß daher $\vec{e}_{(i)}(\vec{n})$ im Integral stehen. Wir schreiben nun ϕ als vierdimensionales Skalarprodukt (vgl. (23))

$$\phi = \frac{\omega}{c}\sqrt{2}\,u = \frac{\omega}{c}\sqrt{2}n^\mu x_\mu =: k^\mu x_\mu$$

mit dem Vierervektor

$$k^\mu = \sqrt{2}\,\frac{\omega}{c}\,n^\mu = (k^0, \vec{k}) = (\frac{\omega}{c}, \frac{\omega}{c}\vec{n}),\ k^2 \equiv k^\mu k_\mu = 0$$

Die Integration läuft dann über alle Werte von k^μ, die auf dem Lichtkegel $k^2 = 0$ liegen und für die $k^0>0$ ist: Betrachten wir $e^{\pm i\phi} = e^{\pm i(kx)}$ mit <u>allen</u> Richtungen von $\vec{k}$, so haben wir damit schon alle Möglichkeiten erfaßt, negative Werte von k^0 würden einer Doppelzählung entsprechen. Wir setzen also

$$(35)\quad A_R^\mu(x) = \int d^4k\,\delta(k^2)\,\Theta(k^o)\,[\sum_{i=1}^{2} e^\mu_{(i)}(\vec{n})A_{(i)}(\vec{k})e^{-i(kx)} + k.k]$$

Dabei ist $\Theta(k^o)$ die Stufenfunktion $\Theta(k^o) = \begin{cases} 1 & k^o>0 \\ 0 & K^o<0 \end{cases}$ und k.k. bedeutet das konjugiert Komplexe des voranstehenden Ausdruckes. Der Ansatz bringt die Lorentzkovarianz klar zum Ausdruck. Die Wellengleichung ist infolge des Faktors $\delta(k^2)$ erfüllt, denn

$$\partial^\mu e^{\pm i(kx)} = \pm ik^\mu e^{\pm i(kx)}, \Box\, e^{\pm i(kx)} = -k^2 e^{\pm i(kx)},\ k^2\delta(k^2) = 0$$

Ebenso sieht man, daß die Transversalitäts- bzw. Lorentzbedingung erfüllt ist, denn

$$k^\mu e_{(i)\mu} = \vec{k}.\vec{e}_{(i)} = 0$$

Verwendet man die Formel

$$\delta(k^2) = \frac{1}{2|k^o|}(\delta(k^o - |\vec{k}|) + \delta(k^o + |\vec{k}|))$$

und führt damit die Integration über k^o aus, so erhält man

$$(36)\quad A_R^\mu(x) = \int \frac{d^3k}{2|\vec{k}|} \sum_{i=1}^{2} e_{(i)\mu}(\vec{n})A_{(i)}(\vec{k})e^{-i|\vec{k}|(ct-\vec{n}.\vec{x})} + k.k)$$

$$= \int \frac{d^3k}{2|\vec{k}|} \sum_{i=1}^{2} e^\mu_{(i)}(\vec{n})[\mathrm{Re}A_{(i)}(\vec{k})\cos|\vec{k}|(ct-\vec{n}\vec{x})$$

$$-\mathrm{Im}A_{(i)}(\vec{k})\sin|\vec{k}|(ct-\vec{n}.\vec{x})]$$

Die Feldstärken erhält man aus (35) oder (36) durch Differentiation. Die früher untersuchten Spezialfälle entstehen durch geeignete Ansätze für die Fourierkoeffizienten $A^{(i)}(k)$.

So erhält man z.B. eine ebene Welle mit der durch einen festen Vektor $\vec{n}_o$ gegebenen Ausbreitungsrichtung (Normale zur Wellenfront) durch

$$(37)\quad A_{(i)}(\vec{k}) = \frac{c^2}{\omega^2}\, a_{(i)}(\omega)\,\delta(\vec{n}-\vec{n}_o) \qquad \omega = c|\vec{k}|$$

Integriert man in (36) in Polarkoordinaten, so können die Winkelintegrale mit der δ-Funktion ausgeführt werden und es bleibt

$$(38)\quad A_R^{\mu}(x) = c \sum_{i=1}^{2} e^{\mu}_{(i)}(\vec{n}_o) \int_o^{\infty} \frac{d\omega}{\omega}\, a_{(i)}(\omega)\, e^{-i\omega\left(t-\frac{\vec{n}_o\vec{x}}{c}\right)} + \text{k.k.}$$

Der Vorfaktor $\frac{c^2}{\omega^2}$ in (37) hat nur ästhetische Bedeutung, solange die spektrale Zusammensetzung $a_{(i)}(\omega)$ nicht näher spezifiziert wird. Er wurde hier so gewählt, daß die entsprechende Darstellung für $\vec{E}$ frei von solchen Faktoren ist.

Eine ebene Welle mit umgekehrter Laufrichtung erhält man durch $\vec{n}_o \to -\vec{n}_o$. Die allgemeinste ebene Welle wäre eine Überlagerung aus beiden Typen mit i.A. verschiedenen Koeffizienten $a_{(i)}$. Monochromatische ebene Wellen erhält man durch Ausblenden einer festen Frequenz ω_o

$$a_{(i)} \sim \delta(\omega-\omega_o)$$

Entwicklungen nach Kugelwellen (bzw. Zylinderwellen etc.) erhält man durch Entwicklung der Exponentialfunktionen nach Kugelfunktionen (bzw. Besselfunktionen etc.)

Übungsaufgaben

(43) Eine Quelle bewegt sich in Bezug auf einen ruhenden Beobachter B mit konstanter Geschwindigkeit $\vec{v}$. Sie sendet eine monochromatische ebene Welle aus, die

im Ruhsystem der Quelle durch die Frequenz ω' und die Ausbreitungsrichtung $\vec{n}'$ charakterisiert sei. Zeige, daß B ebenfalls eine monochromatische ebene Welle sieht. Berechne die von B beobachtete Frequenz und diskutiere die Grenzfälle $\vec{n}\perp\vec{v}$, $\vec{n}\parallel\vec{v}$.

(44) Eine skalare, ebene Welle sei gegeben durch

$$A(t,x) = \frac{1}{2\pi}\int_0^\infty d\omega\, a(\omega)\, e^{-i\omega(t-\frac{x}{c})} + \text{k.k.}$$

(a) Stelle die Welle als Integral über negative und positive Werte von ω dar

(b) Berechne $A(t,x)$ für

$$a(\omega) = \frac{a_o}{(\omega-\omega_o)^2 - \Gamma^2 - 2i\Gamma\cdot\omega} \qquad (a_o,\ \omega_o > 0,\ \Gamma \text{ reelle Konst.})$$

und diskutiere das Resultat für positive und negative Werte von Γ und $x - ct > 0$.

(45) Betrachte zwei skalare, ebene Wellen mit gleicher spektraler Zusammensetzung $a(\omega)$, aber verschiedenen Ausbreitungsrichtungen.

(a) Berechne die durch

$$I(\vec{x}) = \int_{-\infty}^{+\infty} dt\, |A(t,\vec{x})|^2$$

definierte Intensität der Überlagerung der beiden Wellen

(b) Betrachte für die Verteilung

$$|a|^2 = \sqrt{\frac{\pi}{2}}\ \frac{a_o^2}{\Delta\omega}\ \cdot\ \exp\left(-\frac{1}{2}\left(\frac{\omega-\omega_o}{\Delta\omega}\right)^2\right) \qquad \omega>0,\ \omega_o>0,\ \Delta\omega \ll \omega_o$$

die Intensität entlang einer Geraden, die in der durch die beiden Ausbreitungsrichtungen definierten Ebene senkrecht zur Winkelsymmetralen der beiden

Richtungen steht und berechne den Abstand der Interferenzmaxima.

5. Green'sche Funktionen und Lösungen der Wellengleichungen

Als Vorbereitung zur Lösung der Maxwellgleichungen mit Quellen untersuchen wir in diesem Abschnitt einige Distributionen, die für dieses mathematische Problem von Bedeutung sind. Diese Größen werden allgemein mit D bezeichnet und durch ein zusätzliches Symbol unterschieden (z.B. D_{ret}, D_{av}, D_C, $D^{(+)}$ etc.). Wir untersuchen zunächst Green'sche Funktionen der Wellengleichung, d.s. Lösungen der Gleichung

(37) $\square D_{(\;)}(x) = \delta(x)$

Durch Fouriertransformation

$$D_{(\;)}(x) = \frac{1}{(2\pi)^4} \int d^4k e^{-i(kx)} \tilde{D}_{()}(k)$$

$$\delta(x) = \frac{1}{(2\pi)^4} \int d^4k e^{-i(kx)}$$

erhält man die Gleichung

$$-k^2 \tilde{D}_{()}(k) = 1$$

mit der Lösung

(38) $D_{(\;)}(k) = -\frac{1}{k^2}$

Dieser Ausdruck hat wegen $k^2 = (k^o)^2 - \mathbf{k}^2$ zwei Pole auf der reellen k^o-Achse

$k^o = \pm |\vec{k}|$

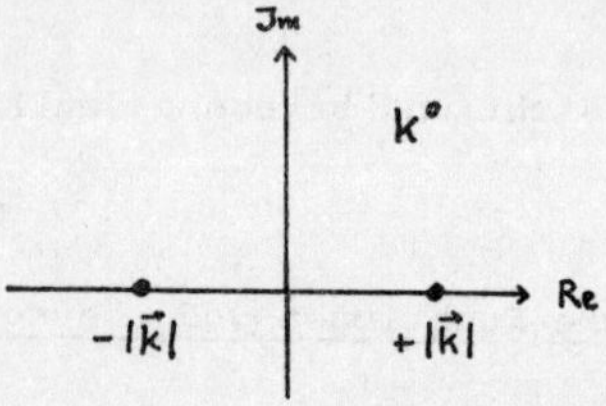

Bei Ausführen des Fourierintegrals muß man entscheiden, welcher Integrationsweg in der komplexen k^o-Ebene zu nehmen ist, d.h. wie man die Pole umgeht. Die einzelnen Green'schen Funktionen können also auch durch Angabe eines Integrationsweges unterschieden werden. Grundsätzlich gibt es 5 Möglichkeiten. Wir fassen sie in Form einer Tabelle zusammen (s.u.). In dieser Tabelle sind auch die expliziten Ausdrücke angegeben, die man nach Ausführen des 4dms. k-Integrals erhält. Für manche Zwecke ist eine eindimensionale Fourierdarstellung der Form

$$(39) \qquad D_{()}\,(x) = \frac{1}{4\pi^2}\int_{-\infty}^{+\infty} ds\, e^{isx^2}\, d_{(\ )}(s, x_o)$$

zweckmäßig. Die Ausdrücke für $d_{()}$ sind ebenfalls in der Tabelle angegeben. Wir benützen dabei die Stufenfunktionen

$$\Theta(\alpha) = \begin{cases} 1 & \alpha > 0 \\ 0 & \alpha < 0 \end{cases} \qquad \varepsilon(\alpha) = \begin{cases} 1 & \alpha > 0 \\ -1 & \alpha < 0 \end{cases} \qquad \begin{aligned} \varepsilon(\alpha) &= -\varepsilon(-\alpha) = \Theta(\alpha) - \Theta(-\alpha) \\ \Theta(\alpha) &= \tfrac{1}{2}(1 + \varepsilon(\alpha)) \end{aligned}$$

und das Symbol P für den Cauchy'schen Hauptwert.

Tabelle Green'sche Funktionen

Name	Weg	$D_{(\ )}(k)$	$D_{(\ )}(x)$	$d_{(\ )}(s,x_o)$
D_{ret}		$-\frac{1}{(k^o-i0)^2-\vec{k}^2}$	$\frac{1}{2\pi}\Theta(x^o)\,\delta(x^2)$	$\Theta(x_o)$
D_{av}		$-\frac{1}{(k^o+i0)^2-\vec{k}^2}$	$\frac{1}{2\pi}\Theta(-x^o)\,\delta(x^2)$	$\Theta(-x^o)$
D_c		$-\frac{1}{k^2+i0}$	$-\frac{i}{4\pi^2}\,\frac{1}{x^2-i0}$	$\Theta(-s)$
D_{ac}		$-\frac{1}{k^2-i0}$	$+\frac{i}{4\pi^2}\,\frac{1}{x^2+i0}$	$\Theta(s)$
D_P	$\frac{1}{2}$ 	$-P\,\frac{1}{k^2}$	$\frac{1}{4\pi}\,\delta(x^2)$	1/2

Die Differenz von zwei beliebigen Green'schen Funktionen gibt eine Lösung der Wellengleichung

$$\Box\, D_{(\ )} = 0.$$

Wie unmittelbar einzusehen ist, erhält man als zugehörigen Integrationsweg stets eine geschlossene Kurve. Offenbar gibt es dafür 4 wesentlich verschiedene Möglichkeiten. Wir stellen die Resultate wieder in Form einer Tabelle zusammen:

Name	Weg	$D_{(\;)}(k)$	$D_{(\;)}(x)$	$\bar{d}_{(\;)}(s,x_o)$
D	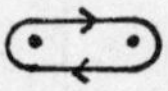	$2\pi i\varepsilon(k^o)\delta(k^2)$	$\frac{1}{2\pi}\varepsilon(x^o)\delta(x^2)$	$\varepsilon(x^o)$
$D^{(+)}$		$2\pi i\Theta(k^o)\delta(k^2)$	$\frac{1}{4\pi}[\varepsilon(x^o)\delta(x^2)+\frac{i}{\pi}P\frac{1}{x^2}]$	
$D^{(-)}$		$-2\pi i\Theta(-k^o)\delta(k^2)$	$\frac{1}{4\pi}[\varepsilon(x^o)\delta(x^2)-\frac{i}{\pi}P\frac{1}{x^2}]$	
D_1	i 	$2\pi\delta(k^2)$	$-\frac{1}{2\pi^2}P\frac{1}{x^2}$	$i\varepsilon(s)$

Zwischen den einzelnen Funktionen bestehen folgende Beziehungen:

$$D = D^{(+)} + D^{(-)} = D_{ret} - D_{av}$$

$$D_1 = \frac{1}{i}(D^{(+)} - D^{(-)}) = \frac{1}{i}(D_c - D_{ac})$$

$$D^{(\pm)} = \frac{1}{2}(D \pm i D_1)$$

$$D_P = \frac{1}{2}(D_{ret} + D_{av}) = \frac{1}{2}(D_{ret} - D^{(-)}) = \frac{1}{2}(D_c + D_{ac}) = \frac{1}{2}\varepsilon(x^o)D$$

$$D_{ret} = D_P + \frac{1}{2}D = D_c + D^{(-)} = D_{ac} + D^{(+)} = \Theta(x^o)D$$

$$D_{av} = D_P - \frac{1}{2}D = D_c - D^{(+)} = D_{ac} - D^{(-)} = -\Theta(-x^o)D$$

$$D_c = D_P + \frac{i}{2}D_1 = D_{ret} - D^{(-)} = D_{av} + D^{(+)} = \Theta(x^o)D^{(+)} - \Theta(-x^o)D$$

$$D_{ac} = D_P - \frac{i}{2}D_1 = D_{ret} - D^{(+)} = D_{av} + D^{(-)} = \Theta(x^o)D^{(-)} - \Theta(-x^o)D^{(+}$$

Wir notieren die folgenden Spiegelungseigenschaften: Alle Funktionen sind gerade bei Raumspiegelungen

$$D_{(\ )}(x^o, -\vec{x}) = D_{(\ )}(x^o, \vec{x})$$

Bei Zeitspiegelungen ist

$$D_{(P,c,ac,1)}(-x^o,\vec{x}) = D_{(P,c,ac,1)}(x^o,\vec{x}) \qquad \text{(gerade)}$$

$$D(-x^o,\vec{x}) = -D(x^o,\vec{x}) \qquad \text{ungerade}$$

$$-D_{ret}(-x^o,\vec{x}) = D_{av}(x^o,\vec{x}), \qquad D^{(+)}(-x^o,\vec{x}) = D^{(-)}(x^o,\vec{x})$$

(Rollentausch)

Dieselben Eigenschaften gelten bei Raumzeitspiegelungen $x^\mu \to -x^\mu$.

Die Funktionen D_P, D_{ret}, D_{av}, D, D_1 sind reell. D_c und D_{ac} sowie $D^{(+)}$ und $D^{(-)}$ sind zueinander komplex konjugiert $D_c = D^*_{ac}$, $D^{(+)} = D^{(-)*}$.
Wie man sieht, enthält das Spektrum von $D^{(\pm)}$ nur $\binom{\text{positive}}{\text{negative}}$ Frequenzen. Der Träger von D_{ret} ist der Zukunftslichtkegel, derjenige von D_{av} ist der Vergangenheitslichtkegel. Der Träger von D_P bzw. D ist der ganze Lichtkegel.

D_{ret} entspricht einer auslaufenden Kugelwelle, D_{av} einer einlaufenden. Das folgt aus

$$\delta(x^2) = \frac{1}{2|\vec{x}|}\left(\delta(x^o-|\vec{x}|) + \delta(x^o+|\vec{x}|)\right)$$

Wegen der Θ-Funktion bleibt in D_{ret} bzw. D_{av} nur ein Term übrig:

(40) $D_{ret}(x) = \frac{\delta(x^0-|\vec{x}|)}{4\pi|\vec{x}|}$ $\qquad D_{av}(x) = \frac{\delta(x^0+|\vec{x}|)}{4\pi|\vec{x}|}$

D_P bzw. D enthalten beiden Wellentypen.

Wir notieren noch eine Fourierdarstellung bezüglich der Zeit. Dazu definieren wir

$$D_{()}(x) = \frac{1}{2\pi c}\int d\omega e^{-i\omega t} d_{()}(\omega,\vec{x})$$

$$d_{()}(\omega,\vec{x}) = c\int dt e^{+i\omega t} D_{()}(x)$$

Dann ist

$$d_{\substack{ret\\av}}(\omega,\vec{x}) = \frac{e^{\pm i\frac{\omega}{c}|\vec{x}|}}{4\pi|\vec{x}|}$$

Diese Funktionen erfüllen die Gleichung

$$(\Delta + \frac{\omega^2}{c^2})\, d_{\substack{ret\\av}}(\omega,\vec{x}) = -\delta(\vec{x})$$

Zum Abschluß beweisen wir einen Satz, der für viele Zwecke nützlich ist. Für eine beliebige Lösung F(x) der Wellengleichung $\Box F = 0$ gilt die Identität ("Kirchhoff'sche Formel")

(41) $$F(x) = \int_{\Sigma} d\sigma_\mu(y) D(x-y) \overleftrightarrow{\partial}^\mu(y) F(y)$$

wobei das Integral über eine beliebige raumartige Hyperfläche Σ zu erstrecken ist und

$$d\overleftrightarrow{\partial}^{\mu} f = f\partial^{\mu} f - g\partial^{\mu} f$$

bedeutet. Zum Beweis beachten wir zunächst, daß der Integrand divergenzfrei ist

$$\partial_{\mu}(y) \quad (D(x-y)\overleftrightarrow{\partial}^{\mu}(y)F(y)) = (\partial_{\mu}D)\partial^{\mu}F + D\Box F - (\Box D)F -$$

$$- (\partial^{\mu}D)\cdot(\partial_{\mu}F) = 0$$

(diese Feststellung gilt für zwei beliebige Lösungen der Wellengleichung). Wegen des Satzes III von Anhang (III) darf man das Integral daher über eine beliebige raumartige Fläche erstrecken. Betrachten wir die Zeitebene

$y^{o} = x^{o}$, so erhalten wir

$$\int_{\Sigma} d\sigma_{\mu} \; (y) \; D(x-y)\overleftrightarrow{\partial}^{\mu}(y)F(y) = \int_{y^{o}=x^{o}} d^3y \Big(D(x-y)\,\partial^{o}F(y) - (\partial^{o}(y)D(x-y))F(y)\Big) = \text{\%}$$

Der erste Term verschwindet: $D(z_o,z)$ ist ungerade in z_o und verschwindet daher für $z^{o} = x^{o} - y^{o} = 0$. Im zweiten Term ist

$$-\partial^{o}(y)D(x-y)\big|_{x^{o}=y^{o}} = \partial^{o}(x-y)D(x-y)\big|_{x^{o}-y^{o}=0} = \delta(\vec{x}-\vec{y})$$

und wir erhalten

$$\text{\%} = F(x) \qquad\qquad \text{w.z.b.w.}$$

Mit diesem Satz (41) kann man eine Lösung der Wellengleichung an einer Stelle (x) berechnen, wenn man sie mit ihren Ableitungen auf einer raumartigen Fläche Σ (y) kennt, d.h. der Satz gestattet die Berechnung der Lösung aus "Anfangsdaten" (=Werte zu einer bestimmten Zeit).

6. Lösung der Maxwellgleichungen bei gegebenen Quellen

Nach diesen Vorbereitungen gehen wir nun daran, die Maxwellgleichungen im allgemeinen Fall zu "lösen", d.h. die Felder beliebiger vorgegebener Ladungs- und Stromverteilungen zu berechnen. Streng genommen sollte man hier nicht von einer Lösung der Gleichungen sprechen, sondern von einer Auflösung nach den Feldern bzw. Potentialen. In Wirklichkeit haben wir es prinzipiell mit einem Wechselwirkungsproblem zu tun: die Gl. beschreiben die Wechselwirkung von Ladungs- und Stromdichten mit den von ihnen erzeugten Feldern, d.h. auch die Rückwirkung der Felder auf den Mechanismus, der für das Zustandekommen der Ladungs- und Stromdichten verantwortlich ist. Eine konsistente, abgeschlossene Theorie muß auch diesen Mechanismus (und seine Dynamik) umfassen: dann sind aber die Ladungs- und Stromdichten (die Quellen der Felder) nicht beliebig vorgehbar, sondern müssen ebenso aus der gesamten Dynamik bestimmt werden, wie die Felder. Auf mikroskopischem, fundamentalem Beschreibungsniveau geschieht das in der Quantenelektrodynamik. Für manche physikalischen (und sogar technischen) Vorgänge ist es jedoch auch auf dem Beschreibungsniveau der klassischen Physik nötig, ein echtes Wechselwirkungsproblem im beschriebenen Sinn zu lösen (z.B. in der Plasmaphysik). Die folgende Auflösung kann dann höchstens ein (mehr oder minder zweckmäßiger) Schritt zur Lösung des betreffenden Problems sein.

Wir führen die Auflösung für die Potentiale durch und benützen die Lorentzeichung. Dann haben wir die Gleichungen (II,33) und (II,34) zu betrachten:

$$\Box A^\mu = \frac{4\pi}{c} j^\mu \qquad\qquad \partial_\mu A^\mu = 0$$

Eine Lösung läßt sich mit Hilfe der vorhin untersuchten Green'schen Funktionen sofort angeben. Sie lautet

$$A^{\mu}_{()}(x) = \frac{4\pi}{c}\int d^4x'D_{()}(x-x')j^{\mu}(x')$$

wobei $D_{()}$ eine der Funktionen unserer Tabelle ist. Daß das angegebene A die Lorentzbedingung erfüllt, kann man leicht nachrechnen, indem man die neue Integrationsvariable $z=x-x'$ einführt. Dann wird

$$A^{\mu}_{()}(x) = \frac{4\pi}{c}\int d^4zD_{()}(z)j^{\mu}(x-z)$$

und die Lorentzbedingung ist wegen $\partial_{\mu}j^{\mu}=0$ erfüllt. Die allgemeine Lösung der Maxwellgleichungen erhalten wir, indem wir zu der gefundenen speziellen Lösung eine beliebige Lösung der freien Maxwellgleichungen (homogene Gl. $j^{\mu}=0$) addieren. Welche Auswahl man unter der so entstehenden Lösungsmannigfaltigkeit trifft (d.h. welche Greenfunktion und welche homogene Lösung man betrachtet), hängt von der physikalischen Problemstellung ab. Wenn wir verlangen, daß die Strahlung außerhalb der Quellen nur auslaufende Kugelwellen enthalten soll, müssen wir D_{ret} nehmen und erhalten die Lösung

$$(42)\quad A^{\mu}_{ret}(x) = \frac{4\pi}{c}\int d^4x'D_{ret}(x-x')j^{\mu}(x')$$

Mit der Darstellung (40) erhält man durch Ausführen des Zeitintegrals

$$(43)\quad A^{\mu}_{ret}(x) = \frac{1}{c}\int d^3x'\,\frac{j^{\mu}(c\tau',\vec{x}')}{|\vec{x}-\vec{x}'|} \qquad \tau' = t-\frac{|\vec{x}-\vec{x}'|}{c}$$

Diese Ausdrücke ($\mu=0,1,2,3$) heißen die retardierten Potentiale. Vergleichen wir den Ausdruck für das skalare Potential $A^o=\phi$ mit dem instantanen Coulombpotential (II,37), so sehen wir, daß hier das Potential zur Zeit t durch die Ladungsdichte an früheren Zeiten $\tau'<t$ hervorgerufen wird. Dasselbe gilt für die Feldstärken, die man durch Differentiation erhält. Die anschauliche Bedeutung wurde bereits an dem Beispiel einer bewegten Punktladung diskutiert (vgl. Abschnitt II,5). Die Retardierungseffekte bringen die relativistische Kausalität zum Ausdruck: die Ausbreitungsgeschwindigkeit ist endlich und gleich c, eine instantane Wirkung ist mit der Relativitätstheorie nicht verträglich (sie entspricht $c\to\infty$). Die Vernachlässigung der Retardierung kann aber unter Umständen eine brauchbare Näherung darstellen.

Man beachte, daß die relativistischen Effekte auch in der Coulombeichung auftreten müssen, denn sie treten in den Feldstärken auf, die eichinvariant (d.h. für jede Eichung dieselben) sind. In dem Ausdruck für die elektrische Feldstärke $\vec{E} = -\frac{1}{c}\frac{\partial\vec{A}}{\partial t} - \vec{\nabla}\Phi$ ändern sich bei Umeichung zwar die Beiträge der beiden Terme, die Summe bleibt aber stets dieselbe. Die nichtinstantanen Beiträge sind in der Coulombeichung in $\vec{A}_T$ enthalten. Mit derselben Argumentation wie oben sieht man, daß die Lösung durch $\vec{A}_T = \vec{A}_{ret}$ mit dem Ausdruck (II, 44) gegeben ist.

Die eventuell zu addierende homogene Lösung muß im Prinzip aus den Anfangsbedingungen bestimmt werden. Nehmen wir z.B. an, daß $j^\mu(x)$ alle möglichen Quellen elektromagnetischer Felder enthält, die zu einer frühen Zeit $t_1(\to -\infty)$ plötzlich eingeschaltet werden. Dann sind am Anfang (d.h. für $t<t_1$) keine Felder vorhanden. Diese Anfangsbedingung bedeutet, daß zu dieser Zeit A^μ die Viererdivergenz einer skalaren Funktion sein muß

$$A^\mu|_{t<t_1} = \partial^\mu \Lambda$$

Man kann überlegen, daß man durch Eichtransformation $\Lambda = 0$ erreichen kann (und zwar so, daß man dadurch innerhalb der Klasse der Lorentzeichungen oder Strahlungseichungen bleibt). Daher ist die Lösung für diese Anfangsbedingung $A^\mu = A^\mu_{ret}$ ohne Zusätze.

In vielen Problemen ist jedoch eine andere Situation vorgelegt. An einer Stelle sind Quellen vorhanden, die eine genau bekannte Strahlung aussenden (z.B. ein Radiosender oder eine Lichtquelle). In großer Entfernung vom Sender gibt es weitere Ladungsträger (z.B. in der Empfangsantenne bzw. in einem Stück Materie, an dem das Licht gebeugt wird). Man interessiert sich dabei nicht für die Details, die für die Erzeugung der primären Strahlung maßgebend sind, sondern faßt diese als vorgegebene einfallende Welle A^μ_{in} bzw. $F^{\mu\nu}_{in}$ auf, die eine Lösung der freien Maxwellgleichung ist ($\partial_\mu F^{\mu\nu}_{in} = 0$). Was interessiert, ist der Einfluß der nicht zum Sender gehörigen Quellen auf die einfallende Welle. Man wird dann nur diese Quellen in j^μ aufnehmen. Die einfallende Welle ist dann die Lösung der homogenen Gleichung und die ganze Lösung lautet

$$(44) \quad F^{\mu\nu} = F^{\mu\nu}_{in} + F^{\mu\nu}_{ret} \qquad F^{\mu\nu}_{ret} = \partial^\mu A^\nu_{ret} - \partial^\nu A^\mu_{ret}$$

$F^{\mu\nu}_{in}$ ist dann der Anteil von $F^{\mu\nu}$, der in der fernen Vergangenheit ($t<t_1$, vor "Einschalten" der nicht zum Sender gehörigen Quellen) übrigbleibt. Mathematisch heißt das, daß wir aus dem asymptotischen Verhalten zu frühen Zeiten $F^{\mu\nu}|_{t<t_1} = F^{\mu\nu}_{in}$ die Lösung $F^{\mu\nu}$ zu späteren Zeiten bestimmen.

Es ist möglich und logisch durchaus sinnvoll, das umgekehrte Problem zu betrachten. Wir denken uns die Quellen zu sehr später Zeit $t=t_2(\to+\infty)$ ausgeschaltet. Dann bleibt eine Lösung der freien Maxwellgleichung $F^{\mu\nu}_{out}$ übrig. Wir können die Lösung zu einem früheren Zeitpunkt aus diesem asymptotischen Verhalten für große Zeiten zurückgewinnen. Dazu müssen wir lediglich beachten, daß es sich dabei um den zeitlich gespiegelten Prozeß handelt (bewegungsumgekehrter Vorgang: er entspricht einem umgekehrt ablaufenden Film). Das heißt, daß wir in diesem Fall das avancierte Potential verwenden müssen, denn D_{ret} und D_{av} vertauschen dabei ihre Rollen. Daher ist

(45) $$F^{\mu\nu} = F^{\mu\nu}_{out} + F^{\mu\nu} \qquad F^{\mu\nu}_{av} = \partial^\mu A^\nu_{av} - \partial^\nu A^\mu_{av}$$

(46) $$A^\mu_{av}(x) = \frac{4\pi}{c}\int D_{av}(x-x')j^\mu(x')d^4x' = \frac{1}{c}\int \frac{j^\mu(c\hat{\tau}', \vec{x}')}{|\vec{x}-\vec{x}'|}d^3x'$$
$$\hat{\tau}' = t + \frac{|\vec{x}-\vec{x}'|}{c}$$

In ferner Vergangenheit ist $F^{\mu\nu}$ gleich $F^{\mu\nu}_{in}$, in ferner Zukunft gleich $F^{\mu\nu}_{out}$. Die Differenz dieser beiden Felder heißt "Strahlungsfeld"

(47) $$F^{\mu\nu}_S = F^{\mu\nu}_{out} - F^{\mu\nu}_{in}$$

und erweist sich in vielen Anwendungen als zweckmäßige mathematische Hilfskonstruktion. Aus den angegeben Formeln sieht man, daß

(48) $$F^{\mu\nu}_S = F^{\mu\nu}_{ret} - F^{\mu\nu}_{av}, \quad A^\mu_S = \frac{4\pi}{c}\int D(x-x')j^\mu(x')d^4x'$$

ist. Daraus folgt, daß $F^{\mu\nu}_S$ im ganzen Raum und zu allen Zeiten die freien Maxwellgleichungen löst. Bei manchen Problemen ist man nicht an der vollen Lösung $F^{\mu\nu}$ interessiert, sondern nur an ihrem Verhalten zu späten Zeiten. Für solche Zeiten ist aber $F^{\mu\nu}_{av} = 0$, und man kann daher das gesuchte Verhalten aus $F^{\mu\nu}_{S}$ statt $F^{\mu\nu}_{ret}$ berechnen. Dabei darf man natürlich $F^{\mu\nu}_{in}$ nicht vergessen, d.h. man braucht

$$(49) \quad F^{\mu\nu}_{out} = F^{\mu\nu}_{S} + F^{\mu\nu}_{in}$$

7. Abstrahlung von Wellen durch bewegte Ladungsverteilungen

Wir berechnen nur das Feld, das von einer Verteilung bewegter Ladungen abgestrahlt wird. Dabei sollen die Ladungsträger auf ein endliches Gebiet beschränkt bleiben, sodaß ρ und j außerhalb dieses Bereiches verschwinden. Solche Verteilungen kommen bei vielen praktischen Problemen vor: z.B. schwingende Elektronen in einer Antenne, geladene Teilchen, die sich auf einer Kreisbahn bewegen (Beschleuniger!) etc. Wir berechnen das Feld mit Hilfe von (43) und entwickeln den Nenner

$$\frac{1}{|\vec{x}-\vec{x}'|} = \frac{1}{r} + \frac{\vec{e}\vec{x}'}{r^2} + \ldots\ldots \qquad \vec{x}=\vec{e}.r$$

d.h. wir betrachten das Feld in Abständen, die groß gegen alle Abmessungen $a(|\vec{x}'|\leq a)$ der Ladungsverteilung sind:

$$(50) \quad r \gg a$$

(die Betrachtung gilt daher z.B. nicht für das Feld in der Nähe einer Antenne!). Dann wird das Vektorpotential

$$(51) \quad A^{k}_{ret}(t,\vec{x}) = \frac{1}{rc}\int j^{k}(\tau',\vec{x}')d^3x' + \frac{e^l}{r^2c}\int x'^l j^k(\tau',\vec{x}')d^3x' + \ldots.$$

im Zeitargument ist $|\vec{x}-\vec{x}'|$ und damit r noch enthalten. Entwickeln wir für große r, so erhalten wir

(52) $\tau' = t - \frac{|\vec{x}-\vec{x}'|}{c} = \tau + \frac{\vec{e}.\vec{x}'}{c} + O\,(\frac{x'^2}{r}), \quad \tau = t - \frac{r}{c}$

Der zweite Term wird nicht immer klein gegen den ersten sein: dies ist nur dann der Fall, wenn die <u>relative</u> Retardierung der einzelnen Punkte der Ladungsverteilung klein genug ist, wenn sich also die einzelnen Ladungsträger nicht zu rasch bewegen. Ein Kriterium dafür erhält man, wenn man beachtet, daß sich offenbar $\vec{j}$ in der Zeit $\vec{e}.\vec{x}'/c$ nicht wesentlich ändern darf. Ist die für die Änderung von $\vec{j}$ charakteristische Zeit T, so muß also

$$\frac{\vec{e}.\vec{x}'}{c} \sim \frac{a}{c} \ll T$$

sein (dabei ist a eine charakteristische Abmessung der Verteilung). Ist v die Größenordnung der Geschwindigkeit der Ladungsträger, so ist $v \sim \frac{a}{T}$ und wir erhalten

(53a) $v \ll c$

d.h. wir betrachten eine <u>nichtrelativistische</u> Bewegung der Ladungsträger! Bei Schwingungen ist $cT \sim \lambda$ wobei λ die Wellenlänge ist. In diesem Fall lautet das Kriterium

(53b) $\lambda \gg a$

(das ist äquivalent zu (53a)). Wir wollen annehmen, daß (53) erfüllt ist, nehmen aber im ersten Term von (51) den zweiten Term der Entwicklung

(54) $j^k(\tau',\vec{x}') = j^k(\tau,\vec{x}') + \frac{\vec{e}.\vec{x}'}{c}\,\frac{\partial j^k(\tau,\vec{x}')}{\partial\tau} + \ldots\ldots.$

mit, d.h. wir betrachten Terme $\sim \frac{1}{rc}, \frac{1}{rc^2}, \frac{1}{r^2c}$ und vernachlässigen solche $\sim 1/r^2c^2$. Dann wird

$$A^k_{ret}(t,\vec{x}) = \frac{1}{rc}\int j^k(\tau,\vec{x}')d^3x' + \frac{e^l}{r^2c}\int x'^l\Big(j^k(\tau,\vec{x}') +$$

$$\frac{r}{c}\,\frac{\partial j^k(\tau,\vec{x}')}{\partial\tau}\Big)\,d^3x' + \ldots\ldots$$

Nun benützen wir die Sätze (a) (c) von S.124f., mit denen wir die Momente von $\vec{j}$ in solche von ρ umwandeln können. Damit erhalten wir

$$(55)\quad A^k_{ret}(t,\vec{x}) = \frac{1}{rc}\,\dot{d}^k(\tau) + \frac{e^l}{6r^2c}\Big[\,\dot{Q}^{lk} + \frac{r}{c}\,\ddot{Q}^{lk}\Big] + \frac{e^k}{6r^2c}\Big[\,\dot{Q} + \frac{r}{c}\,\ddot{Q}\Big] +$$

$$+\varepsilon^{kmn}\,\frac{e^n}{r^2}\,\Big(\mu^m + \frac{r}{c}\dot{\mu}^m\Big) + \ldots.$$

Das elektrische Dipolmoment $\vec{d}(\tau)$ bzw. Quadrupolmoment $Q^{kl}(\tau)$ und das magnetische Moment $\vec{\mu}(\tau)$ sind dabei analog zu den entsprechenden statischen Größen definiert, Q ist ein im statischen Fall nicht vorhandenes zweites Moment:

$$d^k(\tau) = \int x'^k\,\rho(\tau,\vec{x}')d^3x', \quad Q^{kl}(\tau) = \int(3x'^kx'^l - \vec{x}'^2\delta^{kl})\,\rho(\tau,\vec{x}')d^3x'$$

(56)

$$Q(\tau) = \int(\vec{x}')^2\rho(\tau,\vec{x}')d^3x', \quad \mu^k(\tau) = \frac{1}{2c}\,\varepsilon^{klm}\int x'^l j^m(\tau,\vec{x}')d^3x'$$

(Q entspricht einem variablen mittleren quadratischen Radius). Aus (55) kann man $\vec{B}$ sofort berechnen. Für das elektrische Feld braucht man aber auch das skalare Potential. Eine genaue Überlegung zeigt, daß man dabei die Entwicklung (52) und entsprechend die zu (54) analoge Reihe weiter treiben muß, was mühsam ist. Einfacher geht es mit einem Trick.

Da wir in Lorentzeichung rechnen, können wir die Zeitableitung von ϕ_{ret} aus der Lorentzbedingung berechnen

$$\frac{\partial \phi_{ret}}{\partial t} = -c\,\vec{\nabla}.\vec{A}_{ret}$$

und daraus ϕ_{ret} durch Integration finden: diese ist trivial, da alle Terme Ableitungen enthalten; die Integrationskonstanten können weggelassen werden, da wir an zeitkonstanten Feldern nicht interessiert sind. Bei der Bildung der Raumableitungen von $\vec{A}$ (die wir für $\vec{B}$ ohnehin brauchen), muß man beachten, daß r auch in τ vorkommt. Mit den Formeln

$$\frac{\partial}{\partial x^l} f(r)g(\tau) = e^l(f'g - \frac{1}{c} f\dot{g})$$

$$\frac{\partial}{\partial x^l} e^k g(\tau)f(r) = e^k e^l(f'g - \frac{1}{c}f\dot{g}) + \frac{1}{r}(\delta^{lk} - e^l e^k)fg$$

erhält man

$$(57)\quad \phi_{ret}(t,\vec{x}) = \frac{e^k}{r^2}[d^k + \frac{r}{c}\dot{d}^k] + \frac{e^i e^k}{2r^2 c}[\dot{Q}^{ik} + \frac{r}{3c}\ddot{Q}^{ik}] + \frac{1}{6rc^2}\ddot{Q} + ..$$

(das Argument ist überall τ). Bei der Berechnung der Feldstärken geben die Terme $\sim\dot{Q},\ddot{Q}$ keinen Beitrag (man könnte sie wegeichen). Man erhält für die Feldstärken mit dem Vektor

$$(58)\quad Q^l := Q^{lk} e^k$$

die folgenden Ausdrücke (Argument τ !):

$$\text{(59)}\quad \begin{aligned} \vec{B} &= \Big[\frac{1}{r^2c} (\dot{\vec{d}} + \frac{r}{c} \ddot{\vec{d}}) + \frac{1}{2r^2c^2} (\ddot{\vec{Q}} + \frac{r}{3c} \dddot{\vec{Q}}) + \frac{r}{r^2c} (\dot{\vec{\mu}} + \frac{r}{3c} \ddot{\vec{\mu}}) \times \vec{e} \Big] \times \vec{e} + \frac{2}{r^2c} \dot{\vec{\mu}} + \ldots\ldots \\ \vec{E} &= \frac{1}{rc^2} ((\ddot{\vec{d}} + \frac{1}{6c} \dddot{\vec{Q}}) \times \vec{e}) \times \vec{e} + \frac{1}{r^2c} \vec{e} \times (\dot{\vec{\mu}} + \frac{r}{c} \ddot{\vec{\mu}}) - \\ &\quad - \frac{1}{r^3} \Big[\vec{d} + \frac{r}{c} \dot{\vec{d}} - 3\vec{e} (\vec{e} . (\vec{d} + \frac{r}{c} \dot{\vec{d}})) \Big] - \frac{1}{r^3c} \Big[\dot{\vec{Q}} + \frac{r}{2c} \ddot{\vec{Q}} - 2\vec{e} (\vec{e} . (\dot{\vec{Q}} + \frac{r}{2c} \ddot{\vec{Q}})) \Big] + \ldots \end{aligned}$$

Je nach den auftretenden Momenten spricht man von elektrischer bzw. magnetischer Dipolstrahlung, elektrischer Quadrupolstrahlung etc. Man sieht, daß im allgemeinen $\vec{E}$ nicht senkrecht zu $\vec{B}$ ist. Wir betrachten nun die Abstandsabhängigkeit in zwei Grenzfällen.

(a) <u>Wellenzone</u> (Fernzone): damit ist der Bereich gemeint, in dem $r \gg \lambda \approx cT \gg a$ ist. Die Retardierung ist dann ein wichtiger Effekt, d.h. man muß überall das Argument τ verwenden. Das Feld fällt in dieser Zone wie $1/r$ ab und hat die Form

$$\text{(60)}\quad \begin{aligned} \vec{B} &= \frac{1}{rc^2} \Big[\ddot{\vec{d}} + \frac{1}{6c} \dddot{\vec{Q}} + \ddot{\vec{\mu}} \times \vec{e} \Big] \times \vec{e} + \ldots\ldots \\ \vec{E} &= \vec{B} \times \vec{e} \end{aligned}$$

In diesem Fall ist also $\vec{E} \perp \vec{B}$ und wir erhalten eine auslaufende Kugelwelle (vgl. S.133). Für den Poyntingvektor erhält man

$$\text{(61)}\quad \vec{S} = \frac{c}{4\pi} (\vec{E} \times \vec{B}) = \frac{c}{4\pi} \vec{e} \, \vec{B}^2$$

Als <u>Intensität</u> dI der Strahlung, die in ein Raumwinkelelement $d\Omega$ ausgesandt wird, bezeichnet man die Energie, die pro Zeiteinheit durch das entsprechende Flächenelement einer Kugel vom Radius r strömt

(62) $dI = |\vec{S}|r^2 d\Omega = \frac{c}{4\pi} \vec{B}^2 r^2 d\Omega$

Der Faktor r^2 fällt nach Einsetzen von $\vec{B}^2$ weg. Der wichtigste Term ist die elektrische Dipolstrahlung, deren Amplitude $\sim\ddot{\vec{d}}$ (also proportional der Beschleunigung der Ladunsträger) ist. Die anderen Terme sind i.A. viel kleiner. Sie können aber dann wichtig werden, wenn das System so beschaffen ist, daß die zweite Ableitung des elektrischen Dipolmoments verschwindet. Das ist z.B. bei Systemen der Fall, die aus Teilchen mit gleichem Verhältnis von Ladung zu Masse bestehen. Dann ist nämlich d proportional der Schwerpunktkoordinate R des Systems

$$\vec{d} = \sum_i q_{(i)}\vec{x}_{(i)} = \sum_i \frac{q_{(i)}}{m_{(i)}} m_{(i)}\vec{x}_{(i)} \sim \sum_i m_{(i)}\vec{x}_{(i)} \sim \vec{R}$$

Infolge des Schwerpunktsatzes bewegt sich der Schwerpunkt gleichförmig u. daher ist $\ddot{\vec{d}} \sim \ddot{\vec{R}} = 0$. Das magnetische Moment ist in diesem Fall proportional dem Drehimpuls und daher zeitkonstant: es gibt daher auch keine magnetische Dipolstrahlung.

(b) <u>Quasistatische Zone</u> (Nahzone): das ist der Bereich, in dem

$\lambda \approx cT >> r >> a$

(der Name "Nahzone" ist etwas irreführend, denn r ist immer noch groß gegen die Abmessungen des Systems!). In diesem Bereich ist die Retardierung eine kleine Korrektur. Betrachten wir zunächst den elektrischen Dipolbeitrag zu $\vec{B}$. Bei Entwicklung

$\dot{\vec{d}}(\tau) = \dot{\vec{d}}(t) - \frac{r}{c}\ddot{\vec{d}}(t) + \ldots..$

sieht man, daß die Retardierungskorrektur zu $\dot{\vec{d}}$ den unretardierten Beitrag von $\ddot{\vec{d}}$ kompensiert. In $\vec{E}$ tritt diese Kompensation im Term $\sim 1/r^2$ ebenfalls auf. Dieser Term ist in der betrachten Zone wichtiger als der $\frac{1}{r}$-Term, da der letztere um eine Ordnung höher in

$$\frac{r}{c}\frac{\partial}{\partial t} \approx \frac{r}{cT} << 1$$

ist. Insgesamt lauten die Dipolbeiträge

$$(63) \quad \begin{aligned} \vec{B} &= \frac{1}{cr^2}\dot{\vec{d}}(t) \times \vec{e} + \dots \\ \vec{E} &= \frac{1}{r^3}[3\vec{e}(\vec{e}.\vec{d})-\vec{d}] + \dots \end{aligned}$$

Das gleiche Resultat erhält man aus den statischen Formeln (vgl. (I,13) bzw. (6) oder das Biot-Savart'sche Gesetz), indem man als "quasistatische Näherung" $\vec{j}_{St}$ bzw. ρ_{St} durch $\vec{j}(t,\vec{x})$ bzw. $\rho(t,\vec{x})$ ersetzt. Wegen der erwähnten Kompensation ist diese Näherung besser, als man zunächst erwarten würde. In den höheren Multipolbeiträgen tritt sie nicht auf.

Übungsaufgaben

(46) Ein elektrischer Dipol liegt in der xy-Ebene im Ursprung und rotiert mit konstanter Winkelgeschwindigkeit ω um die z-Achse. Berechne das Magnetfeld in der Wellenzone und die gesamte ausgestrahlte Intensität.

(47) Entlang eines Kreises mit dem Radius a fließt ein Wechselstrom $I(t) = I_0 \sin \omega t$. Berechne das Magnetfeld in der Wellenzone und die gesamte ausgestrahlte Intensität.

(48) Ein schwingender Quadrupol bestehe aus einer ruhenden Ladung -2e im Ursprung und zwei schwingenden Ladungen

+e in den Abständen $z_1 = -z_2 = a\cos\frac{\omega}{2}t$. Berechne das Magnetfeld in der Wellenzone und den Zeitmittelwert der gesamten ausgestrahlten Intensität.

(49) In einer linearen Antenne, die sich längs der z-Achse von -d/2 bis d/2 erstreckt, fließt ein Wechselstrom mit der Stromdichte

$$j_z(t,\vec{x}) = I_o \cos\omega t \sin\frac{\omega}{c}\left(\frac{d}{2} - |z|\right)\delta(x)\delta(y)$$

(a) Berechne den Zeitmittelwert der abgestrahlten Energie pro Raumwinkelelement $dI/d\Omega$ bei großen Abständen ($r \gg d$, $r \gg \lambda$) für beliebige Frequenzen ω.

(b) Berechne den Zeitmittelwert der gesamten abgestrahlten Energie für kleine Frequenzen.

8. Das Feld eines beliebig bewegten, geladenen Teilchens

Als weitere Anwendung der Lösungen von Abschnitt 6 berechnen wir das Feld eines beliebig bewegten, geladenen Teilchens (Ladung q). Das Teilchen soll sich auf einer Bahn bewegen, die durch Angabe der Teilchenkoordinaten als Funktion der Zeit

$$(64) \quad \vec{y} = \vec{y}(t)$$

vorgegeben ist (diese Beschreibung ist auch relativistisch korrekt, vgl. Anh. IV). Der Strom hat dann die Komponenten

$$(65) \quad j^\mu(t,\vec{x}) = q(c,\dot{\vec{y}}(t))\,\delta(\vec{x}-\vec{y}(t))$$

Zur Berechnung von A^μ ist es einfacher, von (42) auszugehen und die Integration über $\vec{x}'$ zuerst auszuführen. Wir erhalten

$$A^{\mu}_{ret}(t,\vec{x}) = \frac{4\pi q}{c} \int d^4x' D_{ret}(x-x')\,\delta(\vec{x}'-\vec{y}(t'))\,\left(c,\dot{\vec{y}}(t')\right)$$

$$= \frac{q}{c}\int dt' \frac{\delta(t-t' - \frac{1}{c}|\vec{x}-\vec{y}(t')|)}{|\vec{x}-\vec{y}(t')|} \cdot \left(c,\dot{\vec{y}}(t')\right)$$

Wir fassen nun das Argument der δ-Funktion als Funktion von t und t' auf

(66) $f(t,t') := t'-t + \frac{1}{c}|\vec{x}-\vec{y}(t')| = t'-t+ \frac{1}{c} R(t')$

(67) $\vec{R}(t') = \vec{x}-\vec{y}(t'), \quad R=|\vec{R}|$

und berechnen das Integral mit der Formel für $\delta(f(t,t'))$ (Anhang I).

Durch Differenzieren erhält man

(68) $$\frac{\partial f}{\partial t'} = 1- \frac{1}{c}\dot{\vec{y}}(t') \cdot \frac{\vec{R}(t')}{R(t')} = 1- \frac{v_R(t')}{c}$$

Dabei ist v_R die Komponente der Teilchengeschwindigkeit $\dot{\vec{y}}=\vec{v}$ in Richtung von $\vec{R}$. Damit erhalten wir

(69) $$A^{\mu}_{ret}(t,\vec{x}) = \frac{q(1,\ \vec{v}(t')/c)}{R(t')\ (1- \frac{1}{c}v_R(t'))}$$

Die Zeit t ist dabei durch f=0 oder

(70) $t= t' + \frac{1}{c}R(t')$

implizit enthalten, d.h. man muß diese Gleichung nach t' auflösen, wenn man das Potential als explizite Funktion von t und $\vec{x}$ sucht.

Um die Feldstärken zu berechnen, braucht man die Ableitungen von t' nach t und $\vec{x}$. Durch Differentiation von (70) findet man

$$\frac{\partial t'}{\partial t} = 1 - \frac{1}{c}\frac{\partial R(t')}{\partial t'} \qquad \frac{\partial t'}{\partial t} = 1 + \frac{v_R}{c}\frac{\partial t'}{\partial t}$$

also ist

$$\frac{\partial t'}{\partial t} = \frac{1}{1 - v_R/c}$$

Analog findet man

$$\vec{\nabla} t' = - \frac{\vec{R}}{cR}\frac{\partial t'}{\partial t}$$

sowie

$$\vec{\nabla} R = \frac{\vec{R}}{R}\frac{\partial t'}{\partial t}, \qquad \vec{\nabla} v_R = \frac{\vec{v}}{R} - \frac{\vec{R}}{R^2}\left[v_R + \frac{1}{c}\vec{R}\dot{\vec{v}} - \frac{\vec{v}^2}{c}\right]\frac{\partial t'}{\partial t}$$

$$\frac{\partial v_R}{\partial t} = \frac{1}{R}\left(v_R^2 - \vec{v}^2 + \vec{R}.\dot{\vec{v}}\right)\frac{\partial t'}{\partial t}$$

Damit kann man die Feldstärken ausrechnen. Das Resultat ist

$$\vec{E} = \frac{a\left(1 - \frac{v^2}{c^2}\right)}{R^3\left(1 - \frac{v_R}{c}\right)^3}\left(\vec{R} - R\frac{\vec{v}}{c}\right) + \frac{q}{c^2R^3(1 - v_R/c)^3}\,\vec{R}\times\left(\left(\vec{R} - R\frac{\vec{v}}{c}\right)\times\dot{\vec{v}}\right) \tag{71}$$

$$\vec{B} = \frac{1}{R}\left(\vec{R} \times \vec{E}\right)$$

Das Zeitargument ist überall t'. Man sieht aus (71), daß $\vec{B}$ senkrecht zu $\vec{E}$ ist. Für ein gleichförmig bewegtes Teilchen bleibt nur der erste Term in $\vec{E}$ übrig. Man kann sich davon überzeugen, daß in diesem Fall (71) mit dem in Abschnitt 5 gefundenen Resultat identisch ist.

IV. Elektrodynamik in materiellen Medien

1. Grundsätzliches zur Struktur

Die bisher formulierte Theorie war ganz eine solche im Vakuum. Wir sind von Ladungsdichten im Vakuum ausgegangen, wobei wir uns vorgestellt haben, daß diese so zustandekommen, daß man anstelle vieler Punktladungen in einem Volumen eine mittlere Ladungsdichte in diesem Volumen betrachtet und auf diese Weise zu einer Kontinuumstheorie der Ladung kommt. Analog haben wir uns Ströme bzw. Stromdichten als ein Kontinuum bewegter Ladungsträger im Vakuum vorgestellt. Dann haben wir die mit diesen Strom- und Ladungsdichten verknüpften Felder (ebenfalls im Vakuum) untersucht. Diese Theorie entspricht (abgesehen von der Idealisierung, die eine Kontinuumstheorie der Ladung darstellt) weitgehend der mikroskopischen Struktur der Welt, in der wir leben: selbst in normaler Materie wird nur ein kleiner Teil des Raumes von Atomkernen und Elektronen eingenommen, der Rest ist Vakuum. Selbst auf diesem mikroskopischen Beschreibungsniveau wird unsere Theorie aber nicht überall gelten. Wollten wir z.B. eine Theorie des Wasserstoffatoms versuchen, indem wir die Bahnbewegung eines Elektrons um ein Proton mit Hilfe der Coulombkraft beschreiben, so erhielten wir kein stabiles Atom: ein stabiles statisches System ist nicht möglich (vgl. S. 26), bewegt sich aber das Proton, so strahlt es Energie in Form elektromagnetischer Wellen ab und muß daher in den Kern stürzen. Es ist klar, daß für diese Probleme die Quantentheorie herangezogen werden muß.

Auf makroskopischem Niveau wird unsere Theorie nur dann anwendbar sein, wenn die Voraussetzungen wenigstens näherungsweise erfüllt sind: d.h. wenn die Materie nur in Form frei beweglicher Ladungsträger vorkommt, die man im oben skizzierten Sinn durch gegebene Ladungs- und Stromdichten beschreiben kann. Es ist aber naheliegend, für Medien, in denen das nicht der Fall ist, immer noch eine analoge Theorie (d.h. eine lokale Feldtheorie mit Gleichungen vom Maxwell-Typ) zu versuchen, wobei man an Stelle von $\vec{E}$ bzw. $\vec{B}$ eine Art "effektiver" Felder $\vec{D}$ bzw. $\vec{H}$ im Medium einführt und deren Zusammenhang mit $\vec{E}$ bzw. $\vec{B}$ durch möglichst einfache empirische Gesetze beschreibt. In diese Gesetze gehen die Materialeigenschaften des Mediums in Form einiger Materialkonstanten (z.B. Dielektrizitätskonstante ε, Permeabilität μ, Leitfähigkeit σ) ein, die das elektromagnetische Verhalten des Mediums charakterisieren und auf diesem Beschreibungsniveau als empirisch gegeben aufgefaßt werden müssen. Eine solche Theorie ist also eine phänomenologische Theorie und hat daher vorläufigen Charakter. Selbst wenn diese Beschreibung in weiten Bereichen gut funktioniert, wird man erst zufrieden sein dürfen, wenn man aus einer Beschreibung auf einem fundamentaleren Niveau begründen kann, warum die Theorie so gut ist, warum die auftretenden empirischen Parameter die gemessenen Werte haben und wo die Grenzen der phänomenologischen Beschreibung liegen. Da wir wissen, daß die Materie aus Atomen besteht und ihre makroskopischen Eigenschaften durch die mikroskopische Struktur bedingt sind, kann eine solche fundamentale Beschreibung nur mit Hilfe der Quantentheorie erfolgen. Infolge des Fortschrittes der mit ihrer Hilfe entwickelten modernen

Physik der Festkörper, Flüssigkeiten und Gase steht heute eine auch in quantitativer Hinsicht zufriedenstellende, fundamentale Theorie der elektromagnetischen Eigenschaften zur Verfügung. Ihre Entwicklung würde aber den Rahmen dieser Vorlesung weit überschreiten. Trotzdem soll hier das Schwergewicht nicht allein auf die phänomenologische Theorie gelegt werden, sondern wenigstens angedeutet werden, in welchem Maß sie durch die mikroskopischen Vorstellungen gestützt erscheint. Dadurch wird hier bewußt von der in (vor allem älteren) Lehrbüchern gewählten Darstellung abgewichen, in denen die phänomenologische Theorie einen verhältnismäßig breiten Raum einnimmt. Diese Stellung entspricht der historischen Entwicklung: die phänomenologische Theorie ist lange vor der Quantentheorie entstanden, also lange, bevor man über die atomistische Struktur der Materie konkrete Vorstellungen hatte. Vom heutigen Wissensstand hererscheint diese Stellung als eine kaum zu rechtfertigende Überbetonung der Bedeutung dieser Theorie, was die Grundlagen betrifft. Das ändert aber nichts daran, daß die Theorie große praktische Bedeutung hat. Wir werden die Theorie nicht als geschlossenes System entwickeln (das sie grundsätzlich nicht ist), sondern einzelne Phänomene untersuchen, weil das der tatsächlichen Struktur entspricht. Die mikroskopische Fundierung wird dabei mit Hilfe vereinfachter Modellvorstellungen wenigstens angedeutet werden. Auf diese Weise werden wir zu (phänomenologischen) Maxwellgleichungen gelangen, die eine Beschreibung elektromagnetischer Vorgänge in materiellen Medien liefern. Ihre Lösung hängt wesentlich von der geometrischen Struktur der Problems ab. Da sich die Felder an Grenzflächen verschiedener Medien unstetig ändern, sind hier Randbedingungen (d.h. die Werte der Komponenten der

Feldstärken an den Randflächen) besonders wichtig. Diese Randbedingungen werden wir mit Hilfe der integrierten Maxwellgleichungen untersuchen.

Man sollte bei diesem Zugang beachten, daß die wirkliche mikroskopische Basis der Theorie (die z.B. Auskunft über die Werte der phänomenologischen Parameter ε, μ, σ und über die Grenzen der phänomenologischen Theorie liefert) durch die Quantenmechanik der Materie gegeben ist, und das ist eine nichtrelativistische Theorie. Zwar kann man die phänomenologische Maxwelltheorie formal in eine kovariante Form bringen, indem man Aussagen über das Transformationsverhalten der Größen macht, die die Verbindung zur mikroskopischen Theorie herstellen. Dadurch erhält man eine Elektrodynamik für bewegte Medien. Die mikroskopische Fundierung ist aber noch nicht wirklich geleistet, denn es gibt dzt. keine zufriedenstellende relativistische Quantentheorie der Festkörper.

2. Elektromagnetische Felder in Materie

In Materie sind Ladungen nicht nur in Form mehr oder weniger frei beweglicher Ladungsträger (Elektronen, Jonen) vorhanden, sondern auch als gebundene Ladungen in Atomen bzw. Molekülen, die nach außen elektrisch neutral sind. Zum Feld im oder außerhalb des Mediums werden auch diese gebundenen Ladungsträger beitragen. Auf dem phänomenologischen Beschreibungsniveau werden diese Beiträge berücksichtigt, indem man in den Quelltermen der inhomogenen Maxwellgleichungen eine Aufteilung in "freie" und "gebundene" Anteile vornimmt und über die letzteren nur pauschale Aussagen macht. Die homogenen Maxwellgleichungen behalten hingegen ihre ursprüngliche Form. Um die Aufteilung durchzuführen, müssen wir uns überlegen, welche Felder infolge der gebundenen Ladungsträger auftreten können. Atome bzw. Moleküle sind elektrisch neutral, sie können aber trotzdem nach außen elektrische Felder aufweisen, die von der unsymmetrischen Anordunng der Ladungen herrühren (z.B. von den Dipolmomenten). Außerdem zeigen Atome bzw. Moleküle als Folge der Bahnbewegungen und Spins der Elektronen und Kerne magnetische Eigenschaften. Wir berücksichtigen die elektrischen Eigenschaften pauschal, indem wir als ihre Quelle eine mittlere Ladungsdichte $\rho_P(x)$ einführen. Das ist eine lokale Dichte, sie hat aber makroskopischen Charakter, denn man hat sich vorzustellen, daß das von ihr hervorgerufene Feld durch Mittelung der entsprechenden atomaren Felder über das Medium zustandekommt. Die zu ρ_P gehörige Gesamtladung muß verschwinden, da die gebundenen Ladungsträger an neutralen Atomen bzw. Molekülen sitzen:

(1) $\int \rho_P(x) d^3x = 0$

Das Integral ist dabei über das Medium zu erstrecken. Das legt nahe, ρ_P als Divergenz eines Vektorfeldes anzusetzen:

(2) $\rho_P(x) = -\vec{\nabla}.\vec{P}(x)$

Damit besagt (1), daß der Fluß von $\vec{P}$ durch eine geschlossene Fläche, die das Medium einschließt, verschwindet. Das Feld $\vec{P}(x)$ heißt die Polarisation des Mediums. Die physikalische Bedeutung wird später klar werden, wenn wir das Zustandekommen auf mikroskopischen Niveau plausibel machen. Man kann sich $\vec{P}$ als eine Dipoldichte (Dipolmoment pro Volumen) vorstellen: das von ρ_P erzeugte. Dipolmoment ist

$$\vec{d} = \int \rho(x)\vec{x}d^3x = -\int \vec{x}(\vec{\nabla}.\vec{P}(x)d^3x = \int \vec{P}(x)d^3x$$

Die letzte Form folgt durch partielle Integration; außerhalb des Mediums verschwindet $\vec{P}$, daher trägt der Randterm nichts bei. Die Maxwellgleichung für das elektrische Feld

$$\vec{\nabla}.\vec{E} = 4\pi\rho \quad = \quad 4\pi(\rho_f(x) + \rho_P(x))$$

(dabei bedeutet ρ_f die Dichte der frei beweglichen Ladungsträger) kann dann in der Form

$$(3) \quad \vec{\nabla}(\vec{E} + 4\pi\vec{P}) = 4\pi\rho_f$$

geschrieben werden: als Quellterm tritt hier formal nur ρ_f auf. Für das auf der linken Seite auftretende Feld hat sich die Abkürzung

$$(4) \quad \vec{D} = \vec{E} + 4\pi\vec{P}$$

eingebürgert, die "elektrische Verschiebung" oder "elektrische Induktion" heißt. Die Aufteilung der Ladungsträger, die (3) zugrundeliegt, erscheint zwar etwas willkürlich, aber einigermaßen plausibel.

Als nächstes führen wir eine entsprechende Aufteilung in der Stromdichte durch. Werden gebundene Ladungsträger verschoben (z.B. in einem von außen angelegten elektrischen Feld), so dürfen sie dabei nicht von den Atomen abgetrennt werden, wenn die ganze Aufteilung ihren Sinn behalten soll. Es ist daher plausibel, wenn wir für solche Vorgänge die Kontinuitätsgleichung

$$(5)\quad \frac{\partial \rho_P}{\partial t} + \vec{\nabla}.\vec{j}_P = 0$$

verlangen und die Stromdichte $\vec{j}_P$ als definierten (abtrennbaren) Anteil von $\vec{j}$ ansehen: die Gl. (5) garantiert dann die Zeitkonstanz des Integrals (1). Vergleichen wir (5) mit (3), so erhalten wir

$$\vec{\nabla}.\frac{\partial \vec{P}}{\partial t} = \vec{\nabla}.\vec{j}_P$$

und folgern daraus

$$(6)\quad \vec{j}_P = \frac{\partial \vec{P}}{\partial t}$$

Dieser Strom ist aber nicht der einzige Beitrag der Ladungsträger in den Molekülen. Wir müssen auch den Magnetismus der Materie berücksichtigen. Schon Ampère hat vermutet, daß für den Magnetismus mikroskopische Kreisströme verantwortlich sein müssen und daß es keine elementaren "magnetischen Ladungen" (magnetische Monopole) gibt. Die moderne Atomphysik hat dies bestätigt. Wir können daher dem Magnetismus Rechnung tragen, indem wir eine lokale Stromdichte $\vec{j}_a$ einführen, die wir als Quelle für die magnetischen Felder der Atome bzw. Moleküle ansehen. Wie bei ρ_P handelt es sich um eine makroskopische Größe.
Wir setzen also

$$(7)\quad \vec{j} = \vec{j}_f + \frac{\partial \vec{P}}{\partial t} + \vec{j}_a$$

Der erste Term ist der Beitrag der freien Ladungsträger. Die Aufteilung erscheint im Grund ebenfalls etwas willkürlich, kann aber hier von der Praxis her gestützt werden: in realistischen Anordnungen entspricht die freie Stromdichte einem Leitungsstrom in einem Draht, der meßbar und verfügbar ist; bei elektrischen Vorgängen mißt man hingegen meist nicht freie Ladungsdichten, sondern Potentialdifferenzen und kontrolliert damit $\vec{E}$ und nicht $\vec{D}$. Wenn die atomare Stromdichte keinem Stromtransport über größere Distanzen, sondern einem mikroskopischen Kreisstrom entsprechen soll, so muß ihr Flächenintegral über eine genügend große Fläche F verschwinden:

(8) $\int_F \vec{j}_a \cdot d\vec{f} = 0$

Das legt nahe, $\vec{j}_a$ aus einem Vektorfeld $\vec{M}$ abzuleiten:

(9) $\vec{j}_a = c\vec{\nabla}x\vec{M}$

Das Verschwinden des Flächenintegrals bedeutet dann, daß die Zirkulation von $\vec{M}$ über eine genügend große, geschlossene Kurve verschwindet. Als weitere Folge des Ansatzes trägt $\vec{j}_a$ zur Kontinuitätsgleichung nicht bei. $\vec{M}$ heißt die Magnetisierung und kann als magnetisches Moment pro Volumen interpretiert werden:
das von $\vec{M}$ hervorgerufene magnetische Moment ist

$$\vec{\mu} = \frac{1}{2c} \int (\vec{x} \ x \ \vec{j}_\alpha) d^3x = \frac{1}{2}\int (\vec{x} \ x(\vec{\nabla}x\vec{M}) d^3x = \int \vec{M}(x) d^3x$$

Dabei wurde wieder partiell integriert; der Randterm trägt nicht bei.

Nun setzen wir (7) in die zweite inhomogene Maxwellgleichung ein

$$\vec{\nabla} \ x \ \vec{B} - \frac{1}{c} \ \frac{\partial \vec{E}}{\partial t} = \frac{4\pi}{c} \ \vec{j}_f + \frac{4\pi}{c} \ \frac{\partial \vec{P}}{\partial t} + 4\pi \vec{\nabla} x \ \vec{M}$$

oder

(10) $\vec{\nabla} \times (\vec{B} - 4\pi\vec{M}) - \frac{1}{c}\frac{\partial}{\partial t}(\vec{E} + 4\pi\vec{P}) = \frac{4\pi}{c}\vec{j}_f$

Führen wir die Abkürzung

(11) $\vec{H} = \vec{B} - 4\pi\vec{M}$

ein, so lauten die Maxwellgleichungen in Materie

(12)
$$\vec{\nabla}\vec{D} = 4\pi\rho_f \qquad \vec{\nabla}.\vec{B} = 0$$
$$\vec{\nabla} \times \vec{H} - \frac{1}{c}\frac{\partial \vec{D}}{\partial t} = \frac{4\pi}{c}\vec{j}_f \qquad \vec{\nabla} \times \vec{E} + \frac{1}{c}\frac{\partial \vec{B}}{\partial t} = 0$$

Aus diesen Gleichungen lassen sich die Felder selbst bei gegebenen Quellen ρ_f, $\vec{j}_f$ nicht bestimmen, solange wir den Zusammenhang von $\vec{P}$(oder $\vec{D}$) und $\vec{M}$ (oder $\vec{H}$) mit $\vec{E}$ und $\vec{B}$ nicht kennen. Um ihn herzustellen, müßte man die mikroskopischen Mechanismen beherrschen. Auf phänomenologischem Niveau wird man an dieser Stelle einen Ansatz versuchen und sehen, in welchem Maße er experimentell zu rechtfertigen ist.

Der einfachste Ansatz für $\vec{P}$ ist eine lineare Beziehung

(13) $\vec{P} = \chi_e\vec{E}$ bzw. $\vec{D} = \varepsilon\vec{E}$ $\qquad \varepsilon = 1 + 4\pi\chi_e$

mit einer Materialkonstanten χ_e (elektrische Suszeptibilität). Eine Substanz, für die (13) gilt, heißt ein Dielektrikum. Bringt man Ladungen (ρ_f) in die Substanz, so ist das von ihnen erzeugte Feld im Medium $\frac{1}{\varepsilon}$ mal stärker als im Vakuum. ε heißt die Dielektrizitätskonstante. Experimentell stellt man fest, daß der Ansatz (13) für viele isotrope Substanzen in einem verhältnismäßig weiten Feldstärkebereich möglich, ist, wobei stets $\varepsilon>1$ ist. Für anisotrope Materialien (Kristalle) wird ε richtungsabhängig und man muß statt (13) einen Ansatz der Form

$D^i = \varepsilon^{ik}E^k$

mit einem symmetrischen Dielektrizitätstensor $\varepsilon^{ik} = \varepsilon^{ki}$ verwenden. Wir wollen uns hier auf isotrope Stoffe beschränken. In sehr starken Feldern gibt es Abweichungen von der Linearität, d.h. ε ist nicht mehr konstant, sondern hängt von der Feldstärke $\vec{E}$ (evtl. auch von $\vec{B}$) ab. Für rasch veränderliche Felder wird ε frequenzabhängig. Wir betrachten vorerst nur Substanzen, in denen ε konstant ist.

Für $\vec{M}$ wird man ebenfalls einen linearen Ansatz

(14) $\vec{M} = \xi_{(m)}\vec{B}$ bzw. $\vec{H} = (1 - 4\pi\xi_{(m)})\vec{B} =: \frac{1}{\mu}\vec{B}$

mit einer Materialkonstanten $\xi_{(m)}$ versuchen (sofern die Stubstanz isotrop ist; andernfalls braucht man wieder einen Tensor). Die Konstante μ heißt die Permeabilität des Materials. In der Literatur ist es leider üblich, die Beziehung zwischen $\vec{B}$ und $\vec{H}$ anders anzuschreiben, u. zw. in der Form

(15)
$$\vec{B} = \vec{H} + 4\pi\vec{M} =: (1 + 4\pi\chi_{(m)})\vec{H} = \mu\vec{H}$$
$$\mu = (1 + 4\pi\chi_{(m)}) = \frac{1}{1 - 4\pi\xi_{(m)}}$$

und $\chi_{(m)}$ als magnetische Suszeptibilität zu bezeichnen. Diese Auszeichnung des $\vec{H}$-Feldes ist zwar praktisch zu rechtfertigen, denn $\vec{H}$ ist durch Messung der freien Ströme direkt zugänglich. Logisch ist das aber irreführend: das "wirkliche" Feld (das gemittelte mikroskopische Feld) im Medium ist $\vec{B}$ und nicht $\vec{H}$. Das kann man von der mikroskopischen Theorie her begründen und auch experimentell nachweisen (vgl. Abschnitt 6). Durch Verwendung verschiedener Namen (magnetische Induktion, magnetische Feldstärke) und verschiedener Einheiten für $\vec{B}$ und $\vec{H}$ wird die Verwirrung noch vergrößert.

Man stellt empirisch fest, daß μ zwar immer positiv ist, daß es aber im Gegensatz zur Dielektrizitätskonstanten (die stets > 1 ist) sowohl größer als auch kleiner als 1 sein kann. Bei normalen Temperaturen ist für die meisten anorganischen und organischen Verbindungen $\mu<1$, also $\chi_{(m)}<0$. Diese Stoffe heißen diamagnetisch. In einem inhomogenen Magnetfeld werden sie in Richtung abnehmender Feldstärke abgelenkt. Für manche Metalle und anorganische Verbindungen ist $\mu>1$, also $\chi_{(m)}>0$. Solche Substanzen heißen paramagnetisch und werden in einem inhomogenen Magnetfeld in Richtung zunehmender Feldstärke abgelenkt. In beiden Fällen ist die magnetische Suszeptibilität sehr viel kleiner als die elektrische; die ausgeübten Kräfte in inhomogenen Feldern sind daher sehr klein (was darauf zurückzuführen ist, daß die Magnetisierung ein relativistischer Effekt 2.Ordnung ist!). Eine Ausnahme bilden die ferromagnetischen Stoffe, für die $\mu>>1$ ist. Eine Erklärung dieser Phänomene ist nur mit Hilfe der Quantentheorie möglich.

3. Randbedingungen

An der Grenzfläche von zwei Medien gibt es Randbedingungen für die Feldstärken, die man den Maxwell'schen Gleichungen zu entnehmen hat. Wir zeigen an der ersten Gleichung, wie man vorzugehen hat. Wir integrieren die Gleichungen über einen kleinen dünnen Kreiszylinder Z (Höhe h), zwischen dessen Boden- und Deckfläche ein Stück δF der Grenzfläche

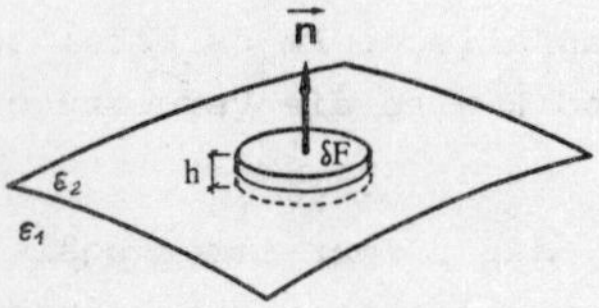

liegt. Mit Hilfe des Gauß'schen Satzes erhalten wir links den Fluß von $\vec{D}$ durch die Zylinderoberfläche O(Z), rechts die gesamte, im Zylinder enthaltene (freie) Ladung:

$$\int_{O(Z)} \vec{D}.d\vec{f} = 4\pi \int_Z \rho_f d^3x$$

Lassen wir nun $h \to 0$ gehen, so geben die Seitenflächen keinen Beitrag. Rechts erhalten wir die freie Ladung, die in dem vom Zylinder ausgeschnittenen Flächenstück δF enthalten ist, das ist $\sigma_{fl} \cdot \delta F$, wenn σ_{fl} die (freie) Flächenladungsdichte an der Grenzfläche ist. Links erhalten wir wegen $d\vec{f} = \vec{n}.df$ ($\vec{n}$ Einheitsvektor normal zur Grenzfläche) das Integral der Normalkomponente $(\vec{n}.\vec{D})$ von $\vec{D}$ über die Deck- und Bodenfläche, wobei die Normale nach außen gerichtet ist. Für ein genügend kleines Stück δF wird das

$$\oint \vec{D}.d\vec{f} = \int_{(2)} \vec{n}.\vec{D}df - \int_{(1)} \vec{n}.\vec{D}df = \delta F(\vec{n}.\vec{D}^{(2)} - \vec{n}.\vec{D}^{(1)}) = 4\pi\delta F.\sigma_{fl}$$

Dabei ist $\vec{D}^{(1,2)}$ die elektrische Verschiebung im Medium (1) bzw. (2). Daher ist die Randbedingung

$$(16) \quad \vec{n}.(\vec{D}^{(2)} - \vec{D}^{(1)}) = 4\pi\sigma_{fl}$$

Die Normalkomponente von $\vec{D}$ ist daher an der Grenzoberfläche unstetig; ihre Änderung ist durch σ_{fl} bestimmt. Eine Randbedingung für die Normalkomponente von $\vec{E}$ erhält man daraus mit (13). Dabei ist zu beachten, daß (16) auch dann

gilt, wenn (13) nicht stimmt! Nun untersuchen wir die Tangentialkomponente. Dazu integrieren wir das Induktionsgesetz über ein Rechteck, das die Grenzfläche enthält und die Seiten
$h, \delta l$ hat:

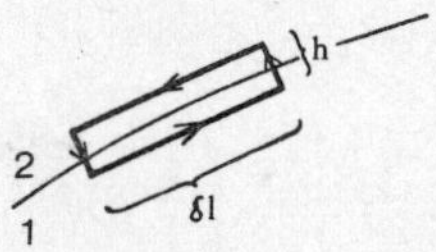

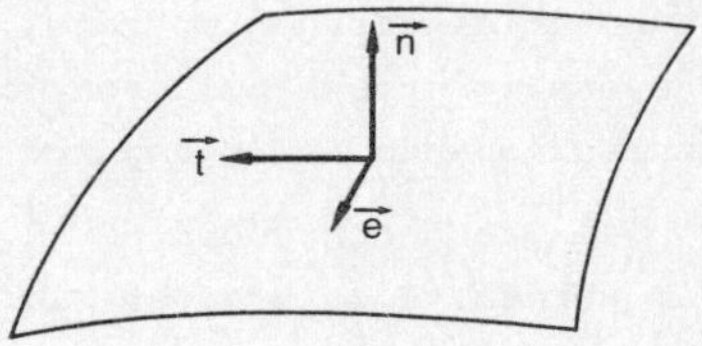

$$-\frac{1}{c}\int\frac{\partial\vec{B}}{\partial t}\,.\,d\vec{f} = \int(\vec{\nabla}\times\vec{E}).d\vec{f} = \oint\vec{E}.d\vec{s}$$

Die Flächennormale des Rechtecks $\vec{e}$ liegt in der Tangentialebene an die Grenzfläche (senkrecht zur Zeichenebene). Zusammen mit den Einheitsvektoren $\vec{n}$ (Normale zur Grenzfläche) und $\vec{t}$ (parallel zu den längeren Seiten des Rechtecks, tangential zur Grenzfläche) erhalten wir ein orthogonales Dreibein. Das Flächenelement ist

$$d\vec{f} = \vec{e}\delta l.h$$

Entlang der längeren Seiten des Rechtecks ist

$$\vec{E}.d\vec{s} = \pm\delta l.\vec{E}.\vec{t} = \pm\delta l(\vec{e}\times\vec{n}).\vec{E} = \pm\delta l\vec{e}.(\vec{n}\times\vec{E})$$

Der Beitrag der Schmalseiten verschwindet für kleines h. Daher erhalten wir

$$\delta l\vec{e}.[\vec{n}\times\vec{E}^{(2)} - \vec{n}\times\vec{E}^{(1)} + \frac{1}{c}\frac{\partial\vec{B}}{\partial t}.h] = 0$$

Für $h\to 0$ verschwindet der letzte Term, sofern $\frac{\partial\vec{B}}{\partial t}$ nicht divergiert. Da die Richtung von $\vec{e}$ in der Tangentialebene der Grenzfläche willkürlich ist, wird

(17) $\vec{n} \times (\vec{E}^{(2)} - \vec{E}^{(1)}) = 0$

Die Tangentialkomponenten von $\vec{E}$ sind daher an der Grenzfläche stetig (unabhängig von der Gültigkeit von (13)). Die entsprechende Bedingung für $\vec{D}$ erhält man mit (13).

Die Randbedingungen für $\vec{H}$ können in analoger Weise gewonnen werden. Dazu braucht man nur dieselben Integrationen auf die Gleichungen

$$\vec{\nabla}.\vec{B} = 0$$

bzw.

$$\vec{\nabla} \times \vec{H} = \frac{4\pi}{c}\vec{j}_f + \frac{1}{c}\frac{\partial\vec{D}}{\partial t}$$

anzuwenden. Man erhält

(18) $\vec{n}.(\vec{B}^{(2)} - \vec{B}^{(1)}) = 0$

Die Normalkomponente von $\vec{B}$ ist also an der Grenzfläche stetig. Die entsprechende Gleichung für $\vec{H}$ folgt aus (18). Für die Tangentialkomponente erhält man

$$\delta l\vec{e}.[\vec{n} \times (\vec{H}^{(2)} - \vec{H}^{(1)}) - \frac{4\pi}{c}\vec{j}_f.h] = 0$$

da der Verschiebungsstrom bei endlichen $\partial\vec{D}/\partial t$ für $h \to 0$ nichts beiträgt. Der freie Strom kann aber einen Beitrag liefern, denn es kann ein endlicher Flächenstrom

$$\vec{J}_{fl} = \lim_{\substack{h \to 0 \\ j_f \to \infty}} \vec{j}_f.h$$

übrigbleiben. Wir erhalten also

$$(19) \quad \vec{n} \times (\vec{H}^{(2)} - \vec{H}^{(1)}) = \frac{4\pi}{c}\vec{J}_{fl}$$

Die Tangentialkomponente von $\vec{H}$ ist daher unstetig. Die Aussage gilt unabhängig von (14). Die entsprechende Gleichung für $\vec{B}$ folgt wieder mit (14).

Übungsaufgaben:

(50) Ein beliebig geformter, homogener Gegenstand aus dielektrischem Material mit der Dielektrizitätskonstanten (DK) ε_1 ist von einem homogenen Dielektrikum (DK ε_2) umgeben. Vergleiche das elektrostatische Feld in der Anordnung mit dem einer Situation, in der sich ein gleicher Gegenstand mit der DK $\varepsilon_1/\varepsilon_2$ im Vakuum befindet.

(51) Eine dielektrische Kugel (Radius R, DKε) wird im Vakuum in ein homogenes elektrisches Feld $\vec{E}^{(0)}$ gebracht. Berechne das Feld $\vec{E}$ innerhalb und außerhalb der Kugel. Welchen Beitrag leistet die Polarisation der Kugel zum Innenfeld?

(52) Im Inneren einer leitenden Hohlkugel (Innenradius a) befindet sich eine leitende Kugel (Radius $b<a$) in konzentrische Anordnung. Der Raum zwischen den Kugeln sei zur Hälfte mit einem Dielektrikum (DKε) gefüllt. Die Kugeln werden entgegengesetzt gleich aufgeladen (Ladung $\pm Q$). Bestimme
(a) das elektrische Feld zwischen den Kugeln,
(b) die Flächenladungsdichte und
(c) die Polarisationsladungsdichte auf der inneren Kugel.

(53) In einem homogenen magnetischen Material von endlicher Ausdehnung sei die statische Magnetisierung $\vec{M}(\vec{x})$ vorgegeben und die freie Stromdichte sei Null (Permanentmagnet).

(a) Zeige, daß $\vec{H}$ aus einem skalaren Potential ψ ableitbar ist und drücke dieses durch $\vec{M}$ aus

(b) Beweise $\int \vec{B}.\vec{H}d^3x = 0$

(c) Berechne ψ in großem Abstand vom Magneten

(d) Mit dem der Magnetisierung entsprechenden Strom $\vec{j}_a$ ist $\vec{B}$ aus einem statischen Vektorpotential ableitbar. Zeige mit Hilfe dieser Darstellung und mit (a), daß $\vec{B}-\vec{H}=4\pi\vec{M}$ ist.

(54) Ein Zylinder (Radius R, Länge L) sei parallel zur Achse homogen magnetisiert. Berechne das skalare Potential aus Aufg. (53) auf der Zylinderachse, u. zw. innerhalb und außerhalb des Zylinders.

4. Mikroskopische Ursachen der Polarisation

Nun wollen wir versuchen, das Zustandekommen der phänomenologischen Theorie und die Grenzen ihrer Anwendbarkeit von der mikroskopischen Struktur her zu verstehen: Wir beschränken uns dabei auf Medien, die nur aus neutralen Atomen bzw. Molekülen bestehen. Die freien Ladungsträger sind dann solche, die zusätzlich angebracht werden: wir stellen uns z.B. vor, daß das Medium zwischen die Platten eines Kondensators gebracht wird. Als einfachstes Modell eines neutralen Atoms stellen wir uns dieses als einen punktförmigen positiv geladenen Kern vor, um den sich eine Ladungsverteilung von Elektronen befindet. Wenn wir Zeitintervalle betrachten, die groß gegen diejenigen sind, die für den "inneren Mechanismus" des Atoms (für die Bewegung der Elektronen) verantwortlich sind, können wir diese Ladungsverteilung als stationär ansehen. Als eine solche charakteristische Zeit können wir 10^{-15} sec. annehmen (das entspricht etwa der Periode von optischem Licht). Die Ausdehnung der Ladungsverteilung entspricht etwa der Größe des Atoms, d.h. sie wird von der Größenordnung 10^{-8} cm sein. Im Grundzustand ist die Ladungsverteilung kugelsymmetrisch, d.h. sie hat kein Dipolmoment. Für Moleküle können wir ein ähnliches Bild benützen, nur wird die Ladungsverteilung in diesem Fall anders aussehen. In einem angelegten elektrischen Feld wird die Ladungsverteilung verzerrt werden: der Kern wird in Feldrichtung verschoben, die Elektronen in entgegengesetzter Richtung. Dadurch wird ein Dipolmoment induziert, dessen Größenordnung wir mit einem besonders einfachen Modell abschätzen. Wir nehmen an, daß die Ladungsverteilung der Elektronen kugelsymmetrisch bleibt (sie kommt durch Mittelung über ein rasche Bewegung zustande, die sich gegen das äußere Feld genügend "steif" verhält) und nur der Kern gegen den Mittelpunkt der Verteilung um ein Stück a verschoben wird. Das Feld im Inneren ist dann (vgl. S 22)

$$E_{innen} = \frac{q}{R^3}\, a$$

wobei R der Radius unseres Atoms ist. Im Gleichgewicht muß die Kraft, mit der der Kern durch dieses Feld in den Mittelpunkt gezogen wird, gleich derjenigen sein, mit der ihn das äußere Feld E wegzieht:

$$E = E_{innen} \qquad \text{also } E = \frac{qa}{R^3} \quad \curvearrowright \quad a = \frac{ER^3}{q}$$

Diese Verschiebung ist für realistische Feldstärken sehr klein. Sie beträgt z.B. für Wasserstoff bei einer Feldstärke $E = 30$ kV/cm $= 100 \frac{\text{ESE}}{\text{cm}}$ nur $a \sim 2.10^{-13}$ cm. Das <u>induzierte</u> Dipolmoment ist dann

$$\vec{d}_{(ind)} = q\vec{a} = R^3\vec{E}$$

Man sieht, daß es der Feldstärke proportional ist. In Wirklichkeit werden die Verhältnisse komplizierter sein.

Für kleine Störungen der Ladungsverteilung (und diese sind, wie das Modell zeigt, für realistische Feldstärken wirklich klein) wird man aber immer noch

(20) $\vec{d}_{ind} = \alpha\vec{E}$

setzen dürfen, wobei die Konstante α von der Größenordnung des Atomvolumens $\sim 10^{-24}$ cm^3 sein wird. Realistische Werte für α (= atomare Polarisierbarkeit) sind aus der Quantentheorie zu berechnen bzw. zu messen. Einige Werte (in Einheiten von 10^{-24} cm^3) sind.

H	He	Li	Be	C	Ne	Na	A	K
0,66	0,21	12	9,3	1,5	0,4	27	1,6	34

Die besonders großen Werte der Alkalimetalle sind auf das Valenzelektron zurückzuführen. Bei Molekülen herrschen ähnliche Verhältnisse. Hier kommt aber zu der betrachteten elektrischen Polarisierbarkeit noch eine ionische dazu, die darauf zurückzuführen ist, daß unter dem Einfluß von $\vec{E}$ geladene Ionen im Molekül gegeneinander verschoben werden. Für das verhältnismäßig symmetrische Molekül CH_4 ist z.B. $\alpha = 2{,}6 . 10^{-24}$cm^3. Dieser Wert ist kleiner als die Summe der atomaren Polarisierbarkeiten der enthaltenen Atome. Die molekulare Polarisierbarkeit ist daher für die Molekularstruktur charakteristisch (Bedeutung in der Chemie). Für sehr unsymmetrische Moleküle (z.B. Kohlendioxyd O-C-O) hängt das induzierte Dipolmoment von der Richtung von $\vec{E}$ relativ zu den "inneren" Richtungen des Moleküls ab, und wir erhalten $d_k = \alpha_{kl}E_l$ mit einem molekularen Polarisationstensor $\alpha_{kl} = \alpha_{lk}$.

In neutralen Atomen oder Molekülen wird also durch ein elektrisches Feld ein induziertes Dipolmoment hervorgerufen, das der Feldstärke proportional ist. Im Mittel wird man die von den Atomen hervorgebrachten elektrischen Effekte durch eine Dipoldichte beschreiben. Sind in dem Medium N Atome pro cm^3 vorhanden, so ist die Dipolstärke in einem Volumelement d^3x, das viele Dipole enthält, gleich $N\vec{d}d^3x$. Das elektrische Feld, das diese Dipole in einigem Abstand hervorrufen, wird dann durch die Dipoldichte

$$(21) \quad \vec{P} = N\vec{d}_{(ind)}$$

bestimmt sein, die dem Feld proportional ist.

Es gibt aber auch Moleküle, die von sich aus (ohne äußeres Feld) ein Dipolmoment haben, weil die Ladungsverteilung im Molekül genügend unsymmetrisch ist. Man nennt solche Moleküle mit eingeprägtem (permanentem) Dipolmoment polare Moleküle. Jedes zweiatomige Molekül, das aus ungleichen Atomen besteht (z.B. HCl), gehört in diese Kategorie, manche drei- oder mehratomige Moleküle haben sogar besonders große Momente (z.B. Wasser H_2O, Methylalkohol CH_3OH, Ammoniak NH_3). Das Dipolmoment kommt dadurch zustande, daß die zu den leichteren Atomen gehörigen Elektronen im Molekül auch vom Kern des schwereren Atoms angezogen werden, und sich daher bevorzugt auf der diesem zugewandten Seite der leichteren Atome aufhalten, was im Mittel (d.h. für große Zeiten, s.o.) zu einer unsymmetrischen Ladungsverteilung führt. Man kann so z.B. die Richtung des Dipolmoments des Wassermoleküls

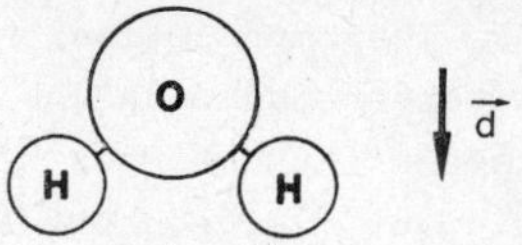

$d = 1.84 \cdot 10^{-18}$ ESE

aus einer geometrischen Gestalt verstehen. Die Quantentheorie liefert die Begründung sowohl für die geometrische Form als auch für Größe und Richtung des Dipolmoments von Molekülen. Die gesamte Polarisierbarkeit eines Moleküls setzt sich aus einem elektronischen, einem ionischen und einem durch das eingeprägte Dipolmoment bewirkten Anteil zusammen. Da die eingeprägten Dipolmomente polarer Moleküle durch die Wirkungder Coulombfelder in atomaren Bereichen zustandekommen, die sehr stark sind ($\sim e/(10^{8}\mathrm{cm})^{2} \sim 10^{9}\,\mathrm{V/cm}$), sind sie viel größer als die durch realistische Felder induzierten (ein Feld von $30\,\mathrm{kV/cm}$ induziert in Wasserstoff nur ein Dipolmoment $d_{(ind)} \sim 10^{-22}$ ESE). Daher können die induzierten gegenüber dem eingeprägten Dipolmoment meist vernachlässigt werden. Normalerweise werden die Richtungen der Dipolmomente der einzelnen Moleküle eines polaren Mediums statistisch verteilt sein. Legt man ein äußeres Feld an , so erfahren die Dipolmomente ein Drehmoment (die positiven Ladungen werden in Feldrichtung, die negativen gegen die Feldrichtung gezogen). Daher werden die Dipolmomente in einem bestimmten Maß ausgerichtet, und man erhält qualitativ dasselbe Resultat wie für unpolarisierte Medien: im Mittel können die elektrischen Effekte durch eine der Feldstärke proportionale Dipoldichte $\vec{P}$ beschrieben werden.

Damit haben wir verständlich gemacht, wie $\vec{P}$ zustandekommt und daß der phänomenologische Ansatz plausibel ist. Es muß aber noch gezeigt werden, daß aus der mikroskopischen Theorie bei Mittelung die phänomenologischen Gleichungen (12) resultieren. Wir werden darauf nach Besprechung der magnetischen Phänomene zurückkommen und uns nun mit der Frage befassen, wie gut die gegebene Beschreibung ist. Einige grobe quantitative Aspekte sind unmittelbar abzulesen, z.B. erwarten wir, daß die Dielektrizitätskonstanten von Substanzen, die aus polaren Molekülen bestehen, viel größer sein werden als bei unpolaren Molekülen. Das ist tatsächlich der Fall (Wasser: $\varepsilon = 80$, Methylalkohol $\varepsilon = 33$, unpolare Substanzen $\varepsilon \sim 1-2$). Eine genaue Theorie der Dielektrizitätskonstanten unpolarer Substanzen muß den Zusammenhang zwischen ε oder χ_e und der atomaren oder molekularen Polarisierbarkeit herstellen. Den einfachsten Ansatz dazu erhalten wir aus (21) und (20), was gleichbedeutend mit

$$\chi_e = N\alpha$$

ist. Diese Formel liefert für Gase bei normalen Bedingungen richtige Resultate. Man kann daher die atomare bzw. molekulare Polarisierbarkeit durch Messung der Dielektrizitätskonstanten bestimmen. Streng ist die Formel nicht richtig, denn es wurde bei ihrer Herleitung angenommen, daß das Feld, das ein Atom polarisiert, das ganze (makroskopische) Feld ist. In Wirklichkeit ist dafür das Feld aller übrigen Ladungsverteilungen im System (also der äußeren Ladungen und der Ladungsverteilungen aller anderen Atome ohne diejenige des betrachteten Atoms) einzusetzen, wodurch der Zusammenhang komplizierter wird. Die angegebene Formel ist nur näherungsweise gültig (Vernachlässigung des Einflusses der anderen Atome). Für polare Substanzen muß außerdem auf den Mechanismus der Ausrichtung der Dipole Rücksicht genommen werden. Infolge der Temperaturbewegung kommt es nie zu einer vollständigen Ausrichtung aller Moleküle. Für ein Molekül ist diese ausgerichtete Lage zwar energetisch am günstigsten, es wird aber durch

Stöße daran gehindert, sie dauernd einzunehmen (im zeitlichen Mittel wird sein Dipolmoment jedoch länger in als gegen die Feldrichtung zeigen). Daher ist bei normalen Temperaturen und Feldstärken nur ein kleiner Teil der Moleküle ausgerichtet und die Dielektrizitätskostante polarer Substanzen nimmt mit steigender Temperatur ab. Diese Abhängigkeit kann mit Hilfe der statistischen Thermodynamik berechnet werden. Das Resultat ist

(22) $P = N(CE + d.L(\lambda))$

Dabei ist C der elektronische und ionische Beitrag und $d = |\vec{d}|$ der Betrag des eingeprägten Dipolmoments. L ist die Langevinfunktion

$$L(\lambda) = \mathrm{ctgh}\lambda - \frac{1}{\lambda}$$

mit

$$\lambda = \frac{Ed}{k_B T}$$

(k_B Boltzmannkonstante, T Temperatur). Für kleine λ ist P proportional zu E, und man erhält für die Suszeptibilität

$$\chi_e \approx N(C + \frac{d^2}{3k_B T})$$

(Langevin-Debye-Formel). Für $\lambda > 1$ treten Abweichungen vom linearen Verhalten auf, die aber experimentell schwer zugänglich sind: für $d \sim 10^{-18}$ ESE (das ist die zutreffende Größenordnung für viele Moleküle) erhält man für ein Feld von $30^{kV}/cm$ bei Zimmertemperatur den Wert $\lambda \sim 0.024$. Für $\lambda \gg 1$ strebt L gegen einen konstanten Wert und man würde

Sättigungserscheinungen erwarten.

Wir betrachten nun noch kurz die Verhältnisse in Wechselfeldern. Bei Substanzen aus Atomen oder Molekülen ohne eingeprägtes Dipolmoment wird unsere quasistationäre Betrachtungsweise über einen großen Frequenzbereich gültig bleiben. Abweichungen werden erst auftreten, wenn die Frequenz des Feldes, das die Polarisation hervorruft, so hoch wird, daß sie mit "inneren" Eigenfrequenzen des Atoms oder Moleküls vergleichbar wird. Für Atome liegen diese im optischen, für Moleküle im infraroten Sprektralgebiet. Die bei diesen Frequenzen auftretenden Resonanzphänomene sind interessant, können aber nur quantenmechanisch voll verstanden werden. Bei polaren Substanzen wird die Grenze der Anwendbarkeit schon früher erreicht, hier müssen die verhältnismäßig trägen Moleküle hin- und hergedreht werden. Bei höheren Frequenzen können die Moleküle der Oszillation des Feldes nicht mehr folgen (sie "hinken nach"), wodurch die Amplitude ihrer Schwingungen kleiner wird, d.h. die Dielektrizitätskonstante nimmt mit wachsender Frequenz ab und erreicht schließlich Werte, wie sie für nichtpolare Substanzen charakteristisch sind. Die Frequenzen, bei denen diese Effekte auftreten, hängen sehr stark von der betrachteten Substanz ab (bei den meisten Substanzen beginnt der Abfall von ε zwischen 10^7 und 10^9 Hz, bei Eis von -1°C schon bei 10^3Hz). Die Effekte, die durch die Trägheit des für die Polarisation verantwortlichen Mechanismus bedingt sind, faßt man unter dem Namen "(dielektrische) Dispersion" zusammen. Auf eine makroskoposche Beschreibung durch eine frequenzabhängige Dielektrizitätskonstante kommen wir später zurück.

Übungsaufgaben:

(55) Um das lokale Feld am Ort eines Atoms in einem isotropen, homogen polarisierten Dielektrikum zu erhalten,

denkt man sich bei festgehaltener Polarisation eine kugelförmige Öffnung ausgespart. Berechne das Feld im Mittelpunkt der Öffnung in Termen der Polarisation und des (mittleren) Feldes E im Dielektrikum (vgl. auch Aufgabe (51).

(56) Verwende das Resultat von Aufgabe (55) zu einer verbesserten Formel für die DK von Medien mit induzierter Polarisation, die den Einfluß der Umgebung berücksichtigt (Clausius-Mossotti-Formel).

5. Mikroskopische Ursachen des Magnetismus

Nun versuchen wir, das Zustandekommen der magnetischen Erscheinungen mikroskopisch zu verstehen. Dazu müssen wir zuerst erklären, welche magnetischen Eigenschaften ein einzelnes Atom oder Molekül hat. Wir versuchen ein klassisches Modell und betrachten ein Elektron, das mit konstanter Winkelgeschwindigkeit $\omega = v/r$ auf einer Kreisbahn (Radius r) um ein Proton läuft. Der zugehörige Strom ist die Ladung, die pro Zeiteinheit einen bestimmten Punkt der Bahn passiert; das ist die Ladung mal der Umlauffrequenz:

$$I_{St} = -e\nu = -e\,\frac{v}{2\pi r}$$

Der Kreisstrom hat das magnetische Moment (vgl. S.124)

$$(23)\quad \vec{\mu}_{(B)} = \frac{I_{St}}{c}\,F.\vec{n} = \frac{I_{St}}{c}\,r^2\pi\vec{n} = -\frac{e}{2e}\,(\vec{r}\times\vec{v}) = -\frac{e}{2mc}\,\vec{L}$$

$$\vec{L} = \vec{r}\times\vec{p}$$

Dabei ist $\vec{L}$ der Bahndrehimpuls des Teilchens. Diese Formel gilt auch in der Quantentheorie. Das Verhältnis von magnetischen Moment und Bahndrehimpuls

$$\frac{|\vec{\mu}_{(B)}|}{|\vec{L}|} = \frac{e}{2mc}$$

heißt das gyromagnetische (oder magnetomechanische) Verhältnis.

Außer dem Bahndrehimpuls haben die Elektronen noch einen Eigendrehimpuls $\vec{S}$ (Spin), der zu einem magnetischen Moment des einzelnen Elektrons führt. Für den Spin ist das gyromagnetische Verhältnis doppelt so groß

$$(24) \quad \vec{\mu}_{(s)} = - \frac{e}{mc} \vec{S}$$

Der "Mechanismus" des Spins kann nur quantenmechanisch verstanden werden.

Für ein Atom werden sich die magnetischen Bahn- und Spinmomente der einzelnen Elektronen in komplizierter Weise zu einem Gesamtmoment zusammensetzen. Es stellt sich heraus, daß dieses dem gesamten Drehimpuls $\vec{J}$ proportional ist

$$(25) \quad \vec{\mu}_{eff} = - \frac{e}{2mc} g\vec{J}$$

Der Faktor g ist von der Größenordung 1 und heißt Landè-faktor. Er kann quantenmechanisch berechnet werden. Das Resultat ist

$$g = 1 + \frac{J(J+1) + S(S + 1) - L(L+1)}{2 J (J +1)}$$

wobei J die Quantenzahl des Gesamtdrehimpulses $|\vec{J}| = |\vec{L} + \vec{S}|$ L die des Bahndrehimpulsses und S die des Spins ist.

Wir untersuchen nun, was passiert, wenn ein Atom in ein äußeres Magnetfeld gebracht wird. Wir betrachten ein homogenen Magnetfeld $\vec{B}$ (über den Raumbereich eines Atoms ist das eine gute Näherung für makroskopische Felder) und verwenden wieder unser Modell eines umlaufenden Elektrons, wobei das Feld senkrecht zur Bahnebene sein soll. Wir denken uns das Feld langsam eingeschaltet und betrachten seinen Effekt auf die Bewegung des Elektrons. Mit Hilfe des Induktionsgesetzes sieht man, daß das veränderliche Magnetfeld ein elektrisches Feld induziert. Integrieren wir über die Bahnfläche, so erhalten wir

$$-\frac{1}{c}\ \frac{\partial}{\partial t}\int \vec{B}.d\vec{f} = -\frac{1}{c}\frac{\partial B}{\partial t}\pi r^2 = \int(\vec{\nabla}\times\vec{E})\ .d\vec{f} = \oint\vec{E}.d\vec{s} = E.2r\pi$$

Das elektrische Feld ist also

$$E = -\frac{r}{2c}\frac{\partial B}{\partial t}$$

und ist tangential zum Bahnkreis. Es bewirkt je nach Umlaufssinn eine Beschleunigung bzw. eine Verzögerung des Elektrons, d.h. diesem wird ein zusätzlicher Drehimpuls entgegengesetzt zu seiner Umlaufsrichtung verliehen. Die Änderung des Drehimpulses des Elektrons muß durch das Drehmoment gegeben sein, das das Elektron durch das elektrische Feld erfährt:

$$\frac{dL}{dt} = -eEr = \frac{er^2}{2c}\ \frac{\partial B}{\partial t}$$

Wird das Feld langsam von Null auf einen konstanten Wert B gesteigert, so erhält das Elektron dabei insgesamt den Zusatzdrehimpuls

$$\Delta L = \frac{er^2}{2c}\ B$$

Über das gyromagnetische Verhältnis entspricht das einem induzierten zusätzlichen magnetischen Moment

$$\vec{\mu}_{ind} = - \frac{e}{2mc} \Delta\vec{L} = - \frac{e^2r^2}{4mc^2} \vec{B}$$

Man sieht, daß dieses Moment dem Feld entgegengesetzt gerichtet ist (Lenz'sche Regel!), und zwar gilt das für beide möglichen Umlaufsrichtungen. Für ein realistisches Atom hat man die Beiträge aller Elektronen zu berücksichtigen, deren Bahnebenen verschiedene Neigungen gegen die Feldrichtung haben. Man kann sich überlegen, daß das Resultat auch für Umläufe senkrecht zu $\vec{B}$ gilt. Mittelt man über alle Lagen und Werte für r^2, so erhält man

(26) $$\vec{\mu}_{ind} = - \frac{e^2}{6mc^2} \langle r^2 \rangle \vec{B}$$

Die Formel geht auf Langevin zurück. Die Quantenmechanik liefert dasselbe Resultat. Das induzierte Moment ist selbst für starke Felder klein gegen das atomare Moment μ_{eff}. Die meisten Atome im Grundzustand haben aber keinen Gesamtdrehimpuls, d.h. die Spin- und Bahnmomente der Elektronen kompensieren einander, so daß ohne äußeres Feld kein magnetisches Moment vorhanden ist. In einem äußeren Feld benehmen sich diese Atome (und aus ihnen aufgebaute Substanzen) daher <u>diamagnetisch</u>: sind N Atome pro cm^3 vorhanden, so ist die Magnetisierung

(27) $$\vec{M} = N\vec{\mu}_{ind} = - \frac{Ne^2}{6mc^2} \langle r^2 \rangle \vec{B}$$

Daher ist $\chi_{(m)}$ negativ und $\mu<1$. Größenord nungsmäßig ist für die meisten Diamagnetika $\chi_{(m)} \sim 10^{-7} - 10^{-5}$ und temperaturunabhängig. Es gibt aber auch einige "anomale" Diamagnetika (Wismut, Graphit u.a.), für die $\chi_{(m)}$ um 1-2 Zehnerpotenzen größer und temperaturabhängig ist. Paramagnetismus ist dann möglich, wenn sich die Spin- und Bahnmomente im Grundzustand nicht ganz kompensieren, so daß das magnetische Moment (25)

$$|\vec{\mu}_{eff}| = \frac{e\hbar}{2mc} g\sqrt{J(J+1)}$$

übrigbleibt (J bedeutet die Quantenzahl des Betrages von $\vec{J}$, d.h. $\vec{J}^2 \rightarrow \hbar^2 J(J+1)$). Ein angelegtes Feld trachtet, die elementaren magnetischen Dipole auszurichten. Die thermische Bewegung liefert wieder einen Relaxationsmechanismus. Eine quantitative Beschreibung ist nur mit Hilfe der Quantentheorie möglich, da man die diskreten Einstellmöglichkeiten des Drehimpulses relativ zum Feld berücksichtigen muß. Die Magnetisierung wird durch die Formel

$$(28) \quad M = N\mu_{eff} F_B(\lambda, J)$$

beschrieben. Dabei ist F_B die Brillouinfunktion

$$F_B(\lambda, J) = \frac{2J+1}{2J} \operatorname{ctgh}\left(\frac{2(J+1)\lambda}{2J}\right) - \frac{1}{2J} \operatorname{ctgh} \frac{\lambda}{2J}$$

und

$$\lambda = \frac{\mu_{eff} B}{k_B T}$$

(k_B Boltzmannkonstante, T Temperatur). Für kleine λ +) erhält man ein lineares Gesetz: M ist proportional zu B und zu 1/T (Curie'sches Gesetz). Für starke Felder und

---

+) Bei Zimmertemperatur und $B = 10^4$ Gauß sowie $g\sqrt{J(J+1)} = 2$ ist $\lambda = 4.44 \cdot 10^{-3}$

tiefe Temperaturen (d.h. größere λ) ist der Zusammenhang nicht mehr linear. Für $\lambda \gg 1$ erhält man Sättigung, d.h. die Magnetisierung strebt gegen einen konstanten Wert

$$M \to N\,\mu_{eff}$$

d.h. alle Momente sind ausgerichtet. Daß die Suszeptibilitäten im Verhältnis zum elektrischen Fall viel kleiner sind, hängt damit zusammen, daß die magnetischen Kräfte als relativistische Effekte viel schwächer sind.

Das Elektronengas in einem Leiter benimmt sich ebenfalls paramagnetisch. Die Magnetisierung ist proportional zu B und hängt (für nicht zu hohe Temperaturen) nicht von T ab.

Der Ferromagnetismus ist ein rein quantentheoretischer Effekt der Festkörperphysik. Er kommt dadurch zustande, daß in ferromagnetischen Substanzen eine regelmäßige Anordnung der magnetischen Spinmomente vorliegt, die zu einem spontanen, makroskopischen magnetischen Moment (sog. Sättigungsmoment) und damit zu spontaner Magnetisierung führt. Diese verschwindet bei einer bestimmten Temperatur T_C (Curietemperatur). Oberhalb dieser Temperatur tritt Paramagnetismus auf. Die Curietemperatur von Eisen beträgt $1043^{o}K$. Die Ausrichtung der Spins ist eine Folge der quantenmechanischen Austauschwechselwirkung (Heisenberg 1928), die alle anderen magnetischen Wechselwirkungen zwischen den Atomen dominiert. Außer in der unmittelbaren Nähe des Curiepunktes kann die Magnetisierung (bei gegebener Temperatur) als Konstante behandelt werden: Das bedeutet, daß eine lineare Beziehung zwischen B und H unterhalb der Curietemperatur sinnlos ist: bei $T = T_C$ wird die Suszeptibilität ∞ und M bleibt auch für verschwindendes äußeres Feld endlich, d.h. unterhalb T_C

sind i.W. alle Spinmomente ausgerichtet.

Ferromagneten haben als Ganzes meist ein kleineres Moment als das Sättigungsmoment, das erst nach Anlegen eines äußeren Magnetfeldes erreicht wird. Diese Phänomene kommen dadurch zustande, daß ein solcher Ferromagnet aus einer Vielzahl von kleineren Domänen (Weiss'sche Bezirke) besteht, innerhalb derer die lokale Magnetisierung gesättigt ist, wobei aber die Richtungen der Magnetisierung der Domänen nicht übereinstimmen müssen. In einem äußeren Feld wächst das Volumen der günstig orientierten Domänen auf Kosten desjenigen der ungünstig orientierten. In starken Feldern dreht sich außerdem die effektive Magnetisierung von der Vorgeschichte abhängig und man erhält die beobachteten Hysteresekurven. Der Zusammenhang zwischen $\vec{B}$ und $\vec{H}$ ist nur bei kleinen Feldstärken näherungsweise linear.

Der Ferromagnetismus wird vor allem bei den Metallen Eisen, Kobalt und Nickel beobachtet. Bei benachbarten Elementen (z.B. Chrom, Mangan) und bei gewissen Salzen ferromagnetischer Stoffe stellt man eine vom mikroskopischen Standpunkt verwandte Eigenschaft fest, den Antiferromagnetismus. Dabei ist die Austauschwechselwirkung so beschaffen, daß die energetisch günstigste Anordnung eine ist, bei der die Spins benachbarter Atome im Gitter entgegengesetzt gerichtet sind:

↑↑↑↑↑↑	↑↓↑↓↑↓
Ferromagnet	Antiferromagnet

Man kann das als zwei gegeneinander verschobene, entgegengesetzt magnetisierte ferromagnetische Gitter auffassen. Nach außen tritt keine Magnetisierung auf. Man kann die Existenz der Struktur aber am Auftreten einer Curietemperatur nachweisen, bei der die geordnete Phase in die ungeordnete übergeht. Der Phasenübergang äußert sich z.B. (wie auch bei Ferromagnetika) in einer unstetigen Änderung der spezifischen Wärme.

Durch Einbau geeigneter Substanzen in eine Kristallstruktur (Spinell) kann man eine Anordnung erreichen, die trotz einer intern antiferrromagnetischen Struktur nach außen ferromagnetisch wirkt, weil die beiden verschobenen Gitter unterschiedlich stark magnetisiert sind:

Ferrit

Diese Ferrite haben zwar weniger hohe Permeabilitäten als die ferromagnetischen Metalle, sind aber im Gegensatz zu diesen Nichtleiter und daher für technische Anwendungen sehr brauchbar.

Bei gewissen seltenen Erden treten noch kompliziertere Strukturen auf. So können z.B. die Spinmomente in jeder Schicht parallel zueinander gerichtet sein, wobei aber die Orientierungsrichtungen der einzelnen Schichten nicht übereinstimmen, so daß eine Schraubenstruktur resultiert:

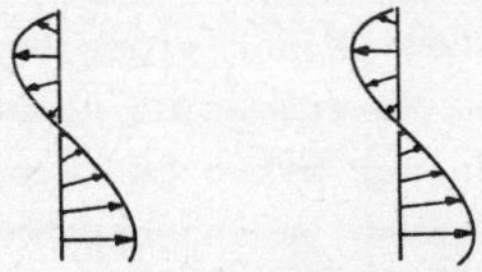

Wir können auf die vielfältigen möglichen Details nicht näher eingehen.

Fassen wir die Ergebnisse dieser Analyse zusammen, so sehen wir, daß es nur für Dia- und Paramagnetika sinnvoll erscheint, die Magnetisierung durch Mittelung molekularer magnetischer Momente $\vec{\mu}_{(mol)}$ zu beschreiben, die durch Induktion oder Ausrichtung zustandekommen. Der Ansatz

$$\vec{M} = N.\vec{\mu}_{(mol)}$$

hat also nur für diese Stoffe einen Sinn. Eine lineare Beziehung zwischen $\vec{\mu}$ und $\vec{B}$ gibt es bei Paramagnetika wieder nur in gewissen Grenzen. Bei Ferromagnetika ist die Magnetisierung ein makroskopisches Phänomen, das mit der Gitterstruktur zusammenhängt.

Wie im elektrischen Fall gelten unsere für stationäre Felder angestellten Betrachtungen auch für Wechselfelder von nicht zu hoher Frequenz. Bei höheren Frequenzen äußert sich wieder die Trägheit der mikroskopischen Mechanismen und es gibt Relaxationserscheinungen (magnetische Dispersion), denen man durch eine frequenzabhängige Permeabilität Rechnung tragen kann.

6. Zusammenhang zwischen mikroskopischer und makroskopischer Beschreibung

Aus unserer Betrachtungsweise war bereits ersichtlich, daß die phänomenologische Theorie nur einen beschränkten Gültigkeitsbereich haben kann. Es erscheint notwendig, die phänomenologische Theorie von der mikroskopischen Struktur her zu begründen, um einerseits zu verstehen, daß sie überhaupt funktioniert und andererseits die Grenzen ihrer Anwendbarkeit aufzufinden. Das bedeutet, daß man von den Maxwell'schen Gleichungen für $\vec{E}$ und $\vec{B}$ (im Vakuum, mit Quellen) auszugehn und in die Quellen alle Ladungsträger (auch die in Atomen gebundenen) aufzunehmen hat:

$$\vec{\nabla}.\vec{E}_{(m)} = 4\pi\rho_{(m)} \qquad \vec{\nabla}.\vec{B}_{(m)} = 0$$

$$\vec{\nabla} \times \vec{B}_{(m)} - \frac{1}{c}\frac{\partial}{\partial t}\vec{E}_{(m)} = \frac{4\pi}{c}\vec{j}_{(m)} \;, \; \vec{\nabla} \times \vec{E}_{(m)} - \frac{1}{c}\frac{\partial \vec{B}_{(m)}}{\partial t} = 0$$

Der Index (m) soll andeuten, daß es sich um mikroskopische Größen handelt. Man muß dann zeigen, daß daraus in einem makroskopischen Medium die Gleichungen

$$\vec{\nabla}. (\vec{E} + 4\pi\vec{P}) = 4\pi\rho_f \qquad \vec{\nabla}.\vec{B} = 0$$

$$\vec{\nabla} \times (\vec{B} - 4\pi\vec{M}) - \frac{1}{c}\frac{\partial}{\partial t}(\vec{E} + 4\pi\vec{P}) = \frac{4\pi}{c}\vec{j}_f \qquad \vec{\nabla} \times \vec{E} - \frac{1}{c}\frac{\partial \vec{B}}{\partial t} = 0$$

werden, wobei man den Zusammenhang zwischen den mikroskopischen und den makroskopischen Größen angegen muß. Einen solchen Nachweis hat als erster H.Lorentz 1902 in der sog. "Elektronentheorie" erbracht, ohne die atomare Dynamik zu kennen. Die Problematik wurde später wiederholt aufgegriffen und mit modernen Hilfsmitteln untersucht. Dabei wird auf die mikroskopischen (elektronentheoretischen) Gleichungen ein Mittelungsverfahren angewandet und in den Quelltermen eine Multipolentwicklung vorgenommen. Die einzelnen Untersuchungen unterscheiden sich in der Art der Mittelbildung und in der Multipolentwicklung. Das Lorentz'sche Verfahren besteht in einer Mittelung über ein kleines, aber immer noch makroskopisches (d.h. viele Atome enthaltendes) Raumzeitgebiet: dadurch werden die von der atomaren Struktur herrührenden Schwankungen ausgeglichen, ohne daß aber durch experimentelle Bedingungen gegebene raumzeitliche Änderungen betroffen werden dürfen. "Klein" heißt in diesem Fall also klein gegen das experimentelle Auflösungsvermögen makroskopischer Meßgeräte. In der modernen Physik der Materie erhält man aber makroskopische Größen als Mittelwerte über eine (klassische oder quantenmechanische) statistische Gesamtheit. Es erscheint daher sinnvoll, die Herleitung der makroskopischen Gleichungen mit Ensemblemittelung zu vollziehen. Dieses Verfahren wurde von S.R. de Groot und L.G. Suttorp durchgeführt und zwar sowohl für ein klassisches Ensemble von Teilchen mit elektromagnetischer Struktur (das sogar relativistisch sein kann) als auch für ein entsprechendes (nichtrelativistisches) quantenmechanisches Ensemble im Rahmen der quasiklassischen Näherung.

Bezüglich der Multipolentwicklung sind die meisten älteren Untersuchungen kritisierbar, denn sie verwenden keine konsequent durchgeführte Entwicklung nach Potenzen von 1/c. Eine streng kovariante Analyse verdankt man ebenfalls de Groot und Suttorp. Eine vollständige Darstellung gibt das Buch

B.R. de Groot, L.G. Suttorp, Foundations of Electrodynamics (North Holland, Amsterdam 1972)

das auch eine Abschätzung der Größenordnung der relativistischen Effekte enthält. Die makroskopische Theorie kann dadurch auf dem kinetischen Niveau als begründet gelten, denn man erhält $\vec{P}$ und $\vec{M}$ als Mittelwerte mikroskopischer (atomarer) Größen. Eine Theorie der Parameter ε, μ etc. erhält man damit allerdings erst, wenn es gelingt, die atomaren Multipolmomente (die eingeprägt oder induziert sein können) aus der Dynamik der Materie selbstkonsistent zu berechnen.

Als wesentlichstes Resultat wollen wir hier nur eines festhalten: die "wahren" Felder (d.h. die gemittelten mikroskopischen Feldstärken sind

$$\vec{E} = \langle\vec{E}_{(m)}\rangle \quad \text{und} \quad \vec{B} = \langle\vec{B}_{(m)}\rangle$$

und nicht $\vec{D}$ und $\vec{H}$. Die Größen $\vec{P}$ und $\vec{M}$ rühren (wie wir das bei der Aufstellung der phänomenologischen Gleichungen angedeutet haben) von den Quelltermen her. Für das Magnetfeld ist die Frage, ob das "wahre" Feld $\vec{B}$ oder $\vec{H}$ ist, auch experimentell entscheidbar. Dazu muß man die Bewegung von Teilchen in magnetischen Materialien untersuchen und nachsehen, ob in die Lorentzkraft $\vec{B}$ oder $\vec{H}$ eingeht, d.h. ob die Teilchen dem $\vec{B}$- oder $\vec{H}$-Feld "folgen". Die Experimente zeigen, daß sie bei genügend hohen Geschwindigkeiten tatsächlich das $\vec{B}$-Feld "spüren" (bei kleiner Geschwindigkeit merken die Teilchen nicht, daß die mikroskopischen Ströme Ampère'sche Kreisströme sind, weil sie die Stromschleife nicht durchdringen). Auch entsprechende Versuche mit Neutronen (die ein magnetisches Moment haben und daher Magnetfelder "spüren") zeigen, daß das "wahre" Feld $\vec{B}$ ist.

Die Grenzen der makroskopischen Theorie sind aus den oben gemachten Bemerkungen ersichtlich. Die phänomenologische Theorie (d.h. eine Beschreibung in Termen von $\vec{D}$ und $\vec{H}$ bzw. ε und μ) verliert jeden physikalischen Sinn, wenn sich die Feldstärken in Raumzeitgebieten wesentlich ändern, die so klein sind, daß ein Mittelwert nicht mehr sinnvoll definiert werden kann, weil das Gebiet keine makroskopische Anzahl von Teilchen enthält. Innerhalb eines Atoms oder zwischen den Gitteratomen eines Kristalles ist daher $\vec{E}_{(m)}=\vec{E}$, $\vec{B}_{(m)}=\vec{B}$, $\varepsilon=\mu=1$, die Felder sind dort die mikroskopischen Felder. Man muß aber nicht nur an Situationen denken, bei denen das mikroskopische Feld durch Teilchen direkt ausgemessen wird. Jedes zeitlich veränderliche Feld muß sich als Folge der Maxwell'schen Gleichungen auch räumlich ändern. Für eine elektromagnetische Welle ist ein Maß für das Gebiet, in dem wesentliche Änderungen der Feldstärken auftreten, die Wellenlänge λ, die mit der für zeitliche Änderungen charakteristischen Frequenz durch $\lambda \sim \frac{c}{\omega}$ zusammenhängt. Damit eine makroskopische Beschreibung möglich ist, muß die Wellenlänge groß gegen die Größe a eines Atoms sein

$$\lambda >> a$$

denn für $\lambda \sim a$ würde die Welle kein makroskopisches Gebiet mehr "sehen" Nehmen wir als charakteristische Atomdimension $a \sim 10^{-8}$ cm, so entspricht $\lambda \sim a$ Frequenzen im Röntgenbereich ($\sim 3.10^{18}$ Hz). Spätestens von dieser äußersten Grenze an (praktisch schon früher) müssen wir also mit $\varepsilon = \mu = 1$ rechnen. Was die elektrischen Eigenschaften (also ε) betrifft, erlaubt $\lambda >> a$ ein breites Gebiet mit makroskopischer Beschreibung, das sich aus einem quasistationären Gebiet ($\varepsilon \approx$ konst.) und einem Dispersionsgebiet ($\varepsilon = \varepsilon(\omega)$) zusammensetzt, denn die Dispersionserscheinungen setzen für nichtpolare Substanzen schon im oder unterhalb des optischen Spektralgebietes ein, für polare Substanzen schon bei Mikrowellen. Für die magnetischen Eigenschaften ist die Situation anders. Die Permeabilität verliert ihren Sinn schon bei wesentlich niedrigeren Frequenzen, u. zwar spätestens im optischen Gebiet, meist noch viel früher. Eine Abschätzung der Grenze kann man aus unseren Modellbetrachtungen erhalten. Wir betrachten das induzierte magnetische Moment in einem Atom (dh. die Ursache des Diamagnetismus). Dieser Induktionsmechanismus ist sicher der schnellste und liefert uns daher eine obere Grenze für die Anwendbarkeit der makroskopischen Theorie. Damit durch diesen Mechanismus ein induziertes Moment zustandekommt (dessen Mittelwert über viele Atome dann eine Magnetisierung $\vec{M}$ ergibt), muß sich offenbar das induzierende Feld so langsam ändern, daß innerhalb der charakteristischen Zeit für diese Änderung wenigstens einige Umläufe der Elektronen stattfinden. Das heißt, daß die Frequenz des induzierten Feldes <u>klein</u> gegen die Umlauffrequenz sein sollte. Als Abschätzung für die Umlauffrequenz nehmen wir die entsprechende Konstante aus dem Bohr'schen Atommodell (E_R=Rydbergenergie=13·6eV)

$$\nu_u \approx E_R h \sim 3.10^{15}\,\mathrm{Hz}$$

Das heißt also, daß wir bereits für Licht (meist sogar bei noch größeren Wellenlängen) $\mu=1$ setzen müssen, denn eine solche Welle "sieht" bereits das $\vec{B}$-Feld.

7. Energie- und Impulsbilanz in materiellen Medien

Die phänomenologische Beschreibung der elektromagnetischen Eigenschaften eines Mediums durch die Felder $\vec{D}$ und $\vec{H}$ legt nahe, eine lokale Energie- und Impulsbilanz in der Weise vorzunehmen, daß nur die Beiträge der freien Ladungen als Terme auftreten, die einer an Ladungsträgern geleisteten Arbeit entsprechen. Eine solche Aufteilung ist nicht immer möglich und sinnvoll. Wir zeigen die Problematik an einer makroskopischen Untersuchung.

Um einfacher rechnen zu können, fassen wir $\vec{P}$ und $\vec{M}$ bzw. $\vec{D}$ und $\vec{H}$ formal zu Vierergrößen zusammen. Dazu definieren wir zwei antisymmetrische Objekte $M^{\alpha\beta}$ bzw. $G^{\alpha\beta}$ durch

$$M^{0k} = cP^k, \quad M^{ik} = c\varepsilon^{ikl}M^l, \quad M^{\alpha\beta} = -M^{\beta\alpha}$$

$$G^{k0} = D^k, \quad G^{ik} = -\varepsilon^{ikl}H^l, \quad G^{\alpha\beta} = -G^{\beta\alpha}$$

Die Beziehungen (4) und (11) lauten dann

$$G^{\mu\nu} = F^{\mu\nu} - \frac{4\pi}{c} M^{\mu\nu}$$

Die Ansätze (2), (7), (9) für die Ladungs- bzw. Stromdichten lauten

$$j^{\mu} = j_f^{\mu} + \partial_{\rho} M^{\rho\mu}$$

und die phänomenologischen inhomogenen Maxwellgleichungen können in den beiden äquivalenten Formen

$$\partial_{\mu} F^{\mu\nu} = \frac{4\pi}{c}(j_f^{\mu} + \partial_{\rho} M^{\rho\mu}) \quad \text{bzw.} \quad \partial_{\mu} G^{\mu\nu} = \frac{4\pi}{c} j_f^{\mu}$$

geschrieben werden. Diese Gleichungen sehen lorentzinvariant aus, sind es in Wirklichkeit aber nur, wenn die Vektoren $\vec{P}$ und $\vec{M}$ das richtige Transformationsverhalten haben (dazu muß die Theorie, aus der man sie durch Mittelung erhält, lorentzinvariant sein). Wir betrachten nun die makroskopische Gleichung

$$(29) \quad \partial_{\alpha} T_{em}^{\alpha\beta} = \frac{1}{c^2} (j_f^{\alpha} + \partial_{\rho} M^{\rho\alpha}) F_{\alpha}{}^{\beta}$$

mit dem elektromagnetischen Energie-Impulstensor (II,58), die aus den makroskopischen Feldgleichungen folgt. Wir formen den letzten Term um:

$$(\partial_{\rho} M^{\rho\alpha}) F_{\alpha}{}^{\beta} = \partial_{\rho} (M^{\rho\alpha} F_{\alpha}{}^{\beta}) - M_{\rho\alpha} \partial^{\rho} F^{\alpha\beta}$$

Im zweiten rechts stehenden Ausdruck erhalten wir mit Hilfe der Antisymmetrie von M und mit der homogenen Maxwellgleichung (II, 28)

$$M_{\rho\alpha} \partial^{\rho} F^{\alpha\beta} = \frac{1}{2} M_{\rho\alpha} (\partial^{\rho} F^{\alpha\beta} - \partial^{\alpha} F^{\rho\beta})$$

$$= \frac{1}{2} M_{\rho\alpha} (\partial^\rho F^{\alpha\beta} + \partial^\alpha F^{\beta\rho}) =$$

$$= - \frac{1}{2} M_{\rho\alpha} \partial^\beta M^{\rho\alpha} = - \frac{1}{2} g^{\alpha\beta} M_{\mu\nu} \partial_\alpha F^{\mu\nu}$$

Setzen wir diese Resultate und (II,58) in (29) ein und fassen M und F zu G zusammen, so erhalten wir die Formel

$$(30) \quad \frac{1}{4\pi c} \partial_\alpha (G^{\alpha\mu} F_\mu{}^\beta) + \frac{1}{2} g^{\alpha\beta} G^{\mu\nu} \partial_\alpha F_{\mu\nu} = \frac{1}{c^2} j_f^\alpha F_\alpha{}^\beta$$

In Komponenten ausgeschrieben bedeutet dies

$$(30a) \quad \frac{1}{4\pi} (\vec{E}\frac{\partial \vec{D}}{\partial t} + \vec{H} \frac{\partial \vec{B}}{\partial t} + c\vec{\nabla}.(\vec{E}x\vec{H})) = - \vec{j}_f . \vec{E}$$

$$(30b) \quad \frac{1}{4\pi} (\frac{\partial}{\partial t} (\vec{D}x\vec{B})^k - \nabla^l (D^l E^k + B^l H^k) + B^l \nabla^k H^l + D^l \nabla^k E^l) =$$

$$= -c\rho_f E^k - (\vec{j}_f \times \vec{B})^k$$

Wie man aus allen drei angeschriebenen Formen sehen kann, sind das keine lokalen Bilanzgleichungen, da links kein reiner Ableitungsterm auftritt. Eine Bilanzgleichung resultiert jedoch für ein lineares Medium. Ist nämlich

$$\vec{D} = \varepsilon \vec{E}, \qquad \vec{H} = \frac{1}{\mu} \vec{B}$$

mit konstantem ε und μ, so folgt

$$G^{\mu\nu} \partial_\alpha F_{\mu\nu} = \frac{1}{2} \partial_\alpha (F^{\mu\nu} G_{\mu\nu})$$

(das gilt auch noch für anisotrope Medien, wenn die Tensoren ε_{kl} und μ_{kl} konstant und symmetrisch sind) und aus (30) wird die Bilanzgleichung

$$(31) \quad \partial_\alpha T^{\alpha\beta}_{Med} = \frac{1}{c^2} j_f^\alpha F_\alpha{}^\beta$$

mit dem auf Minkowski zurückgehenden Tensor

$$(32)\quad T^{\alpha\beta}_{Med} = \frac{1}{4\pi c}\; G^{\alpha\mu}F_{\mu}{}^{\beta} + \frac{1}{4}\, g^{\alpha\beta}G^{\mu\nu}F_{\mu\nu}$$

Schreiben wir die Komponenten wir üblich als

$$(33)\quad T^{oo}_{Med} = w_{Med}/c,\quad T^{kO}_{Med} = g^{k}_{Med},\; T^{Ok}_{Med} = \frac{1}{c^2}S^{k}_{Med},\; T^{kl}_{Med}$$

so ist

$$w_{Med} = \frac{1}{8\pi}\,(\vec{E}.\vec{D}+\vec{B}.\vec{H}),\qquad \vec{S}_{Med} = \frac{c}{4\pi}\,(\vec{E}x\vec{H}) = \frac{1}{\mu}\,\vec{S}$$

$$(34)\quad \vec{g}_{Med} = \frac{1}{4\pi c}\,(\vec{D}x\vec{B}) = \frac{\varepsilon}{c^2}\,\vec{S} = \frac{\varepsilon\mu}{c^2}\,\vec{S}_{Med}$$

$$T^{kl}_{Med} = \frac{1}{4\pi c}\,(-E^{k}D^{l}-H^{k}B^{l}+ \frac{1}{2}\delta^{kl}(\vec{E}.\vec{D}+\vec{H}.\vec{B}))$$

Der Tensor $T^{\alpha\beta}_{Med}$ ist nur dann ein Lorentztensor, wenn ε und μ relativistisch invariant sind. Nimmt man das an, so kann man zu einer Elektrodynamik bewegter Medien kommen, indem man eine Lorentztransformation durchführt. Daß ε und μ invariant sein sollen, erscheint allerdings wenig plausibel und kann (schon wegen der Dispersion) bestenfalls näherungsweise erfüllt sein. Die offenkundige Unsymmetrie von $T^{\alpha\beta}_{Med}$ hat in der Literatur zu zahlreichen Untersuchungen Anlaß gegeben und es sind viele Alternativen zu (32) angegeben worden. Bei der Diskussion der Frage muß man die physikalische Bedeutung einer lokalen Energie-Impulsbilanz beachten. Grundsätzlich muß lediglich der gesamte Energie-Impulstensor eines abgeschlossenen Systems symmetrisch sein. Eine Aufteilung in einen Feld- und einen Materieanteil ist nur eindeutig, wenn man mit ersterem den Anteil des Vakuumfeldes ($T^{\mu\nu}_{em}$ aus (II,58)) meint: das ist der Teil des gesamten Tensors, der bei Abwesenheit ("Abschalten") aller Quellen übrigbleibt. Jede andere Aufteilung, insbesondere die Abspaltung eines Anteils, der zum "Feld im Medium" gehört,ist weitgehend willkürlich und kann dazu führen, daß der abgespaltene Anteil für sich unsymmetrisch ist, was nur bedeutet, daß das zugehörige Teilsystem nicht abgeschlossen ist. Betrachtet man z.B. die Komponente $\beta=0$ von (31), so erscheint die entsprechende Aufteilung in Feldenergie (linke Seite) und an Ladungsträgern aufgewendete mechanische Energie (rechte Seite) physikalisch nur sinnvoll, wenn die Feldenergie wirklich gespeicherte Energie ist, die im zeitlichen Mittel nicht aufgezehrt wird, wie das für die rechte Seite von (31) der Fall ist (sie liefert z.B. die Joule'sche Stromwärme im Leiter, s.u.). Für magnetische Materialien mit Hysteresiseigenschaften oder für absorbierende Medien (s.u. Dispersion) ist diese Aufteilung sicher nicht sinnvoll und man muß bei (30) bleiben. In eine konsequente mikroskopische Betrachtung muß die Dynamik der Materie einbezogen werden. Man kann auf diese Weise zu makroskopischen Gleichungen kommen, die echte Bilanzgleichungen sind und (für spezielle Materiemodelle) eine "natürliche" Aufteilung in einen Materie- und Feldanteil liefern, wobei der Feldanteil (für isotrope Medien) sogar symmetrisch ist (vgl. de Groot und Suttorp l.c.). Der so erhaltene Feldanteil unterscheidet sich aber völlig von (32). Daß die gemittelte mikroskopische Bilanzgleichung nicht mit (29) identisch ist, erscheint wenig verwunderlich, wenn man bedenkt, daß bereits $T^{\mu\nu}_{em}$ in den Feldern quadratisch ist (das Quadrat des Mittelwertes einer Größe ist i.A. vom Mittelwert ihres Quadrates verschieden) und daß eine echte Bilanzgleichung auch eine Bilanz für die Abweichung vom Mittelwert enthalten muß. Alle Versuche, zu einer solchen Gleichung ohne detaillierte Dynamik der Materie zu kommen, erscheinen daher wenig sinnvoll. Wenn man über diese Dynamik keine Aussagen machen will, muß man versuchen, mit den im Anwendungsbereich der makroskopischen Theorie gültigen Gl. (29) bzw. (30) auszukommen.

8. Quasistationäre Ströme in Leitern

Ladungstransport kann auf verschiedene Arten zustandekommen. So stellt z.B. die mechanische Bewegung eines geladenen Isolierbandes in einem Van de Graaff-Generator einen Strom dar. Ein wichtiger Mechanismus, durch den ein Strom zustandekommen kann, ist die Kraftwirkung, der Ladungsträger in einem elektrischen Feld unterliegen. Wenn in einem ruhenden Leitenden Medium ein Strom fließt, so muß es ein elektrisches Feld geben, das die Ladungsträger in Bewegung bringt. Dieses Feld kann entweder durch eine an den Leiter angelegte Spannung einer Batterie oder durch Induktion infolge eines veränderlichen Magnetfeldes erzeugt werden. Jedenfalls muß es aber einen einfachen Zusammenhang zwischen dem elektrischen Feld im Leiter und der hervorgerufenen Stromdichte $\vec{j} \equiv \vec{j}_f$ geben. Der einfachste Ansatz ist eine lineare Beziehung

$$(35) \quad \vec{j}_f = \sigma\vec{E}$$

wobei σ eine phänomenologische Materialkonstante ist. σ heißt die Leitfähigkeit des Materials: bei gegebenem $\vec{E}$ ist die Stromdichte umso größer, je größer σ ist.

Der Ansatz bedeutet offenbar, daß bei dem betrachteten Problem außer der Richtung von $\vec{E}$ keine weitere Richtung ausgezeichnet ist. Das ist für isotrope Leiter der Fall. Für anisotrope Materialien (z.B. Kristalle) muß man σ als symmetrischen Tensor ansetzen.

$$j_k = \sigma_{kl}E_l \qquad\qquad \sigma_{kl} = \sigma_{lk}$$

Desgleichen muß ein tensorieller Ansatz gemacht werden, wenn ein zusätzliches Magnetfeld vorhanden ist: dieses wird die

Bewegung der Ladungsträger beeinflussen (Halleffekt) und seine Richtung wird in den Leitfähigkeitstensor eingehen, der dann i.A. nicht mehr symmetrisch ist

$$\sigma_{kl}(\vec{B}) \neq \sigma_{lk}(\vec{B})$$

Wir wollen jedoch keine anisotropen Verhältnisse betrachten und bleiben daher bei einer Beschreibung durch eine skalare Leitfähigkeit σ.

Der Ansatz (35) ist ein solcher für eine mittlere Stromdichte und für ein mittleres Feld im Leiter. Er stellt also eine makroskopische Beziehung dar. Obwohl er zunächst nur für konstante Ströme plausibel erscheint, erweist er sich auch für Wechselströme in einem breiten Frequenzbereich als zutreffend, d.h. für quasistationäre Verhältnisse. Die Grenzen der Anwendbarkeit folgen aus mikroskopischen Betrachtungen. Ein Vorgang wird dann als quasistationär anzusehen sein, wenn zeitliche Änderungen langsam im Vergleich zur Trägheit des Mechanismus erfolgen, der für das Zustandekommen der Leitfähigkeit verantwortlich ist. Wir werden später mikroskopische Leitfähigkeitsmechanismen betrachten, aus denen der Gültigkeitsbereich verständlich wird.

Nun wollen wir die Konsequenzen von (35) untersuchen. Eine unmittelbare Folge ist das Ohm'sche Gesetz. Wir betrachten einen Leiter der Länge l mit konstantem Querschnitt F, an den eine Spannung U angelegt ist, so daß im Leiter der Strom I fließt. Dieser Strom ist dem Betrag nach

$$I = \int_F \vec{j}_f \cdot d\vec{f} = j_f \cdot F = \sigma E F$$

Die angelegte Spannung ist die negative Potentialdifferenz zwischen den Leiterenden, die wir aus dem Linienintegral von $\vec{E}$ berechnen können

$$U = -\phi(2) + \phi(1) = \int_1^2 \vec{E}.d\vec{s} = E.l$$

Daher ist

$$U/I = \frac{1}{\sigma}\ \frac{l}{F} =: R$$

Der Widerstand R hängt daher nur von den Abmessungen des Leiters und den Materialeigenschaften ab. $\frac{1}{\sigma}$ heißt der spezifische Widerstand des Materials. Wir werden später sehen, daß der spezifische Widerstand durch eine Art "Reibungsmechanismus" zustandekommt. Soll in dem Leiter ein Strom aufrechterhalten werden, so muß die Stromquelle (und damit das $\vec{E}$-Feld) an den Ladungsträgern mechanische Arbeit leisten, die als Stromwärme (Erwärmung des Leiters) in Erscheinung tritt. Die pro cm^3 und sec. geleistete Arbeit ist

$$\frac{dA}{dt} = \vec{E}.\vec{j}_f = \sigma\vec{E}^2 = \frac{\vec{j}_f^{\,2}}{\sigma}$$

(Joule'-Lenzsches Gesetz). Für unseren Leiter wird das

$$\frac{dA}{dt} = UI/lF = \frac{UI}{V}$$

$V = l.F$ ist das Volumen des Leiters.

Aus dem Ohm'schen Gesetz folgt, daß es im Innern eines homogenen Leiters keine zeitlich konstante Verteilung freier Ladungen geben kann. Das folgt in einfacher Weise aus der Kontinuitätsgleichung und (35):

$$\frac{\partial \rho_f}{\partial t} = -\vec{\nabla}.\vec{j}_f = -\sigma\vec{\nabla}.\vec{E} = -\frac{4\pi\sigma}{\varepsilon}\rho_f$$

Diese Differentialgleichung für ρ hat die Lösung

$$(36)\quad \rho_f(t,\vec{x}) = \rho_{fo}(\vec{x})e^{-t/\tau}$$

mit der <u>Relaxationszeit</u>

$$\tau = \frac{\varepsilon}{4\pi\sigma}$$

die eine Materialkonstante ist. Für alle Materialien mit Ausnahme sehr schlechter Leiter ist diese Zeit sehr klein (Metall $\lesssim 10^{-14}$sec, Meerwasser $\sim 10^{-10}$sec, destilliertes Wasser $\sim 10^{-6}$sec, aber geschmolzener Quarz 10^{6} sec), so daß eine anfängliche Ladungsverteilung $\rho_{fo}(\vec{x})$ an einer bestimmten Stelle $\vec{x}$ sehr rasch abnimmt, und zwar unabhängig vom angelegten $\vec{E}$-Feld. Da die Ladung wegen der Kontinuitätsgleichung nicht verschwinden kann, verteilt sie sich über den Leiter und sammelt sich als Flächenladung an der Leiteroberfläche an. Da die gesamte Ladung erhalten ist, setzt die Aufladung der Oberfläche in dem Moment ein, in dem man die Ladungsverteilung "sich selbst überläßt".

Für eine genaue Analyse elektromagnetischer Vorgänge müssen die Maxwellgleichungen zusammen mit (35) betrachtet werden. Wir werden später darauf zurückkommen. Vorläufig wollen wir nur in einem einfachen und stark idealisierten

Fall angeben, wie die Randbedingungen auf Leiteroberflächen ungefähr aussehen. Wir betrachten einen Leiter aus einheitlichem Material, der sich in einem nichtleitenden Medium befindet. Die Feldstärken im Innern des Leiters bezeichnen wir mit $\vec{E}^{(L)}$, $\vec{B}^{(L)}$ etc. die im äußeren Medium mit $\vec{E}^{(a)}$ etc. Die Komponenten normal zur Oberfläche des Leiters ($\vec{n}\cdot\ldots$) mit nach außen gerichteter Normale $\vec{n}$) bezeichnen wir mit dem Index $\perp$, diejenigen tangential zur Oberfläche ($\vec{n}\times\ldots$) mit $\parallel$. Die Randbedingungen sind dann nach (16)-(19)

$$\text{(37)} \qquad \begin{aligned} &\vec{E}_{\parallel}^{(a)} = \vec{E}_{\parallel}^{(L)} & \qquad & B_{\perp}^{(a)} = B_{\perp}^{(L)} \\ &\vec{H}_{\parallel}^{(a)} - \vec{H}_{\parallel}^{(L)} = \frac{4\pi}{c}\vec{j}_{fl}\,. & \qquad & D_{\perp}^{(a)} - D_{\perp}^{(L)} = 4\pi\sigma_{fl} \end{aligned}$$

Wir betrachten nun als Idealisierung einen <u>perfekten</u> Leiter, das ist der Grenzfall ($\sigma \to \infty$) eines Leiters mit sehr hoher Leitfähigkeit σ. Bei gegebenem $\vec{j}_f$ wird $\vec{E}^{(L)}$ umso kleiner, je größer σ wird. Für einen perfekten Leiter ist daher

$$\text{(38)} \quad \vec{E}^{(L)} = 0$$

Aus unseren Randbedingungen folgt dann

$$\text{(39)} \quad \vec{E}_{\parallel}^{(a)} = 0\,, \qquad D_{\perp}^{(a)} = 4\pi\sigma_{fl}$$

Wir dürfen außerdem annehmen, daß das Magnetfeld im Leiter verschwindet:

$$\text{(40)} \qquad \vec{B}^{(L)} = 0$$

Das ist physikalisch plausibel: wegen (38) verschwindet

im Leiter auch $\vec{\nabla} \times \vec{E}^{(L)}$, als Folge des Induktionsgesetzes wäre höchstens ein zeitkonstantes Magnetfeld möglich; der für dieses Magnetfeld verantwortliche konstante Strom darf die Leitoberfläche nicht aufladen und daher muß seine Normalkomponente verschwinden; mit der inhomogenen Maxwellgleichung für $\vec{H}$ und $\vec{\nabla}.\vec{B} = 0$ folgt, daß das Magnetfeld auch räumlich konstant bleiben muß; es wäre schwer verständlich, wie eine von 0 verschiedene Feldstärke zustandekommen sollte. Aus den Randbedingungen für die Magnetfelder folgt dann

(41) $B_{\perp}^{(a)} = 0, \qquad \vec{H}_{\parallel}^{(a)} = \frac{4\pi}{c}\vec{J}_{fl}$

Im Medium verschwinden daher bei Annäherung an die Oberfläche eines <u>perfekten</u> Leiters die Normalkomponente von $\vec{B}$ und die beiden Tangentialkomponenten von $\vec{E}$. Die Normalkomponenten von $\vec{D}$ und die Tangentialkomponenten von $\vec{H}$ können auch in unmittelbarer Nähe der Oberfläche $\neq 0$ sein. Diese Bedingungen stellen eine Idealisierung der wirklichen Verhältnisse in guten Leitern dar. An der Oberfläche eines imperfekten Leiters ist in Wirklichkeit $\vec{H}$ stetig, und es gibt keinen Flächenstrom. Das Magnetfeld dringt jedoch nur eine kleine Strecke δ in den Leiter ein. Die Komponenten von $\vec{H}$ fallen innerhalb dieser Strecke stark ab. Der Oberflächenstrom $\vec{J}_{fl}$ simuliert diesen Effekt für $\delta \to 0$.

<u>Übungsaufgaben</u>

(57) Finde eine Differentialgleichung für die Stromdichte in einem isotropen Leiter (σ, μ konstant) bei quasistationären Verhältnissen (Vernachlässigung des Verschiebungsstromes).

(58) Bestimme die radiale Strom- und Feldverteilung für einen langen, zylindrischen Leiter (Radius R), der von einem quasistationären Wechselstrom $I_0 e^{i\omega t}$ durch-

flossen wird (Skineffekt). Verwende dazu die vorige Aufgabe.

(59) Diskutiere das Resultat der vorigen Aufgabe für niedrige und hohe Frequenzen. Betrachte ein konkretes Metall und untersuche die Größenordnung der relevanten Parameter.

9. Mikroskopische Ursachen der Leitfähigkeit

Um für die weitere Entwicklung der Theorie eine gesunde Basis zu haben, betrachten wir nun einen einfachen mikroskopischen Mechanismus der Leitfähigkeit, der auf P. Drude (1900) zurückgeht. Wir betrachten ein Medium, in dem zwei Sorten von frei beweglichen Ladungsträgern vorhanden sein sollen, die sich im Ladungsvorzeichen (Ladung $\pm e$) und in der Masse ($M\pm$) unterscheiden. Man kann dabei an positive Ionen und negative Ionen oder Elektronen denken. Pro cm^3 mögen N_+ bzw. N_- Teilchen vorhanden sein. Die Stromdichte ist dann durch die mittlere Geschwindigkeit der Ladungsträger bestimmt.

Legt man ein konstantes, homogenes Feld $\vec{E}$ an, so erfährt jeder Ladungsträger die konstante Kraft $q \cdot \vec{E}$ und erhält daher eine konstante <u>Beschleunigung</u> (und nicht eine konstante <u>Geschwindigkeit</u>, wie sie dem Ohm'schen Gesetz entspräche). Wenn dieses Gesetz daher stimmen soll, muß die mittlere Geschwindigkeit proportional der <u>Kraft</u> sein, d.h. die Ladungsträger können sich nicht frei bewegen, sondern es muß ein Mechanismus vorhanden sein, der ihre Bewegung im elektrischen Feld bremst. Diese Bremsung wird durch Zusammenstöße der Ionen miteinander und mit anderen Teilchen des Mediums hervorgerufen. Um dafür ein Modell zu haben, stellen wir uns das Medium als ein normales Gas vor (etwa 10^{19} Teilchen/cm^3), in dem außer den Ionen auch neutrale Teilchen vorhanden sind, und zwar in Überzahl. Wenn kein elektrisches Feld vorhanden ist, werden sich die Teilchen irregulär durcheinander bewegen, wobei ihre mittlere kinetische Energie durch die Temperatur bestimmt ist. Durch Stöße ändert ein Teilchen seine Geschwindigkeitsrichtung in verhältnismäßig kurzer Zeit völlig, so daß keine Korrelation zwischen den Geschwindigkeiten zu einem Zeitpunkt t und einem späteren Zeitpunkt $t + \tau$ besteht. τ ist dabei eine für das System charakteristische Zeit: wenn man die Stöße z.B. als solche zwischen elastischen Kugeln beschreibt, geht die Geschwindigkeitskorrelation schon bei einem einzigen Stoß verloren und τ ist die Zeit $\langle t \rangle$, die im Mittel zwischen 2 Stößen verstreicht. Ein Maß für diese Zeit wird durch die mittlere freie Weglänge geliefert. Hat nun das jte Ion nach einem Stoß die Geschwindigkeit $\vec{u}_{(j)}$ und das elektrische Feld ist eingeschaltet, so beträgt sein Impuls zur Zeit $t_{(j)}$ nach dem Stoß

$$\vec{P}_{(j)} = M\vec{u}_{(j)} + e\vec{E}t_{(j)}$$

Der erste Term ist der Impuls, den das Ion beim letzten Stoß erhalten hat, er stammt daher von dem anderen daran beteiligten Teilchen und das wird in der überwiegenden Zahl der Fälle ein neutrales Teilchen sein. Deswegen werden die Richtungen von $\vec{u}_{(j)}$ statistisch verteilt sein und keine Korrelation mit der Feldrichtung haben (bezieht man die geladenen Teilchen als Stoßpartner ein, so wird die von positiven Teilchen "eingeschleppte" Bevorzugung der Feldrichtung von der entgegengesetzten der negativen Teilchen kompensiert, das alles gilt natürlich nicht mehr, wenn hauptsächlich Ionen eines Ladungsvorzeichens vorhanden sind). Der zweite Term ist der Impuls, den das Teilchen vom Feld erhält. Wenn dieser Beitrag klein gegen den ersten ist, so wird sich die mittlere Zeit zwischen zwei Stößen nicht wesentlich von derjenigen im feldfreien Fall ($\langle t \rangle$) unterscheiden, d.h. für nicht zu starke Felder ist $\langle t \rangle$ unabhängig von $\vec{E}$. Beim nächsten Stoß (im Mittel nach $\langle t \rangle$ Sekunden) wird sich der Impuls des Teilchens ändern und es wird dabei auch die Korrelation mit der Feldrichtung verloren gehen. Für die Berechnung des mittleren Impulses aller N_+ positiven Ionen wird es daher nur auf die Zeiten $t_{(j)}$ ankommen, die für jedes einzelne Teilchen seit dem letzten Stoß verstrichen sind, d.h. dieser mittlere Impuls ist

$$\langle\vec{p}_+\rangle = M_+\langle\vec{u}_{(j)}\rangle = \frac{1}{N} \cdot \sum_j (M\vec{u}_{(j)} + e\vec{E}t_{(j)})$$

Da die Richtungen der $u_{(j)}$ statistisch verteilt sind, ist der Mittelwert des ersten Termes Null. Im zweiten Term ist $e\vec{E}$ konstant und wir erhalten den Mittelwert aller seit dem letzten Stoß verstrichenen Zeiten, das ist aber offenbar die mittlere Zeit zwischen zwei Stößen (weil die Stöße unabhängig voneinander in irregulären Zeitpunkten erfolgen). Daher ist die mittlere Geschwindigkeit von Null verschieden und beträgt

$$\langle\vec{u}_+\rangle = \frac{1}{M_+} e\vec{E}\langle t_+\rangle$$

und das ist proportional der Kraft, die der betrachtete Ladungsträger spürt. Für die negativen Teilchen gilt dieselbe Überlegung und wir erhalten für die Stromdichte

$$\vec{j}_{St} = N_+ \cdot e \cdot \frac{e\vec{E}\langle t_+\rangle}{M_+} + N_- \cdot (-e) \cdot \frac{(-e)\vec{E}\langle t_-\rangle}{M_-} = \sigma\vec{E}$$

Das ist das Ohm'sche Gesetz, wobei hier die Leitfähigkeit die Konstante

$$(42) \quad \sigma = e^2 \left(\frac{N_+\langle t_+\rangle}{M_+} + \frac{N_-\langle t_-\rangle}{M_-}\right)$$

ist. Man sieht, daß die elektrische Leitung normalerweise nur durch eine leichte systematische Driftbewegung zustandekommt, die der thermischen Bewegung überlagert ist. Die Geschwindigkeit $\langle\vec{u}\rangle$ des Ladungstransports unterscheidet sich daher sehr stark von der eines einzelnen Ladungsträgers. Die speziellen Annahmen unseres Modells gehen nur über die Zeiten $\langle t\pm\rangle$ ein. Jedes System, in dem die Zahl der freien Ladungsträger pro Volumeinheit konstant ist und in dem die Wechselwirkungen im System dazu führen, daß die Bewegung der Ladungs träger genügend rasch statistisch wird, wird daher für nicht zu starke Felder das Ohm'sche Gesetz erfüllen. Die Leitfähigkeit wird der Dichte der freien Ladungsträger und einer charakteristischen Zeit proportional sein, in der die Richtungskorrelation verlorengeht. Eine detaillierte Theorie der Leitfähigkeit besteht in der Berechnung dieser Zeitkonstante aus der Dynamik des Systems. Eine solche Theorie ist in zufriedenstellender Weise nur mit Hilfe der Quantenmechanik durchführbar. Das Resultat ist tatsächlich in der Form (42) darstellbar. Betrachtet man einen Festkörper als quantenmechanisches System, so stellt man fest, daß die Zustände der Elektronen nicht diskrete Energieniveaus sind, sondern Energiebänder, d.h. es gibt erlaubte Energiebereiche, die durch verbotene Energielücken voneinander getrennt sind. Diese Struktur ist eine Folge des periodischen Potentials der Ionen, die das Kristallgitter bilden. Als Folge des Pauliprinzips kann jeder mögliche Zustand nur mit einem Elektron besetzt werden. Die Elektronen werden daher die erlaubten Energiebänder von unten her füllen. Der Unterschied von Leitern und Isolatoren ist durch die Besetzung der obersten gefüllten Bänder bedingt. Bei Isolatoren ist das oberste gefüllte Band vollständig besetzt, das nächstfolgende Band ist ganz leer. Um Elektronen "in Marsch zu setzen", muß man so viel Energie zuführen, daß sie in das leere Band gehoben werden. Das ist nur bei sehr starken Feldern möglich und äußert sich als Durchschlag des Isolators. Bei Metallen ist das oberste besetzte Band (Leitfähigkeitsband) nur teilweise aufgefüllt (zu 10 - 9o%), so daß die Elektronen durch Zuführen einer

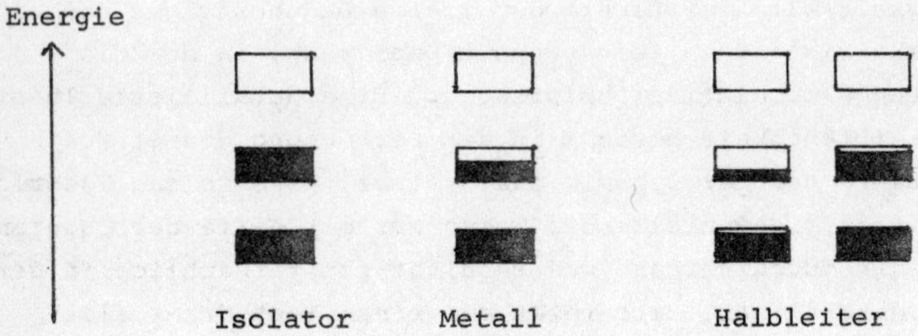

sehr kleinen Energie in Bewegung gesetzt werden können. Sind alle gefüllten Bänder bis auf die obersten vollständig besetzt, die letzteren aber entweder fast ganz besetzt oder fast ganz leer, so bezeichnet man das Material als Halbleiter.

Wir betrachten nun ein leitendes Metall. In diesem sind die Elektronen des Leitfähigkeitsbandes frei beweglich (sie werden durch die Gitterionen nicht behindert, denn die Bandstruktur kommt gerade durch das Gitter zustande!), und wir können sie in guter Näherung als nahezu freie Teilchen auffassen. Der Leiter besteht dann aus einem Elektronengas von Leitungselektronen, in dem die Gitteratome "wie Knödel in einer Suppe schwimmen". Wir müssen dabei aber beachten, daß dieses Gas aus Teilchen besteht, die dem Pauliprinzip genügen. Ein Zustand eines freien Elektrons wird durch den Impuls $\vec{p}$ und die Spineinstellung s (=↑oder↓) vorgegeben. Die Energie ist $\varepsilon(p) = \vec{p}^2/2m$. Ein solcher Zustand kann nur von einem Elektron eingenommen werden. In einem freien Elektronengas werden die Elektronen daher alle diese Zustände bis zu einem Grenzimpuls p_F mit der zugehörigen Grenzenergie ε_F besetzen. Diese Energie (Fermienergie) entspricht in etwa der Energie, bis zu der das Leitfähigkeitsband gefüllt ist und ist durch die Dichte der Elektronen bestimmt. Die Impulse der Elektronen liegen innerhalb einer Kugel mit dem Radius p_F (Fermikugel). Legt man zur Zeit t = 0 ein elektrisches Feld an, so wird die Fermikugel verschoben: nach der Zeit t haben alle Elektronen den zusätzlichen Impuls $\delta\vec{p} = -e\vec{E}.t$ erhalten. Diese Verschiebung (und damit die Geschwindigkeit bzw. der Strom im Leiter) ist nicht stationär. Damit ein endlicher Widerstand resultiert, muß es (wie im früher betrachteten Gasmodell) eine Wechselwirkung geben, die einen "Reibungsmechanismus" liefert und aus dem Gas eine Art Flüssigkeit macht. Wie bereits oben bemerkt wurde, kann das (ruhende, ideale) Gitter dafür nicht verantwortlich gemacht werden. Das <u>wirkliche</u> Gitter sieht aber anders aus. Infolge der Temperaturbewegung schwingen die Ionen statistisch um eine Gleichgewichtslage; die Elektronen erfahren eine Wechselwirkung mit den Gitterschwingungen; bei jedem Zusammenstoß mit einem Gitteratom wird auf das (viel leichtere) Elektron so viel Impuls übertragen, daß die Korrelation mit der Feldrichtung verloren geht und in unserer Formel (42) wieder nur die konstante mittlere Zeit $\langle t \rangle$ seit dem letzten Stoß auftritt. Die Wechselwirkung der Elektronen mit den Gitterschwingungen liefert also einen temperaturabhängigen Beitrag zum spezifischen Widerstand, der nur bei normalen Temperaturen dominiert und proportional der Temperatur ist. Außerdem werden die Elektronen an Inhomogenitäten des Gitters (Strukturdefekte, Fremdatome) gestreut. Das gibt einen temperaturunabhängigen Beitrag zum spezifischen Widerstand, der bei niedrigen Temperaturen als Restwiderstand übrigbleibt. Durch Herstellen sehr reiner Kristalle kann dieser Widerstand klein gemacht werden. Die Streuung der Elektronen aneinander ist im Vergleich zur Wechselwirkung mit den Gitterschwingungen von geringer Bedeutung. Das ist i.W. eine Folge des Pauliprinzips. Um das einzusehen, betrachten wir den Zusammenstoß eines (geringfügig) angeregten Elektrons (Niveau knapp außerhalb der Fermikugel) mit einem Elektron innerhalb der Fermikugel: dieser Fall wird am häufigsten auftreten. Damit der Prozeß möglich ist, müssen beide Elektronen nach dem Stoß in Niveaus außerhalb der Fermikugel liegen (die anderen Niveaus sind besetzt). Wegen der Erhaltung von Energie und Impuls kommen dann jedoch für das anfangs vorhandene Leitungselektron nur relativ wenige Elektronen innerhalb der Kugel als Stoßpartner in Betracht. Dadurch wird die Wahrscheinlichkeit für die Streuung bedeutend herabgesetzt und die mittlere freie Weglänge für Elektron-Elektronstöße wird relativ groß (bei Zimmertemperatur ist sie etwa 30mal so groß wie diejenige für die Wechselwirkung der Elektronen mit den Gitterschwingungen).

Bei sehr tiefen Temperaturen (wenige ^{o}K) tritt ein qualitativ neues Phänomen auf. Unterhalb einer bestimmten (materialabhängigen) Temperatur T_C (Sprungtemperatur) verschwindet der spezifische Widerstand völlig: das Metall wird supraleitend. Die Supraleitung ist ein rein quantenmechanischer Festkörpereffekt. Er kommt dadurch zustande, daß die Wechselwirkung der Elektronen mit den Gitterschwingungen zu einer effektiven Wechselwirkung der Elektronen untereinander führt, die anziehend ist. Dadurch ist der energetisch günstigste Zustand einer, in dem die Elektronen paarweise aneinander gebunden sind (Cooper-Paare). Dieser Zustand ist durch eine endliche Energielücke von den Anregungszuständen des Systems (Elektronen + Gitter) getrennt. Führt man dem System einen kleineren Energiebeitrag zu, so kann das System nur so angeregt werden, daß die Paare kinetische Energie erhalten: sie werden sich dann "reibungsfrei" durch das Metall bewegen, d.h. die Leitung erfolgt widerstandsfrei und die Ladungsträger haben die Ladung 2e. Erst wenn die Energielücke überschritten wird, können die Paare aufgebrochen werden und es kommt zum normalen Leitungsmechanismus. Trotz der quantenmechanischen Natur der Supraleitung kann man in gewissen Grenzen eine phänomenologische Elektrodynamik für Supraleiter entwickeln, für die allerdings der Ansatz $\vec{j} = \sigma\vec{E}$ nicht brauchbar ist.

Nun wollen wir noch untersuchen, wo die Grenzen des Ohm'schen Gesetzes für normale Leiter zu suchen sind. Für sehr starke Felder wird man nichtlineare Korrekturen erwarten, wenn die Zeitkonstante $\langle t \rangle$ von $\vec{E}$ abhängig wird. Das kann offenbar nur dann der Fall sein, wenn die Ladungsträger vom Feld einen Impuls erhalten, der mit dem vergleichbar ist, den sie durch "thermische" Stöße (mit schwingenden Gitteratomen im Metall, mit neutralen Teilchen im Gas) erhalten. In verdünnten Gasen ist die freie Weglänge sehr groß und man kann schon bei relativ kleinen Feldstärken Nichtlinearitäten beobachten. Ein Zusammenbruch des Ohm'schen Gesetzes wird außerdem dann zu erwarten sein, wenn sich die Zahl der Ladungsträger ändert. Das kann in Gasen dann vorkommen, wenn die anfangs vorhandenen Ladungsträger durch das Feld einen so hohen Impuls erhalten, daß sie bei Stößen neutrale Atome ionisieren. Die Zahl der Ladungsträger steigt dann lawinnenartig an und es kommt zu einer Funkenentladung. Eine weitere Gültigkeitsgrenze wird für Wechselfelder genügend hoher Frequenz erreicht werden. Unsere für konstante Felder angestellten Überlegungen bleiben für Wechselfelder dann gültig, wenn sich das Feld in der charakteristischen Zeit $\langle t \rangle$ nicht beträchtlich ändert.

Für ein ionisiertes Gas beträgt die mittlere freie Weglänge bei normalen Verhältnissen $\sim 10^{-6}$ cm; das entspricht für Ionen einer Zeit $\langle t \rangle \sim 10^{-10}$ sec. In Metallen hat die mittlere freie Weglänge der Leitungselektronen bei normaler Temperatur ebenfalls die Größenordnung von 10^{-6} cm. Wegen der höheren Geschwindigkeit der Elektronen ist die charakteristische Zeit jedoch bedeuted kleiner $\langle t \rangle \sim 10^{-13}$ - -10^{-14} sec. Das Ohm'sche Gesetz bleibt daher für quasistationäre Vorgänge in einem relativ großen Frequenzbereich gültig. Abweichungen wird man bei ionisierten Gasen im Ultrakurzwellenbereich erwarten. In Metallen sollten sie erst im Infrarotbereich knapp unterhalb des sichtbaren Spektralbereichs auftreten.

10. Phänomenologie der Supraleitung

Unterhalb einer bestimmten Temperatur T_C fällt der Widerstand vieler Metalle, Legierungen und Halbleiter steil auf Null ab (Kammerlingh-Onnes 1911). Diese Sprungtemperaturen bewegen sich zwischen 0.1 und (dzt.) 21° K. Einige Legierungen wie z.B. $Nb_3\,(Al)_{0.8}Ge_{0.2})$ haben besonders hohe Sprungtemperaturen. Manche Metalle (Li, Na, K, Ag, Au) scheinen nicht supraleitend zu werden. Kleine Beimischungen magnetischer Elemente (Fe, Gd) zerstören die Supraleitung. Die Lebensdauer des supraleitenden Zustandes ist sehr groß: Für mache Legierungen ist die Abklingzeit des Suprastroms 10^5 Jahre. Ein genügend starkes angelegtes Magnetfeld $B_a > B_{ac}$ zerstört die Supraleitung. Die kritische Feldstärke B_{ac} hängt so von der Temperatur ab, daß $B_{ac}(T_C) = 0$ wird. Eine typische Kurve ist

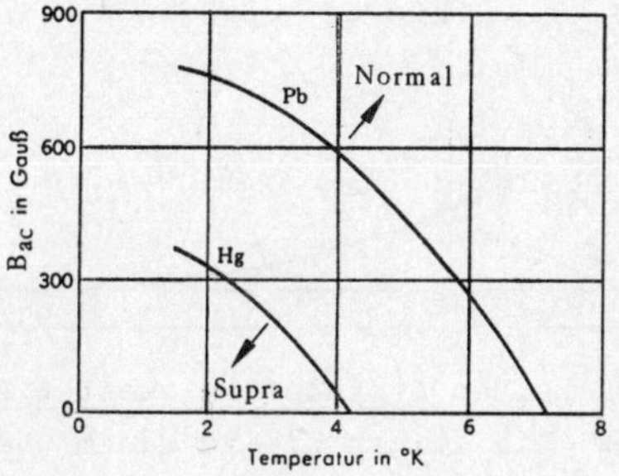

Bei Abkühlen eines Supraleiters in einem Magnetfeld auf Temperaturen unterhalb T_c wird das Feld aus dem Supraleiter hinausgedrängt (Meißner, Ochsenfeld 1933), so daß sich ein Supraleiter in einem schwachen Magnetfeld nahezu ideal diamagnetisch verhält: $B = B_a + 4\pi M = 0$. Trägt man die Magnetisierung gegen B_a auf, so erhält man (für Vollzylinder) folgende Kurven (beachte: $M<0$)

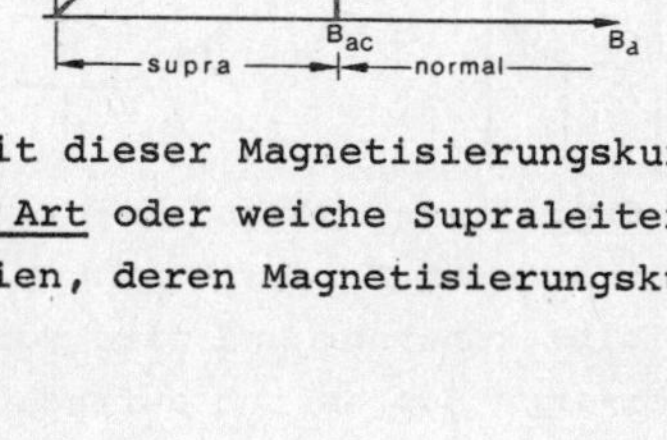

Materialien mit dieser Magnetisierungskurve heißen <u>Supraleiter erster Art</u> oder weiche Supraleiter. Es gibt aber auch Materialien, deren Magnetisierungskurve eine andere Form hat

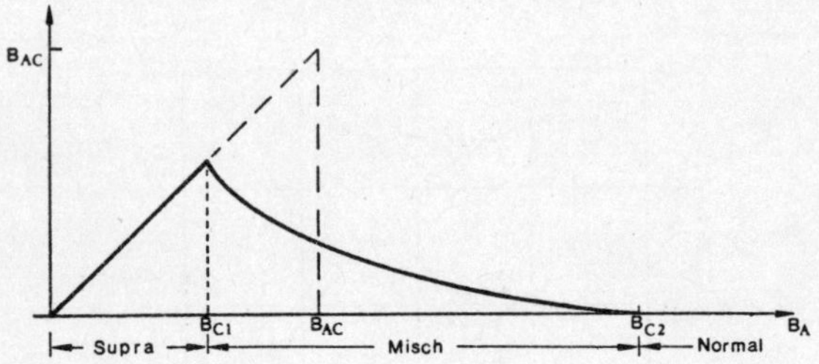

Diese Materialien heißen <u>Supraleiter zweiter Art</u> oder harte Supraleiter. Sie zeigen bis zu einem <u>oberen kritischen</u> Feld B_{C2} supraleitende Eigenschaften. Zwischen dem <u>unteren kritischen Feld</u> B_{C1} und B_{C2} ist $B \neq 0$ (unvollständiger Meißnereffekt). Der Zustand, der zwischen B_{C1} und B_{C2} vorliegt, heißt Mischzustand (Wirbelzustand, Zwischenzustand). Da der Wert von B_{C2} viel größer als B_{ac} sein kann, erlaubt dieses Phänomen die Konstruktion von starken Magneten mit supraleitenden Spulen: man hat bei 4,2°K Felder von über 400 k Gauß gemessen, 100 kG sind technisch stabil erzielbar.

Bringt man einen ringförmigen Leiter in ein Magnetfeld und kühlt ihn unterhalb T_C ab

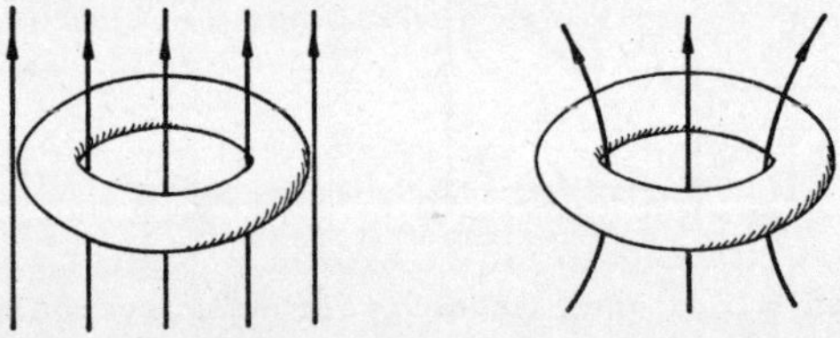

so bleibt das vom Supraleiter umschlossene Magnetfeld auch <u>nach Abschalten</u> des äußeren Feldes bestehen. Der eingeschlossene Fluß bleibt konstant und wird von einem im Ring fließenden kreisförmigen Suprastrom aufrechterhalten, der (s.o.) stationär ist. Der eingeschlossene Fluß ist quantisiert (Doll, Näbauer 1961), wobei die kleinste Einheit

(Fluxon)

$$(43)\quad \phi_o = \frac{hc}{2e} = 2{,}07 \times 10^{-7} \text{ Gauß cm}^2$$

beträgt.

Die Sprungtemperatur hängt von der Masse des Isotops ab, aus dem Material besteht (Isotopieeffekt, E. Maxwell u. a. 1950). Der Übergang von normal- zum supraleitenden Zustand ist ein Phasenübergang 2. Ordnung, d.h. die spezifische Wärme ist bei T_C unstetig und es gibt keine latente Wärme. Die Entropie nimmt bei Abkühlung unter T_C ab.

11. Theorien der Supraleitung

Die erste phänomenologische Theorie der Supraleitung geht auf F. und H.London (1935) zurück und wurde später von A.B.Pippard (1953) verbessert. Es handelt sich um eine klassische Theorie, die den Meißnereffekt erklärt und das Zustandekommen der Flußquantisierung plausibel macht. Sie erklärt aber nicht alle beobachteten Phänomene und enthält phänomenologische Parameter. Eine phänomenologische Theorie auf quantenmechanischer Grundlage wurde 1950 von V.L.Ginzburg und L.D.Landau entwickelt. Sie ist der klassischen Theorie in einigen Punkten überlegen, enthält aber ebenfalls phänomenologische Parameter. Die Grundlage für das mikroskopische Verständnis verdankt man H. Fröhlich, der 1950 erkannte, daß die Wechselwirkung von Elektronen und Gitterschwingungen für die Supraleitung verantwortlich ist und eine Hamiltonfunktion H_F für diese Wechselwirkung angegeben hat. L.N.Cooper erkannte die Wichtigkeit gebundener Elektronenpaare, zu denen diese Wechselwirkung Anlaß gibt. Die richtige mikroskopische Theorie der Supraleitung wurde 1957 von J.Bardeen, L.N.Cooper und J.R.Schrieffer entwickelt, die zeigen konnten,daß ein aus H_F gewonnener Näherungsausdruck H_{BCS} die Supraleitung erklärt. Nahezu gleichzeitig (und wohl weitgehend unabhängig) wurde dieser Ausdruck auch von N. N. Bogoliubow gefunden, der das "BCS-Modell" und die zugehörige Lösung auch in Fällen begründen konnte, in denen die von BCS gegebene Begründung nicht anwendbar ist. Die phänomenologischen Parameter können aus der mikroskopischen Theorie hergeleitet werden, die sich als die zutreffende Theorie erwiesen hat. Insbesondere erklärt sie die London-Pippard'schen Parameter (inklusive Korrekturen), und die Ginzburg-Landau-Gleichungen resultieren als Näherungen (Gorkow, Abrikosow, Dzyaloshinskij 1958-63). Die mikroskopische Theorie macht von der modernen Quantentheorie der Vielteilchensysteme (nichtrelativistische Quantenfeldtheorie) Gebrauch. Die Ginzburg-Landau-Theorie ist im Gegensatz dazu eine Art Einteilchentheorie, bei der dem ganzen Supraleiter eine "Wellenfunktion" zugeschrieben wird. Wir müssen hier auf beide Beschreibungen verzichten und uns auf die klassische Theorie beschränken.

Experimentelle Beobachtungen zeigen, daß der Meißnereffekt in dünnen supraleitenden Schichten nicht ideal realisiert wird: das Magnetfeld dingt in eine dünne Oberflächenschicht des Supraleiters ein. Es ist klar, daß dieses Eindringen durch die Maxwellgleichungen mit dem Ohm'schen Gesetz

$$\vec{j} = \sigma.\vec{E}$$

nicht beschrieben werden kann, da für Supraleiter $\sigma=\infty$ ist. Die London'sche Theorie besteht in einer Abänderung des Ohm'schen Gesetzes unter Beibehaltung der Maxwellgleichungen. Der grundlegende Ansatz lautet

$$(44) \quad \vec{j} = - \frac{c}{4\pi\lambda_L^2} \vec{A}$$

wobei das Vektorpotential in der Eichung (Londoneichung)

(45) $\vec{\nabla}.\vec{A} = 0$, $\vec{n}.\vec{A} = 0$ an Oberflächen, durch die kein Strom fließt.

zu nehmen ist. Eine Plausibilitätsbetrachtung für den Ansatz könnte so aussehen: In der Eichung $\vec{\nabla}.\vec{A} = 0$ ist die Gleichung für $\vec{A}$

(46) $\square \vec{A} = \frac{4\pi}{c} \vec{j}$

Die Gleichung bleibt linear, wenn $\vec{j}$ proportional zu $\vec{A}$ oder seinen Ableitungen ist. Wenn für stationäre Verhältnisse $\square \to -\Delta$ eine endliche Eindringtiefe resultieren soll, darf in $\vec{j}$ die Zeitableitung $\partial\vec{A}/\partial t$ nicht vorkommen (daher muß man das Ohm'sche Gesetz aufgeben: $\vec{E} \sim \partial\vec{A}/\partial t$). Der einfachste Ansatz ist dann einer ohne Ableitungen. Die Proportionalitätskonstante muß negativ sein, damit $\vec{A}$ abfällt. Da $\square$ die Dimension cm^{-2} hat, ergibt sich (44) und man sieht, daß λ_L die Dimension einer Länge hat. Die phänomenologische Konstante λ_L heißt London'sche Eindringtiefe. Die Eichung (45) garantiert dann $\vec{\nabla}.\vec{j} = 0$ und $\vec{n}.\vec{j} = 0$ auf Oberflächen. Bildet man die Rotation von (46), so erhält man mit

$$\vec{\nabla} \times \vec{j} = - \frac{c}{4\pi\lambda_L^2} \vec{B}$$

im stationären Fall die London-Gleichung

(47) $\Delta\vec{B} = \frac{1}{\lambda_L^2} \vec{B}$

Diese Gleichung beschreibt den Meißnereffekt: ein von Null verschiedenes räumlich konstantes Magnetfeld ist nicht möglich, für $\vec{B} = \vec{B}_0 = $ const. folgt aus (47) $\vec{B}_0 = 0$. Wir betrachten einen supraleitenden Halbraum, der durch eine

Ebene von Vakuum getrennt ist. Legt man außen ein Magnetfeld $B_o \parallel$ zur Trennebene an:

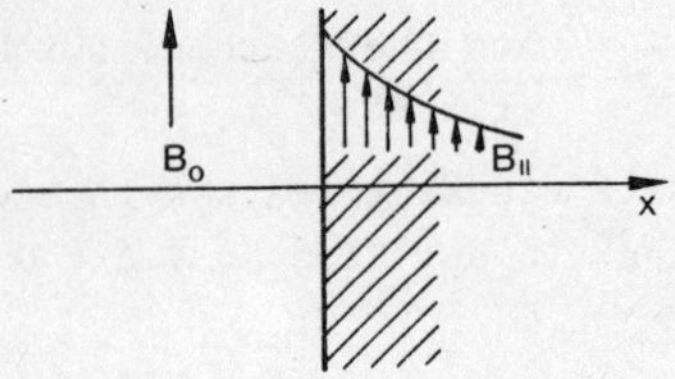

so ist die Lösung von (47) im Inneren $B_\parallel(x) = B_o e^{-x/\lambda_L}$ und λ_L ist tatsächlich die Eindringtiefe des Magnetfeldes. Für eine eben begrenzte Schicht von endlicher Dicke 2d

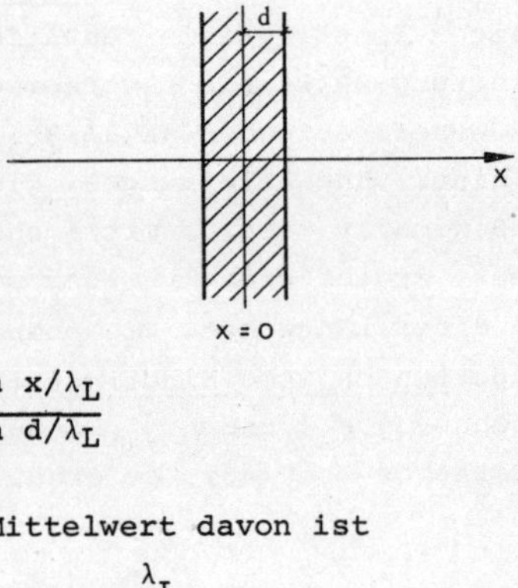

erhält man

$$B_\parallel(x) = B_o \frac{\cosh x/\lambda_L}{\cosh d/\lambda_L}$$

Der räumliche Mittelwert davon ist

$$\langle B_\parallel \rangle = \int_{-d}^{+d} dx B_\parallel(x) = B_o \frac{\lambda_L}{d} \tanh d/\lambda_L$$

Für $d \gg \lambda_L$ wird das

$$\langle B_\parallel \rangle \to B_o \frac{\lambda_L}{d} \qquad d \gg \lambda_L$$

und das bedeutet einen Meißnereffekt, denn λ_L ist sehr klein (Größenordnung 10^{-6}cm). Für sehr dünne Schichten ist der Mittelwert hingegen

$\langle B_{\parallel} \rangle \to B_o \qquad d \ll \lambda_L$

Eine supraleitende Schicht zeigt daher i.A. einen unvollkommenen Meißnereffekt, der umso stärker ausgeprägt ist, je dicker die Schicht ist.

Einen Anhaltspunkt für den Wert von λ_L erhält man mit folgendem Modell: wir betrachten Ladungsträger mit der Masse m und der Ladung q in einem Magnetfeld. Nach der klassischen Mechanik ist dann der gesamte Impuls eines Ladungsträgers

$$\vec{p} = m\vec{v} + \frac{q}{c}\vec{A}$$

Daraus erhält man

$$\vec{v} = \frac{1}{m}\left(\vec{p} - \frac{q}{c}\vec{A}\right)$$

Sind pro cm^3 N solche Ladungsträger vorhanden, so ist die Stromdichte

(48) $$\vec{j} = Nq\vec{v} = \frac{Nq}{m}\vec{p} - \frac{Nq^2}{mc}\vec{A}$$

Das reduziert sich für $\vec{p} = 0$ auf den London'schen Ansatz (44) mit

(49) $$\lambda_L = \sqrt{\frac{mc^2}{4\pi Nq^2}}$$

Mit den typischen Daten für Elektronen $m=m_e$, $q=-e$, $N=N_e$ erhält man die richtige Größenordnung. Die Formel gibt <u>keinen</u> Anhaltspunkt dafür, daß die Ladungsträger in Wirklichkeit gebundene Elektronenpaare sind: für diese muß man $m=2m_e$, $q = -2e$, $N = \frac{1}{2} N_e$ setzen, und damit erhält man für λ_L den gleichen Wert wie für einzelne Elektronen. Außerdem kann man nicht verstehen, warum der Gesamtimpuls verschwindet. Die

Quantentheorie macht dieses Resultat verständlich. Genaue Werte für λ_L erhält man aus der BCS-Theorie.

Die Londontheorie liefert einen Erhaltungssatz für einen modifizierten Magnetfluß. Zur Ableitung berechnen wir zunächst.

$$(50)\quad \vec{E} = -\frac{1}{c}\frac{\partial \vec{A}}{\partial t} = \frac{4\pi\lambda_L^2}{c^2}\frac{\partial \vec{j}}{\partial t}$$

Wir integrieren das Induktionsgesetz über eine Fläche F, die von einer geschlossenen Kurve C begrenzt wird, die ganz im Supraleiter verläuft. Mit dem Stokes'schen Satz wird dann

$$\int_F d\vec{f}.\frac{\partial \vec{B}}{\partial t} = -c\int_F d\vec{f}.(\vec{\nabla}\times\vec{E}) = -c\oint_C d\vec{s}.\vec{E}$$

Setzen wir (8) ein, so erhalten wir

$$\frac{\partial}{\partial t}\left(\int_F d\vec{f}.\vec{B} + \frac{4\pi}{c}\lambda_L^2\oint d\vec{s}.\vec{j}\right) = 0$$

Daher ist der modifizierte Magnetfluß (sog. Fluxoid)

$$(51)\quad \phi = \int_F d\vec{f}.\vec{B} + \frac{4\pi}{c}\lambda_L^2\oint d\vec{s}.\vec{j} = \oint d\vec{s}.(\vec{A} + \frac{4\pi}{c}\lambda_L^2\,\vec{j})$$

erhalten. Er unterscheidet sich vom gewöhnlichen Fluß durch einen Beitrag des induzierten Suprastromes. Seine Bedeutung wird durch Betrachtung spezieller Wege C klar.

(a) Wenn C genügend weit im Inneren des Supraleiters liegt, stimmt ϕ mit dem gewöhnlichen Magnetfluß überein, denn $\vec{j}$ nimmt (wie $\vec{A}$) nach innen exponentiell ab.

(b) Ist der von C umschlossene Bereich einfach zusammenhängend, so ist $\phi = 0$. Dieses Resultat erhält man aus dem zweiten Ausdruck (51) mit (44).

(c) Für mehrfach zusammenhängende Bereiche kann $\phi \neq 0$ sein. Enthält der von C umschlossene Bereich ein "Loch", so kann man die Kurve C bis an den Rand des Loches zusammenziehen und erhält den vom Suprastrom eingeschlossenen Fluß.

Setzt man in den zweiten Ausdruck (51) den Stromausdruck (46) ein und beachtet (49), so wird

$$\phi = \frac{c}{q} \oint_C \vec{p}.d\vec{s}$$

Mit der Bohr-Sommerfeld'schen Quantisierungsbedingung

$$\oint \vec{p}.d\vec{s} = nh \qquad n = 0,1,2,...$$

erhält man Flußquantisierung mit dem Fluxon

$$\phi_o = \frac{hc}{q}$$

London hat auf Grund dieser Beziehung vermutet, daß der Fluß in Einheiten hc/e quantisiert sei. Die Messungen von Doll und Näbauer zeigten, daß die Ladungsträger im Supraleiter die Ladung $|q| = 2e$ tragen, wie das der BCS-Theorie entspricht.

Pippard hat 1953 festgestellt, daß die aus (49) berechneten Eindringtiefen quantitativ nicht sehr gut mit den gemessenen Werten übereinstimmen. Um eine Verbesserung zu erreichen, machte er einen nichtlokalen Ansatz für $\vec{j}$, wobei über ein kleines Gebiet von endlicher Ausdehnung r_o integriert wird:

$$(52) \quad \vec{j}(\vec{x}) = -\frac{Ne^2}{mc}\frac{3}{4\pi\xi_o}\int d^3x' \frac{(\vec{x}-\vec{x}')}{|\vec{x}.\vec{x}'|^4}((\vec{x}-\vec{x}').\vec{A}((\vec{x}'))\ \exp- \frac{|\vec{x}-\vec{x}'|}{r_o}$$

Die phänomenologische Konstante ξ_o (Pippard'sche Kohärenzlänge) wird durch den Ansatz

$$(53) \quad \frac{1}{r_o} = \frac{1}{\xi_o} + \frac{1}{\langle l \rangle}$$

mit der Ausdehnung r_o und der mittleren freien Weglänge $\langle l \rangle$ der Elektronen in Zusammenhang gebracht. Dadurch enthält die Theorie zwei charakteristische Längen, und zwar eine aus den Maxwellgleichungen resultierende Eindringtiefe λ (die i.A. $\neq \lambda_L$ ist) und r_o (oder ξ_o). Für $r_o \ll \lambda$ kann man in (52) $\vec{A}(x')$ durch $\vec{A}(x)$ ersetzen und erhält den lokalen London'schen Ansatz mit einer modifizierten Eindringtiefe

$$\lambda = \lambda_L \sqrt{\frac{\langle l \rangle + \xi_o}{\langle l \rangle}}$$

Solche Supraleiter heißen <u>Supraleiter vom London-Typ</u>. Für $\xi_o \lll \langle l \rangle$ erhält man reine London-Supraleiter mit $\lambda = \lambda_L$. In der Nähe der kritischen Temperatur werden alle Supraleiter solche vom London-Typ. Bei tiefen Temperaturen verhalten sich die meisten Materialien anders. Nur stark verunreinigte Legierungen sind in einem weiten Bereich vom London-Typ. Der entgegengesetzte Fall ist $r_o \gg \lambda$. In diesem Fall ist die nichtlokale Struktur wesentlich (Supraleiter vom Pippard-Typ). Die Lösung der Maxwell-Gleichungen ist i.A. sehr kompliziert und kann hier nicht durchgeführt werden. Für einen unendlich ausgedehnten Supraleiter mit einfacher Stromgeometrie erhält man

$$\lambda = \frac{8}{9} \left[\frac{\sqrt{3}}{4\pi} \lambda_L^2 \xi_o\right]^{1/3}$$

und das stimmt mit den gemessenen Werten besser überein. Die BCS-Theorie liefert i.A. eine nichtlokale Beziehung zwischen $\vec{j}$ und $\vec{A}$, die dem Pippard'schen Ansatz sehr nahekommt. Für die genaue mikroskopische Theorie muß auf die Literatur verwiesen werden.

V. Elektromagnetische Wellen in materiellen Medien

1. Einleitung

Wie bereits an der Elektrodynamik im Vakuum deutlich wurde, ist die Existenz elektromagnetischer Wellen eine besonders charakteristische Konsequenz der Maxwell'schen Theorie: durch Einführung des Verschiebungsstromes wird aus der Laplacegleichung für elektromagnetische Felder im Vakuum die Wellengleichung; ohne den entsprechenden Term wäre die Existenz und Ausbreitung von Wellenvorgängen nicht möglich. Wegen der enormen physikalischen und technischen Bedeutung der elektromagnetischen Wellen wollen wir uns nun mit Wellenvorgängen in Medien befassen. Dabei treten eine Reihe von neuen Phänomenen auf, die wir an einfachen und exemplarischen Beispielen deutlich machen werden. Um die Resultate überschaubar zu halten, müssen wir einschränkende Annahmen über die Struktur der betrachteten Medien machen. Diese Einschränkungen sollen zunächst in übersichtlicher Form angegegen werden. Wir beschränken uns auf

(1) Makroskopische Beschreibung in Termen von ε,μ. Das bedeutet eine Einschränkung für die zulässigen Frequenzen (vgl. Kap.IV, Abschnitt 6): die Wellenlänge λ muß groß gegen die Abmessungen a der Konstituenten (Atome, Moleküle) des Mediums sein ($\lambda \gg a$). Diese Bedingung ist bis in den UV-Bereich erfüllt und erlaubt

die Betrachtung der Optik (einschließlich von Dispersionsphänomenen für ε). Magnetische Dispersionsphänomene schließen wir aus: wir setzen bei der Untersuchung von Dispersionsphänomenen $\mu=1$. Das ist im optischen Frequenzbereich gerechtfertigt (vgl. Kap.IV, Abschnitt 6). Für die Ausbreitung von höchstfrequenten Radiowellen bedeutet $\mu=1$ eine Näherung. Bei kleineren Frequenzen werden wir mit konstantem $\mu \neq 1$ rechnen.

(2) Lineare Medien, d.h. ε,μ,σ sollen unabhängig von den Feldstärken sein. Das ist für genügend schwache Felder gerechtfertigt. Ausgeschlossen ist damit die Betrachtung von Wellen in Ferromagnetika oder Elektreten bzw. die Beeinflussung der Wellen durch starke konstante Felder (Kerr- bzw. Cotton-Mouton-Effekt). Es muß hier erwähnt werden, daß man mit Lasern so starke Felder erzeugen kann, daß damit nichtlineare Vorgänge beobachtet werden können (nichtlineare Optik); diese Phänomene können hier nicht betrachtet werden.

(3) Homogenität und Isotropie über genügend große Bereiche, d.h. ε,μ,σ sollen skalar sein. Medien mit Kristallstruktur sind dadurch ausgeschlossen.

(4) Einfache geometrische Form von Grenzflächen zwischen Medien aus verschiedenem Material. Die Randbedingungen an solchen Grenzflächen führen zu Einschränkungen für die Lösungen der Maxwellgleichungen, die zu bedeutenden mathematischen Komplikationen Anlaß geben. Deshalb erhält man nur für einfache Grenzflächen durchsichtige Ergebnisse.

2. Wellen in homogenen Medien ohne Dispersion

Als erstes betrachten wir ein unendlich ausgedehntes homogenes Medium in einem Frequenzbereich, in dem die Materialkonstanten ε,μ,σ noch keine Frequenzabhängigkeit zeigen. Wir können wie im Vakuum anstelle der Feldstärken Potentiale $\phi,\vec{A}$ einführen, aus denen die Feldstärken gemäß

$$\vec{D} = -\varepsilon(\vec{\nabla}\phi + \frac{1}{c}\frac{\partial\vec{A}}{\partial t}), \quad \vec{H} = \frac{1}{\mu}(\vec{\nabla} \times \vec{A})$$

berechnet werden können. Wir benützen wieder die Strahlungseichung

$$\phi \equiv \phi_C, \qquad \vec{A} \equiv \vec{A}_T, \qquad \vec{\nabla}.\vec{A}_T = 0$$

Die Bestimmungsgleichungen für $\vec{A}_T$ und ϕ_C können aus den (makroskopischen) Maxwellgleichungen vollkommen analog wie früher (II, 9) hergeleitet werden. Wir erhalten

$$(1) \quad \begin{aligned} \phi_C(t,\vec{x}) &= \frac{1}{\varepsilon}\int \frac{\rho_f(t,\vec{x}')}{|\vec{x}-\vec{x}'|} d^3x' \\ \frac{\varepsilon\mu}{c^2}\frac{\partial^2\vec{A}_T}{\partial t^2} - \Delta\vec{A}_T &= \frac{4\pi\mu}{c}\vec{j}_{f,T} \\ \vec{j}_{f,T} &= \vec{j}_f + \frac{1}{4\pi}\vec{\nabla}\int\frac{d^3x'}{|\vec{x}-\vec{x}'|}\vec{\nabla}.\vec{j}_f(t,\vec{x}') \end{aligned}$$

Betrachten wir Leiter, in denen das Ohm'sche Gesetz (IV,35)

$$\vec{j}_f = \sigma\vec{E} = -\sigma(\nabla\phi_c + \frac{1}{c}\frac{\partial\vec{A}_T}{\partial t})$$

gilt, so wird

$$\vec{j}_{f,T} = -\frac{\sigma}{c}\frac{\partial\vec{A}_T}{\partial t}$$

(der Coulombbeitrag fällt weg) und die Feldgleichung für $\vec{A}_T$ lautet

$$(2) \quad \frac{\varepsilon\mu}{c^2}\frac{\partial^2\vec{A}_T}{\partial t^2} + \frac{4\pi\sigma\mu}{c^2}\frac{\partial\vec{A}_T}{\partial t} - \Delta\vec{A}_T = 0$$

Diese Gleichung heißt "verallgemeinerte Wellengleichung" oder "Telegraphengleichung". Das elektrische Feld ist wie früher in natürlicher Weise in ein Coulomb- und ein Strahlungsfeld aufgespalten

$$\vec{E} = \vec{E}_C + \vec{E}_T, \qquad \vec{E}_C = - \vec{\nabla}.\phi_C, \ \vec{E}_T = - \frac{1}{c} \frac{\partial \vec{A}_T}{\partial t}$$

Wir beschränken uns auf das Strahlungsfeld $\vec{E}_T$. Wegen des Superpositionsprinzips (das in dem hier betrachteten <u>linearen</u> Bereich gilt), ist das stets möglich. Betrachten wir nur Leiter, die "am Anfang" nicht aufgeladen wurden, so verschwindet der Coulombanteil wegen (IV,36) für alle Zeiten; andernfalls kann er ohne Schwierigkeiten superponiert werden. Durch Differenzieren folgt dann aus (2), daß $\vec{E}_T$ und $\vec{H}$ dieselbe Gleichung wie $\vec{A}_T$ erfüllen (wobei aber $\vec{E}_T$ und $\vec{H}$ nicht unabhängig voneinander sind: man darf nicht vergessen, daß die Maxwellgleichungen erfüllt sein müssen!)

Die verallgemeinerte Wellengleichung (2) hat - ebenso wie ihr Analogon im Vakuum - viele Lösungen mit verschiedenem Symmetrietyp. Es gibt jedoch, wie man durch Vergleich sieht, zwei Unterschiede. Schon wegen des Faktors bei dem vom Verschiebungsstrom herrührenden ersten Term ist die Ausbreitungsgeschwindigkeit von Erregungen (die Geschwindigkeit, mit der sich Flächen gleicher Phase ausbreiten, die sog. Phasengeschwindigkeit) nicht mehr die Lichtgeschwindigkeit c im Vakuum. Außerdem verursacht der Beitrag des Leitungsstroms (zweiter Term in (2)) in Leitern eine Schwächung der Wellen.

Wir beschränken uns auf die Betrachtung einer monochromatischen, ebenen Welle: wegen der Linearität können wir die allgemeine Lösung analog zu (III,36) aus monochromatischen Wellen superponieren. Für eine monochromatische ebene Welle hat $\vec{A}_T$ nach (III, 36) die Form

$$(3)\quad \vec{A}_T(t,\vec{x}) = \frac{1}{k^o} \sum_{i=1}^{2} \vec{e}^{(i)}(\vec{n})[a_{(i)}e^{-i(kx)}+c.c.]$$

wobei die drei Vektoren $\vec{e}^{(1)}$, $\vec{e}^{(2)}$ und $\vec{n}=\frac{\vec{k}}{k}$ ein orthonormales Dreibein bilden. Dieser Ansatz ist daher transversal

$$\vec{\nabla}.\vec{A}_T = 0$$

Aus der Wellengleichung (2) erhält man durch Einsetzen mit

$$k^o := \frac{\omega}{c}, \quad k=|\vec{k}|$$

die Beziehung

$$(4)\quad k^2 = \varepsilon\mu \frac{\omega^2}{c^2} [1+i \frac{4\pi\sigma}{\varepsilon\omega}]$$

Der Wellenvektor $\vec{k}$ ist daher als Folge des Leitungsstromes komplex. Zerlegen wir k in Real- und Imaginärteil

$$(5)\quad k = \alpha+i\beta \qquad \vec{k} = (\alpha+i\beta)\vec{n}$$

so ist

$$(6)\quad \binom{\alpha}{\beta} = \sqrt{\varepsilon\mu}\,\frac{\omega}{c} \cdot \frac{1}{\sqrt{2}}\sqrt{\sqrt{1+(\frac{4\pi\sigma}{\varepsilon\omega})^2} \pm 1}$$

Das Vorzeichen der Wurzeln folgt aus physikalischen Überlegungen. Damit k für $\sigma\to 0$ (Nichtleiter, z.B. Vakuum $\varepsilon\mu=1$) positiv ist, muß in α das positive Vorzeichen der Wurzeln genommen werden. Das Vorzeichen für β folgt durch Betrachtung der Phase

$$(7)\quad -i(kx) = i[\alpha(\vec{n}\vec{x})-\omega t]-\beta(\vec{n}\vec{x})$$

Damit die Energie endlich bleibt, darf $\vec{E}^2 + \vec{B}^2$ für große $\vec{n}\vec{x}$ nicht exponentiell anwachsen. Das überträgt sich auf $\vec{A}$ und ist nur zu erreichen, wenn β positiv ist. Die Phase der konjugiert komplexen Exponentialfuntion $+i(k^*,x)$ fällt dann ebenfalls ab und man erhält eine abnehmende Amplitude. Die Phasengeschwindigkeit ist

$$(8)\quad v = \frac{\omega}{\alpha} = \frac{c}{\sqrt{\varepsilon\mu}} \left(\frac{2}{\sqrt{1+(\frac{4\pi\sigma}{\varepsilon\omega})^2}+1}\right)^{1/2}$$

Für die Feldstärken erhält man mit

$$(9)\quad \begin{aligned} \vec{E}_o &:= i\left(a_{(1)}\vec{e}^{(1)} + a_{(2)}\vec{e}^{(2)}\right) \\ \vec{H}_o &:= \frac{ic}{\mu\omega}(\alpha+i\beta)\left(a_{(1)}\vec{e}^{(2)} - a_{(2)}\vec{e}^{(1)}\right) \end{aligned}$$

die Ausdrücke

$$(10)\quad \begin{aligned} \vec{E}_T &= \vec{E}_o e^{-\beta(\vec{n}\vec{x})} e^{i\alpha(\vec{n}\vec{x})-i\omega t} + c.c. \\ \vec{H} &= \vec{H}_o e^{-\beta(\vec{n}\vec{x})} e^{i\alpha(\vec{n}\vec{x})-i\omega t} + c.c. \end{aligned}$$

und es ist

$$(11)\quad \begin{aligned} \vec{H}_o &= \frac{c}{\mu\omega}(\alpha+i\beta)(\vec{n} \times \vec{E}_o) \\ \vec{E}_o &= -\frac{\mu\omega}{c}\frac{(\alpha-i\beta)}{\alpha^2+\beta^2}(\vec{n} \times \vec{H}_o) \end{aligned}$$

Durch geeignete Wahl der Koeffizienten $a_{(i)}$ in (9) kann man wie im Vakuum alle möglichen Polarisationsformen erhalten.

In Nichtleitern ($\sigma=0$) breiten sich elektromagnetische Wellen ungeschwächt aus ($\beta=0$). Die elektrische und die magnetische Feldstärke schwingen in Phase. Die Phasengeschwindigkeit ist

(2) $v = c/\sqrt{\varepsilon\mu}$

$\varepsilon\mu$ ist in allen Nichtleitern >1: mit Ausnahme von Ferromagnetika (nur Ferrite sind Nichtleiter) ist μ sehr nahe bei 1, ε ist stets größer als 1; für Ferrite ist $\mu \gg 1$. Daher ist die Phasengeschwindigkeit kleiner als die Lichtgeschwindigkeit im Vakuum. Die Wellenlänge

$$\lambda = \frac{2\pi v}{\omega} = \frac{2\pi c}{\omega} \cdot \frac{v}{c} = \lambda_{vac} \cdot \frac{v}{c}$$

ist daher kleiner als im Vakuum. Das Verhältnis

$$(13)\quad n := \frac{c}{v} = \frac{\lambda_{vac}}{\lambda} = \sqrt{\varepsilon\mu} > 1$$

heißt der (absolute) Brechungsindex des Mediums. Für alle nichtleitenden Stoffe mit Ausnahme von Ferriten sollte $n \approx \sqrt{\varepsilon}$ sein. Bereits Maxwell hat aus (13) geschlossen, daß Licht ein elektromagnetischer Wellenvorgang ist. Systematische Messungen zur Überprüfung der Maxwell'schen Beziehung wurden zuerst von Boltzmann in Graz durchgeführt und später von anderen Physikern vervollständigt. Dabei hat sich gezeigt, daß die Formel in vielen Medien für optische Frequenzen nicht mit dem Experiment übereinstimmt. Der Grund dafür sind Dispersionserscheinungen: die Formel ist nur für genügend kleine Frequenzen richtig.

In Leitern ist die Phasengeschwindigkeit durch (8) gegeben und nimmt mit wachsender Frequenz zu. Der Schwächungsfaktor β nimmt ebenfalls mit wachsender Frequenz zu. Diese Frequenzabhängigkeiten sind aber nur erfüllt, solange keine Dispersionsphänomene auftreten. Die Schwächung bedeutet, daß die Amplitude einer elektromagnetischen Welle nach der

Strecke (sog. Eindringtiefe)

(14) $\delta = \frac{1}{\beta}$

auf den e-ten Teil abgeklungen ist. Die Schwingungen von $\vec{E}$ und $\vec{H}$ sind phasenverschoben. Der Phasenunterschied ϕ ist das Argument von k in der Darstellung

(15) $k = \alpha + i\beta = |k| e^{i\phi}$

Durch Einsetzen von (6) erhält man

(16)
$$|k| = \sqrt{\alpha^2 + \beta^2} = \frac{\omega}{c} \sqrt{\varepsilon\mu} \sqrt[4]{1 + \left(\frac{4\pi\sigma}{\varepsilon\omega}\right)^2}$$
$$\phi = \text{arc tan} \frac{\beta}{\alpha} = \frac{1}{2} \text{arc tan} \frac{2\alpha\beta}{\alpha^2 - \beta^2} = \frac{1}{2} \text{arc tan} \frac{4\pi\sigma}{\varepsilon\omega}$$

und die magnetische Feldstärke ist wegen

$$\vec{H}_o = \sqrt{\frac{\varepsilon}{\mu}} \left[1 + \left(\frac{4\pi\sigma}{\varepsilon\omega}\right)^2\right]^{1/2} e^{i\phi} (\vec{n} \times \vec{E}_o)$$

gegen die elektrische um ϕ phasenverschoben.

Die angegebenen Formeln vereinfachen sich beträchtlich, wenn die Wurzeln entwickelt werden können. Der wichtigste Fall ist

(17a) $\frac{4\pi\sigma}{\varepsilon\omega} \gg 1$

Das ist der Grenzfall für kleine Frequenzen und bedeutet, daß man den Verschiebungsstrom gegen den Leitungsstrom vernachlässigt. Für Metalle ist (17a) bis zu ultravioletten Frequenzen erfüllt, d.h. im ganzen Gültigkeitsbereich unserer Betrachtung: die Leitfähigkeit von Kupfer beträgt z.B. $5{,}8 \cdot 10^{17}\ \text{sec}^{-1}$. Mit (17a) wird $\alpha \approx \beta$, das magnetische Feld ist dem Betrag nach groß gegen das elektrische, und der Phasenunterschied wird $\phi \approx \pi/4$. Die Eindringtiefe wird

$$\delta \simeq \frac{c}{\sqrt{2\pi\omega\mu\sigma}}$$

Für nichtferromagnetische Metalle erhält man bei 100 Hz Werte zwischen 0,5 und einigen cm. Hochfrequenzfelder breiten sich daher in Metallen nicht weit aus.
Der andere Grenzfall

(17b) $$\frac{4\pi\sigma}{\varepsilon\omega} \ll 1$$

bedeutet Vernachlässigung des Leitungsstroms gegen den Verschiebungsstrom. Für destilliertes Wasser gilt (17b) vom Kurzwellenbereich an. Mit (17b) wird $\alpha \gg \beta$ und die Eindringtiefe wird unabhängig von ω

$$\delta \simeq \frac{c}{2\pi\sigma}\sqrt{\frac{\varepsilon}{\mu}}$$

Übungsaufgaben

(60) In einem homogenen, nichtleitenden Medium (ε, μ konst.) laufen monochromatische ebene Wellen in positiver und negativer z-Richtung. Am Ursprung sei

$$E_{T,x} = A\cos\omega t, \qquad E_{T,y} = 0$$

$$H_x = 0, \qquad H_y = F\cos\omega t$$

Berechne den zeitlichen Mittelwert der Energiestromdichte.

(61) Stelle den Zusammenhang der hier untersuchten Form der Wellenausbreitung im Leiter mit der Theorie des Skineffektes bei hohen Frequenzen aus Übungsaufgabe (59) her.

(62) Untersuche die einfachste Kugelwelle in einem Medium mit konstantem ε, μ, σ. Zeige, daß es für ein unendlich ausgedehntes Medium keine monofrequente Kugelwelle geben kann, die einläuft.

3. Dielektrische Dispersion

Wir betrachten ein Medium in einem veränderlichen elektromagnetischen Feld und untersuchen die Polarisation in Abhängigkeit von der Frequenz. Dabei beschränken wir uns auf nichtferromagnetische Substanzen und setzen $\mu=1$. Für genügend kleine Frequenzen ist dann

$$\vec{D} = \varepsilon\vec{E}$$

mit konstantem ε. Für höhere Frequenzen wird der Mechanismus, der für das Zustandekommen der Polarisation verantwortlich ist, den Schwingungen des Feldes nicht mehr folgen können und seine Trägkeit wird sich bemerkbar machen. Die angegebene Beziehung hört dann auf zu gelten und wir müssen untersuchen, was an ihre Stelle tritt. Wir versuchen eine makroskopische Beschreibung der Phänomene. Das setzt voraus, daß die Wellenlänge λ des Feldes groß gegen die Dimension a der Atome der Substanz ist: $\lambda >> a$ und gilt bis ins ferne Ultraviolett. Die Relaxationszeiten der atomaren Polarisationsmechanismen sind andererseits groß genug, um ein breites Frequenzgebiet zu ermöglichen, in dem die Trägheit eine Rolle spielt. Der schnellste Mechanismus wird durch die Zeit bestimmt, in der die Elektronen im Atom auf ein angelegtes Feld reagieren. Diese Zeit können wir mit $\tau \sim a/v$ abschätzen, wobei v die Geschwindigkeit der Elektronen im Atom ist. Diese Geschwindigkeit ist klein gegen die Lichtgeschwindigkeit (Bohr'sches H-Atom: $v \sim Zc/137$) und daher ist die entsprechende Wellenlänge $\lambda \sim \frac{ac}{v} >> a$.

Für rasch veränderliche Felder sind die Feldstärken nicht allzu groß und wir können einen linearen Zusammenhang zwischen $\vec{D}$ und den Feldstärken annehmen (für Laserfelder ist das nicht mehr der Fall: nichtlineare Optik!). Außerdem nehmen wir an, daß $\vec{D}$ nur von $\vec{E}$ abhängt. Das läßt sich für konstante Felder streng zeigen ($\vec{B}$ hat das umgekehrte Vorzeichen bei Zeitumkehr). Für Medien mit natürlicher optischer Aktivität (z.B. Stereoisomerie) könnte $\vec{D}$ auch von $\vec{H}$ abhängen. Das führt zu kleinen Effekten ($\sim a/\lambda$) und wir wollen solche Substanzen nicht betrachten. Dann kann der allgemeinste physikalische mögliche Ansatz in folgender Form geschrieben werden:

$$(18)\quad \vec{D}(t,\vec{x}) = \vec{E}(t,\vec{x}) + \int_0^\infty f(\tau)\, \vec{E}(t-\tau,\vec{x})\, d\tau$$

Dabei haben wir berücksichtigt, daß nur die zeitliche Vorgeschichte für den Relaxationsmechanismus notwendig ist: wegen $\lambda >> a$ ist das Feld über die Ausdehnung des Atoms genügend homogen! Außerdem haben wir die <u>Kausalität</u> des Polarisationsvorgangs berücksichtigt: ein Effekt kann nicht auftreten, <u>bevor</u> die Atome das polarisierende Feld gespürt haben; die Integration beginnt daher bei 0. Die Funktion $f(\tau)$ bringt den Relaxationsmechanismus zum Ausdruck und wird daher nur in einem Gebiet von der Größenordnung der Relaxationszeit des Mediums merklich von Null abweichen. Für normale Dielektrika wird $f(\tau)$ für $\tau\to\infty$ verschwinden, weil die Werte von $\vec{E}$ in unendlicher Vergangenheit keinen Einfluß auf $\vec{D}$ haben können (diese Aussage gilt z.B. nicht für Elektreten, die wir hier nicht betrachten). Zerlegen wir die Felder spektral nach Frequenzen

$$\begin{aligned}\vec{E}(t,\vec{x}) &= \frac{1}{2\pi}\int_0^\infty d\omega\left[e^{-i\omega t}\vec{e}(\omega,\vec{x}) + c.c.\right]\\ \vec{D}(t,\vec{x}) &= \frac{1}{2\pi}\int_0^\infty d\omega\left[e^{-i\omega t}\vec{d}(\omega,\vec{x}) + c.c.\right]\end{aligned} \tag{19}$$

so erhält man die Beziehung

$$\vec{d}(\omega,\vec{x}) = \varepsilon(\omega)\,\vec{e}(\omega,\vec{x}) \tag{20}$$

mit

$$\varepsilon(\omega) = 1 + \int_0^\infty d\tau\, e^{i\omega\tau} f(\tau) \tag{21}$$

Wir erhalten also für jede Frequenz einen anderen Wert von ε. Die Abhängigkeit $\varepsilon=\varepsilon(\omega)$ heißt das Dispersionsgesetz des betrachteten Mediums. Wir notieren einige wichtige Eigenschaften von $\varepsilon(\omega)$, die man aus (21) ablesen kann. Zunächst stellen wir fest, daß $\varepsilon(\omega)$ i.A. <u>komplex</u> ist. Außerdem folgt

$$\varepsilon^*(\omega) = \varepsilon(-\omega)$$

Zerlegen wir ε in Real- und Imaginärteil

(22) $\varepsilon(\omega) = \varepsilon_R(\omega) + i\ \varepsilon_J(\omega)$

so ist der Realteil gerade und der Imaginärteil ungerade:

(23) $\varepsilon_R(\omega) = \varepsilon_R(-\omega), \quad \varepsilon_J(\omega) = -\varepsilon_J(-\omega)$

In Nichtleitern bleibt für $\omega \to 0$ nur der Realteil übrig, den wir mit der statische Dielektrizitätskonstante $\varepsilon_R(0) \equiv \varepsilon_{St}$ identifizieren. Die Entwicklung von $\varepsilon(\omega)$ für kleine ω ist daher für <u>Nichtleiter</u>

(24a) $\varepsilon(\omega) = \varepsilon_{St} + i\omega\varepsilon_J'(0) + \frac{\omega^2}{2}\varepsilon_R''(0) + \ldots.$

Die komplexe dielektrische Funktion $\varepsilon(\omega)$ ist aber allgemein genug, um auch eine Behandlung von Leitern zu ermöglichen. Verlangen wir für Leiter

$$\lim_{\omega \to 0} \varepsilon_J(\omega) = \frac{4\pi\sigma}{\omega}$$

so wird für kleine Frequenzen

$$\vec{\nabla} \times \vec{B} = \frac{1}{c}\frac{\partial \vec{D}}{\partial t} \to \frac{\varepsilon_R(0)}{c}\frac{\partial \vec{E}}{\partial t} + \frac{4\pi}{c}\sigma\vec{E}$$

und wir erhalten den Leitungsstrom. De facto sind also die untersten Terme einer Entwicklung für kleine ω <u>in Leitern</u>

(24b) $\varepsilon(\omega) = i\,\frac{4\pi\sigma}{\omega} + \varepsilon_R(0) + \ldots$

Der Gültigkeitsbereich der Entwicklung ist der des Ohm'schen Gesetzes . Daraus folgt, daß für Leiter nicht $f(\tau)$, sondern $f(\tau) - 4\pi\sigma$ für $\tau \to \infty$ verschwindet: wir erhalten schon ohne Polarisationsmechanismus einen Beitrag zu $\vec{D}$.

Die Beschreibung von Metallen durch eine komplexe dielektrische Funktion $\varepsilon(\omega)$ ist ein Näherungskonzept, das nicht immer durchzuhalten ist. Das Konzept ist nur möglich, wenn die Auswirkungen der zeitlichen Feldschwankungen groß gegen die der räumlichen Schwankungen sind. Andernfalls muß man in (18) eine Funktion f einführen, die auch vom Ort abhängt und über diesen integrieren. Anstelle von (19) tritt dann eine volle Fourieranalyse und man muß mit einer dielektrischen Funktion $\varepsilon(\vec{k},\omega)$ arbeiten, die auch von der Wellenzahl $\vec{k}$ des Feldes abhängt. In (24 b) ist dann nur der erste Term sinnvoll. Für die höheren Glieder ist die Abhängigkeit von k u. U. wichtiger als die von ω. Selbst wenn die Abhängigeit von k vernachlässigt werden kann, ist die Bedeutung von $\varepsilon_R(0)$ für Leiter und Nichtleiter streng genommen nicht dieselbe, denn bei statischen Verhältnissen gibt es keinen Verschiebungsstrom. Manchmal wird der Zusammenhang (24b) für alle ω in der Form $\varepsilon_J(\omega) = \frac{4\pi}{\omega}\sigma(\omega)$ geschrieben, indem man eine frequenzabhängige Leitfähigkeit einführt. Das ist zwar rein formal möglich, aber physikalisch nicht überzeugend.

Eine weitere wichtige Aussage bezieht sich auf das Verhalten von $\varepsilon(\omega)$ für hohe Frequenzen. Es erscheint physikalisch plausibel, daß

$$(25) \quad \lim_{\omega\to\infty} \varepsilon(\omega) = 1$$

ist: wenn die Änderung des Feldes genügend schnell erfolgt, benimmt sich der Polarisationsmechanismus unendlich träge, er reagiert überhaupt nicht mehr.

Das asymptotische Verhalten von $\varepsilon(\omega)$ kann man für Leiter und Nichtleiter aus einem einfachen Modell herleiten. Wenn die Frequenz groß gegen die Eigenfrequenzen aller atomaren Mechanismen des Mediums ist, kann man die Elektronen als freie Teilchen betrachten. Da die Geschwindigkeiten v_{el} der Elektronen im Atom bzw. im Metallgitter im Mittel klein gegen die Lichtgeschwindigkeit sind, legen die Elektronen im Lauf einer Schwingung Strecken $\sim v_{el}/\omega$ zurück, die klein gegen die Wellenlänge $\sim \frac{c}{\omega}$ sind. Daher kann man für die Berechnung der Bewegung der Elektronen die elektrische Feldstärke als ortsunabhängig betrachten und für $\vec{E}$ einen harmonischen Ansatz

$$\vec{E} = \vec{E}_o e^{-i\omega t} + c.c.$$

machen. Aus der Bewegungsgleichung

$$m\ddot{\vec{x}} = e\vec{E}$$

folgt dann

$$\vec{x} = -\frac{e\vec{E}}{m\omega^2}$$

Die Polarisation ist das mittlere Dipolmoment pro Volumeneinheit. Sind pro cm^3 N Elektronen vorhanden, so wird

$$\vec{P} = -\frac{e^2}{m\omega^2} N\vec{E}$$

und wir erhalten als Verhalten von $\varepsilon(\omega)$ für hohe Frequenzen

$$(26) \quad \varepsilon(\omega) \to 1 - \frac{4\pi Ne^2}{m\omega^2}$$

Dieser Ausdruck ist für nichtleitende Medien aus leichten Elementen vom fernen Ultraviolettbereich, für solche aus schweren Elementen vom Röntgenbereich an zu benützen, für Leiter schon viel früher. Für ein freies Elektronengas ist die Formel (26) exakt. Die charakteristische Frequenz

$$(27) \quad \omega_P = \sqrt{\frac{4\pi Ne^2}{m}}$$

heißt Plasmafrequenz.

Um zu klären, was der Imaginärteil von $\varepsilon(\omega)$ bedeutet, betrachten wir die Energiebilanz im Medium. Wir müssen hier von (IV, 30a) ausgehen und alle Terme $\sim\vec{M}$ und $\vec{j}_F$ weglassen (im Fall eines Leiters sind die letzteren in ε_j enthalten). Dann wird (IV, 30a)

$$-\vec{\nabla}.\vec{S} = \frac{1}{4\pi}(\vec{E}\,\frac{\partial\vec{D}}{\partial t} + \vec{B}\,\frac{\partial\vec{B}}{\partial t})$$

Setzen wir (19) und eine analoge Spektralzerlegung für $\vec{B}$ ein, so erhalten wir

$$-\vec{\nabla}.\vec{S} = \frac{-i}{2(2\pi)^3}\int_0^\infty d\omega d\omega'\omega\{e^{-i(\omega+\omega')t}[\varepsilon(\omega)\vec{e}(\omega',\vec{x}).\vec{e}(\omega,\vec{x})+$$

$$+\vec{b}(\omega',\vec{x}).\vec{b}(\omega.\vec{x})]+e^{-i(\omega-\omega')t}[\varepsilon(\omega)\,\vec{e}^{*}(\omega',\vec{x}).e(\omega,\vec{x})+\vec{b}^{*}(\omega',\vec{x}).b(\omega,\vec{x})]+cc\}$$

Wir betrachten nun den zeitlichen Mittelwert über eine genügend lange Zeit. Integrieren wir über t und benützen

$$\frac{1}{2\pi}\int_{-\infty}^{+\infty} dte^{-i\alpha t} = \delta(\alpha)$$

so fällt der erste Term weg, da $\omega+\omega'$ im Integrationsgebiet nicht verschwindet. Im zweiten Term fällt der Beitrag von $\vec{b}$ nach Abzug von cc weg. Es bleibt

$$(28)\quad -\int\vec{\nabla}.\vec{S}dt = \frac{1}{2(2\pi)^2}\int_0^\infty d\omega\omega\varepsilon_J(\omega)\vec{e}^{*}(\omega,\vec{x}).\vec{e}(\omega,\vec{x})$$

Das ist die im Lauf der Zeit im Medium dissipierte Energiedichte. Man sieht, daß die Ohm'sche Wärme des Leitungsstroms

$$\int\vec{j}_f.\vec{E}dt = \int\sigma\vec{E}^2dt$$

wegen (24b) in dem Ausdruck enthalten ist. Aus thermodynamischen Gründen muß (28) positiv sein. Daraus folgt

(29) $\varepsilon_J(\omega) > 0$

$\varepsilon_J \neq 0$ bedeutet also Absorption. Ein Frequenzbereich, in dem $\varepsilon_J \ll \varepsilon_R$ ist, heißt ein Transparenzgebiet des betreffenden Mediums.

Betrachten wir kurz eine monochromatische ebene Welle in einem dispersiven Medium. Aus den Maxwellgleichungen

$$\frac{1}{c}\frac{\partial \vec{D}}{\partial t} = \vec{\nabla} \times \vec{B}, \quad \frac{1}{c}\frac{\partial \vec{B}}{\partial t} = -\vec{\nabla} \times \vec{E}, \quad \vec{\nabla}.\vec{D} = \vec{\nabla}.\vec{B} = 0$$

folgt mit (19)

$$- i \frac{\omega}{c} \varepsilon(\omega) \vec{e}(\omega,\vec{x}) = \vec{\nabla} \times \vec{b}(\omega,\vec{x})$$

$$i \frac{\omega}{c} \vec{b}(\omega,\vec{x}) = \vec{\nabla} \times \vec{e}(\omega,\vec{x})$$

und wir erhalten durch Elimination die Wellengleichung

$$\Delta\vec{e} + \frac{\omega^2}{c^2} \varepsilon(\omega)\vec{e} = 0$$

Dieselbe Gleichung resultiert für $\vec{b}$. Eine ebene Welle erhalten wir mit dem Ansatz

(30) $\vec{e}(\omega,\vec{x}) = \vec{e}_0 e^{ik(\vec{n}\vec{x})}, \quad \vec{b}(\omega,\vec{x}) = \vec{b}_0 e^{ik(\vec{n}\vec{x})}, \; \vec{n}^2=1$

Aus der Wellengleichung folgt

(31) $k^2 = \frac{\omega^2}{c^2} \varepsilon(\omega)$

Daher ist sowohl k als auch der Wellenvektor $\vec{k}=k\vec{n}$ frequenzabhängig und u.U. komplex. Die Maxwellgleichungen sind erfüllt, wenn

(32) $\vec{n}.\vec{e}_o = \vec{n}.\vec{b}_o = 0, \ \vec{b}_o = \frac{kc}{\omega} (\vec{n} \times \vec{e}_o)$

ist. Definiert man einen Brechungsindex $n(\omega)$ durch

$$k = \frac{\omega}{c} n(\omega)$$

so ist

(33) $n(\omega) = \sqrt{\varepsilon(\omega)} = n_R(\omega) + in_J(\omega)$

und der Brechungsindex ist i.A. frequenzabhängig und komplex. Es ist

$$\varepsilon_R(\omega) = n_R^2 - n_J^2 \qquad \varepsilon_J = 2n_R n_J$$

(34)

$$n_R = \frac{1}{\sqrt{2}} (\sqrt{\varepsilon_R^2 + \varepsilon_J^2} + \varepsilon_R)^{1/2}, \quad n_J = \frac{1}{\sqrt{2}} (\sqrt{\varepsilon_R^2 + \varepsilon_J^2} - \varepsilon_R)^{1/2}$$

Wegen (33) nimmt die Amplitude der Welle für $n_J \neq 0$ ab, die Welle wird also geschwächt. n_J heißt der "Absorptionskoeffizient" des Mediums und bestimmt die Strecke, nach der die Amplitude auf den e-ten Teil abgeklungen ist. Gelegentlich wird in der Optik ein linearer Absorptionskoeffizient γ verwendet, der sich auf die entsprechende Schwächung in der Licht<u>intensität</u> bezieht. Er ist ebenfalls ein Maß für die Absorption des Mediums und durch

$$\gamma = \frac{\omega}{c} \varepsilon_J = 2 \frac{\omega}{c} n_R n_J$$

gegeben, vgl. (28). Man muß beachten, daß die Welle auch geschwächt werden kann, ohne daß Energie dissipiert wird (also auch ohne echte Absorption), denn auch für $\varepsilon_j = 0$ kann $n_J \neq 0$ werden, u. zw. dann, wenn $\varepsilon_R(\omega) < 0$ ist. Für Metalle ist $\varepsilon_R \ll \varepsilon_J = \frac{4\pi\sigma}{\omega}$ und wir erhalten

$$n_R = n_J = \sqrt{\frac{2\pi\sigma}{\omega}}$$

vgl. Abschnitt 2.

Ein Wellenpaket kann aus (30) durch Überlagerung aufgebaut werden. Ist das Medium transparent (d.h. schwache Absorption, kleiner Imaginärteil) und n nur schwach frequenzabhängig, so kann man den Begriff der Gruppengeschwindigkeit einführen. Für diesen Begriff und die Ausbreitung solcher Pakete vgl. Anhang V.

4. Kausalität und Dispersionsrelationen

Wir wollen nun Beziehungen zwischen dem Real- und Imaginärteil von ε herleiten. Diese Beziehungen heißen Dispersionsrelationen und wurden für die Elektrodynamik zuerst von de Kronig und Kramers 1926/27 abgeleitet. Sie folgen im Wesentlichen nur aus der Kausalität (no output before input) und bleiben daher auch in der Quantentheorie gültig. Analoge Relationen sind in vielen Gebieten der Physik von der Nachrichtentechnik bis zur Hochenergiephysik von großer Bedeutung (gemeinsame Aspekte sind z.B. in der Arbeit von J.Toll, Phys.Rev. 104, 1760 (1956) betont). Da die Herleitung exemplarischen Charakter hat, formulieren wir die Voraussetzungen für die Gültigkeit der Dispersionsrelationen etwas allgemeiner als nötig. Wir betrachten die Funktion

(35) $$g(\omega):=\varepsilon(\omega)-1=\int_0^\infty d\tau e^{i\omega\tau}f(\tau)$$

in Worten ausgedrückt:

V1: g ist Fouriertransformierte einer Funktion $f(\tau)$, die auf der negativen reellen Achse verschwindet (Kausalitätsforderung).

Ferner setzen wir voraus:

V2: $f(\tau)$ wächst im ∞ nicht stärker als ein Polynom endlichen Grades

$$p_n(\tau) = c_o + \tau c_1 + \ldots\ldots \tau^n c_n$$

Die "subtrahierte Funktion" $f(\tau)-p_n(\tau)$ verschwindet dann für $\tau \to \infty$. Die Koeffizienten $c_o, \ldots c_n$ des Polynoms heißen Subtraktionskonstanten und müssen aus physikalischen Überlegungen bestimmt werden. In unserem Fall ist für Nichtleiter $p_n(\tau) = 0$. Für Leiter reduziert sich das Polynom auf eine Konstante $c_o = 4\pi\sigma$.

Die Dispersionsrelationen können dann als Ausdruck eines mathematischen Satzes aufgefaßt werden, der besagt, daß unter den Voraussetzungen V1, V2 der Realteil und der Imaginärteil von g im Wesentlichen (d.h. bis auf einen gegebenen Ausdruck, der mit dem Subtraktionspolynom zusammenhängt) zueinander konjugierte Hilbert-Transformierte sind. In dieser Form findet man einen geeigneten Satz z.B. in dem grundlegenden Buch von Titchmarsh, Theory of Fourier Integrals, 2.A. Oxford 1948. Wir wollen den Satz in der hier benötigten Form (eine Subtraktion) beweisen. Dazu betrachten wir g als Funktion einer komplexen Variablen z, d.h. wir denken uns die Frequenz in die komplexe Zahlenebene fortgesetzt. Als Konsequenz von V1, V2 ist dann g(z) in der ganzen oberen Halbebene mit Ausnahme der reellen Achse regulär: für Im $z>0$ ist der Integrand exponentiell gedämpft, f ist eine endliche Funktion, die höchstens wie eine endliche Potenz anwächst, daher konvergiert das Integral. Strebt z entlang eines beliebigen Weges in der oberen Halbebene gegen ∞, so verschwindet g(z): Für Im $z \to +\infty$ folgt das aus dem Abfall der e-Funktion, für Re $z \to \infty$ bei festem Im $z>0$ oszilliert die Exponentialfunktion unendlich rasch und g strebt ebenfalls gegen Null. Auf der reellen Achse hat g(z) eine Singularität bei $z=0$, die in unserem Fall (eine Subtraktion) ein einfacher Pol ist, vgl. (24b) (bei mehrfacher Subtraktion können Pole höherer Ordnung auftreten). Integrieren wir daher die Funktion $g(z)/z-\omega$ über einen beliebigen geschlossenen Weg C, der ganz in der oberen Halbebene liegt, so erhalten wir Null, da auch diese Funktion in der oberen Halbebene regulär ist:

$$\int_C \frac{g(\xi)}{\xi-\omega}\, d\xi = 0$$

Nun wählen wir als Integrationsweg einen Halbkreisbogen mit sehr großem Radius und schließen diesen entlang der reellen Achse, wobei wir die singulären Punkte $\xi=0$ und $\xi=\omega$ durch kleine Halbkreisbogen aussparen:

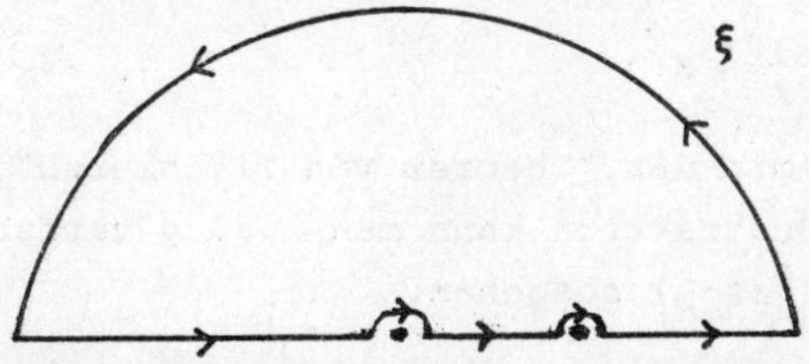

Lassen wir den Radius des großen Kreisbogens gegen ∞ streben, so liefert der Bogen keinen Beitrag zum Integral, denn $g(\xi)/\xi-\omega$ strebt stärker als linear gegen Null (s.o.). Wenn der Radius ρ der beiden kleinen Halbkreise gegen Null strebt, tragen diese Pole das $(-\pi i)$fache des Residuums von $g/\xi-\omega$ an den Stellen $\xi=0$ bzw. $\xi=\omega$ bei. Insgesamt erhalten wir

$$0 = \lim_{\rho\to 0} \left(\int_{-\infty}^{-\rho} + \int_{+\rho}^{\omega+\rho} + \int_{\omega+\rho}^{\infty}\right) \frac{g(\xi)}{\xi-\omega}\, d\xi - \pi i \left(\operatorname{Res} \frac{g}{\xi-\omega}\right)_{\xi=0} - \pi i \left(\operatorname{Res} \frac{g}{\xi-\omega}\right)_{\xi=\omega}$$

Berechnung der Residuen gibt

$$\operatorname{Res} \left.\frac{g}{\xi-\omega}\right|_{\xi=0} = -\frac{4\pi i\sigma}{\omega}\,, \quad \operatorname{Res} \left.\frac{g}{\xi-\omega}\right|_{\xi=\omega} = g(\omega)$$

Die anderen Terme sind die Definition des Cauchy'schen Hauptwertintegrals. Wir erhalten also die Formel

$$g(\omega) = i\,\frac{4\pi\sigma}{\omega} + \frac{1}{\pi i}\, P \int_{-\infty}^{+\infty} \frac{g(\xi)}{\xi-\omega}\, d\xi$$

Bilden wir den Real- bzw. Imaginärteil und setzen $g=\varepsilon-1$ ein, so erhalten wir die Dispersionsrelationen von de Kronig und Kramers

$$(36)\quad \varepsilon_R(\omega)-1 = \frac{1}{\pi} P \int_{-\infty}^{+\infty} \frac{\varepsilon_J(\omega')}{\omega'-\omega} d\omega'$$

$$(37)\quad \varepsilon_J(\omega) = \frac{4\pi\sigma}{\omega} - \frac{1}{\pi} P \int_{-\infty}^{+\infty} \frac{\varepsilon_R(\omega')}{\omega'-\omega} d\omega'$$

Die Integrale haben die Form der sog. Hilberttransformation

$$h(y) = \frac{1}{\pi} P \int_{-\infty}^{+\infty} \frac{g(x)}{x-y} dx$$

und wir haben damit das "Theorem von Titchmarsh" bewiesen. Bei mehrfacher Subtraktion kann man analog verfahren. Man muß dann von $g/\xi^n(\xi-\omega)$ ausgehen.

Wir formen die Dispersionsrelationen noch etwas um. Mit

$$P \int_{-\infty}^{+\infty} h(x)\, dx = P \int_{0}^{\infty} (h(x)+h(-x))dx$$

und (23) erhalten wir

$$(36)\quad \varepsilon_R(\omega)-1 = \frac{2}{\pi} P \int_{0}^{\infty} \frac{\omega'\varepsilon_J(\omega')}{\omega'^2-\omega^2} d\omega'$$

$$(37)\quad \varepsilon_J(\omega) = \frac{4\pi\sigma}{\omega} - \frac{2\omega}{\pi} P \int_{0}^{\infty} \frac{\varepsilon_R(\omega')}{\omega'^2-\omega^2} d\omega'$$

Von diesen Formeln ist insbesondere die erste von praktischer Bedeutung. Sie erlaubt die Berechnung von ε_R bei bekanntem ε_J. Selbst wenn man rechts nur eine Näherung für ε_J einsetzt (die natürlich die physikalisch notwendige Forderung $\varepsilon_J>0$ erfüllen muß), erhält man ein physikalisch sinnvolles Resultat. Für die zweite Relation ist das nicht immer der Fall, denn man ist nicht sicher, daß bei ungenau bekanntem

ε_R ein positives ε_J herauskommt.

Wir betrachten nun die Grenzfälle kleiner bzw. großer Frequenzen. In diesen Fällen erhalten wir Formeln eines Typs, der unter dem Namen "Summenregel" bekannt ist. Für <u>kleine</u> Frequenzen erhalten wir aus (36)

$$(38)\quad \varepsilon_R(0)-1 = \frac{2}{\pi}\int_0^\infty \frac{\varepsilon_J(\omega)}{\omega}\,d\omega$$

Zunächst gilt diese Formel für Nichtleiter (für Leiter muß man wegen der Sigularität von ε_J bei $\omega'=0$ von $\varepsilon_J(\omega')-4\pi\sigma/\omega'$ ausgehen: solange $\omega\neq 0$ ist, trägt der abgezogene Term zum Hauptwertintegral nicht bei). Die Formel liefert Abschätzungen für $\varepsilon_R(0)$. Für <u>hohe</u> Frequenzen können wir im Nenner ω' gegen ω vernachlässigen und erhalten

$$\varepsilon_R(\omega)-1 = \frac{2}{\pi\omega^2}\int_0^\infty \omega'\varepsilon_J(\omega')\,d\omega'$$

Denselben Grenzfall haben wir aber bereits berechnet, vgl. (26). Durch Vergleich erhalten wir

$$(39)\quad N = \frac{m}{2\pi^2 e^2}\int_0^\infty \varepsilon_J(\omega)\,\omega\,d\omega$$

Nun betrachten wir ein <u>Transparenzgebiet</u> des Mediums, d.h. einen Frequenzbereich, für den $\varepsilon_J(\omega)$ vernachlässigt werden kann, so daß

$$\varepsilon(\omega) \simeq \varepsilon_R(\omega)$$

ist. Zum Integral (36) tragen dann nur Frequenzen ω' außerhalb dieses Bereiches bei, d.h. der Punkt $\omega'=\omega$ liegt außerhalb des Integrationsgebietes. Wir differenzieren (36) nach ω und dürfen $\frac{d}{d\omega}$ unter dem Integralzeichen ausführen:

(40) $$\frac{d\varepsilon(\omega)}{d\omega} = \frac{4\omega}{\pi} \int_0^\infty \frac{\omega'\varepsilon_J(\omega')}{(\omega'^2-\omega^2)^2}\, d\omega'$$

d.h. im Transparenzgebiet nimmt $\varepsilon(\omega) = \varepsilon_R(\omega)$ monoton zu. In derselben Weise erhalten wir durch Differenzieren von $\omega^2(\varepsilon_R(\omega)-1)$ die Ungleichung

(41) $$\frac{d\varepsilon(\omega)}{d\omega} > \frac{2(1-\varepsilon(\omega))}{\omega}$$

Aus (40) folgt mit $\varepsilon(\omega)=n^2(\omega)$ für den Brechungsindex $n(\omega)=n_R(\omega)>0$

$$n\frac{dn}{d\omega} > 0 \curvearrowright \omega n\frac{dn}{d\omega} + n^2 > n^2 \curvearrowright \omega\frac{dn}{d\omega} + n > n$$

Aus (41) folgt analog

$$n\frac{dn}{d\omega} > \frac{1-n^2}{\omega} \curvearrowright \omega n\frac{dn}{d\omega} > 1-n^2 \curvearrowright \omega\frac{dn}{d\omega} + n > \frac{1}{n}$$

Daher gelten für die Gruppengeschwindigkeit

$$u = \frac{c}{n+\omega dn/d\omega}$$

die beiden Ungleichungen

$$u < \frac{c}{n}\ , \quad u < cn$$

und damit ist u sowohl für $n>1$ als auch für $n<1$ kleiner als c. Außerdem ist

$$\frac{dn}{d\omega} > 0$$

d.h. die Gruppengeschwindigkeit ist kleiner als die Phasengeschwindigkeit

$u < v = c/n$

Man nennt Bereiche mit $\frac{dn}{d\omega} > 0$ solche mit normaler Dispersion.

Außerhalb des Transparenzgebietes gelten die betrachteten Ungleichungen nicht mehr. Wenn Absorption auftritt, wird die Dispersion anomal $dn/d\omega < 0$ und die Gruppengeschwindigkeit wird größer als die Phasengeschwindigkeit und evt. größer als c. Das bedeutet (selbst bei $v>c$) keinen Widerspruch zur Relativitätstheorie, da die Gruppengeschwindigkeit in diesem Fall kein physikalisch sinnvolles Konzept ist.

Es ist interessant, daß der Zusammenhang zwischen Kausalität und Dispersionseigenschaften zuerst in umgekehrter Richtung aufgedeckt wurde. Sommerfeld, Brillouin und Voigt haben schon 1914 nachgewiesen, daß sich in einem Dielektrikum kein Signal mit größerer Geschwindigkeit als mit c ausbreiten kann, wobei sie einen frequenzabhängigen Brechungsindex benützten, der die Disperionsrelation erfüllt. Kramers hat dann 1926 denselben Nachweis mit Hilfe der Fortsetzung zu komplexen Frequenzen geführt und de Kronig zeigte ein Jahr später, daß die Dispersionsrelationen notwendig und hinreichend für die Kausalität sind. Die modernere Entwicklung wurde durch die Dissertation von J.S. Toll (Princeton 1952) in Gang gebracht, von der leider nur ein kleiner Teil (l.c.) allgemein zugänglich ist.

Da mit $\varepsilon(\omega)$ auch $n(\omega) = \sqrt{\varepsilon}$ die am Anfang dieses Abschnittes erwähnten Voraussetzungen erfüllt, gelten die Dispersionsrelationen auch für $n(\omega)$. Betrachtet man magnetische Materialien, so kann man auch für $\mu(\omega)$ Dispersionsrelationen herleiten. Man muß dabei aber beachten, daß die Permeabilität bei wachsender Frequenz ihren Sinn verliert. In der Dispersionsrelation muß man dann bis zu einer endlichen Frequenz integrieren (oberhalb verschwindet der Imaginärteil). Im optischen Bereich ist man weit oberhalb dieses Frequenzbereiches und darf $\mu=1$ setzen.

5. Dispersionsgesetze

In der Zeit vor der Entwicklung des Formalismus der Quantenmechanik hat man verschiedene ganz- oder halb-klassische Modelle für das Zustandekommen von Dispersionserscheinungen gemacht. Einige Aussagen dieser alten Theorien stimmen erstaunlich gut mit experimentellen Resultaten überein. Einen frequenzabhängigen Brechungsindex (und damit ein frequenzabhängiges ε) erhält man bereits, wenn man annimmt, daß das Medium aus Teilchen besteht, die unter dem Einfluß von $E=E_o \cos\omega t$ erzwungene harmonische Schwingungen um eine Gleichgewichtslage ausführen. Die Bewegungsgleichung ist dann

$$m_{(i)}\ddot{\vec{X}}_{(i)} + K_{(i)}\vec{X}_{(i)} = q_{(i)}\vec{E}_o\cos\omega t$$

$m_{(i)}$ ist die Masse, $q_{(i)}$ die Ladung, $K_{(i)}$ die Federkonstante des i-ten Teilchens. Die Lösung der Bewegungsgleichung ist

$$\vec{X}_{(i)} = \frac{q_{(i)}}{m_{(i)}} \frac{\vec{E}_o\cos\omega t}{\omega^2_{(i)}-\omega^2}$$

wobei $\omega_{(i)}=K_{(i)}/m_{(i)}$ die Eigenfrequenz des i-ten Teilchens ist. Berechnet man die Polarisation als mittleres Dipolmoment pro Volumen

$$\vec{P} = N \sum_i q_{(i)}\vec{X}_{(i)}$$

so wird

$$(42)\quad \varepsilon_R(\omega)-1 = 4\pi N \sum_i \frac{q^2_{(i)}}{m_{(i)}(\omega^2_{(i)}-\omega^2)}$$

Für großes ω und nur eine Sorte von Oszillatoren geht das in (26) über. Die qualitative Form des erhaltenen Dispersionsgesetzes (insbesondere die Resonanzstruktur) stimmt mit der Erfahrung überein. Durch Einführung eines Reibungsterms in die Bewegungsgleichung kann man sogar ein komplexes ε erhalten und gleichzeitig erreichen, daß ε an den Resonanzstellen endlich bleibt: der Nenner wird dann $\omega^2_{(i)}-\omega^2-i\omega\gamma_{(i)}$ wobei $\gamma_{(i)}$ die Dämpfung durch die Reibung beschreibt. Über die quantitativen Verhältnisse (welche Werte für $m_{(i)}$, $q_{(i)}$, $K_{(i)}$, $\gamma_{(i)}$ zu nehmen sind) gibt die klassische Physik keinen Aufschluß. Man hat daher als Maß für die Unkenntnis eine "Oszillatorstärke" $F_{(i)}$ durch

$$F_{(i)} = N\,\frac{q^2_{(i)}}{m_{(i)}} \cdot \frac{m}{e^2}$$

eingeführt, die gewissermaßen ausdrückt, wie stark sich der einzelne Oszillator von einem Elektron unterscheidet. Die Formel (42) für ε_R wird dann

$$\varepsilon_R(\omega)-1 = \frac{4\pi e^2}{m} \sum_i \frac{F_{(i)}}{\omega^2_{(i)}-\omega^2}$$

Für kleine Frequenzen erhält man

$$\varepsilon_R(0)-1 = \frac{4\pi e^2}{m} N . \left\langle \frac{1}{\omega^2} \right\rangle$$

wobei der Mittelwert durch

$$\left\langle \frac{1}{\omega^2} \right\rangle = \frac{1}{N} \sum_i \frac{F_{(i)}}{\omega^2_{(i)}}$$

definiert ist. Für hohe Frequenzen erhält man mit (25)

die sog. Thomas-Reiche-Kühn'sche Summenregel ("F-Summensatz")

$$\sum_i F_{(i)} = N$$

Diese Regel wurde vor der Entwicklung des quantenmechanischen Formalismus gefunden und spielte eine wichtige Rolle bei der Entdeckung der grundlegenden Vertauschungsrelationen der Quantenmechanik durch Heisenberg (1925). Unsere Summenformeln entsprechen einem Übergang zum Kontinuum

$$\sum_i \rightarrow \int d\omega' \qquad \text{mit } F(\omega') = \frac{m}{2\pi^2 e^2}\,\omega'\varepsilon_J(\omega')$$

Die konkrete quantenmechanische Dispersionsformel wurde von Kramers und Heisenberg 1924 aus Korrespondenzbetrachtungen (d.h. noch ohne den quantenmechanischen Formalismus) gefunden. Später wurde gezeigt, daß sie aus diesem Formalismus folgt, u. zw. von Heisenberg, Born u. Jordan (1926, Matrizenmechanik), Schrödinger (1926, Wellenmechanik) und Dirac (1927, allg. Quantenmechanik). Die Kramers-Heisenberg'sche Dispersionsformel hat die Form

$$(43)\quad \varepsilon(\omega) - 1 = \frac{4\pi\, e^2}{m} \sum_{i\neq j} \frac{F_{ij}}{\omega_{ij}^2 - \omega^2}$$

Dabei sind die quantenmechanischen Oszillatorstärken

$$(44)\quad F_{ij} = \frac{2m}{e^2\hbar}\,\omega_{ij}\cdot\frac{1}{3}\,|\langle i|\vec{d}|j\rangle|^2$$

durch die Übergangselemente des quantenmechanischen Operators $\vec{d}_{OP} = e\vec{x}_{OP}$ des Dipolmomentes zwischen den durch die Quantenzahl i,j charakterisierten Zuständen der Atome bzw. Moleküle gegeben, aus denen das Medium besteht.

Die "Eigenfrequenzen" entsprechen den Energiedifferenzen dieser Zustände

(45) $\omega_{ij} = \frac{1}{\hbar}(E_i - E_j)$

Der F-Summensatz resultiert aus den Heisenberg'schen Vertauschungsregeln. Die Summe in (43) enthält auch negative Terme (für $E_j > E_i$), die klassisch nicht verständlich sind. Die Formel (43) gilt nur für

$$\omega \neq \omega_{ij}$$

In der Nähe dieser Resonanzstellen muß man die endliche Breite der atomaren Energieniveaus berücksichtigen, die formal einen imaginären Beitrag zur Energie bedeutet. Dadurch bleibt der Ausdruck an den Resonanzstellen endlich und ε wird komplex. Für Details muß auf die Quantentheorie verwiesen werden (z.B. Dawydow, Quantenmechanik, § 81). Die Berechnung der Übergangselemente ist für kompliziertere Atome oder Moleküle kein einfaches Problem.

Übungsaufgaben

(63) Der Imaginärteil von ε sei nur in einem endlichen Bereich $\omega_1 > \omega > \omega_o$ von Null verschieden und dort konstant. Berechne den Realteil aus der Dispersionsrelation und skizziere den Verlauf.

(64) Zeige, daß der Mittelwert von ε_R

$$\langle \varepsilon_R \rangle = \lim_{N \to \infty} \frac{1}{N} \int_o^N \varepsilon_R(\omega)\, d\omega$$

für Nichtleiter gleich 1 ist.

(65) Der Imaginärteil von ε habe die Form

$$\varepsilon_J(\omega) = \frac{\lambda\gamma\omega}{[(\omega_o^2-\omega^2)^2+\gamma^2\omega^2]}$$

mit positiven Konstanten λ,γ,ω_o. Berechne den Realteil aus der Dispersionsrelation und skizziere den Verlauf von ε_R und ε_J für $\gamma \ll \omega_o$.

(66) Berechne für ε aus Beispiel (65) die durch (21) definierte Nachwirkungsfunktion f(t).

6. Reflexion und Brechung

Die Randbedingungen an der Grenzfläche verschiedener Medien schränken die Lösungsmannigfaltigkeit der Maxwellgleichungen stark ein. Als einfachstes, aber typisches Beispiel für die Auswirkung von Randbedingungen betrachten wir eine ebene Grenzfläche zwischen zwei sonst unendlich ausgedehnten Medien, von denen das eine ein transparentes Dielektrikum sein soll ($\varepsilon_1(\omega) \equiv \varepsilon_{1R}(\omega)$), während das andere auch absorptiv sein kann ($\varepsilon_2(\omega)$ komplex). Wir beschränken uns auf einen Frequenzbereich, in dem wir von magnetischen Eigenschaften absehen können ($\mu_1=\mu_2=1$). Wir wählen die Trennebene als xy-Ebene des Koodinatensystems und legen

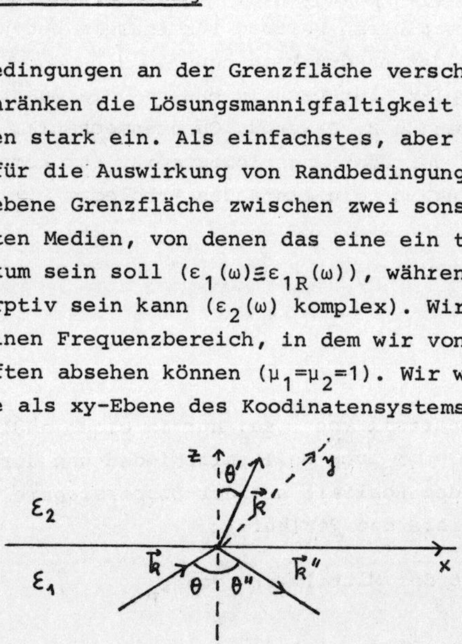

die z-Achse so, daß das Medium (2) positiven Werten von z entspricht. Der in das Medium (2) zeigende Normalvektor $\vec{m}$ zur Trennebene ist dann

$$\vec{m} = (0,0,1)$$

Auf diese Ebene möge im Medium (1) eine ebene Welle vom Typ (30) treffen. Sie wird an der Grenzschicht die Ladungsträger im Medium (2) in Schwingungen versetzen und es wird sich daher auch in diesem Medium eine Welle ausbreiten, die - schon aus Symmetriegründen - eben sein wird. Außerdem werden die schwingenden Ladungsträger des Mediums (2) aber auch eine Welle in (1) erregen: wir werden sehen, daß es i.A. keine Lösung ohne eine solche reflektierte Welle gibt. Wir werden daher in (1) eine Überlagerung von zwei ebenen Wellen ansetzen und im Medium (2) eine Welle:

$$\vec{E}^{(1)} = \vec{E} + \vec{E}'', \qquad \vec{B}^{(1)} = \vec{B} + \vec{B}''$$
$$\vec{E}^{(2)} = \vec{E}', \qquad \vec{B}^{(2)} = \vec{B}'$$

wobei

$$\vec{E} = \vec{e}e^{i\vec{k}\vec{x}-i\omega t} + c.c.$$
$$\vec{B} = \vec{b}e^{i\vec{k}\vec{x}-i\omega t} + c.c.$$
$$\vec{b} = \frac{c}{\omega}(\vec{k} \times \vec{e}), \qquad \vec{e} = -\frac{\omega}{ck^2}(\vec{k} \times \vec{b})$$
$$\vec{k}.\vec{e} = \vec{k}.\vec{b} = 0, \qquad k = \sqrt{\vec{k}^2} = \frac{\omega}{c}\sqrt{\varepsilon_1}$$

ist (entsprechend für ' und ").

An der Grenzfläche müssen die früher betrachteten Randbedingunen für die Tangential- bzw. Normalkomponenten der Feldstärken erfüllt sein. Da wir bereits durch unseren Ansatz dafür gesorgt haben, daß die Felder in beiden

Medien transversal sind $\vec{\nabla}.\vec{E} = \vec{\nabla}.\vec{B} = 0$, brauchen wir uns um die daraus folgenden Bedingungen für die Normalkomponenten nicht zu kümmern. Für die Tangentialkomponenten (das sind in unserem Koordinatensystem die x- und y-Komponenten) müssen wir Stetigkeit an der Grenzfläche verlangen (das Medium 2 soll kein perfekter Leiter sein: kein Flächenstrom!), d.h. es muß gelten

$$\left.\begin{array}{ll} (46)\; E_x + E''_x = E'_x, & E_y + E''_y = E'_y \\ (47)\; B_x + B''_x = B'_x, & B_y + B''_y = B'_y \end{array}\right\} \text{Für } z = 0$$

Aus diesen Beziehungen folgen sowohl Bedingungen für die Phasen der Wellen als auch solche für die Amplituden.

Wir untersuchen zunächst die ersteren. Die Randbedingungen können offenbar nur erfüllt sein, wenn die Argumente der Exponentialfunktionen an der Grenzfläche übereinstimmen. Daraus folgt

$$(48)\quad \omega = \omega' = \omega'' \qquad k = k'' = \frac{\omega}{c}\sqrt{\varepsilon_1},\; k' = \frac{\omega}{c}\sqrt{\varepsilon_2}$$

(die Frequenzen sind also dieselben) und

$$(49)\quad k_x = k'_x = k''_x \qquad k_y = k'_y = k''_y$$

Die drei Wellenvektoren liegen also in einer Ebene (der sog. Einfallsebene) und unterscheiden sich nur bezüglich der z-Komponente. Wir wählen die Einfallsebene als xz-Ebene ($k_y = k'_y = k''_y = 0$). Die Vektoren $\vec{k}$ und $\vec{k}''$ sind reell. Bezeichnen wir den Winkel von $\vec{k}$ bzw. $\vec{k}''$ mit der (positiven) z-Richtung mit θ bzw. θ'', so ist

$k_x = k\sin\theta \qquad k''_x = k\sin\theta''$

$k_z = k\cos\theta \qquad k''_z = -k\cos\theta''$

und wir erhalten aus (49)

(50) $\theta = \theta''$

Der Einfallswinkel ist also dem Reflexionswinkel gleich. Die z-Komponenten der Wellenvektoren sind

(51) $k_z = -k''_z = k\cos\theta = \frac{\omega}{c}\sqrt{\varepsilon_1}\cos\theta, \; k'_z = \sqrt{k'^2 - k'^2_x} = \frac{\omega}{c}\sqrt{\varepsilon_2 - \varepsilon_1 \sin^2\theta}$

Die z-Komponente von k' ist daher i.A. komplex. Das Vorzeichen der Wurzel muß so gewählt werden, daß $\mathrm{Im}\,k'_z > 0$ ist (Schwächung der Welle im Medium (2)).

Nun untersuchen wir die Konsequenzen der Randbedingungen (46) (47) für die Amplituden. Dazu betrachten wir zwei Spezialfälle:

($\perp$) $\vec{E}$ linear polarisiert $\perp$ zur Einfallsebene: $e_x = e_z = b_y = 0, e_y \neq 0$
($\parallel$) $\vec{E}$ linear polarisiert $\parallel$ zur Einfallsebene: $b_z = b_x = e_y = 0$, $b_y \neq 0$

Der allgemeine Fall läßt sich aus diesen Spezialfällen durch Überlagerung herstellen. In beiden Spezialfällen brauchen wir nur zwei der vier Bedingungen (46) (47) zu verwenden. Im ersten Fall drücken wir $b_x = \frac{c}{\omega}(\vec{k} \times \vec{e})_x$ durch e_y aus und erhalten die beiden Bedingungen

$$e_y + e''_y = e'_y$$
$$k_z(e_y - e''_y) = k'_z e'_z$$

Wir drücken e'_y, e''_y durch e_y aus und setzen (51) ein. Das Resultat sind die Formeln

(52) $$\frac{e'_y}{e_y} = \frac{2\sqrt{\varepsilon_1}\cos\theta}{\sqrt{\varepsilon_1}\cos\theta + \sqrt{\varepsilon_2 - \varepsilon_1\sin^2\theta}} \qquad \perp$$

$$(52)\qquad \frac{e'_y}{e_y} = \frac{\sqrt{\varepsilon_1}\cos\theta - \sqrt{\varepsilon_2 - \varepsilon_1\sin^2\theta}}{\sqrt{\varepsilon_1}\cos\theta + \sqrt{\varepsilon_2 - \varepsilon_1\sin^2\theta}} \qquad \perp$$

Im zweiten Fall drücken wir e_x durch b_y aus und erhalten analog

$$(53)\qquad \frac{b'_y}{b_y} = \frac{2\varepsilon_2\cos\theta}{\varepsilon_2\cos\theta + \sqrt{\varepsilon_1}\sqrt{\varepsilon_2 - \varepsilon_1\sin^2\theta}} \qquad \parallel$$

$$\frac{b'_y}{b_y} = \frac{\varepsilon_2\cos\theta - \sqrt{\varepsilon_1}\sqrt{\varepsilon_2 - \varepsilon_1\sin^2\theta}}{\varepsilon_2\cos\theta + \sqrt{\varepsilon_1}\sqrt{\varepsilon_2 - \varepsilon_1\sin^2\theta}} \qquad \parallel$$

Die übrigen Komponenten lassen sich aus den angegebenen in einfacher Weise berechnen. Bevor wir die Formeln diskutieren, betrachten wir aber den Energiestrom, der zu den drei Wellen gehört. Wir berechnen für jede Wellen den Poyntingvektor

$$\vec{S} = \frac{c}{4\pi}\,(\vec{E} \times \vec{B})$$

und mitteln ihn über eine Periode

$$\langle \ldots\ldots \rangle = \frac{\omega}{2\pi}\int_0^{2\pi/\omega} dt(\ldots\ldots)$$

Die oszillierenden Terme tragen im Mittelwert nicht bei, und wir erhalten

$$\langle\vec{S}\rangle = \frac{c^2}{4\pi\omega}\,(\vec{k} + \vec{k}^*)\,(\vec{e}^*.\vec{e}) = \frac{\omega}{4\pi}\,\left(\frac{\vec{k}}{k^2} + \frac{\vec{k}^*}{k^{2*}}\right)\,(\vec{b}^*.\vec{b})$$

Mit diesem Ausdruck kann man einen Reflexionskoeffizienten R und einem Transmissionskoeffizienten T als das Verhältnis der mittleren Energiestromdichten senkrecht zur Trennebene definieren:

(54) $$R = \frac{\langle S''_z\rangle}{\langle S_z\rangle} \qquad T = \frac{\langle S'_z\rangle}{\langle S_z\rangle}$$

In den betrachteten Fällen wird

(55) $$R_\perp = \frac{|e''_y|^2}{|e_y|^2} \qquad T_\perp = \frac{(\sqrt{\varepsilon_2-\varepsilon_1\sin^2\theta}+c.c.)}{2\sqrt{\varepsilon_1}\cos\theta}\cdot\frac{|e'_y|^2}{|e_y|^2}$$

(56) $$R_\parallel = \frac{|b''_y|^2}{|b_y|^2} \qquad T_\parallel = \frac{\frac{\varepsilon_1}{\varepsilon_2}\sqrt{\varepsilon_2-\varepsilon_1\sin^2\theta}+cc}{2\sqrt{\varepsilon_1}\cos\theta}\cdot\frac{|b'_y|^2}{|b_y|^2}$$

Verläuft der einfallende Strahl senkrecht zur Trennebene (normaler Einfall, $\theta=0$), so sind die beiden Polarisationsfälle ununterscheidbar und die erhaltenen Resultate stimmen überein:

(57) $$R := R_\perp = R_\parallel = \left|\frac{\sqrt{\varepsilon_1}-\sqrt{\varepsilon_2}}{\sqrt{\varepsilon_1}+\sqrt{\varepsilon_2}}\right|^2 = \frac{(n_1-n_{2R})^2+n^2_{2J}}{(n_1+n_{2R})^2+n^2_{2J}}$$

$$T := T_\perp = T_\parallel = 1-R$$

Nun diskutieren wir die erhaltenen Beziehungen für <u>zwei transparente Medien</u> (auch ε_2 reell). In diesem Fall ist k' reell und

$$k'_x = k'\sin\theta'$$

und wir erhalten aus (49) das Brechungsgesetz von Snellius

(58) $$\sqrt{\frac{\varepsilon_1}{\varepsilon_2}} = \frac{\sin\theta'}{\sin\theta}$$

Der Brechunswinkel θ' ist nur für $\varepsilon_1<\varepsilon_2$ (Reflexion am optischen dichteren Medium, gebrochener Strahl im dichteren Medium) immer reell. Für $\varepsilon_1>\varepsilon_2$ erhält man für $\sin\theta>\sqrt{\varepsilon_2}/\sqrt{\varepsilon_1}$ keinen reellen Winkel. Wir behandeln diesen Fall (Totalreflexion) später und schließen ihn vorerst aus. Dann erhalten wir aus (52) bzw. (53) die Fresnel'schen Formeln

$$(59)\perp \quad \frac{e'_y}{e_y} = \frac{2\cos\theta\sin\theta'}{\sin(\theta+\theta')} \qquad \frac{e''_y}{e_y} = \frac{\sin(\theta'-\theta)}{\sin(\theta'+\theta)}$$

$$(60)\parallel \quad \frac{b'_y}{b_y} = \frac{\sin 2\theta}{\sin(\theta'+\theta)\cos(\theta'-\theta)} \qquad \frac{b''_y}{b_y} = \frac{\tan(\theta-\theta')}{\tan(\theta+\theta')}$$

Die Reflexions- bzw. Transmissionskoeffizienten werden (für $\theta\neq 0$)

$$(61) \quad R_\perp = \frac{\sin^2(\theta'-\theta)}{\sin^2(\theta'+\theta)} \qquad T_\perp = \frac{\sin 2\theta \sin 2\theta'}{\sin^2(\theta+\theta')} \qquad R_\perp + T_\perp = 1$$

$$(62) \quad R_\parallel = \frac{\tan^2(\theta-\theta')}{\tan^2(\theta+\theta')} \qquad T_\parallel = \frac{\sin 2\theta \sin 2\theta'}{\sin^2(\theta'+\theta)\cos^2(\theta'-\theta)} \qquad R_\parallel + T_\parallel =$$

Im Allgemeinen entsteht durch Reflexion bzw. Brechung aus einer linear polarisierten Welle wieder eine solche, deren Polarisationsrichtung aber gegenüber derjenigen der einfallenden Welle gedreht ist. Aus einer unpolarisierten Welle entsteht eine mit elliptischer Polarisation. Für einen speziellen Einfallswinkel wird $\theta+\theta'=\pi/2$ und damit $R = 0$. Dieser Winkel heißt der <u>Brewster-Winkel</u> θ_B und ist durch

$$(63) \quad \tan\theta_B = \sqrt{\frac{\varepsilon_2}{\varepsilon_1}}$$

gegeben. Die reflektierte Welle ist dann in jedem Fall (auch wenn die einfallende Welle unpolarisiert ist) streng linear polarisiert und zwar senkrecht zur Einfallsebene.

Wir betrachten nun die Reflexion am optisch dünnen

Medium $\varepsilon_2<\varepsilon_1$. Lassen wir θ von O (senkrechter Einfall) an zunehmen, so wird für den Winkel θ_G (Grenzwinkel der Totalreflexion) mit

(64) $\sin\theta_G = \sqrt{\frac{\varepsilon_2}{\varepsilon_1}}$

der Brechungswinkel $\theta'=\pi/2$, d.h. die gebrochene Welle verläuft in der Trennebene. Außerdem wird

(65) $R_\perp = R_\parallel = 1, \; T_\perp = T_\parallel = 0$

Für alle größeren Winkel $\theta>\theta_G$ wird k'_z rein imaginär:

$$k'_z = \frac{\omega}{c}\sqrt{\varepsilon_2-\varepsilon_1\sin^2\theta} = :id(\theta),\; d(\theta) = \frac{\omega}{c}\sqrt{\varepsilon_1\sin^2\theta -\varepsilon_2}>0$$

Man sieht aus (55), (56) mit (52), (53), daß (65) auch für alle $\theta>\theta_G$ gültig bleibt. Es tritt also im Mittel kein Energiestrom durch die Grenzfläche in das Medium (2) und die Welle wird total reflektiert. Eine Untersuchung der Polarisation zeigt, daß die reflektierte Welle selbst dann elliptisch polarisiert ist, wenn die einfallende Welle linear polarisiert ist, sofern die Polarisationebene der einfallenden Welle schräg zur Einfallsebene liegt. Totalreflexion heißt nicht, daß im Medium (2) keine Welle erregt wird. Betrachten wir z.B. die elektrische Feldstärke im Medium (2)

$$\vec{E}' = \vec{e}'\, e^{i\vec{k}'\vec{x}-i\omega t}+c.c. = e^{-zd(\theta)}\; [\vec{e}' e^{ixk'_x-i\omega t}+c.c.]$$

In z-Richtung erfolgt eine Schwächung, in x-Richtung eine Oszillation. Da die x-Komponente von $\vec{e}'$ i.A.$\neq$0 ist, handelt es sich um eine nicht-transversale Erregung, die i.W. auf eine dünne Oberflächenschicht beschränkt ist.

Wenn das Medium (2) ein Leiter ist, werden die Formeln sehr kompliziert, weil ε_2 komplex wird. Die Welle im Medium (2) wird in der z-Richtung geschwächt, denn k'_z ist komplex und k'_x reell. Diese Schwächung ist mit einem mittleren Energiestrom in den Leiter hinein verknüpft. Da für komplexes ε_2 echte Absorption vorliegt, ist das physikalisch verständlich. Für eine quantitative Theorie muß man den tatsächlichen Verlauf von $\varepsilon(\omega)$ genau beachten. Es kann auch einen Bereich geben, in dem die makroskopische Theorie nicht anwendbar ist: das ist dann der Fall, wenn die durch $\mathrm{Im}k'_z$ bestimmte Eindringtiefe mit der mittleren freien Weglänge der Leitungselektronen vergleichbar wird; die räumliche Veränderlichkeit des Feldes ist dann wichtig. Eine durchgehende Beschreibung gelingt mit Hilfe der sog. Oberflächenimpedanz. Wir können auf diese Beschreibung hier nicht eingehen (vgl. Landau-Lifschitz, Bd.VIII, §67). Stattdessen betrachten wir zwei Grenzfälle, aus denen man einen Überblick bekommen kann. Für genügend kleine Frequenzen können wir (24b) benützen

$$\varepsilon_2(\omega) = i\,\frac{4\pi\sigma}{\omega} + \varepsilon_{2R}(O) + \ldots\ldots$$

Die Verhältnisse entsprechen dann den in Abschnitt 2 untersuchten. Wir betrachten der Einfachheit wegen nur den Reflexionskoeffizienten (57) für senkrechten Einfall

$$R = \frac{\varepsilon_1 + \sqrt{\varepsilon}_2(\sqrt{\varepsilon}_2)^* - \sqrt{\varepsilon}_1(\sqrt{\varepsilon}_2 + (\sqrt{\varepsilon}_2)^*)}{\varepsilon_1 + \sqrt{\varepsilon}_2(\sqrt{\varepsilon}_2)^* + \sqrt{\varepsilon}_1(\sqrt{\varepsilon}_2 + (\sqrt{\varepsilon}_2)^*)} =: \frac{1-S}{1+S}$$

$$S = \frac{\sqrt{\varepsilon}_1(\sqrt{\varepsilon}_2 + (\sqrt{\varepsilon}_2)^*)}{\varepsilon_1 + \sqrt{\varepsilon}_2(\sqrt{\varepsilon}_2)^*}$$

Da $4\pi\sigma/\omega$ groß gegen ε_1 und $\varepsilon_{2R}(o)$ ist, können wir den ersten Term im Nenner von S vernachlässigen und außerdem

$$\sqrt{\varepsilon_2} \simeq \sqrt{\frac{4\pi\sigma}{\omega}}\,\sqrt{i} = \sqrt{\frac{2\pi\sigma}{\omega}}\,(1+i)$$

setzen. Damit wird

$$S \simeq \sqrt{\frac{\omega\varepsilon_1}{2\pi\sigma}} \ll 1$$

und wir erhalten für den Reflexionskoeffizienten die Formel von Hagen und Rubens

$$R \simeq 1 - \sqrt{\frac{2\omega\varepsilon_1}{\pi\sigma}}$$

Ein idealer Leiter ($\sigma \to \infty$) wirkt nach dieser Formel als idealer Reflektor (R=1). Für endliche, aber große Werte von σ entspricht die mit dieser Näherung erhaltene Eindringtiefe der auf S. 239 angegebenen. In Wirklichkeit darf man die Dispersionseigenschaften nicht immer vergessen. Immerhin gibt die Formel von Hagen und Rubens für die meisten Metalle bis zu infraroten Frequenzen gute Resultate. Bei höheren Frequenzen ist die Theorie (vgl.S 219f) mit (24b) nicht mehr anwendbar. Natürlich kann man die mit (24b) gefundenen Resultate formal benützen, die aus Messungen erhaltenen Werte für σ stimmen aber nicht mehr mit der statischen Leitfähigkeit überein. Das ist kein Wunder: bei höheren Frequenzen kommt man in den Resonanzbereich; dort erhält der Imaginärteil von ε_2 große Beiträge, die von dem Leitfähigkeitsterm nicht notwendig dominiert werden. Für Details kommt es auf das genaue Resonanzverhalten an.

Nun betrachten wir als Medium (2) ein Elektronenplasma. Das wird uns Aufschluß über die Verhältnisse in

Metallen und in der Ionosphäre geben. Das Dispersionsgesetz ist nach (26)

$$\varepsilon_2(\omega) = 1 - \frac{\omega_P^2}{\omega^2} \qquad \omega_P = \sqrt{\frac{4\pi N e^2}{m}}$$

Für höhere Frequenzen als die Plasmafrequenz $\omega > \omega_P$ ist $\varepsilon_2(\omega) > 0$ und das Medium ist transparent. Für $\omega < \omega_P$ wird $\varepsilon_2 < 0$, und damit wird nach (51) k'_z rein imaginär

$$k'_z = id(\omega,\theta) \qquad d(\omega,\theta) = \frac{\omega}{c}\sqrt{\varepsilon_1 \sin^2\theta - \varepsilon_2(\omega)}$$

Die Verhältnisse entsprechen also denen bei der Reflexion an einem optisch dünneren Medium oberhalb des Grenzwinkels der Totalreflexion, d.h. für $\omega < \omega_P$ reflcktiert das Plasma für alle Winkel total und die Welle im Plasma verläuft ohne Energeidissipation in einer Oberflächenschicht.

Dieser Effekt hat große praktische Bedeutung. Er erklärt z.B. qualitativ die Reflexion von Radiowellen an der Ionosphäre. In dieser beträgt die Elektronendichte

$N \simeq 10^4 - 10^6$ Elektronen/cm^3

und das entspricht Plasmafrequenzen im UKW-Bereich

$\omega_P \simeq 6 \cdot 10^6 - 6 \cdot 10^7$ Hz

Für eine quantitative Erklärung muß man allerdings beachten, daß die Elektronen auch das Magnetfeld der Erde spüren und sich in diesem bewegen. Die entsprechende Umlaufsfrequenz (Zyklotronfrequenz)

$$\omega_B = \frac{eB}{mc}$$

liegt für das Magnetfeld der Erde ($\simeq 0{,}3$ Gauß) ebenfalls bei $\simeq 10^6$Hz. Für eine zirkular polarisierte Welle, die sich in Richtung des Magnetfeldes ausbreitet, kann man dann die Dispersionsformel

$$\varepsilon(\omega) = 1 - \frac{\omega_P^2}{\omega(\omega \pm \omega_B)}$$

verwenden (die Vorzeichen entsprechen den beiden Möglichkeiten für zirkulare Polarisation) und die Ionosphäre wirkt doppeltbrechend.

Ein anderes wichtiges Phänomen, das durch dieses Verhalten beeinflußt wird, ist das Reflexions- bzw. Transparenzverhalten von Metallen. Um einen Überblick zu erhalten, notieren wir einige Zahlenwerte:

Dichte (El./cm^3)	10^{22}	10^{18}	10^{14}	10^{10}
ω_P (sec^{-1})	$5{,}7\cdot 10^{15}$	$5{,}7\cdot 10^{13}$	$5{,}7\cdot 10^{11}$	$5{,}7\cdot 10^{9}$
$\lambda_P = \frac{2\pi c}{\omega_P}$ (cm)	$3{,}3\cdot 10^{-5}$	$3{,}3\cdot 10^{-3}$	0,33	33

Für Alkalimetalle liegen die Plasmawellenlängen zwischen 1550 Å (Li) und 3400 Å (Rb). Man kann daher verstehen, daß diese Metalle im optischen Bereich reflektieren und im Ultraviolettbereich transparent werden (Wood-Zener-Effekt). Von der Ursache her ist also die Lichtreflexion an Metalloberflächen eher mit der Reflexion von Radiowellen an der Ionosphäre verwandt, als mit der an Leiteroberflächen. Bei anderen Metallen stimmen die mit dem Dispersionsgesetz (26) erhaltenen Aussagen im optischen Bereich quantitativ nicht mehr so gut. Für die Praxis muß man außerdem beachten, daß das Reflexionsverhalten durch die Verhältnisse in einer dünnen Oberflächenschicht bedingt ist. Das Aussehen der wirklichen Oberfläche (Rauhigkeit, Verunreinigungen) ist daher das Reflexionsverhalten entscheidend.

7. Ausbreitung in Anwesenheit leitender Hindernisse

Je komplizierter die Grenzfläche von Medien mit verschiedenen Eigenschaften sind, desto schwieriger wird es, den Randbedingungen Rechnung zu tragen. Selbst der Einfluß eines leitenden Hindernisses auf die Ausbreitung elektromagnetischer Wellen in einem Medium (also die Beugung oder Streuung+) der Wellen am Hindernis) ist nur für sehr spezielle geometrische Formen einer strengen Behandlung zugänglich, vor allem, wenn man auf den Vektorcharakter der Feldstärken - also auf die Polarisationsphänomene - Rücksicht nehmen will. Wir wollen uns aus diesen Gründen hier darauf beschränken, zwei Problemkreise kurz zu besprechen, bei denen nur zwei Medien vorhanden sind, von denen das eine ein guter Leiter ist. Die Wellenausbreitung im anderen Medium untersuchen wir ohne Berücksichtigung von Dispersionsphänomenen, d.h. wir betrachten ε und μ als konstant. Die Betrachtung gilt also entweder für genügend hohe Frequenzen (weit oberhalb des Dispersionsgebietes) mit $\varepsilon=\mu=1$ oder für genügend niedrige Frequenzen mit $\varepsilon, \mu \neq 1$. Das leitende Medium behandeln wir außerdem als perfekten Leiter (vgl. S 209) d.h. wir nehmen an, daß im Inneren des Leiters kein elektrisches und magnetisches Feld vorhanden sein soll. Das bedeutet eine Idealisierung: in Wirklichkeit wird das Feld der betrachteten Welle ein wenig in den Leiter eindringen, es kommt zu einem Energiestrom in den Leiter. Die damit zusammenhängende Energiedissipation (endliche Leitfähigkeit: Widerstandsverluste)

+) Die beiden Termini werden oft synonym verwendet. Will man sie trennen, so wird man von Beugung sprechen, wenn die Oberfläche des Leiters das Medium in definierte Teilbereiche trennt (z.B. ein großer, undurchsichtiger Schirm mit einigen Öffnungen). Von Streuung wird man sprechen, wenn das Hindernis begrenzt ist.

führt zu einer Dämpfung der Welle im Dielektrikum, die wir vernachlässigen. Die Randbedingungen (IV, 37) führen dazu, daß die Felder im Dielektrikum dicht an der Leiteroberfläche ein sehr spezielles Aussehen haben, u.zw.

$\vec{E}^{(a)}_{\parallel} = 0, \quad \vec{B}^{(a)}_{\perp} = 0$ an der Leiteroberfläche.

Das elektrische Feld ist also stets normal zur Oberfläche, das magnetische tangential zu ihr. Mit diesen Randbedingungen müssen wir die Maxwellgleichungen im Dielektrikum

$$\vec{\nabla} \times \vec{B} = \frac{\mu\varepsilon}{c} \frac{\partial \vec{E}}{\partial t} \qquad \vec{\nabla} . \vec{E} = 0$$

$$\vec{\nabla} \times \vec{E} = - \frac{1}{c} \frac{\partial \vec{B}}{\partial t} \qquad \vec{\nabla} . \vec{B} = 0$$

lösen. Mit dem Ansatz

$$\text{(66)} \qquad \begin{aligned} \vec{E} &= \vec{\mathfrak{E}}(\vec{x}) e^{-i\omega t} + \text{c.c.} \\ \vec{B} &= \vec{\mathfrak{B}}(\vec{x}) e^{-i\omega t} + \text{c.c.} \end{aligned}$$

erhalten wir das System

$$\text{(67)} \qquad \begin{aligned} \vec{\nabla} \times \vec{\mathfrak{B}} &= -i\mu\varepsilon \frac{\omega}{c} \vec{\mathfrak{E}} \\ \vec{\nabla} \times \vec{\mathfrak{E}} &= i \frac{\omega}{c} \vec{\mathfrak{B}} \end{aligned}$$

$$\text{(68)} \qquad \vec{\nabla} . \vec{\mathfrak{E}} = \vec{\nabla} . \vec{\mathfrak{B}} = 0$$

Durch Elimination erhalten wir aus (67) die Schwingungsgleichung

(69) $$(\Delta + \mu\varepsilon \frac{\omega^2}{c^2}) \begin{pmatrix} \vec{\mathfrak{E}} \\ \vec{\mathfrak{H}} \end{pmatrix} = 0$$

Man kann z.B. diese Gleichung für einen der beiden Feldvektoren zusammen mit (68) lösen und den anderen Vektor aus (67) bestimmen.

Übungsaufgaben

(67) Zwei lange, gerade, zylindrische Drähte (Radius R) seien parallel zueinander (Abstand a) ausgespannt. Betrachte die Ausbreitung einer ebenen Welle in Richtung der Drähte, die als gute Leiter angenommen werden können.

8. Hohlraumresonatoren und Wellenleiter.

Ist das Dielektrikum von allen Seiten von einem Leiter umgeben, so sind infolge der Randbedingungen nur ganz bestimmte Schwingungstypen möglich. Sie heißen Eigenschwingungen oder Moden. Ihre Berechnung ist i.A. nur dann einfach, wenn die geometrische Form der Begrenzung einfach genug ist. Wir betrachten als besonders einfache Form einen rechteckigen Kasten mit den Seitenlängen (A,B,C) und legen das Koordinatensystem so, daß die Achsen mit drei Kanten zusammenfallen

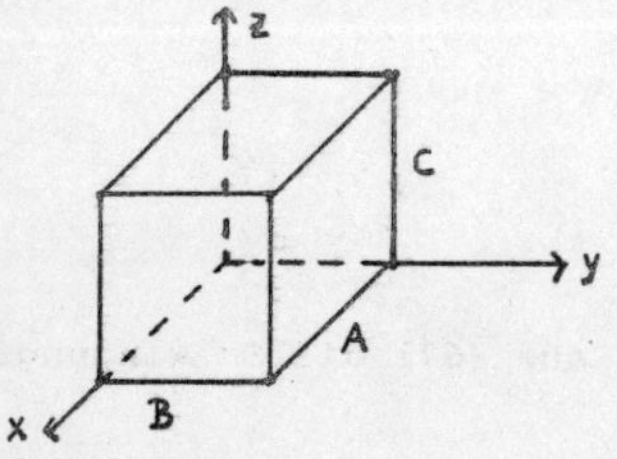

Mit dem Ansatz

(70) $$\mathfrak{E}_i = \mathcal{E}_i \, f_{(i)}(x) \, g_{(i)}(y) h_{(i)}(z) \qquad i=1,2,3$$

erhalten wir aus der Schwingungsgleichung (228) nach Division durch $\mathcal{E}_i$

$$\frac{f''_{(i)}}{f_{(i)}} + \frac{g''_{(i)}}{g_{(i)}} + \frac{h_{(i)}}{h'_{(i)}} + \varepsilon\mu\frac{\omega^2}{2} = 0$$

Jeder Term hängt von einer anderen Koordinate ab. Die Gleichung ist für beliebige x,y,z nur lösbar, wenn die einzelnen Terme konstant sind:

(71) $f''_{(i)} = -k_1^2 f_{(i)}, \quad g''_{(i)} = -k_2^2 g_{(i)}, \quad h''_{(i)} = -k_3^2 h_{(i)}$

wobei die drei Konstanten k_i durch

(72) $\mu\varepsilon \frac{\omega^2}{c^2} - k_1^2 - k_2^2 - k_3^3 = 0$

eingeschränkt sind. Die Gleichungen (71) haben als Lösungen Sinus- oder Konsinusfunktionen. Wir untersuchen nun die Randbedingungen. Das Verschwinden der Tangentialkomponenten von $\vec{\mathcal{E}}$ an den Wänden bedeutet

$\mathcal{E}_3 f_{(3)} g_{(3)} h_{(3)} = 0$ für x=0,A und y=0,B

$\mathcal{E}_2 f_{(2)} g_{(2)} h_{(2)} = 0$ für z=0,C und x=0,A

$\mathcal{E}_1 f_{(1)} g_{(1)} h_{(1)} = 0$ für z=0,C und y=0,B

Daraus folgt

$h_{(1)} = h_{(2)} = \sin k_3 z$

$k_3 = \frac{n\pi}{C}$, n=0,1,2,...

$f_{(2)} = f_{(3)} = \sin k_1 x$

$k_1 = \frac{l\pi}{A}$, l=0,1,2....

$$g_{(1)} = g_{(3)} = \sin k_2 y$$

$$k_2 = \frac{m\pi}{B}, \quad m = 0,1,2,\ldots.$$

Die fehlenden Funktionen erhält man aus

$$\vec{\nabla}.\vec{\mathfrak{E}} = \mathcal{E}_1 f'_{(1)} g_{(1)} g_{(1)} + \mathcal{E}_2 f_{(2)} g'_{(2)} h_{(1)} + \mathcal{E}_3 f_{(2)} g_{(1)} h'_{(3)} = 0$$

Dividiert man durch $f_{(2)} g_{(1)} h_{(1)}$, so sieht man, daß

$$h'_{(3)} / h_{(1)}, \; g'_{(2)} / g_{(1)}, \; f'_{(1)} / f_{(2)}$$

konstant sein müssen. Daher wird

$$f_{(1)} = \cos k_1 x, \qquad g_{(2)} = \cos k_2 y, \quad h_{(3)} = \cos k_3 z$$

und der Amplitudenvektor $\vec{\mathcal{E}}$ erfüllt die Beziehung

$$(73) \quad \vec{k}.\vec{\mathcal{E}} = 0, \; \vec{k} = \pi\left(\frac{l}{A}, \; \frac{m}{B}, \frac{n}{C}\right)$$

Insgesamt erhalten wir daher

$$\mathfrak{E}_1 = \mathcal{E}_1 \cos\frac{l\pi x}{A} \sin\frac{m\pi y}{B} \sin\frac{n\pi z}{C}$$

$$(74) \qquad \mathfrak{E}_2 = \mathcal{E}_2 \sin\frac{l\pi x}{A} \cos\frac{m\pi y}{B} \sin\frac{n\pi z}{C}$$

$$\mathfrak{E}_3 = \mathcal{E}_3 \sin\frac{l\pi x}{A} \sin\frac{m\pi y}{B} \cos\frac{n\pi z}{C}$$

$$(75) \qquad \mu\varepsilon \frac{\omega^2}{c^2} = \pi^2 \left(\frac{l^2}{A^2} + \frac{m^2}{B^2} + \frac{n^2}{C^2}\right)$$

Es sind also nur ganz bestimmte Eigenfrequenzen $\omega=\omega(n,l,m)$ möglich, deren Abstand von den Abmessungen des Hohlraumes abhängt. Je größer dieser ist, desto kleiner und dichter sind die Eigenfrequenzen. Für leere Hohlräume ($\varepsilon=\mu=1$) von "zivilen" Abmessungen (Größenordnung 1-100 cm) liegen die Eigenfrequenzen im Ultrakurzwellenbereich. Damit ein nichttriviales Feld resultiert, müssen mindestens zwei der drei ganzen Zahlen l,m,n von Null verschieden sein. Berechnet man $\vec{\mathfrak{B}}$ aus (67), so stellt sich heraus, daß die Randbedingungen für $\vec{\mathfrak{B}}$ automatisch erfüllt sind. $\vec{\mathfrak{B}}$ ist senkrecht zu $\vec{\mathfrak{E}}$ und $\vec{k}$. Die Bedingung (73) legt die Richtung von $\vec{\mathfrak{E}}$ i.A. nicht eindeutig fest, sondern es gibt zwei linear unabhängige Polarisationsrichtungen. Wenn eine der Zahlen l,m,n verschwindet, gibt es nur eine solche Richtung. Die allgemeine Lösung erhält man als Summe über alle möglichen Eigenschwingungen (74) mit geeigneten Koeffizienten. Das "Gewicht", mit dem eine einzelne Eigenschwingung auftritt, hängt davon ab, wie man den Hohlraum anregt. Bei anderen geometrischen Formen liegen analoge Verhältnisse vor. Eine Berechnung der Eigenschwingungen ist i.A. nur dann einfach, wenn die Wellengleichung in geeigneten Koordinaten separiert werden kann. Bei Hohlräumen mit nichtorthogonaler Begrenzung sind die mathematischen Schwierigkeiten beträchtlich.

Nun betrachten wir einen zylinderförmigen Hohlraum mit beliebiger Querschnittsform, der in z-Richtung unendlich lang ist, also ein unendlich langes Hohlrohr. Aus der vorgeführten Rechnung für den Kasten sieht man sofort, daß die Feldstärken dann nur in xy-Richtung "eingespannt" sind, während durch das Fehlen der Randbedingungen für spezielle z-Werte Lösungen zu erwarten sind, die in axialer (z-)Richtung laufenden Wellen entsprechen. Ein Hohlraum wirkt daher als <u>Wellenleiter</u>. Die in einem Wellenleiter möglichen Wellen können in zwei Klassen eingestellt werden:

(a) TM-Wellen (<u>t</u>ransversal <u>m</u>agnetische Wellen, Wellen von elektrischen Typ, E-Wellen): für sie ist $B_z = 0$

(b) TE-Wellen (transversal elektrische Wellen, Wellen vom magnetischen Typ, H-Wellen): für sie ist $E_z=0$

Auf den Beweis, daß diese Einteilung möglich ist, muß hier verzichtet werden (er geht auf Rayleigh 1897 zurück). In beiden Fällen können wir die Lösung der Wellengleichung durch Abspalten des Faktors e^{ik_3z}

$$\vec{\mathfrak{E}} = \vec{e}(x,y)e^{izk_3} \qquad \text{analog } \vec{\mathfrak{B}}$$

auf das zweidimensionale Problem

$$(\Delta(x,y) + \kappa^2)\left(\begin{matrix}\vec{e}\\ \vec{b}\end{matrix}\right) = 0 \qquad \kappa^2 = \mu\varepsilon\frac{\omega^2}{c^2} - k_3^2$$

reduzieren. Außerdem kann man in beiden Fällen mit Hilfe von (67) die x- und y-Komponenten der Felder durch die z-Komponenten ausdrücken. Wir zeigen an einem Beispiel, wie das durchzuführen ist. Wir betrachten TM-Wellen. Dann werden die x- und y-Komponenten von (67)

$$i\mu\varepsilon\frac{\omega}{c}e_1(xy) = ik_3b_2(xy), \qquad -i\mu\varepsilon\frac{\omega}{c}e_2(xy) = ik_3b_1(xy)$$

$$\frac{\partial e_3}{\partial y} - ik_3e_2 = i\frac{\omega}{c}b_1, \qquad ik_3e_1 - \frac{\partial e_3}{\partial x} = i\frac{\omega}{c}b_2$$

Durch Elimination erhalten wir schließlich das folgende System von Beziehungen zur Feldbestimmung

$$\text{(76a)} \quad \text{TM} \quad \left\{\begin{aligned} & e_1 = \frac{ik_3}{\kappa^2}\frac{\partial e_3}{\partial x}, \quad e_2 = \frac{ik_3}{\kappa^2}\frac{\partial e_3}{\partial y} \\ & b_1 = -\frac{i\mu\omega}{c\kappa^2}\frac{\partial e_3}{\partial y}, \quad b_2 = \frac{i\omega\mu}{c\kappa^2}\frac{\partial e_3}{\partial x} \\ & (\Delta(xy) + \kappa^2)\, e_3 = 0 \\ & e_3 = 0 \text{ am Rand des Querschnitts} \end{aligned}\right.$$

Analog erhält man für TE-Wellen

$$
\text{(76b)} \quad \underline{\text{TE}} \begin{cases} b_1 = \frac{ik_3}{\kappa^2} \frac{\partial b_3}{\partial x}, \quad b_2 = \frac{ik_3}{\kappa^2} \frac{\partial b_3}{\partial y} \\ e_1 = \frac{i\omega}{c\kappa^2} \frac{\partial b_3}{\partial y}, \quad e_2 = -\frac{i\omega}{c\kappa^2} \frac{\partial b_3}{\partial x} \\ (\Delta(xy)+\kappa^2) b_3 = 0 \\ \vec{n}.\vec{\nabla} b_3 = 0 \text{ am Rand des Querschnittes} \end{cases}
$$

($\vec{n}$ Normale zur Zylinderoberfläche). In beiden Fällen ist

$$
(77) \quad \kappa^2 = \varepsilon\mu \frac{\omega^2}{c^2} - k_3^2
$$

Als Folge der Randbedingungen hat die Schwingungsgleichung für e_3 bzw. b_3 nur für spezielle Werte (Eigenwerte) von κ^2 nichttriviale Lösungen. Die zugehörigen Frequenzen sind aber im Gegensatz zu denen geschlossener Hohlräume außerdem durch den kontinuierlichen Parameter k_3 $(0<k_3<\infty)$ charakterisiert. Die Ausbreitungsgeschwindigkeit ist die Gruppengeschwindigkeit

$$
(78) \quad u_z = \frac{d\omega}{dk_3} = \frac{c}{\sqrt{\varepsilon\mu}} \frac{k_3}{\sqrt{k_3^2+\kappa^2}}
$$

und variiert bei gegebenem κ zwischen $0 (k_3 = 0)$ und $\frac{c}{\sqrt{\varepsilon\mu}} (k_3=\infty)$. Unter den Eigenwerten gibt es stets einen kleinsten $\kappa_{min} \neq 0$. Daraus folgt, daß es eine kleinste Frequenz (Grenzfrequenz, Abschneidefrequenz)

$$
(79) \quad \omega_{min} = \frac{c}{\sqrt{\varepsilon\mu}} \kappa_{min}
$$

gibt. Nur oberhalb dieser Frequenz tritt überhaupt Wellenleitung auf. Für kleinere Frequenzen wird k_3 rein imaginär und die Welle klingt mit z exponentiell ab. Bei gegebener Betriebsfrequenz $\omega > \omega_{min}$ wird nur eine endliche Anzahl von Eigenfrequenzen übertragen.

Untersuchen wir nun als Beispiel die Lösungen für einen rechteckigen Hohlleiter (Abmessungen wie früher, aber keine Begrenzung in z-Richtung). Für <u>TM-Wellen</u> erhalten wir analog wie vorhin

$$\text{TM:}\quad e_3 = \mathcal{E}_3 \sin\frac{\pi l x}{A} \sin\frac{\pi m y}{B}, \qquad \kappa^2 = \pi^2\left(\frac{l^2}{A^2} + \frac{m^2}{B^2}\right)$$

Damit e_3 nicht verschwindet, müssen die beiden ganzen Zahlen l,m von Null verschieden sein. Für <u>TE-Wellen</u> müssen an den Grenzflächen x=O,A bzw. y=O,B die Normalableitungen von b_3 verschwinden. Wir erhalten

$$\text{TE:}\quad b_3 = \beta_3 \cos\frac{\pi l x}{A} \cos\frac{\pi m y}{B} \qquad \kappa^2 = \pi^2\left(\frac{l^2}{A^2} + \frac{m^2}{B^2}\right)$$

Ein nichttriviales Feld resultiert hier schon, wenn nur eine der ganzen Zahlen l,m ungleich Null ist. Der kleinste <u>aller</u> Eigenwerte gehört für A>B zur TE-Welle mit l=1, m=O ($TE_{1,o}$). Die Grenzfrequenz ist daher

$$\omega_{min} = \frac{c}{\sqrt{\varepsilon\mu}}\,\frac{\pi}{A}$$

Für einen leeren Hohlleiter mit A=15 cm entspricht das einer Frequenz $\nu = \frac{\omega_{min}}{2\pi}$ = 1000 MHz (λ= 30cm). Füllt man den Hohlleiter mit einem Dielektrikum, so wird die Grenzfrequenz kleiner. Für andere Querschnitte sind die auftretenden Phänomene ähnlich. Qualitative Unterschiede treten für mehrfach zusammenhängende Hohlleiter (z.B. Koaxialkabel) auf. Wir können auf diese Phänomene nicht näher eingehen.

9. Streuung an einem zylindrischen Leiter

Die Methoden, mit denen Streu- und Beugungsprobleme zu behandeln sind, müssen der geometrischen Form des Hindernisses (des Streuers) angepaßt werden. Exakte Lösungen des entsprechenden Randwertproblems sind nur für einfache geometrische Formen möglich. Wir betrachten als typisches Beispiel die Streuung an einem langen Leiter von kreiszylindrischer Form (Radius a). Wir verwenden Zylinder - koordinaten (ρ, ϕ, z), wobei wir die z-Achse in die des Leiters legen. Für die Felder betrachten wir die Komponenten in diesen Koordinaten, z.B.

$$\vec{B} = (B_\rho, B_\phi, B_z)$$

$$B_\rho = B^1\cos\phi + B^2\cos\phi, \quad B_\phi = B^2\cos\phi - B^1\sin\phi, \; B_z = B^3$$

Wie im Fall des zylindrischen Hohlraumes könnnen die Lösungen der Maxwellgleichungen (67) in TE- und TM-Wellen eingeteilt werden. Wir betrachten hier TE-WEllen

$$\begin{aligned} &\vec{E} = \vec{e}(\rho,\phi)e^{i(k_3 z-\omega t)}+\text{c.c.} \qquad E_z = 0 \\ (80)\quad & \\ &\vec{B} = \vec{b}(\rho,\phi)e^{i(k_3 z-\omega t)}+\text{c.c.} \end{aligned}$$

Aus (76b) sieht man, daß alle Komponenten von $\vec{e},\vec{b}$ durch b_z ausgedrückt werden können. Die entsprechenden Formeln (76b) in Zylinderkoordinaten lauten

$$\begin{aligned} &b_\rho = \frac{ik_3}{\kappa}\frac{\partial}{\partial\rho}\, b_z \qquad && b_\phi = \frac{ik_3}{\rho\kappa^2}\frac{\partial}{\partial\phi}\, b_z \\ (81)\quad & \\ &e_\rho = \frac{i\omega}{\rho c\kappa^2\mu}\frac{\partial}{\partial\phi}\, b_z \qquad && e_\phi = -\frac{i\omega}{c\kappa^2\mu}\frac{\partial}{\partial\rho}\, b_z \end{aligned}$$

Dabei ist κ^2 durch (77) gegeben. Die Bestimmung von b_z erfolgt durch Lösung der Schwingungsgleichung

(82) $$\left(\frac{\partial^2}{\partial\rho^2} + \frac{1}{\rho}\ \frac{\partial}{\partial\rho} + \frac{1}{\rho^2}\ \frac{\partial^2}{\partial\phi^2} + \kappa^2\right) b_z(\rho,\phi) = 0$$

Am Rand des Leiters (ρ=a) muß die Bedingung

(83) $$(\vec{n}.\vec{\nabla})b_z(\rho,\phi)\big|_{\rho=a} = \frac{\partial}{\partial\rho}b_z(\rho,\phi)\big|_{\rho=a} = 0$$

erfüllt werden. Von diesen Gleichungen kann man zur Bestimmung der Wellenleitung in kreiszylindrischen Hohlrohren ausgehen. Hier betrachten wir aber das Streuproblem.

Für dieses setzen wir die gesuchte Lösung aus einer einfallenden und einer Streuwelle zusammen:

(84) $$\vec{B} = \vec{B}_{ein} + \vec{B}_{St}, \qquad \vec{E} = \vec{E}_{ein} + \vec{E}_{St}$$

Die einfallende Welle wählen wir als ebene Welle mit

(85) $$B^1_{ein} = B^2_{ein} = E^1_{ein} = E^3_{ein} = 0$$

(also lineare Polarisation in der 2-Richtung). Der Wellenvektor $\vec{k}$ hat dann nur eine 1-Komponente

(86) $$\vec{k} = (k,0,0) \qquad k^2 = \kappa^2$$

Als Lösung der Schwingungsgleichung (82) bzw. mit (81) erhalten wir

$$(b_z)_{ein} = Ae^{ikx^1} = Ae^{i\kappa\rho\cos\phi}$$

(87) $$\left.\begin{aligned}(e_\rho)_{ein} &= \frac{\omega\sin\phi}{\kappa\mu c}\ Ae^{i\kappa\rho\cos\phi}\\ (e_\phi)_{ein} &= \frac{\omega\cos\phi}{\kappa\mu c}\ Ae^{i\kappa\rho\cos\phi}\end{aligned}\right\}\quad (e^2)_{ein} = \frac{\omega}{\kappa c\mu}\ Ae^{i\kappa\rho\cos\phi}$$

Als Maß für die Energieströmung der einlaufenden Welle benützen wir den zugehörigen Poyntingvektor

$$\vec{S}_{ein.} = \frac{c}{4\pi\mu} (\vec{E} \times \vec{B})_{ein.}$$

Wegen der Faktoren $e^{\pm i\omega t}$ in $\vec{E}$ und $\vec{B}$ enthält er oszillierende Terme. Wir betrachten daher den durch

$$<.>_T = \frac{1}{T} \int_0^T .dt, \qquad T = \frac{2\pi}{\omega}$$

definierten zeitlichen Mittelwert über eine Periode, in dem die oszillierenden Terme wegfallen. Nach einfacher Rechnung erhält man

$$(88) \quad <|\vec{S}_{ein.}|>_T = <S^1_{ein.}>_T = \frac{\omega A A^*}{2\pi\kappa\mu^2}$$

Nun betrachten wir die Streuwelle. Diese muß derselben Schwingungsgleichung wie die einlaufende Welle genügen, d.h. auch für die Streuwelle ist $\kappa = k$ u. $k_3 = 0$. Daher ist auch für die Streuwelle

$$(89) \quad \begin{aligned} B^1_{St} &= B^2_{St} = (b_\rho)_{St} = (b_\phi)_{St} = 0 \\ E^1_{St} &= E^3_{St} = 0 \end{aligned}$$

Die Streuwelle ist daher ebenfalls in der 2-Richtung polarisiert. Zur Lösung von (82) setzen wir

$$(b_z)_{St} = \sum_{m=-\infty}^{+\infty} C_m e^{im\phi} f_m(\rho)$$

und erhalten durch Einsetzen die Bessel'sche Differentialgleichung

$$f''_m + \frac{1}{\rho} f'_m + (\kappa^2 - \frac{m^2}{\rho^2}) f_m = 0$$

Lösung ist jede Zylinderfunktion

$$f_m = Z_m(\kappa\rho), \qquad Z_m = J_m, N_m, H_m^{(1)}, H_m^{(2)}$$

Die Streuwelle muß aus <u>aus</u>laufenden Zylinderwellen bestehen, bei denen sich die Maxima von b_z im Lauf der Zeit in Richtung von wachsenden Werten von ρ verschieben. Das ist nur für die Hankel'sche Funktion

$$H_m^{(1)} = J_m + iN_m$$

der Fall . Daher ist

$$(b_z)_{St} = \sum_m C_m e^{im\phi} H_m^{(1)}(\kappa\rho)$$

Nun untersuchen wir die Randbedingungen (83), die für die gesamte Lösung

$$b_z = (b_z)_{ein} + (b_z)_{St}$$

gelten muß. Um sie auswerten zu können, entwickeln wir $(b_z)_{ein}$ nach Zylinderfunktionen

$$(b_z)_{ein} = Ae^{i\kappa\rho\cos\phi} = \sum_m i^m J_m(\kappa\rho)\, e^{im\phi}$$

Damit erhalten wir aus (83)

$$C_m = - i^m A \frac{J_m(\kappa a)}{H_m^{(1)\prime}(\kappa a)}$$

Damit erhalten wir für die von Null verschiedenen Komponenten der Feldstärken des Streufeldes

$$(b_z)_{St} = - A \sum_m \frac{J'_m(\kappa a)}{H_m^{(1)\prime}(\kappa a)} H_m^{(1)}(\kappa\rho)\, i^m e^{im\phi}$$

(90) $$(e_\rho)_{St} = \frac{A\omega}{c\kappa^2\mu} \frac{1}{\rho} \sum_m \frac{mJ'_m(\kappa a)}{H_m^{(1)\prime}(\kappa a)} H_m^{(1)}(\kappa\rho)\, i^m e^{im\phi}$$

$$(e_\varphi)_{St} = \frac{iA\omega}{c\kappa\mu} \sum_m \frac{J'_m(\kappa a)}{H_m^{(1)\prime}(\kappa a)} H_m^{(1)\prime}(\kappa\rho)\, i^m e^{im\phi}$$

Die gesamte Lösung erhält man durch Addition von (87) und (90), Multiplikation mit $e^{-i\omega t}$ und Addition der konjugiert komplexen Ausdrücke.

Nun berechnen wir den Energiestrom der Streuwelle. Dazu betrachten wir die Radialkomponente des Poyntingvektors und mitteln wieder über eine Periode. Das Resultat ist

(91) $$<(S\rho)_{St}>_T = \frac{c}{4\pi\mu} <(B_3 E_\phi)_{St}>_T =: \frac{\omega A A^*}{2\pi\kappa\mu^2} \frac{1}{\rho} N(\rho,\phi)$$

mit

(92) $$N(\rho,\phi) = \frac{\rho}{2i} \sum_{n,m} \left(\frac{J'_m(\kappa a)}{H_m^{(1)\prime}(\kappa a)}\right)^* \left(\frac{J'_n(\kappa a)}{H_n^{(1)\prime}(\kappa a)}\right) H_m^{(1)*}(\kappa\rho) H_n^{(1)\prime}(\kappa\rho) \cdot i^{n-m} e^{i(n-m)\phi} + c.c.$$

Integrieren wir diesen Ausdruck über die möglichen Werte von ϕ, so reduziert sich die Doppelsumme wegen

$$\int_0^{2\pi} d\phi\, e^{i(n-m)\phi} = 2\pi\delta_{nm}$$

auf eine einfache Summe. Die ρ-abhängigen Summanden sind

$$\frac{\rho}{2i} \left(H_n^{(1)*}(\kappa\rho) H_n^{(1)\prime}(\kappa\rho) - H_n^{(1)}(\kappa\rho) H_n^{(1)\prime *}(\kappa\rho)\right) = \frac{i}{2}\rho W$$

Wegen $H_n^{(1)*} = H_n^{(2)}$ ist W die Wronski'sche Determinante von $H_n^{(1)}$ und $H_n^{(2)}$, die sehr einfach ist

$$W = -\frac{4i}{\pi\kappa\rho}$$

Damit wird

$$(93)\quad \int_0^{2\pi} d\phi N(\rho,\phi) = \frac{4}{\kappa} \sum_{n=-\infty}^{+\infty} \frac{(J_n'(\kappa a))^2}{(J_n'(\kappa a))^2 + (N_n'(\kappa a))^2}$$

Diese Größe gibt an, in welchem Maß die einfallende Welle durch den Streuer beeinflußt wird. Um das einzusehen, betrachten wir den Ausdruck

$$(94)\sigma := \frac{1}{<|S_{ein}|>_T} \lim_{\rho\to\infty} \int_0^{2\pi} d\phi\rho<(S_\rho)_{St}>_T = \int_0^{2\pi} d\phi \lim_{\rho\to\infty} N(\rho,\phi)$$

der mit (93) identisch ist. Der mittlere Energiestrom der Streuwelle (pro Zeiteinheit) durch einen Zylindermantel in großem Abstand ρ von der Achse des Streuers ist

$$\int dz \int_0^{2\pi} d\phi\rho<(S_\rho)_{St}>_T$$

Da $(S_\rho)_{St}$ nicht von z abhängt, ist das z-Integral trivial und in (94) steht der entsprechende Energiestrom pro Längeneinheit in z-Richtung. Im Nenner steht der Mittelwert des einlaufenden Energiestromes (pro Zeiteinheit) pro Flächeneinheit. Die Bedeutung von σ ist daher einsichtig. σ heißt der Wirkungsquerschnitt des Streuers. In unserem Beispiel hat σ die Dimension einer Länge und nicht einer Fläche, weil wir pro Längeneinheit gerechnet haben.

Der Ausdruck (93) ist von ρ unabhängig, sodaß der Limes $\rho \to \infty$ unnötig erscheint. Das liegt aber am speziellen betrachteten Problem. Im Allgemeinen muß man den Wirkungsquerschnitt mit dem asymptotischen Grenzfall der Lösung bilden.

Für die Praxis ist von Interesse, in welche Winkelbereiche die Strahlung bevorzugt gestreut wird. Definieren wir durch

$$(95) \quad \sigma = \int d\sigma = \int_0^{2\pi} d\phi \, \frac{d\sigma}{d\phi}$$

einen differentiellen Wirkungsquerschnitt, so geben die Maxima von $\frac{d\sigma}{d\phi}$ die bevorzugten Streuwinkel an. Im hier betrachteten Fall wird

$$\frac{d\sigma}{d\phi} = \lim_{\rho \to \infty} N(\rho, \phi)$$

Mit dem asymptotischen Verhalten der Hankelfunktionen für großes Argument

$$H_n^{(1)}(z) \sim \left(\frac{2}{\pi z}\right)^{1/2} e^{-i(z - \frac{n\pi}{2} - \pi/4)}$$

erhält man aus (12)

$$(96) \quad \frac{d\sigma}{d\phi} = \frac{2}{\pi\kappa} \left| \sum_{n=-\infty}^{+\infty} \frac{J_n'(\kappa a)}{H_n^{(1)\prime}(\kappa a)} e^{in\phi} \right|^2$$

Durch Integration erhält man wieder (93). Die Summen in (93) bzw. (96) sind zur numerischen Analyse nur beschränkt brauchbar, da die Besselfunktionen für wachsendes n i.A. nicht rasch genug abfallen und man viele Summanden mitnehmen muß. Es gibt Verfahren, mit denen man die Summen so umformen kann, daß eine bessere Konvergenz erreicht wird. Wir können auf sie hier nicht eingehen und betrachten lediglich den Grenzfall großer Wellenlängen. In diesem Fall ist $\kappa a \ll 1$ und wir können die Reihenentwicklungen der Besselfunktionen nach Potenzen von κa benützen. Dabei stellt sich heraus, daß die Summanden mit $n=0,\pm 1$ von der gleichen Größenordnung sind. Alle höheren Summanden sind mindestens um einen Faktor $(\kappa a)^2$ kleiner. In unterster Ordnung wird

$$(97)\quad \sigma = \frac{3\pi^2}{4}\, a\, (\kappa a)^3 + \ldots .$$

$$(98)\quad \frac{d\sigma}{d\phi} = \frac{\pi}{8}\, a(\kappa a)^3 (1-2\cos\phi)^2 + \ldots .$$

Man sieht daraus, daß die Strahlung hauptsächlich nach rückwärts, ($\phi = 180^\circ$) gestreut wird. Ein Nebenmaximum liegt bei $\phi=0$. Die Intensität bei $\phi=60^\circ$ verschwindet.

VI. Ergänzungen zur Theorie

1. Invarianztransformationen der Maxwellgleichungen

Die Elektrodynamik ist bei einer verhältnismäßig großen Klasse von Transformationen invariant. Diese Tatsache hat viele physikalische Konsequenzen und kann für die praktische Lösung von Problemen ausgenützt werden. Bevor wir auf diese Fragen eingehen, wollen wir allgemein untersuchen, was mit "Invarianz" gemeint ist.

Wir betrachten eine Transformation der Koordinaten, der Felder und der Quellen

$$x^\mu \to x^{\mu'}, \qquad F^{\mu\nu}(x) \to F^{\mu\nu'}(x'), \qquad j^\mu(x) \to j^{\mu'}(x')$$

Die Transformation wird durch Angabe von Relationen wie

$$x^{\mu'} = f^\mu(x), \quad j^{\mu'}(x') = J^\mu(j^\nu(x)), \qquad F^{\mu\nu'}(x') = \phi^{\mu\nu}(F^{\alpha\beta}(x))$$

vorgegeben. Wir nehmen an, daß die Umkehr möglich ist, d.h. daß wir auch x aus x' berechnen können

$$x^\mu = g^\mu(x^{\nu'}) \qquad g=f^{-1}$$

analog für die anderen Größen. Wir nennen die Feldgleichungen <u>invariant</u> bei der Transformation, wenn aus den Gleichungen für die neuen Größen im neuen System

$$\partial'_\mu F^{\mu\nu'}(x') = \frac{4\pi}{c} j^{\mu'}(x'), \quad \partial'_\mu \hat{F}^{\mu\nu'}(x') = 0 \qquad \partial'_\mu := \frac{\partial}{\partial x^{\mu'}}$$

diejenigen für die alten Größen im alten System

$$\partial_\mu F^{\mu\nu}(x) = \frac{4\pi}{c} j^\mu(x), \qquad \partial_\mu \hat{F}^{\mu\nu}(x) = 0$$

folgen und umgekehrt (Forminvarianz der Gleichungen).

Die Transformation kann auf zwei Weisen interpretiert werden, die man auseinanderhalten muß.

(a) Aktiver Standpunkt

Offenbar ist mit $F^{\mu\nu}$, j^ν auch $F^{\mu\nu\prime}$, $j^{\nu\prime}$ eine Lösung der Maxwellgleichungen. Wir können die Transformation daher auch als eine Änderung auffassen, die uns aus einem durch die Gleichungen beschriebenen physikalischen Sachverhalt einen anderen liefert, der ebenfalls durch die Gleichungen beschrieben wird. Explizit erhält man die neuen Felder und Quellen aus den alten ($F^{\mu\nu}$, j^ν), indem in den Transformationsformeln auf der rechten Seite x mit der Umkehrtransf. durch x' ausgedrückt wird: z.B.

$$F'^{\mu\nu}(x') = \emptyset^{\mu\nu}(F^{\alpha\beta}(g(x'))$$

Die Invarianz kann also dazu benützt werden, um aus bekannten Lösungen weitere zu finden. Um daraus Nutzen ziehen zu können, muß allerdings gesichert sein, daß die durch die Transformation erzeugte neue Situation physikalisch sinnvoll (z.B. prinzipiell realisierbar) ist. Bei manchen (besonderen wichtigen) Transformationen weiß man aber mehr: man hat ein allgemeines, physikalisches (d.h. letztlich empirisches) Prinzip, das garantiert, daß die beiden Situationen physikalisch äquivalent sind. Ist das der Fall, so ist der aktive Standpunkt sicher möglich. Man kann dann die Transformation aber auch anders interpretieren:

(b) Passiver Standpunkt

Man faßt sie als Änderung der mathematischen Beschreibung desselben physikalischen Sachverhaltes auf: ein Beobachter benützt zur Beschreibung Koordianten x^μ, und Felder $F^{\mu\nu}(x)$ etc., ein anderer verwendet $x^{\mu\prime}$, $F^{\mu\nu\prime}(x)$ etc. Die Invarianz bedeutet dann, daß die beiden Beobachter dieselben Zusammenhänge feststellen, d.h. dieselben physikalischen Gesetze finden.

Bei diesem Standpunkt ist es (auf Grund des genannten Prinzips) also möglich, die Transformation als "Beobachtertransformation", d.h. als solche eines Bezugssystems zu interpretieren, von dessen Wahl die physikalischen Gesetze nicht abhängen.

Bei beiden Standpunkten muß man darauf achten, wie bei der Transformation eventuelle Anfangs- und Randbedingungen beeinflußt werden. Bei manchen Transformationen kann z.B. aus einer retardierten Lösung eine avancierte werden und umgekehrt. Sind die Anfangs- und/oder Randwerte auf Mannigfaltigkeiten vorgegeben, die ihre Struktur bei der Transformation stark verändern, so wird man für das dadurch definierte Problem aus der Invarianz wenig Nutzen ziehen können. Es ist auch denkbar, daß trotz einer vorliegenden Invarianz der Gleichungen in der Natur eine Situation vorliegt, die ein bestimmtes System (z.B. ein Bezugssystem) auszeichnet. Hat man ein Prinzip, aus dem man schließen kann, daß alle durch die Transformation verknüpften Systeme äquivalent sind, so wird man das auf Anfangsbedingungen zurückführen.

Aus der Form, in der die Theorie hier entwickelt wurde, ist klar, daß die Lorentztransformationen

(1a) $L(\Lambda):\ x^\mu \to x^{\mu\prime} = \Lambda^\mu{}_\nu x^\nu,\quad \Lambda_\mu{}^\rho \Lambda^\mu{}_\sigma = g^\rho{}_\sigma,\quad \Lambda^\mu{}_\nu = \text{konst.}$

(1b) $j^{\mu\prime}(x') = \Lambda^\mu{}_\nu j^\nu(x),\quad F^{\mu\nu\prime}(x') = \Lambda^\mu{}_\alpha \Lambda^\nu{}_\beta F^{\alpha\beta}(x)$

Invarianztransformationen sind und zwar solche, für die beide Standpunkte möglich sind. Man kann das auch leicht noch einmal nachrechnen. Zunächst ist

$$\Lambda_\rho{}^\mu x'^\rho = \Lambda_\rho{}^\mu \Lambda^\rho{}_\nu x^\nu = g^\mu{}_\nu x^\nu = x^\mu$$

Daher

$$\partial'_\mu = \frac{\partial x^\alpha}{\partial x^{\mu\prime}} \cdot \frac{\partial}{\partial x^\alpha} = \Lambda_\mu{}^\alpha \partial_\alpha$$

und wir erhalten

$$\partial'_\mu F^{\mu\nu\prime}(x') - \frac{4\pi}{c} j^{\mu\prime}(x') = \Lambda_\mu{}^\rho \partial_\rho \Lambda^\mu{}_\alpha \Lambda^\nu{}_\beta F^{\alpha\beta}(x)$$

$$- \frac{4\pi}{c} \Lambda^\nu{}_\beta j^\beta(x) = \Lambda^\nu{}_\beta (g^\rho{}_\alpha \partial_\rho F^{\alpha\beta} - \frac{4\pi}{c} j^\beta) =$$

$$= \Lambda^\nu{}_\beta (\partial_\alpha F^{\alpha\beta} - \frac{4\pi}{c} j^\beta) = 0$$

Der Unterschied der beiden Standpunkte wird an einem einfachen Beispiel klar. Betrachten wir eine Punktladung, die im ungestrichenen System im Ursprung ruht:

$$\rho(x) = q\delta(\vec{x}), \quad \vec{j}(x) = 0 \quad \phi(x) = q/|\vec{x}| \;, \quad \vec{A}(x) = 0$$

Das Resultat einer speziellen Lorentztransformation in x^1-Richtung

$$x^{0\prime} = \gamma(x^0 - \beta x^1), \quad x^{1\prime} = \gamma(x^1 - \beta x^0), \quad x^{2\prime} = x^2, \quad x^{3\prime} = x^3$$

lautet

$$\rho'(x') = \gamma\rho(x), \quad \vec{j}'(x') = (-\beta\gamma c\rho(x), 0, 0, 0) \quad \phi'(x') = \gamma\phi(x), \quad \vec{A}'(x') = (-\beta\gamma\phi(x), 0, 0)$$

Vom passiven Standpunkt aus haben wir das als dieselbe Situation tion (ruhende Punktladung) aus der Sicht eines entlang der x^1-Achse fliegenden Beobachters zu verstehen. Vom aktiven Standpunkt aus erhält man aus der ursprünglichen Situation (ruhende Punktladung) eine neue (bewegte Punktladung). Durch Einsetzen der Umkehrformation

$x^{o} = (x^{o'} + x^{1'}), x^{1} = (x^{1'} + x^{o'}), x^{2} = x^{2'}, x^{3} = x^{3'}$

erhält man die zugehörige Lösung explizit:

$$\rho(x') = \gamma q \delta(\gamma x^{1'} + \beta x^{o'}) \delta(x^{2'}) \delta(x^{3'})$$

$$\phi'(x') = q / \sqrt{(x^{1'} + \beta x^{o'})^2 + (1-\beta^2)(x^{2'} + x^{3'})^2}$$

entsprechend für $j(x')$, $A'(x')$.

Da die Theorie in Termen von Vierervektoren bzw. Tensoren formuliert wurde, ist sie auch invariant gegen raumzeitliche Translationen

(2a) $\mathcal{T}(a): x^{\mu'} = x^{\mu} + a^{\mu}$, $\quad a^{\mu}$ konstant

Dabei bleiben alle Tensoren beliebiger Stufe invariant:

(2b) $A^{\mu'}(x') = A^{\mu}(x)$ etc.

Die Translationsinvarianz ist anschaulich leicht einzusehen, wenn man beachtet, daß in den Formeln für Potentiale und Felder eigentlich immer Differenzen von Ortsvektoren vorkommen. Das Potential einer ruhenden Punktladung an der Stelle $\vec{x}_{(o)}$ ist

$$\phi(x) = \frac{q}{|\vec{x} - \vec{x}_{(o)}|}$$

und ist offenbar translationsinvariant. Wählt man für $\vec{x}_{(o)}$ den Ursprung

$$\vec{x}_{(o)} = (0,0,0)$$

so macht man bereits von der Translationsinvarianz Gebrauch. Entsprechendes gilt für zeitliche Translationen:

Eine solche Verschiebung bedeutet nur eine andere Wahl des Anfangspunktes der Zeitrechnung. Offenbar ist diese Wahl physikalisch irrelevant.

Die Translationen und Lorentztransformationen bilden eine kontinuierliche Gruppe (Poincarègruppe). Jede ihrer Transformationen ist durch 10 Parameter charakterisiert: 4 für die Translationen (a^μ) und 6 für die Lorentztransformationen ($\Lambda^\mu{}_\nu$ mit $\Lambda^{\mu\nu} = -\Lambda^{\nu\mu}$), davon 3 für räumliche Drehungen und 3 für spezielle Lorentztransformationen (Geschwindigkeitstransformationen, boosts).

Wir betrachten als nächstes einfache diskrete Transformationen.

Bei <u>Raumspiegelung</u>

(3a) $\mathfrak{P}: x^{\mu'} = (x^o, -\vec{x})$

verhalten sich die Felder bzw. Quellen wie folgt:

(3b)
$$A^{\mu'}(x') = (\phi(x), -\vec{A}(x)), \quad j^{\mu'}(x') = (c\rho(x), -\vec{j}(x))$$
$$\vec{E}'(x') = -\vec{E}(x), \quad \vec{B}'(x') = \vec{B}(x)$$

Dieses Verhalten kann man leicht veranschaulichen. Bei Spiegelung wird aus zwei geladenen Platten

daher dreht sich $\vec{E}$ um (echter Vektor!). Aus einer stromdurchflossenen Spule wird

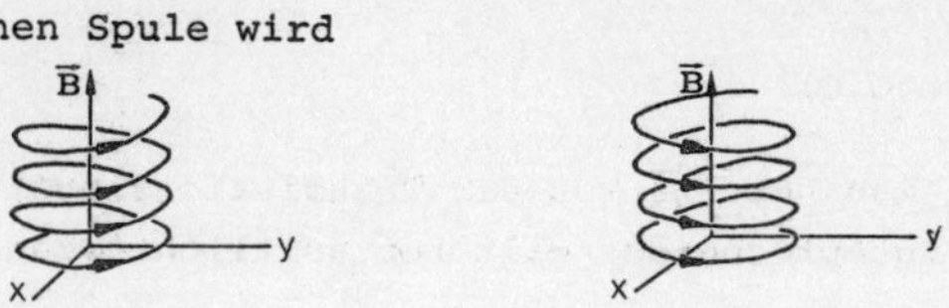

Da sich der Umlaufssinn nicht ändert, bleibt $\vec{B}$ gleich (Pseudovektor!). Die Invarianz der Maxwellgleichung ist leicht zu zeigen, z.B.

$$\partial'_\mu F^{\mu l'}(x') - \frac{4\pi}{c} j^{l'}(x') = \partial'_o F^{ol'}(x') + \partial_k F^{kl'}(x') - \frac{4\pi}{c} j^{l'}(x') =$$

$$= \partial_o F^{ol'}(x') - \partial_k F^{kl'}(x') - \frac{4\pi}{c} j^{l'}(x') =$$

$$= -\left[\partial_o F^{ol}(x) + \partial_k F^{kl}(x) - \frac{4\pi}{c} j^l(x)\right]$$

$$= -\left[\partial_\mu F^{\mu l} - \frac{4\pi}{c} j^l\right] = 0$$

Man kann sich auch überlegen, daß sich die Lorentzkraft umkehrt:

$$\vec{K}' = e(\vec{E}' + \frac{1}{c}(\vec{v}' \times \vec{B}')) = -e(\vec{E} + \frac{1}{c}(\vec{v} \times \vec{B})) = -\vec{K}$$

Das ist anschaulich einleuchtend: eine Teilchenbahn in einem Kondensatorfeld sieht so aus

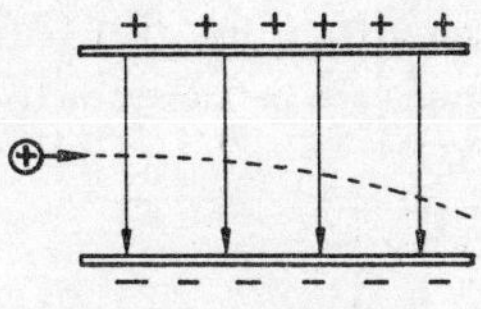

K_{el} nach unten

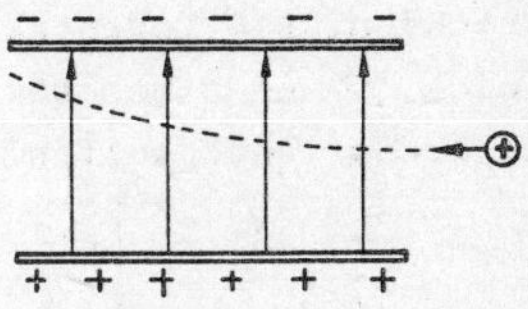

K_{el} nach oben

Für ein Teilchen in einem Magnetfeld, das senkrecht zur Zeichenebene verläuft (⊙ bedeutet "heraus", ⊗ bedeutet "hinein") erhält man

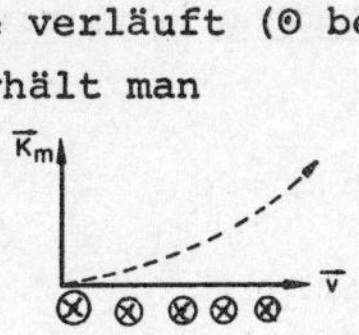

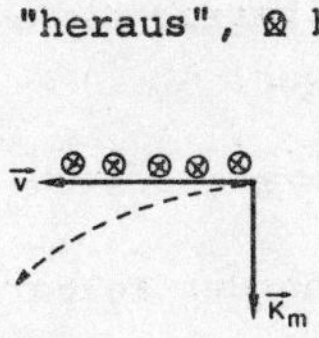

Als nächstes betrachten wir die Zeitspiegelung

(4a) $\mathfrak{T}$: $x^{\mu'} = (-x^0, \vec{x})$

Natürlich kann man in der wirklichen Welt den Zeitablauf nicht umkehren. Die physikalische Bedeutung dieser Transformation ist die einer Bewegungsumkehr (z.B. verkehrt ablaufender Film! Dabei werden z.B. alle Geschwindigkeiten umgekehrt!). Das Verhalten der Feldgrößen bzw. Quellen

$$A^{\mu'}(x') = (\phi(x), -\vec{A}(x)), \quad j^{\mu'}(x') = (c\rho(x), -\vec{j}(x))$$

(4b) $$\vec{E}'(x') = \vec{E}(x), \qquad \vec{B}'(x') = -\vec{B}(x)$$

kann man sich wieder anschaulich überlegen: ein statisches $\vec{E}$-Feld ändert sich nicht, der Strom kehrt sich um, weil die Ladungsträger in entgegengesetzter Richtung fließen ($\vec{v} \to -\vec{v}$), ebenso das von einem Strom hervorgerufene Magnetfeld etc. Die Invarianz der Maxwellgl. ist wie oben nachzurechnen. Die Lorentzkraft kehrt sich nicht um ($\vec{E}$ bleibt gleich, $\vec{v}$ und $\vec{B}$ wechseln das Vorzeichen), wie man analog wie früher anschaulich einsehen kann:

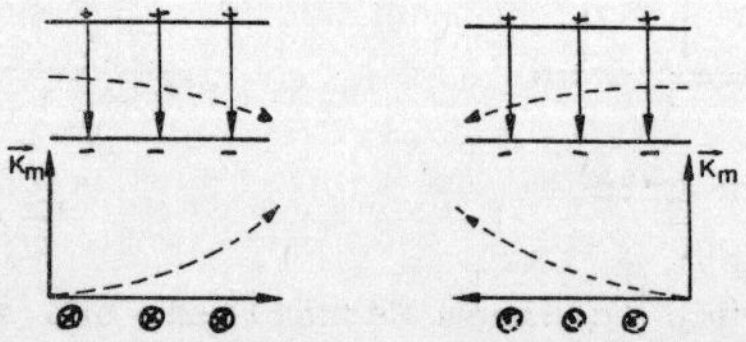

Schließlich betrachten wir die Ladungskonjugation (Umkehren aller Ladungen)

(5a) $\mathfrak{C}$: $x^{\mu'} = x^{\mu}$, $\quad e' = -e \quad$ damit $q' = -q$

Das Verhalten der Felder und Quellen

(5b) $A^{\mu}{}' = -A^{\mu}, \; j^{\mu}{}' = -j^{\mu}, \quad \vec{E}' = -\vec{E}, \; \vec{B}' = -\vec{B}$

ist evident (daß sich $\vec{j}$ umkehrt, ist klar: entgegengesetzte Ladung strömt in ungeänderter Richtung). Die Invarianz der Maxwellgleichungen ist sofort einzusehen. Außerdem sieht man, daß sich die Lorentzkraft nicht ändert.

Es gibt aber noch weitere kontinuierliche Koordinatentransformationen, bei denen unsere Theorie invariant bleibt. Diese Tatsache ist seit langer Zeit bekannt (E.Cunningham, H. Bateman 1910), aber man hat noch nicht sehr viel Nutzen daraus gezogen. Wir geben die entsprechenden Transformationen kurz an. Der Invarianzbeweis muß dem Leser überlassen bleiben. Eine dieser Transformationen ist die Skalentransformation (raumzeitliche Dilatation)

(6a) $\mathfrak{D}(\tau): \; x^{\mu}{}' = \tau x^{\mu}$

(6b) $j^{\mu}{}'(x') = \frac{1}{\tau^3} j^{\mu}(x), \quad A^{\mu}{}'(x') = \frac{1}{\tau} A^{\mu}(x), \quad F^{\mu\nu}{}'(x') = \frac{1}{\tau^2} F^{\mu\nu}(x)$

Dabei ist τ ein konstanter Parameter.

Als letztes betrachten wir spezielle konforme Tranformationen (sog. konforme Beschleunigungen) in Raum und Zeit

(7a) $$\mathfrak{A}(b) : x^{\mu}{}' = \frac{x^2}{\sigma(x,b)} \left(\frac{x^{\mu}}{x^2} + b^{\mu}\right)$$

$$\sigma(x,b) = 1+2(b,x)+b^2x^2 = b^2\left(x^{\mu} + \frac{b^{\mu}}{b^2}\right)\left(x_{\mu} + \frac{b_{\mu}}{b^2}\right)$$

b^{μ} ist dabei ein konstanter Vierervektor, d.h. die Transformation ist durch 4 Parameter charakterisiert. Die Felder bzw. Quellen verhalten sich wie folgt

(7b) $$j^{\mu}{}'(x') = \sigma^2(x,b) C^{\nu\mu}(x) j_{\nu}(x), \quad A^{\mu}{}'(x') = C^{\nu\mu}(x) A_{\nu}(x)$$

$$F^{\mu\nu}{}'(x') = C^{\rho\mu}(x) C^{\sigma\nu}(x) F_{\rho\sigma}(x)$$

Dabei ist

$$C^{\nu\mu}(x) = \sigma(x,b)(g^{\nu\mu}+2x^{\nu}b^{\mu})-2x^2b^2(x^{\nu}+ \frac{b^{\nu}}{b^2})(\frac{x^{\mu}}{x^2} + b^{\mu})$$

Für alle Rechnungen sind einige Beziehungen nützlich, die wir ohne Beweis notieren. Der Lichtkegel verhält sich relativ einfach, denn es ist

$$x'^2 = \frac{1}{\sigma(x,b)} \quad x^2$$

Damit findet man die Umkehrtransformation

$$\mathfrak{Q}^{-1}(b): \quad x^{\mu} = \frac{x'^2}{\sigma(x',-b)} \quad (\frac{x^{\mu\prime}}{x'^2} - b^{\mu})$$

sowie

$$\sigma(x(x'),b) = \frac{1}{\sigma(x',-b)} \,, \quad \frac{x^{\mu\prime}}{x'^2} = \frac{x^{\mu}}{x^2} + b^{\mu}$$

Durch x' ausgedrückt, lautet C

$$C^{\nu\mu}(x(x')) = \frac{1}{\sigma(x',-b)} \quad (g^{\nu\mu}-2b^{\nu}x'^{\mu})-\frac{2b^2x^2}{\sigma^2(x',-b)}(\frac{x^{\nu\prime}}{x'^2} - b)(x^{\mu\prime} - \frac{b^{\mu}}{b^2}$$

und es ist

$$C^{\nu\mu}= \frac{\partial x^{\nu}}{\partial x^{\mu\prime}} = \sigma^2(x,b) \frac{\partial x^{\mu\prime}}{\partial x_{\nu}} \quad , \qquad C^{\lambda}{}_{\mu}C^{\rho\mu} = \sigma^2(x,b)g^{\lambda\rho}$$

sowie

$$\partial'^{\mu}= C^{\nu\mu}\partial_{\nu} \qquad \Box' = \sigma^2(x,b)\Box - 4\sigma(x,b)b^2(x^{\rho} + \frac{b^{\rho}}{b^2})\partial_{\rho}$$

Die Invarianz der Maxwellgleichungen ist leicht zu zeigen, wenn man beachtet, daß

$$\partial'_{\mu} (C^{\rho\mu}C^{\sigma\nu}-C^{\sigma\mu}C^{\rho\nu}) = 0$$

ist.

Die konformen Beschleunigungen können als Abfolge

von drei einfacheren Transformationen verstanden werden. Definieren wir eine Inversion (im vierdimensionalen Raum) durch

$$\mathfrak{J}: x^{\mu\prime} = - x^{\mu}/x^{2}$$

so ist

$$\mathfrak{Q}(b) = \mathfrak{J}.\mathfrak{T}(b).\mathfrak{J}$$

also: zuerst Inversion, dann Translation um b, dann nochmals Inversion (Translation und Inversion sind natürlich nicht vertauschbar). Man beachte, daß diese konformen Transformationen stets (für beliebiges b) die Zeit enthalten (es kommt $x_{\lambda}x^{\lambda}$ vor) und daher eine statische Situation in eine nichtstatische verwandeln. Wenn man genauer verfolgt, welcher Bewegung die transformierte Situation entspricht, so sieht man, daß es sich i.A. im eine beschleunigte Bewegung handelt: Ein Punkt, der sich mit konstanter Geschwindigkeit bewegt, wird in einen beschleunigt bewegten Punkt übergeführt, wobei aber die Lichtgeschwindigkeit nicht überschritten wird. Das sieht man, indem man die Bewegungsgleichung $\vec{x}=\vec{a}+\vec{v}t$ in den neuen Koordinaten x' anschreibt und nach $\vec{x}'$ auflöst. Dabei muß man eine quadratische Gleichung lösen und erhält bei gegebenem $\vec{a}$, $\vec{v}$ nicht mehr für jedes b^{μ} eine reelle Lösung ("ungünstige" Parameter b^{μ} entsprechen also keiner physikalischen Situation in neuen System). Für gewisse Parameterbereiche kann es zu einer Umkehr des Zeitablaufes kommen bzw. kann ein raumartiges Gebiet in ein zeitartiges übergeführt werden (der letztere Sachverhalt stört in der Elektrodynamik nicht, weil die Lösungen ihren Träger am Lichtkegel haben). Auf der Fläche $\sigma = 0$ wird die Transformation singulär.

Bei allen diesen formalen Invarianztransformationen

kommt man um die Frage nicht herum, welche physikalische Bedeutung ihnen wirklich zukommt. Dabei muß man darauf achten, daß die Maxwellgleichungen allein keine vollständige Beschreibung der Wirklichkeit liefern. Zu einer solchen gehört eine Dynamik der Materie, die u.a. Aufschluß über die Bewegung und Anordnung der Ladungsträger gibt. Wie bereits erwähnt wurde, handelt es sich dabei stets um ein echtes Wechselwirkungsproblem, d.h. in der Dynamik der Materie werden die Feldstärken ebenso vorkommen wie die dynamischen Variablen der Materie in j^{μ}. Eine Invarianz kann in der Natur nur dann vorliegen, wenn die gesamte Dynamik invariant ist. Für die Lorentztransformationen wird man das wegen der grundlegenden Bedeutung des Relativitätsprinzips wohl annehmen müssen (die Quantenelektrodynamik ist z.B. lorentzinvariant). Bei den Skalentransformationen und konformen Beschleunigungen kann die Invarianz bestenfalls näherungsweise erfüllt sein, denn es gibt in der Natur nichtelektromagnetische "Maßstäbe" (z.B. Massen von Elementarteilchen), die bei Skalentransformationen so geändert werden, daß die Dynamik der Materie nicht skaleninvariant ist.

Immerhin ist die freie Maxwelltheorie bei der vollen 15-parametrigen konformen Gruppe invariant. Für die betrachtete Theorie mit fest vorgegebenen Quellen stellt die Invarianz eine formale Eigenschaft dar, deren Nutzen davon abhängt, ob die transformierten Quellen einer physikalischen Situation entsprechen oder nicht.

2. Elektrodynamik als Lagrange'sche Feldtheorie

Der Erfolg des Lagrange'schen Zugangs zur Mechanik wirft die Frage auf, ob auch die Feldgleichungen der Elektrodynamik als Euler'sche Gleichungen eines Hamilton'schen Prinzips aufgefaßt werden können. Ein solcher Zugang ist für grundlegende Untersuchungen geeignet und wird vor allem in der Quantenfeldtheorie verwendet. Hier soll er etwas näher untersucht werden, ohne über den Rahmen der klassischen Physik hinauszugehen. Ausgangspunkt ist ein bestimmter Ausdruck für die Wirkung

(8) $\mathfrak{W} = \int \mathfrak{L}(t)\,dt$

als Funktional der dynamischen Variablen. Die dynamischen Gleichungen sollen dann aus dem Prinzip

(9) $\delta\mathfrak{W} = 0$

folgen. Wir betrachten eine Theorie der Wechselwirkung von geladener Materie mit elektromagnetischen Feldern. Die Konsequenzen von (9) müssen daher sowohl die Maxwell'schen Gleichungen als auch die Bewegungsgleichungen der Materie enthalten. Als Variable werden daher außer den Feldgrößen $A \equiv A^{\mu}$ und $F \equiv F^{\mu\nu}$ auch bestimmte Materievariable $\xi \equiv \xi_{(k)}$ auftreten (das können z.B. die Koordinaten $x^{i}_{(n)}(t)$ geladener Teilchen sein; wir wollen sie hier jedoch nicht näher spezifizieren). Ist nun

$\mathfrak{W} = \mathfrak{W}[A, F, \xi]$

so ist

(10) $\delta\mathfrak{W} = \frac{\delta\mathfrak{W}}{\delta A} \cdot A + \frac{\delta\mathfrak{W}}{\delta F} \cdot F + \frac{\delta\mathfrak{W}}{\delta \xi} \cdot \delta\xi$

Dabei bedeutet der Punkt ein allgemeines Skalarprodukt, also die Summe über alle Indizes und das Integral über alle kontinuierlichen Variablen, von denen die betreffende Größe abhängt. Die Funktionalableitung entspricht der Bildung der Euler'schen Gleichungen. Für ein Funktional

$$f[x^k_{(n)}(t)] = \int g(x^k_{(n)}(t),\, x^k_{(n)}, \ldots\ldots\ldots)dt\,, \quad \dot{x}^k_{(n)} = \frac{dx_k^{(n)}}{dt}$$

ist z.B.

$$\frac{\delta f}{\delta x^k_{(n)}(t)} = \frac{\partial g}{\partial x^k_{(n)}} - \frac{d}{dt}\frac{\partial g}{\partial \dot{x}^k_{(n)}} + \ldots\ldots$$

(vgl. Mechanik, f entspricht $\mathcal{W}$, g entspricht $\mathcal{L}$; die angeschriebenen Terme reichen aus, wenn g nur x und $\dot{x}$ enthält, sonst kommen entsprechende höhere Ableitungen vor). Analog ist für

$$f[A_\mu(x)] = \int g(A_\mu(x), \partial_\nu A_\mu(x), \ldots)d^4x$$

$$\frac{\delta f}{\delta A_\mu(x)} = \frac{\partial g}{\partial A_\mu(x)} - \partial_\nu \frac{\partial g}{\partial(\partial_\nu A_\mu(x))} + \ldots.$$

Ist nun die Wirkung $\mathcal{W}$ das Integral der entsprechenden Lagrangefunktion $\mathcal{L}$ (bzw. einer entsprechenden Dichte) über ein festgehaltenes Gebiet, so folgen aus (9) und (10) die Gleichungen

$$(11) \qquad \frac{\delta \mathcal{W}}{\delta A_\mu} = 0, \qquad \frac{\delta \mathcal{W}}{\delta F_{\mu\nu}} = 0, \qquad \frac{\delta \mathcal{W}}{\delta \xi_{(k)}} = 0$$

wenn die entsprechenden Variablen im Gebiet frei und unabhängig voneinander so variert werden, daß die Änderungen am Rand des Gebietes verschwinden. Diese Gleichungen müssen die Feldgleichungen und die Bewegungsgleichungen der Materie enthalten.

Nun suchen wir nach geeigneten Ansätzen für $\mathfrak{W}$.
Wenn die Maxwell'schen Gleichungen resultieren sollen, muß angenommen werden, daß in der entsprechenden Dichte nur A, ∂A und F auftreten. Kämen höhere Ableitungen vor, so könnte man sie als weitere dynamische Variable einführen (der Variationsformalismus läßt sich stets so formulieren, daß man mit den angeschriebenen Termen in der Variationsableitung auskommt). Dann könnte aber das elektromagnetische Feld in einem Raumzeitpunkt nicht mehr durch F allein beschrieben werden und man erhielte eine andere als die Maxwell'sche Theorie (Feldgleichungen mit höheren Ableitungen!). Dieser Schluß ist analog zu einem entsprechenden in der Mechanik: da die Bewegung eines Teilchensystems in jedem Zeitpunkt durch Angabe der Koordinaten und Geschwindigkeiten bestimmt ist, dürfen in $\mathcal{L}$ nur diese Größen auftreten.
Da die elektromagnetischen Felder lokale (d.h. auf einen Raumzeitpunkt bezogene) Größen sind, müssen sich alle Terme in $\mathfrak{W}$, die A bzw. F enthalten, als Integrale von entsprechenden Dichten über ein Raumzeitgebiet schreiben lassen.
Wir spalten von der gesamten Wirkung einen Term ab, der sich auf das elektromagnetische Feld bezieht

(12) $\mathfrak{W} = \mathfrak{W}_{em}[A,F] + \mathfrak{W}_{mat}[A,\xi]$

wobei

(13) $\mathfrak{W}_{em} = \frac{1}{c}\int L_{em} d^4x$

ist. Eine solche Aufspaltung sollte möglich sein: die Maxwelltheorie im Vakuum (ohne Quellen) ist eine sinnvolle Theorie, die durch $\mathfrak{W}_{em}$ allein beschreibbar sein sollte.
Für die Lagrangedichte L_{em} des elektromagnetischen Feldes

(Dimension Energie/Volumen) setzen wir folgenden Ausdruck an:

(14) $L_{em} = - \frac{1}{8\pi}[(\partial_\mu A_\nu - \partial_\nu A_\mu) F^{\mu\nu} - \frac{1}{2} F_{\mu\nu}F^{\mu\nu}]$

Dann wird

$$\frac{\delta \mathfrak{W}_{em}}{\delta A_\beta} = \frac{1}{4\pi c} \partial_\alpha F^{\alpha\beta}$$

$$\frac{\delta \mathfrak{W}em}{\delta F_{\alpha\beta}} = - \frac{1}{8\pi c}[\partial^\alpha A^\beta - \partial^\beta A^\alpha - F^{\alpha\beta}]$$

Nehmen wir nun an, daß in L_{Mat} die $F_{\alpha\beta}$ nicht vorkommen

$$\frac{\delta \mathfrak{W}_{mat}}{\delta F_{\alpha\beta}} = 0$$

so folgt aus der zweiten Gleichung (11) die Beziehung zwischen Potentialen und Feldstärken

$$F^{\alpha\beta} = \partial^\beta A^\alpha - \partial^\beta A^\alpha$$

Daraus folgt, daß $F^{\alpha\beta}$ eichinvariant ist und die homogenen Maxwellgleichungen

$$\partial_\alpha \hat{F}^{\alpha\beta} = 0 \qquad\qquad \hat{F}^{\alpha\beta} := \frac{1}{2}\varepsilon^{\alpha\beta\mu\nu}F_{\mu\nu}$$

erfüllt. Die inhomogenen Maxwellgleichungen

$$\partial_\alpha F^{\alpha\beta} = \frac{4\pi}{c} j^\beta$$

resultieren aus der ersten Gleichung (11), wobei die Stromdichte durch

(15) $$j^{\beta}_{(x)} = - c^2 \frac{\delta \mathcal{W}_{mat}}{\delta A_{\beta}(x)}$$

definiert ist. Da $\mathcal{W}_{mat}$ i.A. auch die Materievariablen enthält, kann man über die Quellen erst etwas aussagen, wenn man die Dynamik der Materie durch Angabe von $\mathcal{W}_{mat}$ festlegt. Die Materievariablen werden dann in den inhomogenen Maxwellgleichungen ebenso vorkommen wie die Feldgrößen in den Materiegleichungen (dritte Gleichung (11)), d.h. man muß das gekoppelte System von Materie- und Feldgleichungen lösen, wie das einer Theorie mit Wechselwirkung entspricht. Es gibt aber eine Einschränkung, der alle möglichen Ansätze für $\mathcal{W}_{mat}$ genügen müssen. Aus den inhomogenen Maxwellgleichungen folgt als Konsequenz der Antisymmetrie von F die Kontinuitätsgleichung

$$\partial_{\beta} j^{\beta} = 0$$

die wegen (15) eine Einschränkung für $\mathcal{W}_{mat}$ darstellt. Wir zeigen, daß dies als direkte Folge der Eichinvarianz aufgefaßt werden kann. Dazu betrachten wir eine infinitesimale Änderung $A_{\mu} \to A_{\mu} + \delta A_{\mu}$ und berechnen

$$\delta \mathcal{W}_{mat} := \mathcal{W}_{mat}[A+\delta A] - \mathcal{W}_{mat}[A]$$

$$= \int \frac{\delta \mathcal{W}_{mat}}{\delta A_{\alpha}(x)} \delta A_{\alpha}(x) d^4x + \ldots\ldots$$

Betrachten wir nun eine Umeichung

$$\delta A_{\alpha}(x) = \partial_{\alpha} \Lambda(x)$$

mit einer beliebigen (infinitesimalen) Funktion Λ, die am Rand des betrachteten Gebietes verschwindet, so erhalten wir durch partielle Integration

$$\delta \mathcal{W}_{mat} = \int \frac{\delta \mathcal{W}_{mat}}{\delta A_\alpha(x)} \partial_\alpha \Lambda(x) d^4x = - \int \Lambda(x) \partial_\alpha \frac{\delta \mathcal{W}_{mat}}{\delta A_\alpha(x)} d^4x$$

Ist $\mathcal{W}_{mat}$ bei Eichtransformationen invariant, so muß dieser Ausdruck verschwinden und wir erhalten wegen der Beliebigkeit von Λ die Kontinuitätsgleichung, w.z.b.w.

Bevor wir einige Beispiele für Materiemodelle angeben, untersuchen wir die Erhaltungsgrößen, die in einer Lagrangetheorie aus der Invarianz der Wirkung bei Transformationen von x^μ (Translationen, Lorentzformationen etc.) folgen. Man könnte zu diesem Zweck die Konsequenzen aller im Abschnitt 1 erwähnten Koordinatentransformationen der Reihe nach untersuchen. Auf diese Weise wurden die Erhaltungssätze der Elektrodynamik von E.Bessel-Hagen 1921 aufgestellt. Wir betrachten hier einen anderen Zugang, der eleganter ist, aber eine Verallgemeinerung erfordert. In Analogie zur Mechanik wird man erwarten, daß die mit der Invarianz gegen Koordinatentranslationen zusammenhängenden Erhaltungsgrößen die Energie und der Impuls sind. In einer lokalen Theorie sind diese Größen Integrale von Dichten, die Komponenten des Energie-Impulstensors $T^{\mu\nu}$ sind (vgl. II, 10). In der allgemeinen Relativitätstheorie ist der Energie-Impulstensor der Quellterm in den Einstein'schen Feldgleichungen des Gravitationsfeldes, für das die Metrik $g^{\mu\nu}$ die Rolle des "Potentials" spielt. In vollkommener Analogie zu (15) kann man daher $T^{\mu\nu}$ als Reaktion eines Teils der Wirkung auf Änderungen der Metrik $g^{\mu\nu} \to g^{\mu\nu} + \delta g^{\mu\nu}$ definieren. Dabei ist jener Teil der gesamten Wirkung zu betrachten, der sich nicht auf das reine Gravitationsfeld bezieht und das ist unser gesamter Ausdruck $\mathcal{W}$. Der so resultierende Energie-Impulstensor ist automatisch symmetrisch und er-

füllt eine Kontinuitätsgleichung, die aus der Invarianz der Wirkung gegen allgemeine Koordinaten transformationen folgt (auch hier ist die Schlußweise analog zu der eben vorgeführten für die Stromdichte!). Um diese Definition von $T^{\mu\nu}$ für eine Berechnung ausnutzen zu können, muß man allerdings vorher die Wirkung so umschreiben, daß sie die entsprechende Invarianzeigenschaft hat. Das ist aber recht einfach. Ein "Kochrezept" dafür ist das folgende:
(1) man schreibt alle Skalarprodukte so, daß nur eine Sorte von Komponenten der Variablen vorkommt, die man als dynamische Variablen auffaßt (z.B. nur die $F_{\alpha\beta}$ mit unteren Indizes). Die anderen Komponenten werden mit Hilfe der Metrik durch diese Sorte ausgedrückt, wodurch die Metrik explizit auftritt (z.B. $F_{\mu\nu}F^{\mu\nu} = F_{\mu\nu}g^{\mu\alpha}g^{\nu\beta}F_{\alpha\beta}$). Für welche Sorte von Komponenten man sich als dynamische Variable entscheidet, ist egal, nur muß man die Entscheidung für alle dynamischen Variablen in konsistenter Weise treffen.
(2) man schreibt alle vierdimensionalen Volumelemente invariant $d^4x \to d^4x\sqrt{-g}$, $\quad g=\det(g^{\mu\nu})$
(3) man ersetzt alle partiellen Ableitungen durch kovariante Ableitungen $\partial_\mu \to D_\mu$
Jeder lorentzinvariante Ausdruck wird dadurch automatisch invariant gegen allgemeine Koordinatentransformationen, wenn $g^{\alpha\beta}$ als Riemann-Metrik verstanden wird. In unserem Fall braucht man die Ersetzung (3) nicht, denn die kovariante Ableitung eines Vektorfeldes ist in der antisymmetrischen Kombination mit der partiellen Ableitung identisch

$$D_\mu A_\nu - D_\nu A_\mu = \partial_\mu A_\nu - \partial_\nu A_\mu$$

(das gleiche würde für die Ableitung eines Skalarfeldes gelten). Die Definition von $T^{\mu\nu}$ lautet dann

$$\text{(16a)} \quad \delta_g \mathcal{W} =: \frac{1}{2}\int d^4x\sqrt{-g}\,T_{\alpha\beta}\,\delta g^{\alpha\beta} =: -\frac{1}{2}\int d^4x\sqrt{-g}\;T^{\alpha\beta}\,\delta g_{\alpha\beta}$$

$$(16b)\quad T_{\alpha\beta} := 2\,\frac{\delta \mathcal{W}}{\delta g^{\alpha\beta}} \text{ bzw. } T^{\alpha\beta} = -\,2\,\frac{\delta \mathcal{W}}{\delta g_{\alpha\beta}}$$

Daß die beiden Formeln mit $T_{\alpha\beta}$ bzw. $T^{\alpha\beta}$ äquivalent sind, sieht man durch Variation der Beziehung

$$g_{\mu\alpha}g^{\alpha\nu} = \delta_\mu{}^\nu \wedge \delta g_{\mu\alpha}g^{\alpha\nu}+g_{\mu\alpha}\delta g^{\alpha\nu} = 0$$

Daraus folgt

$$\delta g_{\alpha\beta} = -g_{\alpha\lambda}\delta g^{\lambda\mu}g_{\mu\beta}$$

und

$$T^{\alpha\beta}\ \delta g_{\alpha\beta} = -T_{\mu\nu}\delta g^{\mu\nu}$$

Natürlich darf man bei der Bildung der Variationsableitung nach g die Ableitung von $\sqrt{-g}$

$$\delta\sqrt{-g} = -\,\frac{1}{2}\sqrt{-g}\,g_{\mu\nu}\delta g^{\mu\nu}$$

nicht vergessen. Für einen Ausdruck

$$f[g] = d^4x\sqrt{-g}L(g^{\alpha\beta})$$

erhält man so z.B.

$$\begin{aligned}\delta f[g] &= d^4x(\delta L\ \sqrt{-g} + L\delta\sqrt{-g})\\ &= d^4x\sqrt{-g}\ \left(\frac{\partial L}{\partial g^{\mu\nu}} - \frac{1}{2}g_{\mu\nu}L\right)\delta g^{\mu\nu}\\ &= d^4x\sqrt{-g}\ \frac{\delta f}{\delta g^{\mu\nu}}\ \delta g^{\mu\nu}\end{aligned}$$

Nach Ausführen der Variation darf man dann wieder zur Minkowskimetrik zurückkehren, d.h. man kann im berechneten Ausdruck für $T^{\mu\nu}$ die Ersetzungen (1)-(3) im umgekehrter Reihenfolge vollziehen. Die aus der allgemeinen Kovarianz folgende Kontinuitätsgleichung $D_\beta T^{\alpha\beta} = 0$ geht dann in $\partial_\beta T^{\alpha\beta} = 0$ über. Sie ist natürlich ebenso wie die Symmetrie nur dann garantiert, wenn bei der Herleitung von T die gesamte Wirkung betrachtet wurde, d.h. der zu nicht abgeschlossenen Teilsystemen gehörige Anteil von T kann unsymmetrisch sein und wird allein keine Kontinuitätsgleichung erfüllen.

Für den elektromagnetischen Anteil (13) der Wirkung erhält man mit

$$L_{em} = -\frac{1}{8\pi}\left[(\partial_\mu A_\nu - \partial_\nu A_\mu)F_{\rho\sigma} - \frac{1}{2}F_{\mu\nu}F_{\rho\sigma}\right]g^{\mu\rho}g^{\nu\sigma}$$

$$= -\frac{1}{16\pi}F_{\mu\nu}F_{\rho\sigma}g^{\mu\rho}g^{\nu\sigma}$$

nahezu ohne weitere Rechnung den Ausdruck (II,58)

$$T_{(em)\alpha\beta} = \frac{1}{2}\left(\frac{\partial L_{(em)}}{\partial g^{\alpha\beta}} - g_{\alpha\beta}L_{(em)}\right) = \frac{1}{4\pi c}\left(F_{\alpha\mu}F^{\mu}{}_{\beta} + \frac{1}{4}g_{\alpha\beta}F^{\mu\nu}F_{\mu\nu}\right)$$

Nun befassen wir uns mit den Erhaltungsgrößen. Wie bereits in (II,10) bemerkt, folgt aus der Kontinuitätsgleichung für $T^{\mu\nu}$, daß der Vierervektor.

$$P^\mu = \int T^{\mu o}d^3x = \int d^3x\left(\frac{w(x)}{c}, \vec{g}(x)\right)$$

zeitunabhängig ist. Das ist die zur Translationsinvarianz gehörige Erhaltungsgröße. Aus der Kontinuitätsgleichung für $T^{\mu\nu}$ folgt aber auch eine solche für den Momententensor (II,54)

$$M^{\mu\nu\rho} = x^\mu T^{\nu\rho} - x^\nu T^{\mu\rho}$$

Die entsprechenden Erhaltungsgrößen sind der Drehimpuls

(17) $J^k = \frac{1}{2} \varepsilon^{klm} \int M^{lmo} d^3x = \int l^k(x) d^3x$

und das "Energiemoment"

(18) $J^{ko} = \int M^{koo} d^3x$

Der Drehimpuls gehört zur Rotationsinvarianz, J^{ko} gehört zur Invarianz gegen Lorentz-boosts. Führt man einen Energieschwerpunkt durch

(19) $\vec{R} = \int \vec{x} w(x) d^3x$

ein, so folgt aus der Zeitunabhängigkeit von J^{ko} und P^k die geradlinige und gleichförmige Bewegung von $\vec{R}$

(20) $\vec{P} = \frac{d\vec{R}}{dt}$

Um die zur Dilatation (6) gehörige Größe zu verstehen, betrachten wir die Dichte

(21) $d^\mu = -x_\nu T^{\nu\mu}$

Aus der Kontinuitätsgleichung für $T^{\mu\nu}$ folgt

(22) $\partial_\mu d^\mu = -T^\mu{}_\mu$

Das ist nur dann eine Kontinuitätsgleichung, wenn die Spur von $T^{\mu\nu}$ verschwindet

(23) $T^\mu{}_\mu = 0$

Das Raumintegral der Dichte

(24) $d^{o} = \vec{x}.\vec{g} - tw$

ist daher nur bei Gültigkeit von (23) zeitkonstant, was gleichbedeutend mit

(25) $W = \frac{dD}{dt}, \qquad D := \int \vec{x}.\vec{g}d^3x$

ist. Die Dilatationsinvarianz (zu der als Erhaltungsgröße das Raumintegral von (24) gehört) hängt daher mit dem Verschwinden der Spur von $T^{\mu\nu}$ zusammen.
Als letztes betrachten wir die Dichte

(26) $k^{\mu\nu} = (x_{\lambda}x^{\lambda}g^{\mu\rho} - 2x^{\mu}x^{\rho})T_{\rho}^{\ \nu}$

Aus der Kontinuitätsgleichung für $T^{\mu\nu}$ folgt

(27) $\partial_{\nu}k^{\mu\nu} = -2x^{\mu}T^{\nu}_{\ \nu}$

Auch das ist nur bei Gültigkeit von (23) eine Kontinuitätsgleichung und liefert nur dann einen Erhaltungssatz für das Raumintegral des Vektors

(28) $k^{\mu o} = (ck^{o},\vec{k})$

(28a) $k^{o} = 2t(\vec{x}.\vec{g}) - w(t^2 + \frac{\vec{x}^2}{c^2})$

(28b) $\vec{k} = c^2t^2\vec{g} - 2t\vec{x}w + \vec{x}(\vec{x}.\vec{g}) + \vec{x} \times (\vec{x} \times \vec{g})$

der zur Invarianz gegen konforme Transformationen (7) gehört, die somit ebenfalls mit (23) zusammenhängt.
Mit Hilfe der Momente

(29) $N := \frac{1}{2c^2}\int \vec{x}^2 w(x)d^3x$

(30) $\vec{M} := \frac{1}{2c^2}\int d^3x[\vec{x}(\vec{x}.\vec{g}) + \vec{x} \times (\vec{x} \times \vec{g})] = \frac{1}{c^2}\int d^3x[\vec{x}(\vec{x}.\vec{g}) - \frac{1}{2}\vec{g}\vec{x}^2]$

kann man diese Sätze in folgender Form schreiben:

$$(31)\quad D = \frac{dN}{dt} \quad \text{bzw.} \quad W = \frac{d^2N}{dt^2}$$

$$(32)\quad \vec{R} = \frac{d\vec{M}}{dt} \quad \text{bzw.} \quad \vec{P} = \frac{d^2\vec{M}}{dt^2}$$

Wie bereits betont, gelten die Sätze (25), (31) und (32) nur dann, wenn der Energie-Impulstensor spurfrei ist. Für die meisten Theorien, die eine Wechselwirkung mit geladener Materie beschreiben, ist die Spur des materiellen Anteils von $T^{\mu\nu}$ von Null verschieden. Für die freie Elektrodynamik (Theorie ohne Quellen, Felder im Vakuum) ist hingegen (23) erfüllt.

3. Modellsysteme für elektromagnetische Wechselwirkung

Nun betrachten wir einige Modelle für die Wechselwirkung von Ladungen und Materie, die für gewisse Situationen eine brauchbare Beschreibung liefern könnten. Dabei darf man aber nicht vergessen, daß jedes Modell eine Verzeichnung der Wirklichkeit bedeutet. Man wird außerdem nicht erwarten dürfen, daß sehr fundamentale Probleme wie z.B. das der Selbstenergie in einfachen Modellfällen zu lösen sind. Jedes der angegebenen Modelle wird daher an einigen Stellen zu Schwierigkeiten oder sogar zu inneren Widersprüchen führen, die man aber auf die Modellannahmen zurückführen wird. Wir beginnen mit geladenen Punktteilchen (Ladung q_n, Masse m_n, n=1,2,...N), die sich auf Bahnkurven K_n bewegen, die durch Angabe der Koordinaten $x_n^\mu(\tau_n)$ als Funktionen der Eigenzeit τ_n bestimmt sind (vgl. auch Anhang IV). Ein geeigneter Ansatz für die Wirkung lautet

$$(33a)\quad \mathcal{W}_{mat} = -\sum_n m_n c \int_{K_n} ds_n - \frac{1}{c}\sum_n q_n \int_{K_n} dx_n^\mu(\tau_n) A_\mu(x)\ \delta_4(x-x_n(\tau_n))\, d^4x$$

Eine alternative Form erhält man durch Einführung einer universellen Parametrisierung aller Weltlinien durch eine Variable σ anstelle der τ_n:

$$\int ds_n = \int [g_{\mu\nu} dx_n^\mu(\tau_n) dx_n^\nu(\tau_n)]^{1/2} = \int \left[g_{\mu\nu} \frac{dx_n^\mu(\tau_n)}{d\sigma} \frac{dx_n^\nu(\tau_n)}{d\sigma} \right]^{1/2} d\sigma$$

Damit wird

$$\text{(33b)} \quad \mathfrak{W}_{mat} = - \sum_n m_n c \int \left[g_{\mu\nu} \frac{dx_n^\mu}{d\sigma} \frac{dx_n^\nu}{d\sigma} \right]^{1/2} d\sigma - \frac{1}{c} \sum_n q_n \int dx_n^\mu(\sigma) A_\mu(x_n(\sigma))$$

Für die Stromdichte erhält man aus (33a) mit (15)

$$\text{(34)} \quad j^\mu(x) = c \sum_n q_n \int_{K_n} dx_n^\mu(\tau_n) \, \delta_4(x - x_n(\tau_n))$$

was dem in Anhang IV angegebenen Ausdruck entspricht. Die Bewegungsgleichungen sind die Maxwellgleichungen mit diesem Quellterm und die aus der letzten Gl. (11)

$$\frac{\delta \mathfrak{W}_{mat}}{\delta x_n^\alpha(\sigma)} = 0$$

folgenden Materiegleichungen. Schreiben wir (33b) in der Form

$$\mathfrak{W}_{mat} = \int \mathfrak{L}(\sigma) d\sigma$$

so ist

$$\frac{\delta \mathfrak{W}_{mat}}{\delta x_n^\alpha(\sigma)} = \frac{\partial \mathfrak{L}}{\partial x_n^\alpha(\sigma)} - \frac{d}{d\sigma} \left(\partial \mathfrak{L} / \partial \frac{\partial x_n^\alpha}{\partial \sigma} \right) =$$

$$= \frac{q_n}{c} \frac{dx_n^\mu}{d\sigma} (\partial_\mu A_\alpha(x_n) - \partial_\alpha A_\mu(x_n)) + m_n \frac{d}{d\sigma} (\frac{dx_{n\alpha}}{d\tau_n})$$

Nach Multiplikation mit $d\sigma/d\tau_n$ nehmen diese Gleichungen in Termen von Impuls und Vierergeschwindigkeit die erwartete Form

$$(35) \quad \frac{dp_n^\alpha}{d\tau_n} = q_n F^{\alpha\mu}(x_n) u_{n,\mu}$$

an. Der Energieimpulstensor ist aus (16) zu finden. Benützen wir als dynamische Variable A_μ und x_n^μ, so ist nur der metrische Tensor im ersten Term von (33b) zu varieren. Auf diese Weise erhält man

$$(36) \quad T^{\alpha\beta}_{mat} = \frac{1}{\sqrt{-g}} \sum_n \int p_n^\alpha(\tau_n) dx_n^\beta(\tau_n) \delta(x - x_n(\tau_n))$$

was für $g = -1$ mit der in Anhang IV angegebenen Form übereinstimmt. Die Bilanzgleichung für den gesamten Energieimpulstensor

$$\partial_\nu (T^{\mu\nu}_{mat} + T^{\mu\nu}_{em}) = 0$$

kann man mit Hilfe der Bewegungsgleichungen explizit nachrechnen. Das System ist daher abgeschlossen. In der Praxis kann man durch die angegebene Wirkung ein verdünntes ionisiertes Gas beschreiben, in dem keine Stöße stattfinden.

Als nächstes Beispiel betrachten wir ein geladenes Materiefeld ohne Spin. Eigentlich entspricht die Beschreibung von Materie durch ein Feld bereits der Quantenfeldtheorie. Man erreicht aber eine (quasi-) klassische Vorstufe zu dieser, wenn man die Feldfunktionen des Materiefeldes als gewöhnliche Funktionen behandelt (analog zu den Potentialen oder Feldstärken des Maxwellfeldes). Als dynamische Variable benützen wir ein komplexes skalares Feld $\emptyset(x)$. Wir benützen außerdem die Abkürzungen

$$(37)\quad \varepsilon := \frac{e}{\hbar c},\ \kappa := \frac{mc}{\hbar},\ D_\mu = \partial_\mu + i\varepsilon A_\mu$$

Dabei ist m die Masse, ±e die Ladung der zum Materiefeld gehörigen Teilchen und $\hbar$ die durch 2π geteilte Planck'sche Konstante. Der Zusammenhang zwischen dem Materiefeld und den zugehörigen Teilchen wird erst aus der Quantentheorie klar, in der die Feldgrößen nichtvertauschbare Operatoren sind. Hier müssen wir das Auftreten von h ebenso hinnehmen, wie die Tatsache, daß ein komplexes Feld Teilchen mit beiden Ladungsvorzeichen beschreibt (ein reelles Feld würde neutrale Teilchen beschreiben, die keine elektromagnetische Wechselwirkung haben). Ein geeigneter Ansatz für die Wirkung lautet

$$(38)\quad \mathfrak{W}_{mat} = \int d^4x[(D_\mu\emptyset)^*(D^\mu\emptyset) - \kappa^2\emptyset^*\emptyset]$$

Die Eichinvarianz ist dann gegeben, wenn wir bei Eichtransformationen außer A^μ auch die Phase von $\emptyset$ ändern

$$(39)\quad A^\mu \to A^\mu + \partial^\mu\Lambda,\quad \emptyset \to \emptyset \exp(-i\varepsilon\Lambda)$$

Das Auftreten der Ableitungen in der Kombination D_μ ist damit eng verknüpft. Der Übergang von der freien Materietheorie zu der mit elektromagnetischer Wechselwirkung kann durch die Substitution $\partial \to D_\mu$ erzielt werden (die Analogie zur Einführung der kovarianten Ableitung in der Gravitationstheorie ist kein Zufall). Aus unserem Formalismus erhalten wir durch Rechnung die Stromdichte

$$(40)\quad j^\mu(x) = \varepsilon c^2[i(\emptyset^*\partial^\mu\emptyset - \emptyset\partial^\mu\emptyset^*) - 2\varepsilon A^\mu\emptyset^*\emptyset]$$

Die Feldgleichungen der Materie folgen aus

$$\frac{\delta \mathcal{W}_{mat}}{\delta \phi^*} = 0$$

und lauten

$$(41) \quad D_\mu D^\mu \phi + \kappa^2 \phi = 0$$

Für den Energieimpulstensor erhalten wir nach dem angegebenen Schema unter Beachten von

$$\frac{\partial}{\partial g^{\alpha\beta}} (B_\mu g^{\mu\nu} C_\nu) = \frac{1}{2} (B_\alpha C_\beta + B_\beta C_\alpha)$$

den Ausdruck

$$(42) \quad T^{\mu\nu}_{mat} = (D^\mu \phi)^* D^\nu \phi + (D^\nu \phi)^* D^\mu \phi - g^{\mu\nu} [(D_\lambda \phi)^* D^\lambda \phi - \kappa^2 \phi^* \phi]$$

Die Kontinuitätsgleichungen für die Stromdichte (40) und den gesamten Energieimpulstensor sind mit Hilfe der Feldgleichungen leicht nachzurechnen. Auch dieses Modellsystem ist daher abgeschlossen.

Eine Wechselwirkungstheorie läßt sich sogar dann noch formulieren, wenn die Materie als statistisches Ensemble beschrieben werden muß. Wir betrachten als Beispiel eine relativistische, ideale Flüssigkeit (d.h. eine solche ohne innere Reibung), deren Teilchen auch Ladungsträger sein sollen. In diesem Fall ist eine Lagrange'sche Beschreibung alles eher als einfach. Die Bewegungsgleichungen können aber einfach formuliert werden, wenn man von einem Ansatz für den Energieimpulstensor der Materie ausgeht. Wir geben zunächst einen kurzen Abriß der relativistischen Hydrodynamik. Als Variable benützen wir die Vierergeschwindigkeit

$$(43) \quad u^\mu(x) = \gamma(v)(1, \frac{\vec{v}}{c}), \qquad u^\mu u_\mu = 1, \; u^\mu \partial_\nu u_\mu = 0$$

wobei $\vec{v} = \vec{v}(x)$ das Geschwindigkeitsfeld der Flüssigkeit ist. Außerdem beschreiben wir die Flüssigkeit durch die Teilchendichte $n(x)$, die innere Energiedichte $e(x)$ und den Druck $p(x)$. Diese Größen fassen wir als relativistische Skalare auf, die auf die Volumeneinheit des Ruhsystems der Flüssigkeit ($\vec{v}=0$) bezogen seien.

Die Dichte des Teilchenstromes ist dann

(44) $n^{\mu}(x) := n(x)u^{\mu}(x)$

Die Größe $\mu(x) = m\gamma(v)n(x)$ transformiert sich als 0-Komponente eines Vierervektors und ist das Analogon zur Massendichte der nichtrelativistischen Hydrodynamik. Für die Dichte des Massenstromes können wir daher schreiben

(45) $mcn^{\mu} = (c\mu(x), \mu(x)\vec{v}(x))$

Analog transformiert sich $\gamma^2 e$ wie die 00-Komponente eines Lorentztensors. Spalten wir daher von e die relativistische Massenenergie ab

$e = mc^2 n + \hat{e}$

so wird im nichtrelativistischen Grenzfall

$\gamma^2 e = \mu c^2 + \frac{1}{2}\mu v^2 + \mu\varepsilon + \ldots$

mit der nichtrelativistischen inneren Energie pro Masseneinheit

$\hat{e}_{NR} = \mu\varepsilon$

Eine geeigneter Ansatz für den Energie-Impulstensor der Flüssigkeit lautet

(46) $T^{\mu\nu}_{mat} = \frac{1}{c}\,[(e+p)u^{\mu}u^{\nu} - pg^{\mu\nu}]$

Wir geben die Komponenten und ihre nichtrelativistische Entwicklung an (dabei ist zu beachten, daß sowohl p als auch ê klein gegen μc^2 sind):

Energiedichte $cT^{00}_{mat} = \gamma^2 e + (\gamma^2 - 1)p = \mu c^2 + \frac{\mu}{2}\vec{v}^2 + \mu\varepsilon + \ldots$

Impulsdichte $T^{k0}_{mat} = \gamma^2(e+p)v^k = \mu v^k + \ldots\ldots$

Energiestromdichte $c^2T^{Ok}_{mat} = \gamma^2(e+p)v^k = \mu c^2 v^k + v^k[\frac{1}{2}\mu v^2 + \mu\varepsilon + p] + ..$

Impulsstromdichte $cT^{kl}_{mat} = p\delta^{kl} + \frac{1}{c^2}\gamma^2(e+p)v^k v^l =$

$$= p\delta^{kl} + \mu v^k v^l + ...$$

Die Dynamik der Flüssigkeit wird dann durch die Kontinuitätsgleichungen für die Teilchenstromdichte und den Energieimpulstensor beschrieben

(47) $\partial_\mu n^\mu = 0$

(48) $\partial_\nu T^{\mu\nu}_{mat} = \frac{1}{c} f^\mu$

Dabei ist f^μ die Dichte aller "äußeren" Kräfte. Wir erhalten ein abgeschlossenes System, wenn wir $-\frac{1}{c}f^\mu$ als Divergenz eines Energieimpulstensors schreiben können.

Die Kontinuitätsgleichung (47) kann in den beiden äquivalenten Formen

$n\partial_\mu u^\mu + u^\mu \partial_\mu n = 0$ bzw. $\frac{\partial\mu}{\partial t} + \vec{\nabla}(\mu\vec{v}) = 0$

geschrieben werden. Aus der letzteren Form sieht man, daß in der nichtrelativistischen Bilanzgleichung für die Energie die Bilanz der Ruhemassenanteile herausfällt. Im nichtrelativistischen Grenzfall tritt daher

$(cT^{oo}_{mat})_{NR} = \frac{\mu}{2}\vec{v}^2 + \mu\varepsilon$, $(cT^{ok}_{mat})_{NR} = v^k[\frac{1}{2}\mu\vec{v}^2 + \mu\varepsilon + p]$

als Energie- bzw. Energiestromdichte auf.

Aus den Kontinuitätsgleichungen für $T^{\mu\nu}_{mat}$ erhält man durch Projektion parallel bzw. senkrecht zu u eine skalare sog. Energiegleichung und eine vektorielle dynamische Gleichung für das Geschwindigkeitsfeld, die das Analogon der Eulerschen Gleichung der nichtrelativistischen Hydrodynamik ist. Wir betrachten zunächst die Energiegleichung. Durch Multiplikation mit cu_μ erhalten wir aus (48) nach Verwendung von (47)

$$(49)\quad nu^\nu[\partial_\nu(\frac{e+p}{n}) - \frac{1}{n}\partial_\nu p] = f^\mu u_\mu$$

Die Größe e+p/n ist die Enthalpie pro Teilchen. Mit Hilfe der Thermodynamik kann man den Klammerausdruck durch die Entropie pro Teilchen σ/n ausdrücken

$$(50)\quad d(\frac{e+p}{n}) - \frac{1}{n}\,dp = Td\,(\sigma/n)$$

Die Energiegleichung kann damit als Bilanzgleichung für den Entropiestrom σu^μ geschrieben werden

$$(51a)\quad T\partial_\mu(\sigma u^\mu) = f^\mu u_\mu$$

Eine alternative Form erhält man durch Ausschreiben von $u^\mu\partial_\mu$:

$$(51b)\quad \gamma nT\,(\frac{\partial}{\partial t} + \vec{v}.\vec{\nabla})\,\frac{\sigma}{n} = cf^\mu u_\mu$$

In Abwesenheit von Kräften (bzw. für $f^\mu u_\mu=0$) ist daher die Entropie im mit der Flüssigkeit bewegten System zeitkonstant. Zu dieser Gleichung braucht man als Ergänzung die thermodynamische Zustandsgleichung der Flüssigkeit, die eine Beziehung zwischen e,p,n und σ herstellt. Für eine große Klasse von Flüssigkeiten hat diese die Form einer Polytrope

$$e-nmc^2 = p/(\lambda-1)$$

mit einem geeigneten Index λ (für ein nichtrelativistisches Gas ist $\lambda=5/3$, für ein extrem relativistisches ist $\lambda= 4/3$). Daraus erhält man

$$Td(\frac{g}{n}) = \frac{n^{\lambda-1}}{\lambda-1}\, d(\frac{p}{n^{\lambda}})$$

und die Energiegleichung enthält nur p und n.

Nun betrachten wir die restlichen Gleichungen. Durch Multiplikation von (48) und $c(g^{\rho}{}_{\mu}-u^{\rho}u_{\mu})$ erhalten wir

$$(52)\quad -\partial^{\rho}p + u^{\rho}u^{\nu}\partial_{\nu}p + (e+p)u^{\nu}\partial_{\nu}u^{\rho} = k^{\rho}$$

mit

$$k^{\rho} = f^{\rho} - u^{\rho}f^{\mu}u_{\mu}$$

$$(53)\quad k^{o} = \frac{1}{c}\vec{v}.\vec{f} + \frac{(1-\gamma^{2})}{\gamma}\, f^{\mu}u_{\mu}$$

$$\vec{k} = \vec{f} - \gamma\, \frac{\vec{v}}{c}\, f^{\mu}u_{\mu}$$

Die vier Gleichungen (52) sind nicht unabhängig voneinander. Setzt man die Gl. für ρ=O in die drei Gleichungen für die drei anderen Komponenten ein, so erhält man nach einigen Umformungen die relativistische Verallgemeinerung der Euler'schen Gleichungen

$$(54)\quad (\frac{\partial}{\partial t} + \vec{v}.\vec{\nabla})\, \vec{v} = \frac{c^{2}}{(e+p)\gamma^{2}}[\, \vec{k}-\vec{\nabla}p - \frac{\vec{v}}{c^{2}}\,\frac{\partial p}{\partial t} - \frac{\vec{v}}{c}\, k^{o}\,]$$

Im nichtrelativistischen Grenzfall reduziert sich (54) auf

$$(55)\quad (\frac{\partial}{\partial t} + \vec{v}.\vec{\nabla})\vec{v} = \frac{1}{\mu}\,(\vec{f} - \vec{\nabla}p)$$

Zusammen mit der Zustandsgleichung reichen die Gleichungen (49) und (52) oder (51a,b) und (54) zur Bestimmung der enthaltenen Größen aus, wenn die Kräfte bekannt sind. Haben die Flüssigkeitsteilchen elektrische Eigenschaften, so führt ihr Strömen zum Auftreten von elektromagnetischen Feldern, die ihrerseits wieder Kräfte auf die Teilchen ausüben. Wir erhalten ein abgeschlossenes System, wenn wir zur Bestimmung der Felder die Maxwellgleichungen benützen und in die hydrodynamischen Gleichungen als Kraftdichte

$$(56)\quad f^{\mu} = -c\partial_{\nu}T^{\mu\nu}_{em} = \frac{1}{c}F^{\mu\nu}j_{\nu}$$

$$f^{o} = \frac{1}{c}\vec{j}.\vec{E}, \qquad \vec{f} = \rho\vec{E} + \frac{1}{c}\vec{j}\times\vec{B}$$

einsetzen. Natürlich muß der Zusammenhang zwischen dem elektrischen Strom $j^{\mu} = (c\rho,\vec{j})$ und den hydrodynamischen Größen (insb. $n(x)$, u^{μ}) bekannt sein. Das einfachste Modell ist eine geladene Flüssigkeit, bei der alle Flüssigkeitsteilchen die gleiche Ladung q tragen. In diesem Fall ist

$$(57)\quad j^{\mu} = qcn^{\mu} = qcnu^{\mu} \text{ bzw. } \rho = \frac{q}{m}\mu,\ \vec{j} = \frac{q}{m}\mu\vec{v}$$

und wir erhalten

$$(58)\quad f^{\mu} = qnF^{\mu\nu}u_{\nu}, \qquad f^{\mu}u_{\mu} = 0$$

$$\vec{f} = \vec{k} = \frac{q}{m}\mu(\vec{E} + \frac{1}{c}\vec{v}\times\vec{B}), \quad f^{o} = k^{o} = \frac{q\mu}{mc}\vec{v}.\vec{E}$$

Das zu lösende Gleichungssystem für dieses abgeschlossene System besteht daher aus den Maxwell'schen Gleichungen mit (57) als Quellen und den hydrodynamischen Gleichungen (49) und (52) mit (58) und der Zustandsgleichung. Im nächsten Abschnitt werden wir ein anderes Modell betrachten, bei dem der elektrische Strom in einem Leiter phänomenologisch beschrieben wird.

4. Die Gleichungen der Magnetohydrodynamik

Die Wechselwirkung von Magnetfeldern mit Strömen ist vor allem für flüssige (oder gasförmige)Leiter von Bedeutung. Wir untersuchen diese Wechselwirkung nun im nichtrelativistischen Grenzfall für eine leitende, reale (viskose) Flüssigkeit. Die Euler'sche Gleichungen (55) sind in diesem Fall durch die Navier-Stokes'schen Gleichungen zu ersetzen

$$(59)\quad \mu\left(\frac{\partial}{\partial t} + \vec{v}.\vec{\nabla}\right)\vec{v} = \vec{f} - \vec{\nabla}p + \eta\Delta\vec{v} + \left(\xi + \frac{\eta}{3}\right)\vec{\nabla}(\vec{\nabla}.\vec{v})$$

Dabei sind η und ξ die beiden Viskositätskoeffizienten der Flüssigkeit, die als phänomenologische Parameter aufzufassen sind. In der Energiegleichung (51b) kommt ein Term dazu, der die Wärmedissipation infolge der Viskosität und der Wärmeleitung beschreibt. Betrachten wir statt σ/n die Entropie pro Masseneinheit $s=\sigma/\mu$, so lautet die Energiegleichung

$$(60)\quad \mu T\left(\frac{\partial}{\partial t} + \vec{v}.\vec{\nabla}\right) s = \sum^{ik}\nabla^k v^i + \vec{\nabla}\,(\kappa\vec{\nabla}T) + K$$

Der erste Term auf der rechten Seite beschreibt die Energiedissipation infolge der Viskosität und enthält den Tensor

$$(61)\quad \sum^{ik} := \eta\left(\nabla^i v^k + \nabla^k v^i - \frac{2}{3}\delta^{ik}(\vec{\nabla}.\vec{v})\right) + \xi\delta^{ik}\vec{\nabla}.\vec{v}$$

Der zweite Term entspricht der Wärmeleitung und enthält die Wärmeleitfähigkeit κ. Der letzte Term enthält die "äußeren" Kräfte

$$K := (cf^{\mu}u_{\mu})_{NR}$$

Zu diesen Gleichungen kommt die Zustandsgleichung

$$(62)\quad p = p(\mu, T)$$

und es müssen die Kraftausdrücke (56) zusammen mit den Maxwellgleichungen betrachtet werden, damit ein abgeschlossenes System resultiert.

Wir beschreiben die Flüssigkeit als makroskopischen Leiter, der durch eine konstante Leitfähigkeit σ charakterisiert ist (vgl. IV, Abschnitt 8). Außerdem setzen wir die Permeabilität gleich 1 und benützen die quasistationäre Theorie. Diese Annahmen sind für die meisten flüssigen Leiter in einem relativ weiten Frequenzbereich zu rechtfertigen. Der einzige Punkt, der einige Vorsicht erfordert, ist die Annahme, daß σ unabhängig vom Magnetfeld ist: das wird nur dann erfüllt sein, wenn die freie Weglänge der Ladungsträger (Elektronen) groß gegen ihre Bahnkrümmung im Magnetfeld ist; für ein dünnes Medium in einem starken Feld kann diese Annahme falsch werden.
Die quasistationären Maxwellgleichungen lauten für $\vec{B}=\vec{H}$

$$(63)\quad \vec{\nabla} \times \vec{B} = \frac{4\pi}{c}\vec{j}_f, \quad \vec{\nabla} \times \vec{E} + \frac{1}{c}\frac{\partial \vec{B}}{\partial t} = 0, \quad \vec{\nabla}.\vec{B} = 0$$

Dazu käme in einem <u>ruhenden</u> Leiter das Ohm'sche Gesetz (IV, 35). Bereits aus der einfachen Plausibilitätsbetrachtung von (IV, Abschnitt 9) ist klar, daß es für bewegte Leiter zu modifizieren ist. Diese Modifikation ist aber leicht zu finden. Wir betrachten ein genügend kleines, aber makrokoskopisches Stück des Leiters. Im Ruhsystem dieses Stückes ist dann das Ohm'sche Gesetz erfüllt

$$\vec{j}'_f = \sigma\vec{E}'$$

Das entsprechende Gesetz für den bewegten Leiter findet man durch Lorentztransformation: man faßt das Ruhsystem des Leiterstückes als ein mit $\vec{v}$ bewegtes Bezugssystem auf. Dabei dürfen wir die nichtrelativistische Näherung $v^2 \ll c^2$ verwenden. Dann wird nach (II,4)

$$\vec{j}'_\perp = \vec{j}_\perp, \quad j'_\parallel = \gamma(j_\parallel - \beta j^0) \approx j_\parallel$$

$$E'_{\parallel} = E_{\parallel}\,, \quad \vec{E}'_{\perp} = \gamma(\vec{E}_{\perp} + \frac{1}{c}\vec{v} \times \vec{B}_{\perp}) \approx \vec{E}_{\perp} + \frac{1}{c}(\vec{v} \times \vec{B}_{\perp})$$

Da $\vec{v} \times \vec{B}_{\perp} = \vec{v} \times \vec{B}$ keine Komponente $\parallel v$ hat, erhalten wir in der hier betrachteten Näherung (d.h. bei Vernachlässigung von Termen $\sim v^2/c^2$)

$$(64) \quad \vec{j} = \sigma(\vec{E} + \frac{1}{c}\,\vec{v} \times \vec{B})$$

Der zweite Term in diesem Ausdruck ist selbst für $v/c \ll 1$ nicht immer klein gegen den ersten und muß daher mitgenommen werden. Für gegebenes $\vec{B}$ kann man $\vec{E}$ aus der ersten Gl.(63) und (64) bestimmen. Wir schreiben die Maxwellgl. so um, daß sie nur mehr $\vec{B}$ und $\vec{v}$ enthalten. Zunächst ist

$$\vec{E} = \frac{1}{\sigma}\,\vec{j} - \frac{1}{c}\,\vec{v} \times \vec{B} = \frac{c}{4\pi\sigma}\,\vec{\nabla} \times \vec{B} - \frac{1}{c}\,\vec{v} \times \vec{B}$$

Wegen $\vec{\nabla}.\vec{B}=0$ ist $\vec{\nabla}\times(\vec{\nabla} \times \vec{B}) = -\Delta\,\vec{B}$ und wir erhalten aus dem Induktionsgesetz die gesuchte Gleichung. Insgesamt lauten die Gleichungen für $\vec{B}$

$$(65) \quad \frac{\partial\vec{B}}{\partial t} = \frac{c^2}{4\pi\sigma}\Delta\vec{B} + \vec{\nabla}\times\,(\vec{v} \times \vec{B})$$

$$\vec{\nabla}.\vec{B} = 0$$

Für die Kraftterme in den hydrodynamischen Gleichungen erhält man durch Ausrechnen

$$(66) \quad \vec{f} = -\,\frac{1}{4\pi}\,\vec{B} \times (\vec{\nabla} \times \vec{B})$$

$$K = \frac{c^2}{16\pi^2\sigma}\,(\vec{\nabla} \times \vec{B})^2$$

Das vollständige System der magnetohydrodynamischen Gleichungen ist daher durch (59), (60), (62), (65) und (66) gegeben.

Wir schreiben das ganze System nocheinmal an:

Navier-Stokes-Gleichungen:

$$\mu\left(\frac{\partial}{\partial t} + \vec{v}.\vec{\nabla}\right)\vec{v} = -\frac{1}{4\pi}\vec{B} \times (\vec{\nabla} \times \vec{B}) - \vec{\nabla}p + \eta\Delta\vec{v} +$$

$$+\left(\xi + \frac{\eta}{3}\right)\vec{\nabla}(\vec{\nabla}.\vec{v})$$

Maxwellgleichungen:

$$\frac{\partial\vec{B}}{\partial t} = \frac{c^2}{4\pi\sigma}\Delta\vec{B} + \vec{\nabla}\times(\vec{v} \times \vec{B})$$

$$\vec{\nabla}.\vec{B} = 0$$

Energiegleichung:

$$\mu T\left(\frac{\partial}{\partial t} + \vec{v}.\vec{\nabla}\right)s = [\eta(\nabla^i v^k + \nabla^k v^i - \frac{2}{3}\delta^{ik}\vec{\nabla}.\vec{v}) +$$

$$+\xi\delta^{ik}\vec{\nabla}.\vec{v}]\nabla^k v^i + \vec{\nabla}(\kappa\vec{\nabla}T) + \frac{c^2}{16\pi^2\sigma}(\vec{\nabla} \times \vec{B})^2$$

Zustandsgleichung

$$p = p(\mu, T)$$

Phänomenologische Parameter: Viskositäten ξ,η, elektr. Leitfähigkeit σ, Wärmeleitfähigkeit κ.

5. Magnetische Monopole

Wie bereits in Kap. II festgestellt wurde, ist die Frage, ob es magnetische Monopole gibt oder nicht, nur empirisch zu entscheiden: bisher hat man keine gefunden. Wenn es doch welche gibt, hat die Maxwell'sche Theorie eine ästhe-

tisch attraktive symmetrische Form, die immer wieder Theoretiker fasziniert hat.
Dirac hat 1931 erkannt, daß in dieser Theorie die Quantisierung der elektrischen Ladung als Folge der Quantisierung des Drehimpulses verstanden werden kann: das ist bisher die einzige Theorie, in der man erklären kann, weshalb die elektrische Ladung nicht beliebige Werte annimmt. Außerdem hat die besondere topologische Struktur der symmetrischen Maxwelltheorie das Interesse der Elementarteilchenphysiker gefunden. Das alles läßt es gerechtfertigt erscheinen, diese Theorie kurz zu skizzieren, selbst wenn es sich dabei um eine reine Spekulation handelt, die bisher keine experimentelle Rechtfertigung gefunden hat.
In Abwesenheit von Quellen ($j^{\mu}=0$) sind die Maxwell'schen Gleichungen invariant bei $\vec{E}\to\vec{B}, \vec{B}\to-\vec{E}$. Diese Invarianz kann verallgemeinert werden: Man sieht unmittelbar, daß die Gleichungen bei der Transformation

$$F^{\mu\nu}\to(F^{\mu\nu})' = F^{\mu\nu}\cos\delta+\hat{F}^{\mu\nu}\sin\delta$$

(67) $$\hat{F}^{\mu\nu}\to(\hat{F}^{\mu\nu})' = -F^{\mu\nu}\sin\delta+\hat{F}^{\mu\nu}\cos\delta$$

mit einem beliebigen Winkel δ invariant sind (sog. duale Rotationen). Wenn $j^{\mu}\neq 0$ ist, geht die Invarianz verloren. Das ist eine Folge der Abwesenheit magnetischer Monopole, die zu $\vec{\nabla}\cdot\vec{B} = 0$ bzw. $\partial_{\mu}\hat{F}^{\mu\nu}=0$ führt. Gibt man diese Hypothese auf, so kann man die Maxwellgleichungen in symmetrischer Form schreiben. Man muß dazu außer der elektrischen Stromdichte

$$j^{\mu}\equiv j^{\mu}{}_{(e)}$$

ein magnetisches Analogon

(68) $$j^{\mu}{}_{(m)} = (c\rho_{(m)}, \vec{j}_{(m)})$$

einführen. Diese Größe beschreibt die Dichte bzw. Stromdichte von magnetischen "Elementarladungen" (Monopolen). Die Maxwellgleichungen haben dann die Form

$$(69a)\quad \partial_\mu F^{\mu\nu} = \frac{4\pi}{c} j^\nu{}_{(e)} \qquad \text{bzw.} \qquad \vec{\nabla}.\vec{E} = 4\pi\rho_{(e)}$$

$$-\frac{1}{c}\frac{\partial\vec{E}}{\partial t} + \vec{\nabla}\times\vec{B} = \frac{4\pi}{c}\vec{j}_{(e)}$$

$$\vec{\nabla}.\vec{B} = 4\pi\rho_{(m)}$$

$$-\frac{1}{c}\frac{\partial\vec{B}}{\partial t} - \vec{\nabla}\times\vec{E} = \frac{4\pi}{c}\vec{j}_{(m)}$$

$$(69b)\quad \partial_\mu \hat{F}^{\mu\nu} = \frac{4\pi}{c} j^\nu{}_{(m)}$$

Dabei ist wie früher

$$(70)\quad \hat{F}^{\mu\nu} = \frac{1}{2}\varepsilon^{\mu\nu\alpha\beta}F_{\alpha\beta}$$

und beide Ströme erfüllen eine Kontinuitätsgleichung

$$(71)\quad \partial_\mu j^\mu{}_{(e)} = \partial_\mu j^\mu{}_{(m)} = 0$$

Die Gleichungen sind invariant bei (67), wenn sich bei dieser Transformation die Quellen gemäß

$$(72)\quad \begin{aligned} j^\mu{}_{(e)} &\rightarrow (j^\mu{}_{(e)})' = j^\mu{}_{(e)}\cos\delta + j^\mu{}_{(m)}\sin\delta \\ j^\mu{}_{(m)} &\rightarrow (j^\mu{}_{(m)})' = -j^\mu{}_{(e)}\sin\delta + j^\mu{}_{(m)}\cos\delta \end{aligned}$$

transformieren. Der Spezialfall $\delta=\pi/2$ bedeutet Vertauschung von Elektrizität und Magnetismus:

$$\vec{E}\rightarrow\vec{B},\quad \vec{B}\rightarrow-\vec{E},\qquad j^\mu{}_{(e)}\rightarrow j^\mu{}_{(m)},\qquad j^\mu{}_{(m)}\rightarrow -j^\mu{}_{(e)}$$

Die Herleitung von $F^{\mu\nu}$ aus einem Vektorpotential A^ν darf nun nicht mehr gemäß (II,29) erfolgen, denn das würde zu einem Widerspruch mit (69b) führen. Ein Ansatz, der zur richtigen Feldgleichung führt, lautet

(73a) $$F^{\mu\nu}(x) = \partial^\mu A^\nu(x) - \partial^\nu A^\mu(x) - \frac{4\pi}{c}\varepsilon^{\mu\nu}{}_{\alpha\beta}\int d^4x' f^\alpha(x-x') j^\beta_{(m)}(x')$$

Dabei erfüllt die Funktion f^α die Beziehungen

(74) $$\partial_\alpha f^\alpha(x) = \delta(x), \quad f^\alpha(-x) = -f^\alpha(x)$$

durch die sie jedoch keineswegs eindeutig bestimmt ist. Außer der Freiheit von Eichtransformationen (II,32) ist in diesem Fall auch noch in f^α ein gewisses Maß von Willkür enthalten. Eine mögliche Darstellung für f^α ist

(75) $$f\alpha(x) = \int_K d\xi\,\delta(x-\xi)$$

wobei das Linienintegral über eine beliebige Kurve K zu erstrecken ist, die vom Ursprung ins ∞ läuft. Es läßt sich zeigen, daß $F^{\mu\nu}$ von den Details von f^α nicht abhängt. Setzt man diese Form in (73a) ein, so kann das Integral über x' ausgeführt werden und der letzte Term ist ein Linienintegral, in dem $j_{(m)}$ auf der Integrationskurve K auftritt. Für den dualen Tensor erhält man aus (73a)

(73b) $$\hat{F}^{\mu\nu} = \frac{1}{2}\varepsilon^{\mu\nu\alpha\beta}(\partial_\alpha A_\beta - \partial_\beta A_\alpha) + \frac{4\pi}{c}\int d^4x'(f^\mu(x-x') j^\nu_{(m)}(x') - (\mu\nu))$$

In dreidimenionaler Schreibweise ist

(73c)
$$\vec{E} = -\vec{\nabla}\phi - \frac{1}{c}\frac{\partial\vec{A}}{\partial t} + \frac{4\pi}{c}\int d^4x'(\vec{f}(x-x') \times \vec{j}_{(m)}(x'))$$
$$B = \vec{\nabla} \times \vec{A} + 4\pi\int d^4x'(\vec{f}(x-x')\rho_{(m)}(x') - \frac{1}{c} f^0(x-x')\vec{j}_{(m)}(x'))$$

Um die Bedeutung des Linienintegrals besser zu verstehen, betrachten wir eine besonders einfache Situation: ein Monopol mit der magnetischen "Ladung" g soll im Ursprung ruhen

(76) $j^{\mu}_{(e)} = 0, \quad j^{\mu}_{(m)} = cg\delta(\vec{x})(1,0,0,0)$

Das Magnetfeld ist dann in Analogie zum Coulombfeld einer ruhenden Punktladung nach (69b)

(77) $\vec{B}_M = g \dfrac{\vec{x}}{|x|^3}$

Um das in der Form (73c) darzustellen, benützen wir (75) und wählen als Kurve eine ruhende Gerade, die vom Ursprung entlang der negativen z-Achse ins Unendliche verläuft. Dann ist

(78) $\xi^0 = \xi^1 = \xi^2 = 0, \; d\vec{\xi} = -\vec{n}d\xi \quad 0>\xi>-\infty, \quad \vec{n}= (0,0,1)$

Die Integration ist einfach auszuführen und man erhält

(79) $\vec{B}_M = \vec{\nabla} \times \vec{A} - 4\pi g\vec{n}\delta(x)\delta(y)\Theta(-z)$

Zum Vergleich betrachten wir das Magnetfeld einer dünnen, zylindrischen Spule, die entlang der negativen z-Achse, vom Ursprung ins Unendliche reicht und so von einem konstanten Strom durchflossen wird, daß der Ursprung der positive (Nord) Pol ist. Man kann sich die Spule aus lauter dicht aufeinandergelegten kleinen Stromschleifen aufgebaut denken, die alle das gleiche magnetische Moment $\vec{\mu}= (0,0,g)$ haben. Für eine Stromschleife an der Stelle $(0,0,-\xi)$ erhält man das Feld im Außenraum durch Benützung der Dipolnäherung (III, 13) mit $\vec{x}\to(x,y,z-\xi)$. Für die ganze Spule erhält man das Außenfeld durch Integration über ξ von 0 bis ∞. Das Resultat ist (77). Dazu kommt das Feld im "Innenraum", d.h. auf der negativen z-Achse. Die Richtung ist $\vec{n}$, der Betrag ist durch $\vec{\nabla}\cdot\vec{B}_{Spule}=0$ fixiert wenn wir beachten, daß das Feld nur auf der Achse von Null verschieden sein darf. Insgesamt ist

$$\vec{B}_{Spule} = g \frac{\vec{x}}{|x|^3} + 4\pi g\vec{n}\delta(x)\delta(y)\Theta(-z)$$

Daher ist

$$\vec{B}_M = \vec{B}_{Spule} - 4\pi g\vec{n}\delta(x)\delta(y)\Theta(-z)$$

Der Vergleich mit (79) zeigt, daß wir für $\vec{A}$ das Vektorpotential der Spule benützen können, das man aus dem entsprechenden einer kleinen Stromschleife (Dipolnäherung) durch Integration in analoger Weise wie oben für $\vec{B}_{Spule}$ angedeutet finden kann. Das Resultat ist

$$(80)\quad \vec{A} = \frac{g}{|\vec{x}|\,(|\vec{x}|+z)}\,(-y,x,0)$$

Man kann sich davon überzeugen, daß die Azimutalkomponente (Polarkoordinaten!)

$$A_\phi = -A^1\sin\phi + A^2\cos\phi = \frac{g}{r\sin\Theta}\,(1-\cos\Theta), \qquad r=|\vec{x}|$$

entlang der ganzen negativen z-Achse ($\Theta=\pi$) singulär ist. Die Darstellung (80) und damit die Funktion f^μ in (75) kann nun leicht verstanden werden: Das Feld des Monopols wird nicht durch $\vec{A}$ allein, sondern durch $\vec{A}$ zusammen mit der Linie dargestellt, auf der $\vec{A}$ singulär ist:

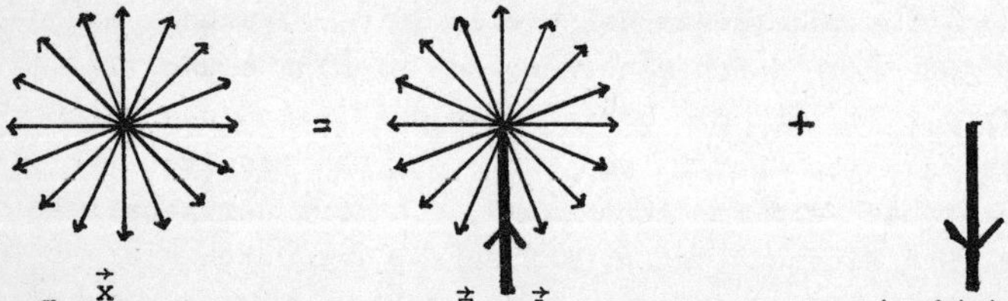

$$\underbrace{g\,\frac{\vec{x}}{|\vec{x}|^3}}_{\vec{B}_M} = \underbrace{\vec{\nabla}\times\vec{A}}_{\vec{B}_{Spule}} - 4\pi n\delta(x)\delta(y)\Theta(-z)$$

Die singuläre Linie heißt Dirac-string. Daß eine solche Singularität auftreten muß, ist leicht einzusehen. Integrieren wir das Monopolfeld über eine geschlossene Fläche F, die den Monopol umschließt, so erhalten wir (vgl. Gauß'sches Gesetz)

$$\int_F \vec{B}.d\vec{f} = 4\pi g$$

Wäre $\vec{B} = \vec{\nabla} \times \vec{A}$, so würde das Integral aber verschwinden. Daher kann $\vec{A}$ nicht auf der ganzen Fläche F endlich sein, sondern muß (mindestens) in einem Punkt auf F singulär sein. Vergrößert man die Fläche, so gilt derselbe Schluß. Aus Stetigkeitsgründen müssen diese Punkte insgesamt eine Linie bilden, die vom Monopol bis ins ∞ verläuft.

Die Verallgemeinerung von (76) für bewegte Teilchen ist leicht anzugeben. Für ein Teilchen mit der elektrischen Ladung q und der magnetischen Ladung g, das sich entlang der Weltlinie $x^\mu(\tau)$ bewegt, ist

(81)
$$j^\mu{}_{(e)}(x') = q\int \delta(x'-x(\tau))dx^\mu(\tau)$$
$$j^\mu{}_{(m)}(x') = g\int \delta(x'-x(\tau)dx^\mu(\tau)$$

wobei δ die vierdimensionale δ-Funktion bedeutet und das Integral über die Weltlinie zu erstrecken ist. Die Bewegungsgleichung in einem vorgegebenem elektromagnetischen Feld $F^{\mu\nu}$ lautet

(82) $$m\,\frac{dp^\mu}{d\tau} = (qF^{\mu\nu}+g\hat{F}^{\mu\nu})u_\nu\ , \qquad p^\mu = mcu^\mu,\ u^\mu = \frac{1}{c}\,\frac{dx^\mu}{d\tau}$$

Wir wollen hier nicht versuchen, die allgemeine Bewegung solcher Teilchen mit beiden Ladungstypen (sog. Dyonen) oder ihre Wechselwirkung miteinander zu untersuchen, sondern nur einen besonders einfachen Fall betrachten: ein Monopol g sei am Ursprung fixiert, ein rein elektrisch geladenes Teilchen (Masse m, Ladung q) bewege sich in seinem Feld. Wir untersuchen nur den nichtrelativistischen Fall. Die Bewegungsgleichung lautet

$$\frac{d\vec{p}}{dt} = \frac{q}{mc}\,\vec{p} \times \vec{B}_M = \frac{qg}{cr^3}\,(\dot{\vec{r}} \times \vec{r})$$

Das Feld ist zwar zentralsymmetrisch, aber die Kraft ist keine Zentralkraft, daher ist der Drehimpuls des Teilchens $\vec{x} \times \vec{p}$ nicht erhalten. Man kann aber leicht nachrechnen, daß der Drehimpuls von Teilchen + Feld erhalten ist

$$\vec{J} = \vec{r} \times \vec{p} + \frac{1}{4\pi c}\int d^3x\; \vec{x} \times (\vec{E} \times \vec{B}_M) = \text{const.}$$

Dabei ist $\vec{E}$ das Feld des Teilchens, genommen an der Stelle $\vec{x}$

$$\vec{E} = q\,\frac{(\vec{x}-\vec{r})}{|\vec{x}-\vec{r}|^3} \qquad \vec{\nabla}.\vec{E} = 4\pi q\delta(\vec{x}-\vec{r})$$

Das Integral berechnet man am einfachsten mit

$$\vec{x} \times (\vec{E} \times \vec{B}_M) = (\vec{x}\vec{B}_M)\vec{E} - (\vec{x}.\vec{E})\vec{B}_M = g(\vec{E}.\vec{\nabla})\,\frac{\vec{x}}{|\vec{x}|}$$

Mit partieller Integration erhält man

$$\vec{J} = \vec{r} \times \vec{p} - \frac{qg}{c}\,\frac{\vec{r}}{r}$$

Eine weitere Erhaltungsgröße ist die kinetische Energie

$$\varepsilon = \frac{\vec{p}^{\,2}}{2m} = \text{const.}$$

Damit kann man die Bewegungsgleichung explizit lösen. Das Teilchen bewegt sich spiralenförmig entlang eines Kegels vom Monopol weg. Dabei liegt der Monopol im Scheitel des Kegels, die Kegelachse ist $-\vec{J}$ und der Öffnungswinkel ψ ist durch

$$\cos\psi = \frac{qg}{c|\vec{J}|}$$

gegeben. Die Winkelgeschwindigkeit nimmt im Lauf der Zeit ab. Elektrische und magnetische Ladungen stoßen einander daher effektiv ab.

Interessanter wird die Sache, wenn wir die Quantentheorie benützen. In dieser sollten die Komponenten von $\vec{J}$ den allgemeinen Vertauschungsrelationen für Drehimpulse genügen und daher Eigenwerte haben, die ganzzahlige Vielfache von $\frac{\hbar}{2}$ sind. Da die Eigenwerte des Bahndrehimpulses ganzzahlige Vielfache von $\hbar$ sind, muß

$$(83) \qquad \frac{qg}{c} = \frac{n}{2}\hbar$$

mit ganzzahligem n sein. Das ist die von Dirac aufgestellte Quantenbedingung, die man auch aus einer konsequenten relativistischen Quantenfeldtheorie mit magnetischen und elektrischen Ladungen erhält. Sie gilt unter der Voraussetzung, daß ein Teilchen <u>entweder</u> elektrisch <u>oder</u> magnetische Ladungen besitzt, aber <u>nicht beides</u>. Nimmt man nun an, daß es in der Welt nur solche Teilchen gibt (also nur rein elektrische Monopole mit Ladungen q_i u. rein magnetische Monopole mit magnetischen Ladungen g_i, keine Dyonen), so kann man zeigen, daß alle diese Ladungen ganzzahlige Vielfache von elementaren Ladungen q_o, g_o sind, die ebenfalls der Dirac'schen Bedingung genügen müssen

$$(84) \qquad \frac{q_o g_o}{c} = n_o \frac{\hbar}{2} \quad \text{mit festem, ganzzahligem } n_o$$

Der Beweis gelingt mit einfachen zahlentheoretischen Argumenten. Allgemein lautet die Diracbedingug

$$\frac{q_i g_j}{c} = \frac{n_{ij}}{2}\hbar \qquad n_{ij} \text{ ganz}$$

Betrachten wir einen festen Wert von g_j, so ist

$$q_i = n_{ij} \frac{\hbar c}{g_j} = n_i n_{oj} \frac{\hbar c}{g_j} = n_i q_o \ , \ q_o = n_{oj} \frac{\hbar c}{g_j}$$

Dabei ist n_{oj} der größte gemeinsame Teiler von n_{ij}. Da n_i ganz ist, sind alle q_j ganzzahlige Vielfache von q_o. Nun muß aber n_{oj} eine Linearkombination von n_{ij} mit ganzen Koeffizienten sein (die auch negativ sein können; vgl. den Euklid'schen Algorithmus zur Konstruktion des größten gemeinsamen Teilers). Da die Kombination von Ladungen einen Zustand mit der Summe der kombinierten Ladungen liefert, aus dem man durch Ladungsumkehr den entgegengesetzt geladenen Zustand erhalten kann, ist q_o die Ladung eines Zustandes, den man in dieser Weise realisieren kann. Für g_j kann man genauso schließen, indem man von einem festen q_i ausgeht. q_o und g_o sind dadurch bis auf ein Vorzeichen festgelegt und erfüllen (84).

Der in der Natur realisierte Wert von q_o führt in der Praxis dazu, daß die Kräfte zwischen Monopolen wesentlich stärker als die zwischen elektrisch geladenen Teilchen sind. Vergleichen wir die Coulombkraft zwischen zwei elektrischen Elementarladungen q_o^2/r^2 mit der zwischen zwei Monopolen g_o^2/r^2. Das Verhältnis ist

$$R = \frac{g_o^2}{q_o^2} = \frac{n_o^2}{4} \left(\frac{\hbar c}{q_o}\right)^2$$

Nehmen wir für q_o die Elementarladung $q_o = e$, so ist

$$\frac{\hbar c}{e^2} = \frac{1}{\alpha} \simeq 137$$

und das Verhältnis wird

(85) $R \simeq 4 \cdot 7.10^3 n_o^2$

was selbst für $n_o=1$ beträchtlich ist. Entsprechend ist die "magnetische Feinstrukturkonstante"

$$(86) \qquad \frac{g_o^2}{\hbar c} = \frac{g_o^2}{e^2} \cdot \frac{e^2}{\hbar c} = \frac{n_o^2}{4\alpha} \simeq 34{\cdot}25 n_o^2$$

Magnetische Monopole sollten daher, wenn es sie gibt, wesentlich schwerer als Elektronen sein. Die Paarerzeugung sollte daher nur bei entsprechend hohen Energien möglich sein.

Die Dirac'sche Vorstellung verletzt durch die Annahme, daß alle Teilchen entweder rein elektrisch oder rein magnetisch geladen sind, die Symmetrie bei dualen Rotationen. Es ist jedoch möglich, eine entsprechend symmetrische Theorie zu formulieren, wenn man von der Annahme ausgeht, daß alle Elementarteilchen Dyonen sind, die sowohl magnetische, als auch elektrische Ladung haben. Die entsprechende Theorie stammt von Schwinger. Untersucht man die Bewegung eines Dyons (q_2, g_2) im Feld eines am Ursprung fixierten Dyons (q_1, g_1), so resultieren wieder Bahnkurven entlang eines Kegels, die aber komplizierter als im oben betrachteten Fall verlaufen (für eine genaue Analyse vgl. die unten zitierte Arbeit von Englert). Aus der Drehimpulsquantisierung erhält man die Bedingung

$$(87) \qquad \frac{1}{c}(q_1 g_2 - q_2 g_1) = \frac{1}{2} n_{12} \hbar , \quad n_{12} \text{ ganz}$$

Diese Bedingung ist invariant gegen duale Rotationen (67). Der Faktor $\frac{1}{2}$ auf der rechten Seite ist umstritten. Schwinger erhält die Bedingung (87) aus einer strengen Analyse ohne diesen Faktor, andere Autoren finden sie in der angegebenen Form. Die strenge Herleitung ist deshalb nicht problemlos, weil man dabei die (unendliche) Selbstenergie der Dyonen durch einen Grenzprozeß definieren muß, von dem das (endliche) Resultat (87) nicht ganz unabhängig ist.

Unabhängig von dieser Streitfrage kann man aber einsehen, daß die wirkliche "Welt" trotz der Symmetrie gegen duale Rotationen die beobachtete Unsymmetrie aufweisen kann. Dazu unterscheiden wir zwischen "kleinen" und "großen" Ladungen,

$$(88) \quad \frac{1}{\hbar c}(q^2 + g^2) < n_o \qquad \text{bzw.} \quad \frac{1}{\hbar c}(q^2 + g^2) > n$$

wobei n von der Größenordnung 1 ist (evtl. 1/2). Diese Unterscheidung ist invariant gegen (1). Betrachten wir nun den Ausdruck auf der linken Seite von (20) für ein Paar von Dyonen, die beide "kleine" Ladungen haben:

$$(89) \quad \frac{1}{\hbar c} \left| q_1 g_2 - q_2 g_1 \right| \leqslant \sqrt{\frac{q_1^2+g_1^2}{\hbar c}} \cdot \sqrt{\frac{q_2^2+g_2^2}{\hbar c}} < n$$

Zusammen mit (20) folgt daraus

$$q_1 g_2 - q_2 g_1 = 0$$

Daher müssen alle Punkte (q_i, g_i) mit "kleiner" Ladung auf einer Geraden liegen, die wir als "elektrische" Achse ($q_i \neq 0$, $g_i = 0$) wählen können. Die beobachtete Unsymmetrie würde dann bedeuten, daß man noch keine "großen" Ladungen gefunden hat. Aus der Ungleichung (89) folgt, daß die kleinste "große" Ladung (also die kleinste Ladung, die nicht auf der Linie der "kleinen" Ladungen liegt) beträchtlich ist:

$$\frac{1}{\hbar c}(q^2 + g^2) > \frac{1}{\alpha} n^2 \simeq 137 n^2$$

Für weitere Einzelheiten sei auf die (sehr reichhaltige) Literatur verwiesen. Die folgende Liste enthält eine Auswahl:

P.A.M. Dirac, Proc.Roy.Soc. A133 (1931), 60
Phys.Rev. 74 (1948) 817
J.Schwinger Phys.Rev. 144 (1966) 1087
Phys.Rev. 151 (1966) 1048 u. 1055
Phys.Rev. 173 (1968) 1536
Phys.Rev. D12 (1975) 3105
J.Schwinger et al. Ann.Phys. (NY) 101 (1976), 451
B.G.Englert, Diplomarbeit Univ.Tübingen 1978
E.Amaldi, N.Cabibbo, in: Aspects of Quantum Theory, ed. A.Salam, E.P.Wigner, Cambridge Univ. Press 1972.
A.S.Goldhaber, J.Smith, Rep.Prog.Phys. 38 (1975), 731
P.Goddard, D.I.Olive, CERN TH 2445 (1977)

Anhang I. Die δ-Funktion und verwandte Distributionen

Wie in allen Kontinuumstheorien ist es auch in der Elektrodynamik außerordentlich zweckmäßig, die δ-Funktion zu benützen. Trotz des Namens handelt es sich dabei nicht um eine gewöhnliche Funktion, sondern um eine Distribution (verallgemeinerte Funktion). Wir geben in diesem Anhang die wichtigsten Formeln für δ und einige damit zusammenhängende andere Distributionen an. Für eine Begründung muß auf die mathematische Literatur verwiesen werden, vgl. z.B.
I.M.Gelfand, G.E.Schilow, Verallgemeinerte Funktionen (Distributionen) I, Deutscher Verlag d. Wissensch. Berlin 1960
Einige Bemerkungen über Distributionen seien vorausgeschickt. Distributionen sind spezielle lineare Funktionale, d.s. Bildungen, durch die einer Funktion $\phi(x)$ von n Variablen $x=(x_1,x_2.....x_n)$ ein Zahlwert $F[\phi]$ zugeordnet wird, u. zw. so, daß für 2 Zahlen c_1,c_2

$$F[c_1\phi_1+c_2\phi_2] = c_1F[\phi_1] + c_2F[\phi_2]$$

Ein Beispiel dafür ist

$$F[\phi] = \int g(x)\phi(x)d^nx =: (g,\phi)$$

(Integration über den ganzen n-dimensionalen Raum). Bei Distributionen g sind als Argumente Testfunktionen $\phi(x)$ zu nehmen, die beliebig oft stetig differenzierbar sind und außerhalb eines endlichen Gebietes (das von ϕ abhängen darf) verschwinden. Alle Formeln für Distributionen gelten dann "unter dem Integral". z.B. bedeutet

$g(x) = 0$ in einem Gebiet G_1

daß

$$(g,\phi) = \int g(x)\phi(x)d^n x = 0$$

für jede Testfunktion erfüllt ist, die außerhalb eines Gebietes G_2 verschwindet, das zusammen mit G_1 den ganzen x-Raum bedeckt. Die Dimensionszahl n ist dabei beliebig (muß aber endlich sein). Die Ableitung $\frac{\partial g(x)}{\partial x_n}$ einer Distribution g ist definiert durch

$$(\frac{\partial g}{\partial x_n},\phi) = (g, -\frac{\partial \phi}{\partial x_n})$$

Ableitungen dürfen daher per definitionem übergewälzt werden. Der Träger von g(x) heißt die abgeschlossene Menge von x-Werten, auf deren Komplement g(x) = 0 ist, d.i. also der Bereich, in dem g von Null verschieden ist. Produkte von Distributionen mit gleichem Träger sind i.A. nicht definiert. Die δ-Funktion in n Dimensionen ist definiert durch

$$(\delta_n(x-x'),\phi(x')) = \phi(x)$$

also

$$\int \delta_n(x-x')\phi(x')d^n x' = \phi(x)$$

Sie entspricht daher der Verallgemeinerung des Kroneckersymbols auf das Kontinuum. Der Träger von $\delta_n(x-x')$ ist der Punkt

$$x_k - x'_k = 0 \quad k=1,2,.....n$$

Wir werden den Index n weglassen, wenn dies zu keinen Mißverständissen führt. Gelegentlich werden wir die Bezeichnung

$\delta_1(x) =: \delta(x)$
$\delta_3(x) =: \delta(\vec{x})$
$\delta_4(x) =: \delta(x^\mu)$

benützen.
Im n-dimensionalen Raum gelten dann die Formeln:

$$\delta_n(x) = \delta_n(-x) = |c|^n \delta_n(cx)$$

(c beliebige reelle Zahl)

$$\phi(x)\delta_n(x-x') = \phi(x')\delta_n(x-x')$$

$$\phi(x' \pm x)\delta_n(x) = \phi(x')\delta_n(x)$$

$$x_i \delta_n(x) = (x_i)^2 \delta_n(x) = \ldots\ldots = 0 \quad i=1,\ldots.n$$

$$\delta_n(x) = \frac{1}{(2\pi)^n} \int \exp(ik.x)d^n k$$

Dabei bedeutet k.x das Skalarprodukt im n-dimensionalen Raum, also kx für n=1, $\vec{k}.\vec{x}$ für n=3, $k_\mu x^\mu$ für n=4 etc. Die n-dimensionale δ-Funktion kann als Produkt von n eindimensionalen δ-Funktionen geschrieben werden:

$$\delta_n(x) = \delta_1(x_1)\delta_1(x_2)\ldots\ldots\delta_1(x_n)$$

Die Multiplikation ist hier erlaubt, da die Träger der Faktoren verschieden sind. Insbesondere ist für n=3

$$\delta(\vec{x}-\vec{x}') = \delta(x^1-x^{1'})\delta(x^2-x^{2'})\delta(x^3-x^{3'})$$

in kartesischen Komponenten $\vec{x} = (x^1, x^2, x^3)$. Analoge Formeln gelten in anderen Koordinaten, z.B.

$$\delta(\vec{x}-\vec{x}') = \frac{1}{\rho}\,\delta(\rho-\rho')\delta(\phi-\phi')\delta(z-z')$$

in Zylinderkoordinaten $\vec{x} = (\rho\cos\rho, \rho\sin\phi, z)$,

$$\delta(\vec{x}-\vec{x}') = \frac{1}{r^2}\,\delta(r-r')\delta(\cos\theta - \cos\theta')\delta(\phi-\phi')$$

in Polarkoordinaten $\vec{x} = (r\sin\theta\cos\phi, r\sin\theta\sin\phi, r\cos\theta)$ etc. Ferner ist

$$\delta(\vec{x}-\vec{x}') = -\frac{1}{4\pi}\,\Delta\,\frac{1}{|\vec{x}-\vec{x}'|}$$

In einer Dimension n=1 gelten folgende Beziehungen: Wir definieren Stufenfunktionen durch

$$\theta(x) = \begin{Bmatrix} 1 & x > 0 \\ 0 & x < 0 \end{Bmatrix} = \frac{1}{2\pi i}\int_{-\infty}^{+\infty} \frac{e^{ikx}}{k-i0}\,dk = \frac{1}{2}\,(1+\varepsilon(x))$$

$$\varepsilon(x) = \begin{Bmatrix} 1 & x > 0 \\ -1 & x < 0 \end{Bmatrix} = \frac{1}{\pi i}\int_{-\infty}^{+\infty} e^{ikx} P\frac{1}{k}\,dk = \theta(x) - \theta(-x) = \frac{d|x|}{dx}$$

Dann ist

$$\delta(x) = \frac{d}{dx}\,\theta(x) = \frac{1}{2}\frac{d}{dx}\,\varepsilon(x) = \frac{1}{2}\frac{d^2}{dx^2}\,|x|$$

Die Formel für das Überwälzen der Ableitung bedeutet

$$\int_{-\infty}^{+\infty} dx\,\phi(x)\,\frac{d^n}{dx^n}\,\delta(x-y) = (-1)^n\,\frac{d^n}{dy^n}\,\phi(y)$$

Ist f (x,x') eine Funktion mit N <u>einfachen</u> Nullstellen

$$f(x,x') = 0 \text{ für } x' = \xi_{(i)}(x) \qquad i = 1,2,\dots N$$

so ist

$$\delta(f(x,x')) = \sum_{i=1}^{N} \frac{\delta(x'-\xi_{(i)})}{\left|\frac{\partial f(x,x')}{\partial x'}\right|_{x'=\xi_i}}$$

Das bedeutet

$$\int_{-\infty}^{+\infty} dx'F(x')\delta(f(x,x')) = \sum_{i=1}^{N} \frac{F(\xi_i(x))}{\left|\frac{\partial f(x,x')}{\partial x'}\right|_{x'=\xi_i}}$$

$\xi_i(x)$ ist dabei durch Auflösen der Gl. $f(x,x') = 0$ nach x' zu bestimmen. Ein einfaches Beispiel ist

$$\delta(x^2-a^2) = \frac{1}{2|a|}(\delta(x-a)+\delta(x+a))$$

Ein komplizierteres Beispiel kommt in (III,8) vor.

Anhang II. Vektorrechnung in 3 Dimensionen

1. Definitionen und Bezeichnungsweise

Der Begriff "Vektor" wird in 2-facher Bedeutung verwendet, und zwar

a) algebraisch: ein geordnetes n-tupel von Zahlen heißt n-Vektor (Zeilen-bzw. Spaltenvektor)

b) geometrisch: ein geordnetes n-tupel von Zahlen, die sich bei bestimmten Transformationen in genau definierter Weise benehmen, heißt n-Vektor.

Wir verwenden stets die Begriffsbildung (b), die enger ist (Unterbegriff von (a)). Bei Tensoren ist die Terminologie unmißverständlich: die algebraische Größe (m x n - Anordnung von Zahlen oder Anordnung von m Zeilen, von denen jede ein n-Vektor ist) heißt m x n - Matrix; handelt es sich um die entsprechende geometrische Größe (m x n - Matrix von Zahlen, die sich bei bestimmten Transformationen in genau definierter Weise benehmen), so spricht man von einem Tensor m-ter Stufe. Wir interessieren uns für Vektor- und Tensorrechnung im 3-dimensionalen, euklidischen Raum (also n=3). Dabei sind zwei Bezeichnungsweisen üblich, die wir beide neben-

einander benützen (s.u.).
Ein Vektor ist ein geordnetes Tripel von Zahlen

$$\vec{a} = \{a^1 \equiv a_x,\ a^2 \equiv a_y,\ a^3 \equiv a_z\}$$

die sich bei Drehungen des Koordinatensystems (KS) wie die Koordinaten $\{x^1 \equiv x,\ x^2 \equiv y,\ x^3 \equiv z\}$ verhalten. Die Zahlen $a^1, a^2 a^3$ (allgemein geschrieben: a^i, $i=1,2,3$) heißen die Komponenten des Vektors. Sie haben in verschiedenen KS verschiedene Werte. Aus dem Verhalten der Koordinaten bei Drehung des KS liest man daher (als Definition eines Vektors) das Verhalten ab:

$$a^{i'} = \sum_{k=1}^{3} D^{ik} a^k$$

Dabei sind die D^{ik} konstante Koeffizienten, die durch die Drehwinkel ausgedrückt werden können. Sie erfüllen folgende Bedingungen

$$\sum_{k=1}^{3} D^{ik} D^{jk} = \delta^{ij} = \begin{cases} 1 & i=j \\ 0 & i \neq j \end{cases}, \quad \text{Det } (D^{ik}) = 1$$

Der Vektor $\vec{a}$ selbst ist ein kovarianter Begriff, d.h. er ist unabhängig von den Werten seiner Komponenten in verschiedenen KS. In der symbolischen Schreibweise der Vektorrechnung schreibt man daher alle Gleichungen zwischen Vektorkomponenten als solche zwischen "Größen mit Pfeilen", die Gl. gelten dann in jedem KS, sind aber recht abstrakt. Man muß dann natürlich algebraische Rechenregeln für Vektoren (Addition, Multiplikation mit festen Zahlen, Vektormultiplikation etc.) einführen und sich diese merken. In der Komponentenschreibweise spricht man nur von den (kartesischen) Komponenten selbst und braucht sich daher keine Regeln zu merken. Statt $\vec{a}$ benützt man die Komponenten a^k

wobei der Index andeutet, daß es sich um Vektorkomponenten handelt. Diese Schreibweise ist nicht komplizierter als die symbolische, wenn man folgende Konvention benützt:

(1) Indizes des kleinen lateinischen Alphabets bezeichnen stets Vektorindizes (und können daher die Werte 1,2,3 annehmen). Will man Indizes für andere Zwecke benützen, so muß man dies durch andere Buchstaben (z.B. griechisches Alphabet), andere Stellung der Indizes, Einklammern (z.B. $b_{(1)}$) etc. deutlich machen.

(2) Kommt in einem Ausdruck derselbe Index zweimal vor, so impliziert das automatisch Summation über die Werte des Index, also z.B.

$$a^k b^k := \sum_{k=1}^{3} a^k b^k , \quad a^j b^e c^j := \sum_{j=1}^{3} a^j b^e c^j ,$$

$$a^j b^l c^j d^l := \sum_{j=1}^{3} \sum_{l=1}^{3} a^j b^l c^j d^l$$

(Summationsübereinkommen). Der Summationsindex darf dann auch mit einem anderen Buchstaben bezeichnet werden ("Umtaufen").

$$a^k b^k \equiv a^l b^l \equiv a^i b^i$$

Öfter als 2x darf derselbe Index nicht vorkommen, z.B. ist $a^k b^k c^k$ nicht klar definiert, diese Bezeichnungsweise ist daher nicht erlaubt.

Wir werden beide Schreibweisen benützen. Man kann sich leicht an sie gewöhnen. Das Transformationsgesetz für Vektorkomponenten kann man mit unseren Konventionen so schreiben

$$a^{j'} = D^{jk} a^k$$

Weitere wichtige Begriffe der Vektorrechnung sind in analoger Weise definiert. Ein Tensor 2ter Stufe

$$\overleftrightarrow{T} = \{t^{ik}\} = \begin{Bmatrix} t^{11} t^{12} t^{13} \\ t^{21} t^{22} t^{23} \\ t^{31} t^{32} t^{33} \end{Bmatrix}$$

ist eine Anordnung von 9 Zahlen (Komponenten), die sich bei Drehungen des KS wie die entsprechenden Produkte von Koordinaten $x^i x^k$ verhalten

$$t^{ik'} = D^{ij} D^{kl} t^{jl}$$

In entsprechender Weise sind Tensoren höherer Stufe definiert. Bei Tensoren 3. und höherer Stufe wird die symbolische Schreibweise unpraktisch.

Ein Tensor 2.Stufe t^{ik} heißt

$$\left.\begin{matrix}\text{symmetrisch} \\ \text{antimetrisch}\end{matrix}\right\} \text{wenn } t^{ik} = \begin{cases} t^{ki} \\ -t^{ki} \end{cases} \text{ist.}$$

Jeder Tensor 2. Stufe kann in eindeutiger Weise in einen symmetrischen und einen antimetrischen Anteil zerlegt werden:

$$t^{ik} = \frac{1}{2}(t^{ik}+t^{ki}) + \frac{1}{2}(t^{ik}-t^{ki})$$

Ein mit den metrischen Eigenschaften des Raumes verknüpfter Tensor ist der Maßtensor g^{ik}, der hier (euklidischer Raum) die einfache Form

$$g^{ik} = g^{ki} = \delta^{ik}$$

hat. Ein Skalar (Invariante,Tensor 0-ter Stufe) ist eine Zahl, die bei Drehungen des KS invariant bleibt

$$c' = c$$

Ein Vektor ist daher ein Tensor 1. Stufe, das direkte Produkt $a^k b^l$ zweier Vektoren a^k, b^l ist ein Tensor 2. Stufe etc. Die Koordinaten selbst sind die Komponenten eines Vektors, des Ortsvektors

$$\vec{x} \equiv \vec{r} \equiv \{x^k\} = \{x,y,z\}$$

Betrachtet man Spiegelungen des KS, so kann man die Skalare und Vektoren je nach ihrer Parität p (Spiegelungscharakter) in zwei Klassen unterteilen. Die Parität $p=\pm 1$ ist dabei das Vorzeichen, das die betreffende Größe bei Spiegelung des KS annimmt, allgemein also

$a^{\cdots\cdot\prime} = pa^{\cdots\cdot\cdot}$. Speziell ist

$p=+1$ für einen (echten) Skalar;	Beispiele:	Abstand zweier Punkte, Energie eines Teilchens
$p=-1$ für einen Pseudoskalar;	Beispiel:	Volumelement
$p=-1$ für einen (polaren) Vektor;	Beispiele:	Ortsvektor Impuls eines Teilchens
$p=+1$ für einen Pseudovektor (= axialer Vektor)	Beispiel:	Drehimpuls, Winkelgeschwindigkeit
$p=+1$ für einen Tensor 2. Stufe;	Beispiel:	Trägheitstensor der Mechanik.

Physikalische Sachverhalte müssen stets so formuliert werden, daß sie vom gewählten Koordinatensystem unabhängig sind. Eine Drehung des KS darf nur die mathematische Beschreibung ändern, nicht aber den durch sie ausgedrückten Sachverhalt. Beschreibt man physikalische Vorgänge mit Hilfe der Vektorrechnung, so ist man sicher, daß diese Grundforderung erfüllt ist.

2. Vektoralgebra

Die Summe von 2 Vektoren $\vec{a},\vec{b}$ bezeichnet den Vektor, dessen Komponenten die Summe der Komponenten der Summanden sind:

$\vec{d}=\vec{a}+\vec{b}$ bedeutet $d^k = a^k+b^k$ also $\vec{d} = \{a^1+b^1, a^2+b^2, a^3+b^3\}$

Analog bei Tensoren: dabei muß die Ordnung der Summanden übereinstimmen. Die Multiplikation mit einem Skalar bedeutet Multiplikation jeder Komponente. $\vec{d}=c\vec{a}$ bedeutet $d^k=ca^k$, also $\vec{d}=\{ca^1,ca^2,ca^3\}$

Es gelten die üblichen Regeln

$\vec{a}+\vec{b} = \vec{b}+\vec{a}$, $c\vec{a} = \vec{a}c$, $c(\vec{a}+\vec{b}) = c\vec{a}+c\vec{b}$, $\vec{a}+(\vec{b}+\vec{c}) = (\vec{a}+\vec{b})+\vec{c}$

(in Komponentenschreibweise evident). Analog für Tensoren. Das direkte Produkt führt zu Größen höherer Stufe, z.B. $a^kb^l = c^{kl}$, $a^kn^lc^{mn} = d^{klmn}$

Das Skalarprodukt (inneres Produkt) zweier Vektoren ordnet diesen einen Skalar $c=\vec{a}.\vec{b} = a^kb^k$ zu. Vektoren, deren Skalarprodukt verschwindet, heißen zueinander orthogonal. - In entsprechender Weise erhält man durch skalare Multiplikation aus Tensoren entsprechende Größen niedrigerer Stufe, z.B.

$\vec{c} = \vec{a}.\overleftrightarrow{T}$ $(\equiv a^kt^{kl})$ $\quad \vec{d} = \overleftrightarrow{T}.\vec{a}(\equiv T^{lk}a^k)$ etc.

Die positive Quadratwurzel des Skalarproduktes eines Vektors mit sich selbst heißt der Betrag (die Länge) des Vektors

$$|\vec{a}| \equiv a := \sqrt[+]{\vec{a}.\vec{a}} \equiv \sqrt[+]{a^ka^k}$$

Ein Vektor $\vec{e}$ der Länge eins $\vec{e}.\vec{e} = 1$ heißt Einheitsvektor und legt eine Richtung im Raum fest. Da man zu jedem Vektor $\vec{a}$ einen Einheitsvektor $\vec{e}(a)\equiv \frac{1}{a}\vec{a}$ angeben kann, ist jeder

Vektor durch Betrag und Richtung festgelegt. Die Summe der Diagonalelemente eines Tensors 2. Stufe heißt die <u>Spur</u> (oder Verjüngung) des Tensors

$$\mathrm{Sp}\overleftrightarrow{T} := T^{kk}$$

und ist ein Skalar. Die Rechengesetze für das Skalarprodukt sind in der Komponentenschreibweise evident. Drei zueinander orthogonale Einheitsvektoren $\vec{e}_{(i)}$ (i=1,2,3) bilden ein orthogonales Dreibein. Per definitionem erfüllen sie

$$e^k_{(i)}\, e^k_{(j)} = \delta_{ij}$$

Ein beliebiger Vektor kann aus diesen Vektoren linear zusammengesetzt werden

$$\vec{a} = a^1\vec{e}_{(1)} + a^2\vec{e}_{(2)} + a^3\vec{e}_{(3)}$$

Die a^k sind dann die Komponenten von $\vec{a}$ in dem durch das Dreibein definierten KS. Das <u>äußere Produkt</u> zweier Vektoren $\vec{a},\vec{b}$ ordnet diesen einen <u>Vektor</u> mit entgegengesetzter Parität zu: $\vec{c}=\vec{a} \times \vec{b}$. Um es in Komponentenschreibweise auszudrücken definieren wir einen total antimetrischen (Pseudo-)Tensor 3. Stufe durch

$$\varepsilon^{ikl} = \begin{cases} +1 & \text{(ikl) zykl. Perm von 123} \\ -1 & \text{(ikl) antizykl. Perm. von 123} \\ 0 & \text{für 2 oder 3 gleiche Indizes} \end{cases}$$

Dann ist

$$\varepsilon^{ikl} = -\varepsilon^{kil} = -\varepsilon^{ilk} = +\varepsilon^{kli}$$

Ferner gelten folgende Formeln für innere Produkte von ε mit sich selbst

$$\varepsilon^{klm}\varepsilon^{ijm} = \delta^{ki}\delta^{lj} - \delta^{kj}\delta^{li}$$

$$\varepsilon^{klm}\varepsilon^{ilm} = 2\delta^{ki}$$

$$\varepsilon^{klm}\varepsilon^{klm} = 6$$

Das äußere Produkt schreibt man mit Hilfe von ε^{klm} in Komponentenschreibweise so:

$$c^k = \varepsilon^{klm} a^l b^m$$

Entsprechend kann man durch Skalarproduktbildung mit dem ε-Tensor aus einem Tensor 2ter Stufe einen Pseudovektor konstruieren

$$d^k = \varepsilon^{klm} t^{lm}$$

Eine wichtige Bildung aus drei Vektoren $\vec{a},\vec{b},\vec{c}$ ist

$$(a,b,c) := \vec{a}.(\vec{b} \times \vec{c}) = \varepsilon^{klm} a^k b^l c^m = \text{Det } (\vec{a},\vec{b},\vec{c})$$

Sind die drei Vektoren polare Vektoren, so ist das ein Pseudoskalar. Aus den Komponenten eines Tensors 2. Stufe kann man einen Pseudoskalar konstruieren:

$$\text{Det } \overleftrightarrow{T}: \varepsilon^{ijk} t^{i1} t^{j2} t^{k3} = \frac{1}{6} \varepsilon^{ijk}\varepsilon^{lmn} t^{il} t^{jm} t^{kn}$$

Die Drehmatrix D^{ik} für eine Drehung um den Winkel ϕ um eine Achse $\vec{e}$ mit $\vec{e}^2 = 1$ hat folgende Form

$$D^{ik} = \delta^{ik}\cos\phi + e^i e^k (1-\cos\phi) - \varepsilon^{ikl} e^l \sin\phi$$

3. Vektoranalysis

Wir betrachten nun Tensorfelder, das sind Tensoren (beliebiger Stufe), deren Komponenten vom Ort abhängen. Jedem

Raumpunkt $\vec{x}$ ist also ein Tensor $a^{kl....}(x)$ zugeordnet (x steht für alle drei Koordinaten x^k; wir lassen den Vektorpfeil oder -index weg). Ein Beispiel für ein Skalarfeld ist das Gravitationspotential $\phi(x)$ in der Newton'schen Mechanik, Beispiele für Vektorfelder sind: das aus $\phi(x)$ abgeleitete Schwerkraftfeld oder das Geschwindigkeitsfeld $\vec{v}(x)$ einer strömenden Flüssigkeit. Wir wollen annehmen, daß die betrachteten Komponenten als Funktionen der Ortskoordinaten hinreichend oft differenzierbar sind bzw. sich so verhalten, daß die zu betrachtenden Integrale existieren. Alle Differentiationsprozesse lassen sich besonders einfach darstellen, wenn man den Vektoroperator

$$\vec{\nabla} \equiv \{\nabla^k\} \equiv \{ \frac{\partial}{\partial x^k} \} := \{ \frac{\partial}{\partial x^1}, \frac{\partial}{\partial x^2}, \frac{\partial}{\partial x^3} \}$$

benützt. Durch Anwendung auf ein Skalarfeld ϕ erhält man aus diesem ein Vektorfeld

$$\text{grad } \phi(x) := \vec{\nabla}\phi(x) = \{\nabla^k \phi\} = \{\frac{\partial\phi}{\partial x^1}, \frac{\partial\phi}{\partial x^2}, \frac{\partial\phi}{\partial x^3}\}$$

Anschaulich: die Änderung des Skalarfeldes in der Umgebung eines Punktes (vgl. Gravitationspotential vs. Schwerkraft). Die Richtung von $\vec{\nabla}\phi$ ist diejenige, in der man den stärksten Anstieg vorfindet. Analog erhält man aus Vektor- bzw. Tensorfeldern solche höherer Stufe

$$t^{kl} = \nabla^k a^l, \quad t^{klm} = \nabla^k t^{lm} \quad \text{etc.}$$

Durch skalare Multiplikation von $\vec{\nabla}$ mit einem Vektorfeld $\vec{a}$ erhält man den Skalar

$$\text{div } \vec{a} := \vec{\nabla}.\vec{a} = \nabla^k a^k = \frac{\partial a^1}{\partial x^1} + \frac{\partial a^2}{\partial x^2} + \frac{\partial a^3}{\partial x^3}$$

Anschauliche Bedeutung für das Geschwindigkeitsfeld $\vec{v}$ einer strömenden Flüssigkeit: div $\vec{v}$ = die Flüssigkeitsmenge pro Volumen, die aus einem infinitesimalen Volumelement ausströmt. Durch vektorielle Multiplikation von $\vec{\nabla}$ mit einem Vektorfeld a erhält man den Axialvektor

$$\text{rot}\ \vec{a} := \vec{\nabla} \times \vec{a} = \{\varepsilon^{klm}\nabla^l a^m\}$$

Anschauliche Bedeutung für Flüssigkeiten: Wenn eine Flüssigkeit im Kreis strömt (einen Wirbel bildet), so strömt durch ein Volumelement im Wirbelmittelpunkt nichts. Auch für diese Situation braucht man aber eine lokale Charakterisierung. Diese muß die Umlaufsrichtung enthalten: das geschieht durch die Richtung von rot $\vec{v}$, die senkrecht zur Umlaufsrichtung ist und mit dieser eine Rechtsschraube definiert. Auch das Spiegelungsverhalten (Axialvektor!) ist mit der physikalischen Situation im Einklang. Erklären wir als Maß für den quantitativen Ablauf die Zirkulation als das Integral von $\vec{v}$ über eine geschlossene Kurve, die ein Flächenstück umfaßt, in dem die Flüssigkeit zirkuliert, so ist der Betrag von rot $\vec{v}$ die Zirkulation pro Flächeneinheit im Grenzfall eines infinitesimalen Flächenstücks.

Höhere Ableitungen können in analoger Weise gebildet werden. Als erstes Beispiel betrachten wir den Laplaceoperator

$$\Delta := \vec{\nabla}.\vec{\nabla} = \nabla^k\nabla^k$$

der selbst invariant ist. Aus einem Skalarfeld entsteht durch seine Anwendung wieder ein Skalarfeld, in diesem Fall also

$$\Delta\phi = \vec{\nabla}.(\vec{\nabla}\phi) = \text{div grad}\phi$$

Aus einem Vektorfeld entsteht wieder ein Vektorfeld:

$$\Delta\vec{a} = (\vec{\nabla}.\vec{\nabla})\vec{a}$$

Als nächste Möglichkeit betrachten wir

$$\text{rot grad}\phi = \vec{\nabla}\text{x } (\vec{\nabla}\phi) = \{\varepsilon^{klm}\nabla^l\nabla^m\emptyset\} \equiv 0$$

Daß der Ausdruck identisch verschwindet, sieht man aus der Koordinatendarstellung sofort, weil ε^{klm} in l, m antimetrisch ist. Da es sich um einen kovariant (d.h. koordinatenunabhängig) definierten Ausdruck handelt, gilt das in jedem KS. Analog sieht man daß

$$\text{div rot } \vec{a} = \vec{\nabla}.(\vec{\nabla} \text{ x } \vec{a}) = \varepsilon^{klm}\nabla^k\nabla^l a^m = 0$$

ist. Ein nichttrivialer Ausdruck ist

$$\text{grad div } \vec{a} = \vec{\nabla}(\vec{\nabla}.\vec{a}) = \{\nabla^k\nabla^l a^l\}$$

durch den aus einem Vektorfeld ein Vektorfeld entsteht. Als letzte Möglichkeit bleibt

$$\text{rot rot } \vec{a} = \vec{\nabla}\text{x } (\vec{\nabla} \text{ x } \vec{a}) = \{\varepsilon^{ikl}\varepsilon^{lmn}\nabla^k\nabla^m a^n\} = \vec{\nabla}(\vec{\nabla}.\vec{a})-\Delta\vec{a}$$

$$= (\text{grad div - div grad})\vec{a}$$

wie man mit der früher angegebenen Formel für das Skalarprodukt zweier ε-Tensoren sofort sieht. Nun notieren wir noch zwei wichtige Sätze für spezielle Vektorfelder, die in der Koordinatendarstellung sehr plausibel sind:

(1) Ein wirbelfreies Vektorfeld läßt sich als Gradient eines Skalarfeldes darstellen:
Ist rot $\vec{a}$=0, so existiert ein ϕ, für das $\vec{a}$ = grad ϕ ist.

(2) Ein divergenzfreies Vektorfeld läßt sich als Rotation eines Vektorfeldes darstellen:

Ist div $\vec{b}=0$, so existiert ein $\vec{a}$, für das $\vec{b}=\text{rot}\ \vec{a}$ ist.

Nun betrachten wir kurz einige <u>Integralsätze</u> der Vektoranalyse, die den Integrationsregeln in der gewöhnlichen Analysis entsprechen. Als erstes betrachten wir das Linienintegral eines Gradienten entlang einer Kurve. Wir definieren ein (kovariantes) vektorielles Linienelement $d\vec{s}$ als den Verbindungsvektor benachbarter Kurvenpunkte

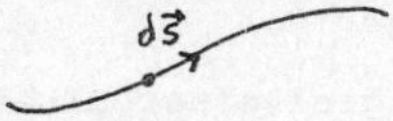

In kartesischen Komponenten ist $ds^i = \frac{dx^i}{du}du$ wenn die Kurve durch die Parameterdarstellung $x^i=x^i(u)$ vorgegeben ist. Dann gilt der Satz

$$\text{(I)} \qquad \int_{x_{(1)}}^{x_{(2)}} \vec{\nabla}\phi . d\vec{s} = \phi(x_{(2)}) - \phi(x_{(1)})$$

(wobei $d\vec{s}$ im Durchlaufungssinn der Kurve gerichtet sein soll). Als nächstes betrachten wir das Flächenintegral einer Rotation. Die Integrationsfläche F soll von einer geschlossenen Kurve C begrenzt sein

Als Flächenelement definieren wir den Vektor $d\vec{f}$, dessen kartesische Komponenten

$$df^i = \varepsilon^{ikl} \frac{\partial x^k}{\partial u} \frac{\partial x^l}{\partial v} du\, dv$$

sind, wenn die Fläche die Parameterdarstellung $x^i = x^i(u,v)$ hat. Dieser Vektor ist senkrecht zur Fläche. Zusammen mit dem Durchlaufungssinn der Randkurve C soll er eine Rechtsschraube bilden. Dann gilt der Stokes'sche Satz

$$\text{(II)} \quad \int_F (\vec{\nabla} \times \vec{a}).d\vec{f} = \oint_C \vec{a}.d\vec{s}$$

Der Ausdruck auf der rechten Seite heißt die <u>Zirkulation</u> von $\vec{a}$ (vgl. Hydrodynamik!)

Nun betrachten wir das Volumintegral einer Divergenz. Das Integrationsvolumen V soll von einer geschossenen Fläche F begrenzt sein, deren Flächenelement stets nach außen gerichtet sein soll. Dann gilt der Gauß'sche Satz

$$\text{(III)} \quad \int_V \vec{\nabla}.\vec{a}d^3x = \oint_F \vec{a}.d\vec{f}$$

Der Ausdruck auf der rechten Seite heißt der <u>Fluß</u> von $\vec{a}$ durch die Fläche F (vgl. Hydrodynamik!).

Die Integralsätze haben gemeinsam, daß sie Integrale über Ableitungen von Feldern mit den Werten der Felder am Rand des Integrationsgebietes verknüpfen. Sie entsprechen der Integrationsformel

$$\int_{x_1}^{x_2} \frac{df}{dx}\, dx = f(x_2) - f(x_1)$$

Man kann die Sätze, deren anschaulicher Gehalt evident ist, zur Veranschaulichung der Größen div, rot, grad benützen, indem man infinitesimale Integrationsgebiete betrachtet. Man beachte, daß die Sätze invariante Aussagen darstellen.

Zuletzt wollen wir noch eine Formel für ein Volumintegral mit 2. Ableitungen angeben. Seien ϕ und χ

zwei skalare Felder, so gilt der Green'sche Satz

$$\text{(IV)} \quad \int\limits_V (\phi\Delta\chi - \chi\Delta\phi)d^3x = \oint\limits_F (\phi\vec{\nabla}\chi - \chi\vec{\nabla}\phi).d\vec{f}$$

Die Integralsätze lassen sich symbolisch so schreiben

$$\text{(I)} \quad \int\limits_{\vec{x}(1)}^{\vec{x}(2)} ds^i\nabla^i. = \cdot|_{\vec{x}(2)} - \cdot|_{\vec{x}(1)}$$

$$\text{(II)} \quad \int\limits_F df^i\varepsilon^{ikl}\nabla^k. = \oint\limits_{R(F)} ds^l.$$

$$\text{(III)} \quad \int\limits_V d^3x\nabla^k. = \oint\limits_{R(V)} df^k.$$

. steht dabei für einen kovarianten Ausdruck, R bedeutet den geschlossenen Rand des auf der linken Seite vorkommenden Integrationsgebietes.

Anhang III. Relativistische Vektor- und Tensorrechnung

1. Relativistische Bezeichnungsweise

Wir wollen eine Theorie aufstellen, die lorentzinvariant ist. Dazu müssen wir eine geeignete Bezeichnungsweise verwenden. Wir fassen Vektor- bzw. Tensorgrößen zu Vierervektoren zusammen und unterscheiden zwischen ko- und kontravarianten Größen. Der Ortsvektor ist der kontravariante Vektor

$$x^\mu = \{x^o, x^1, x^2, x^3\} = \{x^o, \vec{x}\} = \{ct, \vec{x}\}$$

Mit Hilfe des Maßtensors $g^{\mu\nu}$, der durch

$$g^{oo} = g_{oo} = 1, \quad g^{11} = g_{11} = g^{22} = g_{22} = g^{33} = g_{33} = -1$$

$$g^{\alpha\beta} = g_{\alpha\beta} = 0 \quad \alpha \neq \beta, \; g_{\alpha}{}^{\beta} = \delta_{\alpha}{}^{\beta}, \; g^{\alpha\beta} = g^{\beta\alpha}$$

erklärt ist, definieren wir einen <u>kovarianten</u> Vektor

$$x_{\mu} := g_{\mu\nu} x^{\nu} = (ct, -\vec{x}) \text{ also } x_k = -x^k \quad k = 1,2,3$$

$$x_o = x^o$$

wobei über einen <u>oben und unten</u> vorkommenden gleichen Index von <u>0 bis 3</u> zu summieren ist

$$g_{\mu\nu}\, x^{\nu} \qquad \text{bedeutet} \quad \sum_{\nu=0}^{3} g_{\mu\nu} x^{\nu}$$

(Solche Summationsindizes dürfen daher beliebig bezeichnet werden

$$g_{\mu\nu} x^{\nu} \equiv g_{\mu\lambda}\, x^{\lambda} \equiv g_{\mu\alpha} x^{\alpha} \quad \text{etc.})$$

Für Vektoren im Dreidimensionalen verwenden wir Pfeile oder lateinische Indizes $\vec{a} = \{a^k\}$ mit Summationsübereinkommen bei Skalarprodukten

$$\vec{a}.\vec{b} \equiv a^k b^k \equiv a_k b_k \equiv a^1 b^1 + a^2 b^2 + a^3 b^3 \equiv -a_k b^k$$

hingegen soll

$$(a,b) \equiv a_{\mu} b^{\mu}$$

und

$$a^2 \equiv a_{\mu} a^{\mu} \equiv (a,a)$$

bedeuten.

2. Lorentztransformationen, Minkowskiraum

Eine Koordinatentransformation

$$x^{\mu} \to x^{\mu\,'} = \Lambda^{\mu}{}_{\nu}\, x^{\nu}$$

$$x_{\mu} \to x_{\mu}{}' = \Lambda_{\mu}{}^{\nu}\, x_{\mu}$$

mit konstanten Koeffizienten $\Lambda^{\mu}{}_{\nu}$, die

$$\Lambda_{\mu}{}^{\rho}\, \Lambda^{\mu}{}_{\sigma} = g^{\rho}{}_{\sigma}$$

erfüllen, heißt eine allgemeine Lorentztransformation und stellt i.A. eine Kombination aus einer räumlichen Drehung und einer Geschwindigkeitstransformation (spezielle Lorentztransformationen, sog. boost, Transf. auf mit konstanter Geschwindigkeit bewegtes Bezugssystem, raumzeitliche "Drehung") dar.

Bewegt sich das Bezugssystem B' relativ zu B in Richtung $\vec{e}$ mit der Geschwindigkeit v (d.h. $\vec{v}=v\vec{e}$) und ist

$$\beta := \frac{v}{c}, \quad \gamma := 1\Big/\sqrt{1-\beta^2}$$

so hat $\Lambda^{\mu}{}_{\nu}$ für die reine Boost-Transformation die Form

$$\Lambda(\vec{v})^{\mu}{}_{\nu} = \begin{pmatrix} \gamma & -e^1\beta\gamma & -e^2\beta\gamma & -e^3\beta\gamma \\ -e^1\beta\gamma & 1+e^1(\gamma-1)e^1 & e^1(\gamma-1)e^2 & e^1(\gamma-1)e^3 \\ -e^2\beta\gamma & e^2(\gamma-1)e^1 & 1+e^2(\gamma-1)e^2 & e^2(\gamma-1)e^3 \\ -e^3\beta\gamma & e^3(\gamma-1)e^1 & e^3(\gamma-1)e^2 & 1+e^3(\gamma-1)e^3 \end{pmatrix}$$

ausgeschrieben ist also

$$x'^{0} = \gamma[x^{0}-\beta(\vec{e}.\vec{x})]$$

$$\vec{x}' = \vec{x} + \vec{e}[(\gamma-1)\vec{e}.\vec{x} - \beta\gamma x^{0}]$$

Bezeichnet man die Komponente von $\vec{x}$ parallel zu $\vec{v}$ mit $x_{\parallel}$ und die beiden zu $\vec{v}$ senkrechten Komponenten von $\vec{x}$ mit $\vec{x}_{\perp}$, so lauten die Transformation

$$x'^{0} = \gamma[x^{0}-\beta x_{\parallel}] \qquad \vec{x}'_{\perp} = \vec{x}_{\perp}$$

$$x' = \gamma[x_{\parallel} - \beta x^{0}]$$

Gelegentlich wird die Transformation mit Hilfe eines hyperbolischen "Winkels"λ geschrieben, der durch

$$\gamma = \cosh\lambda, \qquad \beta\gamma = \sinh\lambda$$

definiert ist. Sie entspricht dann einer raumzeitlichen "Drehung".

Für eine Raumdrehung um den Winkel ϕ um eine Drehachse, die durch den Einheitsvektor $\vec{e}$ beschrieben ist, hat $\Lambda^{\mu}{}_{\nu}$ die Form

$$\Lambda(\vec{a})^{\mu}{}_{\nu} = \begin{pmatrix} 1 & 0 & 0 & 0 \\ 0 & & & \\ 0 & & D^{kl}(\vec{a}) & \\ 0 & & & \end{pmatrix}$$

mit der in Anhang II gegebenen Form von D^{kl}.

Die allgemeinste Lorentztransformation ist dann durch

$$\Lambda^{\mu}{}_{\nu} = \Lambda^{\mu}{}_{\rho}(\vec{a})\Lambda^{\rho}{}_{\nu}(\vec{v})$$

gegeben, d.h.

$$x^{0\prime} = \gamma\ [x^{0} - \beta(\vec{e}.\vec{x})]$$
$$x^{k\prime} = D^{kl}(a)[x^{l}+e^{l}((\gamma-1)\cdot(\vec{e}\vec{x})-\beta\gamma x^{0})]$$

Dabei ist $v'^k = -D^{kl}v^l$. D^{kl} beschreibt hier jene Drehung, die den Koordinatenachsen in B' und B in gewissem Sinn dieselbe Orientierung gibt.

Eine <u>infinitesimale</u> Lorentztransformation hat die Form

$$\Lambda^\mu{}_\nu = g^\mu{}_\nu + \varepsilon I^\mu{}_\nu$$

mit $\varepsilon^2 \approx 0$ und Generatoren $I^\mu{}_\nu$, die

$$I_\rho{}^\sigma + I^\sigma{}_\rho = 0$$

erfüllen müssen. Führt man durch die Definition

$$I^{\mu\nu} := g^{\mu\rho} I_\rho{}^\nu$$

Generatoren mit lauter oberen Indizes ein, so sind diese antisymmetrisch in den Indizes. Für die früher betrachtete Boost-Transformation erhält man die infinitesimale Transformation durch Entwicklung nach Potenzen von $\beta=\varepsilon$, das hier den Infinitesimalparameter darstellt. Man erhält so

$$I^{ok}(\vec{e}) = e^k, \quad I^{kl}(\vec{e}) = 0$$

Für eine infinitesimale Raumdrehung um die Drehachse $\vec{e}(\vec{a})$ (Einheitsvektor) erhält man

$$I^{ok}(\vec{e}) = 0 , \qquad I^{kl}(\vec{e}) = \varepsilon^{klm} e^m(\vec{a})$$

und ε bedeutet den infinitesimalen Drehwinkel. Die endlichen Transformationen erhält man, indem man unendlich viele infinitesimale hintereinander ausführt:

$$\Lambda^\mu{}_\nu = (e^{\lambda I})^\mu{}_\nu$$

wobei λ der entsprechende endliche Drehwinkel ist (bei Boost-Transformationen ist $\cosh\lambda = \gamma$).

Erweitert man die Lorentztransformationen um Verschiebungen, so erhält man die Poincarètransformation (inhomogene Lorentz-Transformationen)

$x^\mu \to x^{\mu\prime} = \Lambda^\mu{}_\nu x^\nu + a^\mu$ (a^μ konstant).

a^0 entspricht einer Änderung der Zeitzählung, a^k einer Verschiebung des räumlichen Koordinatenursprungs.

Bei allen diesen Transformationen ist das Differential der Eigenzeit $d\tau$

$c^2(d\tau)^2 := (dx^0)^2 - d\vec{x}.d\vec{x} = g_{\mu\nu}\, dx^\mu dx^\nu$

invariant, d.h. $(d\tau')^2 = (d\tau)^2$

Dieser Sachverhalt garantiert, daß die Lichtgeschwindigkeit in allen KS dieselbe ist (Michelsonexperiment): die Wellenfront einer Lichtwelle erfüllt

$$\left|\frac{d\vec{x}}{dt}\right| = c$$

die Ausbreitung einer Lichtwelle wird daher durch

$$d\tau = 0$$

beschrieben und das ist eine invariante Aussage; im neuem KS ist

$$d\tau' = 0 \quad \text{und daher} \quad \left|\frac{d\vec{x}'}{dt'}\right| = c$$

Man kann beweisen, daß die Poincarètransformationen die einzigen Transformationen mit der Eigenschaft $(d\tau)^2 = \text{inv.}$ sind (Übungsaufgabe!).

Die Poincarètransformationen sind für die spezielle Relativitätstheorie von grundlegender Bedeutung. Physikalische Sachverhalte müssen so formuliert werden, daß sie

unabhängig vom gewählten Koordinatensystem sind, d.h. eine solche Transformation darf nur die mathematische Beschreibung, nicht die beschriebenen Sachverhalte ändern. Der Raum, in dem man diese Sachverhalte beschreibt, ist eine vierdimenionale, pseudoeuklidische Differentialmannigfaltigkeit und heißt der Minkowski-Raum. Wir notieren folgende Eigenschaften:
Der gesamte vierdimensionale Raum wird durch den Lichtkegel $x^2 = 0$ in drei Gebiete getrennt, die bei Lorentztransformationen in sich übergehen:

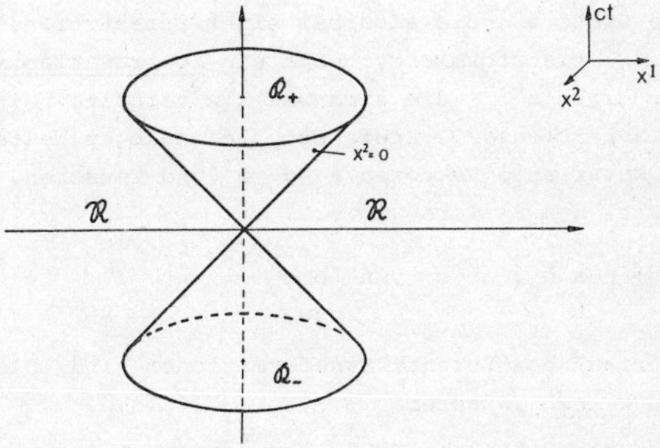

Die Punkte im Innern des <u>Zukunftskegels</u> $\mathcal{Q}_+ : x^2>0,\ x^0>0$ können vom Ursprung aus durch Signale erreicht werden, die mit einer Geschwindigkeit $v<c$ laufen. Der Ursprung kann von allen Punkten des <u>Vergangenheitskegels</u> $\mathcal{Q}_- : x^2>0, x^0<0$ Informationen durch solche Signale erhalten.
Der <u>Gegenwart</u> entspricht das raumartige Gebiet $\mathcal{R} : x^2<0$ das zum Ursprung nicht in kausaler Beziehung steht. Liegen

zwei Punkte x^{μ}, y^{μ} zueinander raumartig, so hängt das Vorzeichen von $y^{o} - x^{o}$ (also die Antwort auf die Frage, welcher der Punkte "früher" und welcher "später" liegt) vom gewählten Bezugssystem ab. Das ist geometrisch unmittelbar einsichtig, wenn man sich klar macht, daß die bei Lorentztransformation entstehenden neuen Koordinatenachsen (vom alten Koordinatnensystem aus gesehen) näher an den Lichtkegel rücken.

3. Tensorrechnung im Minkowskiraum

Jede Größe a^{μ}, die sich bei einer Lorentztransformation wie x^{μ} transformiert, heißt ein kontravarianter Vektor, jede Größe $a^{\mu\nu}$ die sich wie $x^{\mu}x^{\nu}$ verhält, heißt kontravarianter Tensor 2.Stufe ect. In analoger Weise erklärt man kovariante Vektoren $a_{\mu} = g_{\mu\nu}a^{\nu}$ und Tensoren. Man beweist leicht, daß Skalare wie z.B.

$$(a,b) := a^{\mu}b_{\mu}, \; a^{\mu\nu}c_{\mu\nu}, \; a^{\mu\nu}b_{\mu}c_{\nu}$$
usw.

invariant bei Lorentztransformationen sind. Die $\Lambda^{\mu}{}_{\nu}$ selbst sind keine Tensoren!

Beziehungen zwischen physikalischen Größen drücken vom Bezugssystem unabhängige Sachverhalte aus, wenn sie als kovarinate Beziehungen zwischen Tensoren (Vektoren, Skalaren) geschrieben werden können.

Ein Vektor $a^{\mu} = \{a^{o}, \vec{a}\}$ heißt je nach dem Vorzeichen seines Quadrates

(a) zeitartig, wenn $a^{2} > 0$

Das Vorzeichen von a^{o} ist in diesem Fall eine invariante

Charakterisierung. Für $a^o>0$ heißt der Vektor zukunfts=gerichtet, für $a^o<0$ vergangenheitsgerichtet. Man kann stets ein System (Ruhesystem von a^μ) finden, in dem $a^{\mu\prime}= (a^{o\prime}, 0,0,0)$ ist.

(b) raumartig, wenn $a^2 <0$
Man kann stets ein System finden, in dem $a^{\mu\prime} = (0,\vec{a}')$ ist. Durch Drehung lassen sich dann alle Komponenten von $\vec{a}$ bis auf eine zu Null machen.

(c) lichtartig, wenn $a^2 = 0$
Das Vorzeichen von a^o ist eine invariante Charakterisierung , d.h. man kann zukunfts- bzw. vergangenheitsgerichtete Vektoren unterscheiden. Mit a^μ ist auch der Vektor $\hat{a}^\mu:=(a^o,-\vec{a})$ lichtartig. Das Skalarprodukt ist zeitartig $a_\mu\hat{a}^\mu = (a^o)^2+\vec{a}.\vec{a}$. Durch Drehung kann man zwei der drei Raumkomponenten von a^μ zu Null machen, z.B. $a^{\mu\prime} = (\pm a,a,0,0)$.

Ist ein Vektor b^μ zu einem gegebenen Vektor a^μ orthogonal

$$(a,b) = 0$$

so gilt folgendes:

Ist a^μ zeitartig, so ist b^μ raumartig
Ist a^μ lichtartig, so ist b^μ entweder raumartig oder proportional a^μ
Ist a^μ raumartig, so kann b^μ raum-, zeit- oder lichtartig sein.
Die Summe von zwei nicht-raumartigen Vektoren mit gleichem Richtungssinn (zukunfts- bzw. vergangenheitsgerichtet) ist ein nicht -raumartiger Vektor mit dem gleichen Richtungssinn.

Geeignete Systeme von vier orthogonalen Basisvektoren sind die folgenden beiden:

(a) Raum-zeitartige Basis: vier Einheitsvektoren $e^\mu{}_{(\alpha)}$ $\alpha =0,1,2,3$ von denen einer zeitartig und drei raumartig sind

$$(e_{(\alpha)}, e_{(\beta)}) = g_{(\alpha)(\beta)} = \begin{cases} +1 & \alpha=\beta=0 \\ -1 & \alpha=\beta=1,2,3 \\ 0 & \alpha\neq\beta \end{cases}$$

$$g^{\mu\nu} = e^{\mu}_{(o)} e^{\mu}_{(o)} - \sum_{i=1}^{3} e^{\mu}{}_{(i)} e^{\nu}{}_{(i)}$$

z.B. $e^{\mu}{}_{(o)} = (1,0,0,0)$ $e^{\mu}{}_{(i)} = (0, \vec{e}_{(i)})$ mit $\vec{e}_{(i)} \cdot \vec{e}_{(j)} = \delta_{ij}$ $i,j = 1,2,3$

(b) <u>Lichtartige Basis:</u> zwei lichtartige Vektoren n^{μ}, $\hat{n}^{\mu}$ und zwei raumartige Einheitsvektoren $e^{\mu}{}_{(i)}$ $i=1,2$

$$n^2 = \hat{n}^2 = (\hat{n}, e_{(i)}) = (n, e_{(i)})0$$

$$(n,\hat{n}) = 1, \; (e_{(i)}, e_{(j)}) = -\delta_{ij} \quad i,j = 1,2$$

$$g^{\mu\nu} = n^{\mu}\hat{n}^{\nu} + \hat{n}^{\mu}n^{\nu} - \sum_{i=1}^{2} e^{\mu}{}_{(i)} e^{\nu}{}_{(i)}$$

z.B $n^{\mu} = \frac{1}{\sqrt{2}}(1,\vec{n})$, $\hat{n}^{\mu} = \frac{1}{\sqrt{2}}(1,-\vec{n})$, $e^{\mu}{}_{(i)} = (0,\vec{e}_{(i)})$ $i=1,2$

mit $\vec{e}_{(i)} \cdot \vec{e}_{(j)} = \delta_{ij}$, $\vec{n} \cdot \vec{e}_{(i)} = 0$, $\vec{n} = \vec{e}_{(1)} \times \vec{e}_{(2)}$

Da sich die Ableitungen

$$\partial^{\nu} := \frac{\partial}{\partial x_{\nu}} = \{ \frac{1}{c} \frac{\partial}{\partial t}, -\vec{\nabla} \}$$

kontravariant transformieren, ist die Ableitung eines Tensors wieder ein solcher

$$\partial^{\mu} A^{\nu\rho\ldots} = B^{\mu\nu\rho\ldots}$$

Die zweiten Ableitungen sind in der Kombination

$$\Box := \partial^\nu \partial_\nu = \frac{1}{c^2} \frac{\partial^2}{\partial t^2} - \Delta$$

ein invarianter Differentialoperator.

Mit Hilfe des metrischen Tensors $g^{\mu\nu}$ kann man aus Tensoren höherer Stufe solche niedrigerer Stufe konstruieren, z.B.

$a = b^\mu{}_\mu = B^{\mu\nu} g_{\mu\nu}$ Skalar

$C^\mu = D^{\mu\nu}{}_\nu = D^{\mu\nu\rho} g_{\nu\rho}$ Vektor

etc. Außer $g^{\mu\nu}$ und 0 gibt es im Minkowskiraum noch einen konstanten (Pseudo-) Tensor (Levi-Civita-Tensor):

$$\varepsilon^{\mu\nu\rho\sigma} = \begin{cases} +1 & \text{wenn } (\mu\nu\rho\sigma) \text{ eine gerade Permutation von 0123 ist} \\ -1 & \text{wenn } (\mu\nu\rho\sigma) \text{ eine ungerade Permutation von 0123 ist} \\ 0 & \text{für zwei gleiche Indizes} \end{cases}$$

Mit seiner Hilfe kann man aus vier Vektoren a^μ, b^ν, c^ρ, d^σ einen <u>Pseudoskalar</u> $\varepsilon^{\mu\nu\rho\sigma} a_\mu b_\nu c_\rho d_\sigma$ konstruieren, der bei eigentlichen Lorentztransformationen invariant ist, aber bei Raumspiegelung sein Vorzeichen ändert. Analog konstruiert man einen Pseudovektor $\varepsilon^{\mu\nu\rho\sigma} a_\mu b_\nu c_\rho$ und Pseudotensoren

$\varepsilon^{\mu\nu\rho\sigma} a_\rho b_\sigma$, $\varepsilon^{\mu\nu\rho\sigma} a_\sigma$

Der antimetrische Tensor

$$\hat{a}^{\mu\nu} := \frac{1}{2} \varepsilon^{\mu\nu\rho\sigma} a_{\rho\sigma}$$

heißt zu $a^{\mu\nu}$ dual. Er hat dieselben Komponenten wie der antimetrische Teil

$$\frac{1}{2}\,(a^{\mu\nu}-a^{\nu\mu}) =: a^{[\mu,\nu]} = -\frac{1}{2}\varepsilon^{\mu\nu\rho\sigma}\,\hat{a}_{\rho\sigma}$$

von $a^{\mu\nu}$, aber in anderer Ordnung geschrieben, z.B.

$$\hat{a}^{ok} = \frac{1}{2}\,(a^{lm} - a^{me}),\quad \hat{a}^{kl} = -\frac{1}{2}\,(a^{om}-a^{mo}),\quad \hat{a}^{oo} = \hat{a}^{11} = \ldots = 0$$

(klm) zykl. Perm von 123.

Dieser Dualitätsbegriff kann auf Tensoren anderer Stufe ausgedehnt werden:

$$\hat{a}^{\mu} = -\frac{1}{6}\,\varepsilon^{\mu\alpha\beta\gamma}a_{\alpha\beta\gamma},\qquad \hat{b}^{\mu\nu\rho} = \varepsilon^{\mu\nu\rho\alpha}b_{\alpha}$$

Für total symmetrische Tenosren schreibt man gelegentlich zur Abkürzung

$$a^{(\mu\nu)} := \frac{1}{2!}\,(a^{\mu\nu}+a^{\nu\mu}),\quad a^{(\mu\nu\lambda)} := \frac{1}{3!}\,(a^{\mu\nu\lambda}+a^{\nu\lambda u}+a^{\lambda\mu\nu}+a^{\nu\mu\lambda}+a^{\nu\lambda\nu}+a^{\lambda\nu\mu})$$

Analog für antimetrische Tensoren

$$a^{[\mu\nu]} := \frac{1}{2!}\,(a^{\mu\nu}-a^{\mu\nu}),\quad a^{[\mu\nu\lambda]} := \frac{1}{3!}(a^{\mu\nu\lambda}+a^{\nu\lambda\mu}+a^{\lambda\mu\nu}-a^{\nu\mu\lambda}-a^{\mu\lambda\nu}-a^{\lambda\nu\mu})$$

Nützliche Formeln mit dem ε-Tensor in vier Dimensionen:

$$\varepsilon^{\alpha\beta\gamma\delta}\varepsilon_{\alpha\beta\gamma\delta} = 24$$

$$\varepsilon^{\alpha\beta\gamma\delta}\varepsilon_{\mu\beta\gamma\delta} = 6g^{\alpha}{}_{\mu}$$

$$\varepsilon^{\alpha\beta\gamma\delta}\varepsilon_{\mu\nu\gamma\delta} = 2(g^{\alpha}{}_{\mu}g^{\beta}{}_{\nu}-g^{\alpha}{}_{\nu}g^{\beta}{}_{\mu})$$

$$\varepsilon^{\alpha\nu\gamma\delta}\varepsilon_{\mu\nu\rho\delta} = -(g^{\alpha}{}_{\mu}g^{\beta}{}_{\nu}g^{\gamma}{}_{\rho}+g^{\beta}{}_{\mu}g^{\alpha}{}_{\rho}g^{\gamma}{}_{\nu}+g^{\alpha}{}_{\nu}g^{\beta}{}_{\rho}g^{\gamma}{}_{\mu}-g^{\alpha}{}_{\nu}g^{\beta}{}_{\mu}g^{\gamma}{}_{\rho}-$$

$$-g^{\beta}{}_{\nu}g^{\alpha}{}_{\rho}g^{\gamma}{}_{\mu}-g^{\alpha}{}_{\mu}g^{\beta}{}_{\rho}g^{\gamma}{}_{\nu})$$

$$\varepsilon^{oklm} = \varepsilon^{klm}$$

Für einen antimetrischen Tensor $A^{\mu\nu} = -A^{\nu\mu}$ gilt

$$-\frac{1}{2}\,\varepsilon_{\mu\nu\rho\lambda}\varepsilon^{\alpha\beta\gamma\lambda}a_\alpha A_{\beta\gamma} = a_\mu A_{\nu\rho}+a_\nu A_{\rho\mu}+a_\rho A_{\mu\nu}$$

Dabei ist a^μ ein beliebiger Vektor (z.B. auch ∂^μ). Für Ableitungen benützt man gelegentlich folgende Abkürzungen:

$$\partial^\rho a^\mu = :a^{\mu|\rho}, \quad \partial_\rho a^\mu =: a^\mu{}_{|\rho}, \quad \partial^\mu a^{\rho\sigma} =: a^{\rho\sigma|\mu}, \quad \partial^\mu \partial_\lambda a^{\alpha\beta} =: a^{\alpha\beta|\mu}{}_\lambda$$

$$\vec{\partial}^\nu f = -f\overleftarrow{\partial}^\nu$$

$$\overleftrightarrow{\partial}^\nu := \vec{\partial}^\nu + \overleftarrow{\partial}^\nu \quad \text{also} \quad f\overleftrightarrow{\partial}^\nu g := f\partial^\nu g - g\partial^\nu f$$

entsprechend für Tensoren höherer Stufe.

4. Integralsätze

Bei kovarianten Integrationen können folgende Elemente auftreten:

(a) Linienelement bei Kurvenintegralen $d\xi^\mu$ z.B. dx^μ

(b) Flächenelement $df^{[\mu\nu]}$ bei 2dim. Flächenintegralen
das dazu "orthogonale" Flächenelement ist $d\hat{f}^{\mu\nu}$

(c) Hyperflächenelement $df^{[\mu\nu\rho]}$
Man verwendet besser den dazu dualen Vektor

$$d\sigma^\mu = d\hat{f}^\mu$$

Er ist senkrecht zur Integrationshyperfläche. Sein Betrag ist der Inhalt des Flächenelements $d\sigma$

(d) Volumelement $d^4x = dx^0 dx^1 dx^2 dx^3$ (Pseudoskalar)

Von besonderer Bedeutung sind raumartige Hyperflächen $\Sigma(x)$; Das sind die kovarianten Verallgemeinerungen von Hyperebenen (= dreidimensionalen Volumina) bei konstanter Zeit x^0 = const. Alle Punkte einer solchen Hyperfläche haben voneinander raumartigen Abstand. Die Flächennormale ist ein zeitartiger Vektor, den wir als Einheitsvektor wählen können:

$\bar{n}^\mu \bar{n}_\mu = 1$

Ein zugehöriges Hyperflächenelement ist

$$d\sigma^\mu = (dx^1 dx^2 dx^3,\ dx^2 dx^3 dx^0,\ dx^3 dx^0 dx,\ dx^0 dx^1 dx^2) = \bar{n}^\mu\, d\sigma$$

Für eine Zeithyperebene reduziert sich das auf

$$\bar{n}^\mu = \{1,0,0,0\} \qquad \textstyle\sum : x^0 = \text{const.}$$
$$d\sigma^\mu = \{d^3x,0,0,0\}$$

Wenn eine raumartige Hyperfläche $\sum_1$ eine andere $\sum_2$ nicht schneidet, liegt sie entweder ganz in der Vergangenheit oder ganz in der Zukunft von $\sum_2$.

Die Integralsätze der vierdimensionalen Tensoranalysis haben folgende Form (. steht dabei für eine kovariante Größe, R(G) bedeutet den geschlossenen Rand des Gebietes G)

(I) $\displaystyle\oint_{R(V)} d\sigma^\mu . = \int_V d^4x \partial^\mu .$ (Gauß'scher Satz)

(II) $\displaystyle\oint_{R(\Sigma)} df^{[\mu\nu]} . = \frac{1}{2}\int_\Sigma (d\sigma^\mu \partial^\nu - d\sigma^\nu \partial^\mu) .$

(III) $\displaystyle\oint_{R(F)} dx^\mu . = \int_F df^{[\mu\nu]} \partial_\nu .$ (Stokes'scher Satz)

Als Spezialfälle kann man daraus die folgenden nützlichen Sätze ableiten:

(IV) $\displaystyle\oint_{R(V)} f \overleftrightarrow{\partial}^\mu g\, d\sigma_\mu = \int_V (f \Box g - g \Box f)$ (Green'scher Satz)

(V) $\displaystyle\int_\Sigma d\sigma^\mu f_\mu = \int_V d^4x \partial^\mu f_\mu + \int_{\Sigma'} d\sigma^\mu f_\mu$

wobei Σ' und Σ zusammen das Volumen V einschließen. Ist $\partial_\mu f^\mu = 0$, so kann V (und damit Σ') beliebig gewählt werden. In diesem Fall hängt daher das Hyperflächenintegral nicht davon ab, welche Integrationsfläche Σ man wählt. Man kann es daher z.B. über irgend eine Zeithyperebene x^o = = const. erstrecken, d.h. es ist in diesem Fall

$$\int_{\Sigma} d\sigma^{\mu}(x) f_{\mu}(x) = \int_{x^{\circ}=const} d^3x f^o(x) \quad \text{unabhängig von } x^o$$

$$\text{(VI)} \quad \int_{\Sigma} (d\sigma^{\mu}\partial^{\mu}f - d\sigma^{\nu}\partial^{\mu}f) = 0$$

wenn f auf einen 2dms. Rand von Σ verschwindet (z.B. für großes raumartiges Argument genügend stark abfällt).

Anhang IV. Relativistische Mechanik

1. Bewegungsgleichung für ein Teilchen

Die Bewegung eines Teilchens mit der Ruhemasse m kann durch die Angabe der Koordinaten x^μ des Teilchens als Funktion seiner (invarianten) Eigenzeit τ charakterisiert werden

$$x^\mu = x^\mu(\tau)$$

Dadurch ist eine Kurve (Weltlinie im 4dm. Raum) festgelegt, die durch τ parametrisiert ist. Der Tangentenvektor an die Weltlinie ist die (dimensionslose) Vierergeschwindigkeit

$$u^\mu = \frac{1}{c}\,\frac{dx^\mu}{d\tau} = \gamma(v)\ \left(1,\ \frac{\vec{v}}{c}\right)$$

Sie erfüllt

$$u^\mu u_\mu = 1$$

Energie und Impuls des Teilchens werden durch den Vierervektor

$$p^\mu := mcu^\mu = \left(\frac{E}{c},\ \vec{p}\right)$$

beschrieben. Aus der Definition folgen die Beziehungen

$$p^\mu p_\mu = m^2c^2$$

$$\frac{c\vec{p}}{E} = \frac{\vec{u}}{u^o} = \frac{\vec{v}}{c}$$

$$E = [c^2\vec{p}^2 + (mc^2)^2]^{1/2} = mc^2\gamma(v) = mc^2 + \frac{1}{2}\,m\vec{v}^2 + \ldots\ldots = mc^2 + \frac{\vec{p}^2}{2m} + \ldots\ldots$$

$$\vec{p} = m\gamma(v)\vec{v} = m\vec{v} + \ldots\ldots$$

(die angegebenen Entwicklungen gelten für $|\vec{v}| << c$).

Sind die Kräfte bekannt, denen das Teilchen unterliegt, so kann die Weltlinie durch Lösung der Bewegungsgleichung

$$\frac{dp^\mu}{d\tau} = f^\mu$$

bestimmt werden. Das ist bei gegebenem $f^\mu(\tau)$ eine Differentialgleichung 2. Ordnung für $x^\mu(\tau)$:

$$\frac{dp^\mu}{d\tau} = mc\,\frac{du^\mu}{d\tau} = m\,\frac{d^2x^\mu}{d\tau^2}$$

Die Minkowskikraft f^μ erfüllt die Beziehung

$$f^\mu u_\mu = 0$$

d.h. es sind (wie bei u^μ bzw. p^μ) nur drei ihrer Komponenten unabhängig voneinander. Insbesondere ist

$$f^0 = \frac{1}{c}\,\vec{v}.\vec{f}$$

Statt durch τ kann man die Bahn des Teilchens auch durch die Koordinatenzeit $t = \frac{x^0}{c}$ in einem bestimmten Bezugssystem parametrisieren. Man hat dann alle mechanischen Größen (z.B. $\vec{x}, \vec{p}, \vec{v}, \vec{f}$ etc.) als Funktionen von t aufzufassen. Dann ist die Bewegung durch Angabe von $\vec{x}(t)$ vorgegeben und es ist $x^\mu(t) = (ct, \vec{x}(t))$. Damit wird

$$\frac{dt}{d\tau} = \gamma, \quad \frac{d\vec{x}(t)}{dt} = \vec{v}(t), \quad p^\mu(t) = \frac{E(t)}{c^2}\,\frac{dx^\mu(t)}{dt}$$

Definieren wir eine Kraft (Einsteinkraft) $\vec{F}$ in Analogie zur nichtrelativistischen Mechanik durch

$$\vec{F} = \frac{d\vec{p}(t)}{dt}$$

so wird

$$\vec{f} = \gamma(v)\vec{F}, \qquad f^0 = \frac{1}{c}\,\gamma(v)\vec{v}.\vec{F}$$

Die Bewegungsgleichung des Teilchens lautet dann

$$m \frac{d}{dt} (\gamma(v)\vec{v}) = \vec{F}$$

und es ist außerdem

$$\frac{dE}{dt} = mc^2 \frac{d}{dt} \gamma(v) = \vec{v}. \frac{d\vec{p}}{dt} = \vec{v}.\vec{F}$$

2. Geschwindigkeitsaddition, Transformation der Kraft

Die Geschwindigkeit $\vec{v}$ und die Einsteinkraft $\vec{F}$ verhalten sich bei Lorentztransformationen nicht wie die Raumkomponenten eines Vierervektors. Ihr Transformationsverhalten ist für manche Zwecke nützlich und soll daher hier angegeben werden.
Wir betrachten eine spezielle Lorentztransformation von einem Bezugssystem S auf ein relativ dazu mit $\vec{V}$ bewegtes System S'. Ein Vierervektor a^μ hat dann das Verhalten

$$a^{o\prime} = \gamma(V) \quad (a^o - \beta(V) a_\parallel)$$

$$a'_\parallel = \gamma(V)(a_\parallel - \beta(V) a_o) \qquad \vec{a}'_\perp = \vec{a}_\perp$$

Dabei ist $a_\parallel$ die Komponente von $\vec{a}$ parallel zu $\vec{V}$, $\vec{a}_\perp$ sind die beiden zu $\vec{V}$ senkrechten Komponenten:

$$a_\parallel = \vec{e}.\vec{a} \qquad \vec{e} = \frac{\vec{V}}{|\vec{V}|} \qquad V \equiv |\vec{V}|$$

$$\vec{a}_\perp = \vec{a} - \vec{e}(\vec{e}.\vec{a})$$

Wir setzen für a^μ den Ortsvektor x^μ ein und differenzieren die Gleichungen nach t. Aus der ersten Gleichung erhalten wir

$$\frac{dt'}{dt} = \gamma(V) \quad (1-\beta(V)\beta(v_\parallel)) = \gamma(V) \cdot \left(1 - \frac{\vec{V}.\vec{v}}{c^2}\right)$$

Durch Einsetzen in die nach t differenzierten anderen beiden Gleichungen erhalten wir die relativistische Addition von Geschwindigkeiten

$$v'_{\parallel} = \frac{v_{\parallel} - V}{1-\vec{V}.\vec{v}/c^2} \qquad \vec{v}'_{\perp} = \frac{\vec{v}_{\perp}}{(1-\vec{V}.\vec{v}/c^2(\gamma(V)}$$

Die Umkehrung lautet

$$v_{\parallel} = \frac{v'_{\parallel} + V}{1+\vec{V}.\vec{v}'/c^2} \qquad \vec{v}_{\perp} = \frac{\vec{v}'_{\perp}}{\gamma(V)(1+\vec{V}.\vec{v}'/c^2)}$$

Setzen wir für a^{μ} den Energie-Impulsvektor p^{μ} ein und differenzieren nach t, so erhalten wir in gleicher Weise mit $\vec{F}= \frac{d\vec{p}}{dt}$, $\vec{v}.\vec{F}= \frac{dE}{dt}$ die Transformationsformeln für die Einsteinkraft

$$F'_{\parallel} = \frac{F_{\parallel} - \frac{V(\vec{v}.\vec{F})}{c^2}}{1- \frac{\vec{v}.\vec{V}}{c^2}}, \qquad \vec{F}'_{\perp} = \frac{\vec{F}_{\perp}}{(1- \frac{\vec{v}.\vec{V}}{c^2})\gamma(V)}$$

Die Umkehrformeln sind

$$F_{\parallel} = \frac{F'_{\parallel} + \frac{V(\vec{v}'.\vec{F}')}{c^2}}{1 + \vec{v}.\vec{V}/c^2} \qquad \vec{F}_{\perp} = \frac{\vec{F}'_{\perp}}{(1+\vec{v}.\vec{V}/c^2)\gamma(V)}$$

Bewegt sich das Teilchen mit konstanter Geschwindigkeit, so kann man durch $\vec{V}=\vec{v}$ erreichen, daß das Teilchen in S' ruht (Transf. auf Ruhe, $\vec{v}'=0$). Dann wird

$$F'_{\parallel} = F_{\parallel}, \qquad \vec{F}'_{\perp} = \gamma(V)\vec{F}_{\perp}$$

3. Verallgemeinerung auf N Teilchen

Wir betrachten N Teilchen mit den Massen m_n und Ladungen q_n (n=1,2..N). Die Bewegung ist durch Angabe von

$$\vec{x}_n = \vec{x}_n(t) \qquad \text{(t= Koordinatenzeit)}$$

festgelegt. Wir ergänzen durch

$$x_n^o(t) = ct \qquad \text{(für alle n)}$$

zu Vierervektoren

$$x_n^\mu(t) = (ct,\ \vec{x}_n(t))$$

und definieren zugehörige Impuls-Energievektoren

$$p_n^\mu(t) = \frac{E_n}{c^2}\frac{dx_n^\mu}{dt}$$

Der Bewegung des nten Teilchens entspricht dann eine Stromdichte

$$\begin{aligned} j_n^\mu(x) &= q_n \frac{dx_n^\mu}{dt}\,\delta(\vec{x}-\vec{x}_n(t)) \\ &= q_n \frac{c^2}{E_n}\,p_n^\mu(t)\,\delta(\vec{x}-\vec{x}_n(t)) \\ &= cq_n u_n^\mu(\tau_n)\,\frac{d\tau_n}{dt}\,\delta(\vec{x}-\vec{x}_n(t)) \\ &= cq_n\int_{K_n}\delta(x-x_n(\tau))\,dx^\mu(\tau) \end{aligned}$$

Dabei ist im letzten Ausdruck die vierdimensionale δ-Funktion gemeint und es ist über die Weltlinie K_n des nten Teilchens zu integrieren. Die Stromdichte erfüllt eine Kontinuitätsgleichung

$$\partial_\mu j^\mu_{(n)}(x) = 0$$

wie leicht nachzurechnen ist. In analoger Weise kann man durch

$$\begin{aligned} T_n^{\mu\nu}(x) &= \frac{c}{E_n}\,p_n^\mu(t)\,p_n^\nu(t)\,\delta(\vec{x}-\vec{x}_n(t)) \\ &= \frac{1}{c}\,p_n^\mu(t)\,\frac{dx_n^\nu}{dt}\,\delta(\vec{x}-\vec{x}_n(t)) \end{aligned}$$

$$= \int_{K_n} p^{\mu}_n(\tau)\delta(x-x_n(\tau)dx^{\nu}_n(\tau) = T^{\nu\mu}_n(x)$$

einen Energie-Impulstensor für das nte Teilchen definieren. Die lokale Bilanzgleichung für ihn ist

$$\partial_{\mu}T^{\mu\nu}_n(x) = \frac{1}{c} K^{\nu}_n(x)$$

wobei die Kraftdichte durch

$$K^{\nu}_n(x) = \frac{dp^{\nu}_n}{dt} \delta(\vec{x}-\vec{x}_n(t)) = f^{\nu}_n(\tau) \frac{d\tau_n}{dt} \delta(\vec{x}-\vec{x}_n(t))$$

gegeben ist. Das bedeutet

$$K^{o}_n (x) = \frac{1}{c} \vec{v}_n(t)\cdot\vec{F}_n(t)\delta(\vec{x}-\vec{x}_n(t))$$

$$\vec{K}_n(x) = \vec{F}_n(t)\delta(\vec{x}-\vec{x}_n(t))$$

wobei

$$\vec{F}_n = \frac{d\vec{p}_n}{dt} \quad \text{bzw.} \quad f^{\mu}_n = \frac{dp^{\mu}_n}{d\tau_n}$$

die Einstein-bzw. Minkowskikraft auf das n-te Teilchen ist. Mit der Summe dieser Dichten

$$j^{\mu}(x) = \sum_n j^{\mu}_n(x), \qquad T^{\mu\nu}_{mat}(x) = \sum_n T^{\mu\nu}_n(x)$$

kann man die elektrischen bzw. mechanischen Eigenschaften des Teilchensystems beschreiben. Unterliegen die Teilchen nur elektromagnetischen Kräften

$$f^{\mu}_n = q_n F^{\mu\nu}(x_n)u_{n,\nu}$$

so ist das aus den Teilchen und ihren Feldern bestehende System abgeschlossen: man kann nachrechnen, daß

$$\partial_{\mu}(T^{\mu\nu}_{mat} + T^{\mu\nu}_{em}) = 0$$

ist, wobei $T^{\mu\nu}_{em}$ der Energie-Impulstensor des elektromagnetischen Feldes (Kap.II, 10) ist. Das ändert aber nichts an der Tatsache, daß eine solche Theorie zu divergenten Resultaten führen kann (unendliche Selbstenergie punktförmiger Teilchen, vgl. I,9).

Anhang V: Wellen und Wellenpakete

Wir betrachten allgemeine Wellenvorgänge in einem Medium, wobei wir uns auf skalare Wellen beschränken, die durch eine "Wellenfunktion" $A(t,\vec{x})$ beschrieben werden. Wir setzen A als Fourierzerlegung an

$$(1)\quad A(t,\vec{x}) = \frac{1}{(2\pi)^{3/2}} \int d^3k' A(\vec{k}') e^{i\vec{k}'\vec{x}-i\omega t}$$

Die Fourierkomponente $A(\vec{k}')$ ist dann durch

$$(2)\quad A(\vec{k}) = \frac{1}{(2\pi)^{3/2}} \int d^3x A(0,\vec{x}) e^{-i\vec{k}.\vec{x}}$$

gegeben. Wir betrachten Vorgänge, für die ω eine gegebene reelle Funktion von k' ist $\omega = \omega(k')$. Im elektromagnetischen Fall entspricht das einem Medium mit reellem, frequenzabhängigen Brechungsindex (ε reell und positiv): in diesem Fall ist $k' = k'(\omega)$ eine reelle Funktion von ω und wir betrachten hier die Umkehrfunktion. Da die elektromagnetischen Felder durch reelle, vektorielle Wellenfelder beschrieben werden, entspricht der Realteil von A einer Komponente einer Feldstärke.

Je nach der Abhängigkeit von A vom Argument erhalten wir Wellen mit verschiedenem Symmetrietyp. Hängt A nicht von der Richtung von $\vec{k}$ ab, so erhält man z.B. Kugelwellen. Das sieht man mit

$\vec{k}' = k'\vec{n}'$, $\quad d^3k' = k'^2dk'd\Omega(n')$

nach Ausführen des Integrals über den Raumwinkel. Wir betrachten ebene Wellenvorgänge. Diese erhält man mit dem Ansatz

$$A\ (\vec{k}') = \frac{2\pi}{k'^2}\ a(k')\delta(1-\vec{n}.\vec{n}')$$

Dabei ist $\vec{n}$ ein fester Einheitsvektor (der Vorfaktor hat nur ästhetische Bedeutung). Man sieht durch Einsetzen, daß A(t,x) nur über die Koordinate

$$\xi = \vec{n}.\vec{x}$$

vom Ort abhängt. Wir erhalten

$$(3)\quad A(t,\xi) = \frac{1}{\sqrt{2\pi}}\int_{-\infty}^{+\infty} dk'a(k')e^{ik'\xi-i\omega t}$$

$$(4)\quad a(k') = \frac{1}{\sqrt{2\pi}}\int_{-\infty}^{+\infty} d\xi A(0,\xi)\ e^{-ik'\xi}$$

Die Verteilung a(k) ist also durch das "Angangsmuster" A(O,ξ) bestimmt.

Um einen Einblick in die "Maschinerie" zu bekommen, betrachten wir einige konkrete Beispiele. Die Resultate der Integration kann man aus Tabellen zur Fouriertransformation entnehmen, z.B. A.Erdélyi et al., Tables of Integral Transforms I, McGraw Hill 1954.

(I) $a(k') = a_o\delta(k-k')$ $\qquad A(0,\xi) = \frac{a_o}{\sqrt{2\pi}}\ e^{ik\xi}$

(II) $a(k') = \begin{cases} a_o & \text{für } k-d\leq k'\leq k+d \\ 0 & \text{sonst} \end{cases}$ $\qquad A(0,\xi)=a_o\sqrt{\frac{2}{\pi}}\ e^{ik\xi}\ \frac{\sin\xi d}{\xi}$

(III) $a(k') = a_oe^{-d(k'-k)^2}$ $\qquad A(0,\xi) = \frac{a_o}{\sqrt{2d}}\ e^{ik\xi}e^{-\xi^2/4d}$

(IV) $a(k') = a_o e^{-ik'\xi_o} \dfrac{\sin k'd}{k'}$ $\qquad A(0,\xi) = \begin{cases} \sqrt{\frac{\pi}{2}}\, a_o, & \xi_o - d < \xi < \xi_o + d \\ 0 & \text{sonst} \end{cases}$

(V) $a(k') = a_o e^{-ik'\xi_o}$ $\qquad A(0,\xi) = a_o \sqrt{2\pi}\,\delta(\xi - \xi_o)$

Je kleiner das Gebiet ist, in dem $A(0,\xi)$ konzentriert ist, desto größer ist das Gebiet, in dem $a(k)$ von Null verschieden ist und umgekehrt. Diese wichtige Eigenschaft läßt sich quantitativ fassen. Wir definieren einen Mittelwert für eine Größe $f(\xi)$ durch

$$\langle f(\xi)\rangle := \int d\xi\, f(\xi)\, |A(0,\xi)|^2$$

(analog im k-Raum) und betrachten den mittleren quadratischen Fehler

$$\Delta f := [\langle f^2(\xi)\rangle - \langle f(\xi)\rangle^2]^{1/2}$$

Dann ist

(5) $\Delta\xi . \Delta k \geq 1/2$

Aus dieser Beziehung folgt in der Quantenmechanik die Unschärferelation.

Wir betrachten nun die Ausbreitung eines sogenannten "Wellenpaketes". Damit ist ein Wellenvorgang gemeint, für den $|A(0,\xi)|$ außerhalb eines beschränkten, nicht zu engen Bereiches sehr klein ist. Dann ist $|a(k)|$ nur in einem relativ engen Gebiet konzentriert, vgl. z.B. Beispiele (II) oder (III) mit genügend großem d. Wir beschränken uns nun auf ein Medium, für das ω eine langsam veränderliche Funktion von k ist. Dann können wir $\omega(k')$ in der Nähe der Frequenz entwickeln, für die $a(k')$ am größten ist:

(6) $\omega(k') = \omega(k) + (k'-k) \left.\dfrac{d\omega}{dk'}\right|_{k'=k} + \ldots\ldots =: \omega(k) + u(k'-k) + \ldots\ldots$

Die Phase in (3) wird

$$k'\xi-\omega(k')t \simeq t(uk-\omega(k)) + k'(\xi-ut) = k\xi-\omega(k)t + (k'-k)[\xi-ut]$$

und wir erhalten

$$(7)\quad A(t,\xi) \simeq \frac{e^{i(k\xi-\omega(k)t)}}{\sqrt{2\pi}} \int dk'a(k')e^{i(k'-k)(\xi-ut)}$$

$$= e^{it(uk-\omega(k))} . A(0,\xi-ut)$$

Man erhält also eine ebene Welle mit starr bewegter Amplitude (Argument ξ-ut!). Die letztere Darstellung zeigt, wie sich das Anfangsmuster mit der Zeit im Raum verschiebt. Die dafür charakteristische Geschwindigkeit ist

$$(8)\quad u = \frac{d\omega(k)}{dk}$$

Diese Geschwindigkeit heißt Gruppengeschwindigkeit. Mit dieser Geschwindigkeit breitet sich auch $|A|^2$ aus. Für ein dispersives Medium unterscheidet sie sich von der Phasengeschwindigkeit

$$(9)\quad v = \frac{\omega(k)}{k}$$

Definieren wir wie üblich einen frequenzabhängigen Brechungsindex durch

$$v = \frac{c}{n(\omega)}$$

so wird

$$(10)\quad u = \frac{c}{n(\omega)+\omega\frac{dn}{d\omega}}$$

Man darf nicht vergessen, daß die Gruppengeschwindigkeit nur dann ein sinnvoller Begriff ist, wenn die Voraussetzungen erfüllt sind, unter denen sie definiert werden kann. Wenn $\omega(k)$ mit k stark variiert (wenn also n eine rasch veränderliche Funktion von ω ist), ist es nicht sinnvoll, von einer Gruppengeschwindigkeit zu sprechen. Ebenso verliert dieser Begriff seinen Sinn, wenn n komplex wird. Nun betrachten wir das Verhalten eines typischen Paketes im Raum und Zeit. Wir wählen a(k') aus Beispiel (III) mit k=O

$$a(k') = a_o e^{-dk'^2}$$

Für t=O ist dann $A(O,\xi)$ eine Gaußkurve, die um so schmäler ist, je kleiner d gewählt wird. Wir sehen nun nach, wie sich die Kurve im Lauf der Zeit ändert, wenn wir für ω die Funktion nehmen, die sich für ein Elektronengas ergibt, vgl. (V ,26). Das bedeutet

$$k'^2 = \varepsilon(\omega)\,\frac{\omega^2}{c^2} = \frac{\omega^2}{c^2}\left(1-\frac{\omega_P^2}{\omega^2}\right) \curvearrowright \omega = \sqrt{\omega_P^2 + c^2 k'^2}$$

mit der Plasmafrequenz ω_P. Wir wählen d so , daß ω für die wesentlichen Werte von k' noch genügend nahe bei ω_P bleibt. Dann können wir die Wurzel entwickeln.

$$\omega \simeq \omega_P + Ak'^2 \qquad A = \frac{c^2}{2\omega_P^2}$$

Nun berechnen wir

$$A(t,\xi) = e^{-i\omega_P t}\,\frac{a_o}{\sqrt{2\pi}} \int_{-\infty}^{+\infty} dk'\,e^{-k'^2 \cdot (d+iAt)}\,e^{ik'\xi}$$

Das Integral erhalten wir, indem wir in Beispiel (III) d durch d+iAt ersetzen:

$$A(t,\xi) = \frac{e^{-i\omega_P t}}{\sqrt{2}\,(d+iAt)^{1/2}} \quad \exp - \frac{\xi^2}{4(d+iAt)}$$

Schreiben wir das als

$$A(t,\xi) = Re^{i\phi}$$

so wird

$$R = \frac{a_o}{\sqrt{2}[d^2+A^2t^2]^{1/2}} \quad \exp - \frac{\xi^2 d}{4(d^2+A^2t^2)}$$

$$\phi = \omega_p\left[\frac{\xi^2 A}{4(d^2+A^2t^2)} - t\right] \quad - \frac{1}{2} \arc\tan\frac{At}{d}$$

Wegen des ersten Faktors in R nimmt die Amplitude mit der Zeit ab. Der zweite Faktor in R zeigt, daß das Paket mit der Zeit einen immer breiteren Raumbereich einnimmt. Dieses "Auseinanderfließen" erfolgt um so rascher, je kleiner d ist, je schärfer also das Paket am Anfang lokalisiert war. Dieser Zusammenhang gilt auch für andere Wellenpakete und andere Dispersionsgesetze. Er ist eine Eigenschaft der Fouriertransformation.

Alle hier aufgezeigten Wellenphänomene gelten entsprechend auch für Überlagerungen in ω

$$A(t,\xi) = \frac{1}{\sqrt{2\pi}} \int_{+\infty}^{-\infty} d\omega b(\omega) e^{ik(\omega)\xi - i\omega t}$$

$$b(\omega) = \frac{1}{\sqrt{2\pi}} \int_{-\infty}^{+\infty} dt A(t,0) e^{i\omega t}$$

wobei sich die Rollen von ξ und t vertauschen, d.h. ein Wellenpuls von kurzer Dauer bei $\xi=0$ wird mit wachsendem ξ zeitlich verschmiert.

Inhaltsverzeichnis

Sachgebiete

Zeichenerklärung
HTB = B.I.-Hochschultaschenbücher.
Wv = B.I.-Wissenschaftsverlag (Einzelwerke und Reihen).
M.F.O. = Mathematische Forschungsberichte Oberwolfach.
Stand: Oktober 1980.

Mathematik

Aitken, A. C.
Determinanten und Matrizen
142 S. mit Abb. 1969. (HTB 293)

Andrié, M./P. Meier
Lineare Algebra und analytische Geometrie. Eine anwendungsbezogene Einführung
243 S. 1977. (HTB 84)

Artmann, B./W. Peterhänsel/ E. Sachs
Beispiele und Aufgaben zur linearen Algebra
150 S. 1978. (HTB 783)

Aumann, G.
Höhere Mathematik
Band I: Reelle Zahlen, Analytische Geometrie, Differential- und Integralrechnung. 243 S. mit Abb. 1970. (HTB 717)
Band II: Lineare Algebra, Funktionen mehrerer Veränderlicher. 170 S. mit Abb. 1970. (HTB 718)

Barner, M./W. Schwarz (Hrsg.)
Zahlentheorie
235 S. 1971. (M. F. O. 5)

Behrens, E.-A.
Ringtheorie
405 S. 1975. (Wv)

Böhmer, K./G. Meinardus/ W. Schempp (Hrsg.)
Spline-Funktionen. Vorträge und Aufsätze
415 S. 1974. (Wv)

Brand, S.
Datenanalyse. Mit statistischen Methoden und Computerprogrammen
Etwa 450 S. 2., erweiterte Aufl. 1980.

Brauner, H.
Geometrie projektiver Räume
Band I: Projektive Ebenen, projektive Räume. 235 S. 1976. (Wv)

Band II: Beziehungen zwischen projektiver Geometrie und linearer Algebra. 258 S. 1976. (Wv)

Brosowski, B.
Nichtlineare Tschebyscheff-Approximation
153 S. 1968. (HTB 808)

Brosowski, B./R. Kreß
Einführung in die numerische Mathematik
Teil I: Gleichungssysteme, Approximationstheorie. 223 S. 1975. (HTB 202)
Teil II: Interpolation, numerische Integration, Optimierungsaufgaben. 124 S. 1976. (HTB 211)

Brunner, G.
Homologische Algebra
213 S. 1973. (Wv)

Bundke, W.
12stellige Tafel der Legendre-Polynome
352 S. 1967. (HTB 320)

Cartan, H.
Differentialformen
250 S. 1974. (Wv)

Cartan, H.
Differentialrechnung
236 S. 1974. (Wv)

Cartan, H.
Elementare Theorie der analytischen Funktionen einer oder mehrerer komplexen Veränderlichen
236 S. mit Abb. 1966. (HTB 112)

Cigler, J./H.-C. Reichel
Topologie. Eine Grundvorlesung
257 S. 1978. (HTB 121)

Degen, W./K. Böhmer
Gelöste Aufgaben zur Differential- und Integralrechnung
Band I: Eine reelle Veränderliche. 254 S. 1971. (HTB 762)
Band II: Mehrere reelle Veränderliche. 111 S. 1971. (HTB 763)

Dombrowski, P.
Differentialrechnung I und Abriß der linearen Algebra
271 S. mit Abb. 1970. (HTB 743)

Eisenack, G./C. Fenske
Fixpunkttheorie
258 S. 1978. (Wv)

Elsgolc, L. E.
Variationsrechnung
157 S. mit Abb. 1970. (HTB 431)

Eltermann, H.
Grundlagen der praktischen Matrizenrechnung
128 S. mit Abb. 1969. (HTB 434)

Erwe, F.
Differential- und Integralrechnung
Band I: Differentialrechnung. 364 S. mit Abb. 1962. (HTB 30)
Band II: Integralrechnung. 197 S. mit 50 Abb. 1973. (HTB 31)

Erwe, F.
Gewöhnliche Differentialgleichungen
152 S. mit 11 Abb. 1964. (HTB 19)

Erwe, F.
Reelle Analysis
(Reihe: Mathematik für Physiker, Band 5)
360 S. 1978. (Wv)

Erwe F./E. Peschl
Partielle Differentialgleichungen erster Ordnung
133 S. 1973. (HTB 87)

Felscher, W.
Naive Mengen und abstrakte Zahlen
Band I: Die Anfänge der Mengenlehre und die natürlichen Zahlen. 260 S. 1978. (Wv)
Band II: Die Struktur der algebraischen und der reellen Zahlen. 222 S. 1978. (Wv)
Band III: Transfinite Methoden. 272 S. 1979. (Wv)

Fuchssteiner, B./D. Laugwitz
Funktionalanalysis
(Reihe: Mathematik für Physiker, Band 9)
219 S. 1974. (Wv)

Gericke, H.
Geschichte des Zahlbegriffs
163 S. mit Abb. 1970. (HTB 172)

Goffman, C.
Reelle Funktionen
331 S. Aus dem Englischen. 1976. (Wv)

Gröbner, W.
Algebraische Geometrie
Band I: Allgemeine Theorie der kommutativen Ringe und Körper.
193 S. 1968. (HTB 273)

Gröbner, W.
Differentialgleichungen I.
Gewöhnliche Differentialgleichungen
(Reihe: Mathematik für Physiker, Band 6)
188 S. 1977. (Wv)

Gröbner, W.
Differentialgleichungen II.
Partielle Differentialgleichungen
(Reihe: Mathematik für Physiker, Band 7)
157 S. 1977. (Wv)

Gröbner, W.
Matrizenrechnung
276 S. mit Abb. 1966. (HTB 103)

Gröbner, W./H. Knapp
Contributions to the Method of Lie Series
In engliicher Sprache.
265 S. 1967. (HTB 802)

Grotemeyer, K. P./E. Letzner/ R. Reinhardt
Topologie
187 S. mit Abb. 1969. (HTB 836)

Hämmerlin, G.
Numerische Mathematik I
Band I: Approximation, Interpolation, Numerische Quadratur, Gleichungssysteme.
199 S. 2., überarbeitete Aufl. 1978. (HTB 498)

Hainer, K.
Numerische Algorithmen auf programmierbaren Taschenrechnern
Etwa 260 S. 1980. (HTB 805)

Hasse, H./P. Roquette (Hrsg.)
Algebraische Zahlentheorie
272 S. 1966. (M.F.O. 2)

Heidler, K./H. Hermes/ F.-K. Mahn
Rekursive Funktionen
248 S. 1977. (Wv)

Heil, E.
Differentialformen
207 S. 1974. (Wv)

Hein, O.
Graphentheorie für Anwender
141 S. 1977. (HTB 83)

Hein, O.
Statistische Verfahren der Ingenieurpraxis
197 S. Mit 5 Tabellen, 6 Diagrammen, 43 Beispielen. 1978. (HTB 119)

Hellwig, G.
Höhere Mathematik
Band I/1. Teil: Zahlen, Funktionen, Differential- und Integralrechnung einer unabhängigen Variablen.
284, IX S. 1971. (HTB 553)
Band I/2. Teil: Theorie der Konvergenz, Ergänzungen zur Integralrechnung, das Stieltjes-Integral.
137 S. 1972. (HTB 560)

Hengst, M.
Einführung in die mathematische Statistik und ihre Anwendung
259 S. mit Abb. 1967. (HTB 42)

Henze, E.
Einführung in die Maßtheorie
235 S. 1971. (HTB 505)

Heyer, H.
Einführung in die Theorie Markoffscher Prozesse
253 S. 1979. (Wv)

Hirzebruch, F./W. Scharlau
Einführung in die Funktionalanalysis
178 S. 1971. (HTB 296)

Holmann, H./H. Rummler
Alternierende Differentialformen
257 S. 1972. (Wv)

Horvath, H.
Rechenmethoden und ihre Anwendung in Physik und Chemie
142 S. 1977. (HTB 78)

Hoschek, J.
Liniengeometrie
VI, 263 S. mit Abb. 1971. (HTB 733)

Hoschek, J./G. Spreitzer
Aufgaben zur darstellenden Geometrie
229 S. mit Abb. 1974. (Wv)

Ince, E. L.
Die Integration gewöhnlicher Differentialgleichungen
180 S. 1965. (HTB 67)

Jordan-Engeln, G./F. Reutter
Formelsammlung zur numerischen Mathematik mit Fortran IV-Programmen
360 S. mit Abb. 2. Auflage 1976. (HTB 106)

Jordan-Engeln, G./F. Reutter
Numerische Mathematik für Ingenieure
XIV, 364 S. mit Abb. 2., überarbeitete Aufl. 1978. (HTB 104)

Kaiser, R./G. Gottschalk
Elementare Tests zur Beurteilung von Meßdaten
68 S. 1972. (HTB 774)

Kießwetter, K.
Reelle Analysis einer Veränderlichen. Ein Lern- und Übungsbuch
316 S. 1975. (HTB 269)

Kießwetter, K./R. Rosenkranz
Lösungshilfen für Aufgaben zur reellen Analysis einer Veränderlichen
231 S. 1976. (HTB 270)

Klingbeil, E.
Tensorrechnung für Ingenieure
197 S. mit Abb. 1966. (HTB 197)

Klingbeil, E.
Variationsrechnung
332 S. 1977. (Wv)

Klingenberg, W. (Hrsg.)
Differentialgeometrie im Großen
351 S. 1971. (M. F. O. 4)

Klingenberg, W./P. Klein
Lineare Algebra und analytische Geometrie
Band I: Grundbegriffe, Vektorräume. XII, 288 S. 1971. (HTB 748)
Band II: Determinanten, Matrizen, Euklidische und unitäre Vektorräume. XVIII, 404 S. 1972. (HTB 749)

Klingenberg, W./P. Klein
Lineare Algebra und analytische Geometrie. Übungen zu Band I u. II
VIII, 172 S. 1973. (HTB 750)

Laugwitz, D.
Infinitesimalkalkül. Kontinuum und Zahlen. Eine elementare Einführung in die Nichtstandard-Analysis
187 S. 1978. (Wv)

Laugwitz, D.
Ingenieurmathematik
Band I: Zahlen, analytische Geometrie, Funktionen. 158 S. mit Abb. 1964. (HTB 59)
Band II: Differential- und Integralrechnung. 152 S. mit Abb. 1964. (HTB 60)
Band III: Gewöhnliche Differentialgleichungen. 141 S. 1964. (HTB 61)
Band IV: Fourier-Reihen, verallgemeinerte Funktionen, mehrfache Integrale, Vektoranalysis, Differentialgeometrie, Matrizen, Elemente der Funktionalanalysis. 196 S. mit Abb. 1967. (HTB 62)
Band V: Komplexe Veränderliche. 158 S. mit Abb. 1965. (HTB 93)

Laugwitz, D./C. Schmieden
Aufgaben zur Ingenieurmathematik
182 S. 1966. (HTB 95)

Laugwitz, D./H.-J. Vollrath
Schulmathematik vom höheren Standpunkt
Band I: Einführung in die Denk- und Arbeitsweise der Mathematik an Universitäten. 195 S. mit Abb. 1969. (HTB 118)

Lebedew, N. N.
Spezielle Funktionen und ihre Anwendung
372 S. mit Abb. 1973. (Wv)

Lighthill, M. J.
Einführung in die Theorie der Fourieranalysis und der verallgemeinerten Funktionen
96 S. mit Abb. 1966. (HTB 139)

Lingenberg, R.
Einführung in die lineare Algebra
(Reihe: Mathematik für Physiker, Band 4)
236 S. 1976. (Wv)

Lingenberg, R.
Grundlagen der Geometrie
224 S. mit Abb. 3., durchgesehene Aufl. 1978. (Wv)

Lingenberg, R.
Lineare Algebra
161 S. mit Abb. 1969. (HTB 828)

Lutz, D.
Topologische Gruppen
175 S. 1976. (Wv)

Marsal, D.
Die numerische Lösung partieller Differentialgleichungen in Wissenschaft und Technik
602 S. mit Abb. 1976. (Wv)

Martensen, E.
Analysis.
Für Mathematiker, Physiker, Ingenieure
Band I: Grundlagen der Infinitesimalrechnung. IX, 200 S. 2. Aufl. 1976. (HTB 832)
Band II: Aufbau der Infinitesimalrechnung. VIII, 176 S. 2., neu bearbeitete Aufl. 1978. (HTB 833)
Band III: Gewöhnliche Differentialgleichungen. V, 209 S. 1971. (HTB 834)
Band V: Funktionalanalysis und Integralgleichungen. VI, 275 S. 1972. (HTB 768)

Meinardus, G./G. Merz
Praktische Mathematik I.
Für Ingenieure, Mathematiker und Physiker
347 S. 1979. (Wv)

Meschkowski, H.
Einführung in die moderne Mathematik
214 S. mit Abb. 3., verbesserte Aufl. 1971. (HTB 75)

Meschkowski, H.
Elementare Wahrscheinlichkeitsrechnung und Statistik
(Reihe: Mathematik für Physiker, Band 3)
188 S. 1972. (Wv)

Meschkowski, H.
Funktionen
(Reihe: Mathematik für Physiker, Band 2)
179 S. mit 66 Abb. 1970. (Wv)

Meschkowski, H.
Grundlagen der Euklidischen Geometrie
231 S. mit Abb. 2., verbesserte Aufl. 1974. (Wv)

Meschkowski, H.
Mathematik und Realität. Vorträge und Aufsätze
182 S. 1979. (Wv)

Meschkowski, H.
Mathematikerlexikon
328 S. mit Abb. 2., erweiterte Aufl. 1973. (Wv)

Meschkowski, H.
Mathematisches Begriffswörterbuch
315 S. mit Abb. 4. Aufl. 1976. (HTB 99)

Meschkowski, H.
Mehrsprachenwörterbuch mathematischer Begriffe
135 S. 1972. (Wv)

Meschkowski, H.
Problemgeschichte der neueren Mathematik (1800–1950)
324 S. mit Abb. 1978. (Wv)

Meschkowski, H.
Reihenentwicklungen in der mathematischen Physik
151 S. mit Abb. 1963. (HTB 51)

Meschkowski, H.
Richtigkeit und Wahrheit in der Mathematik
219 S. 2., durchgesehene Aufl. 1978. (Wv)

Meschkowski, H.
Ungelöste und unlösbare Probleme der Geometrie
204 S. 2., verb. und erweiterte Aufl. 1975. (Wv)

Meschkowski, H.
Wahrscheinlichkeitsrechnung
233 S. mit Abb. 1968. (HTB 285)

Meschkowski, H.
Zahlen
(Reihe: Mathematik für Physiker, Band 1)
174 S. mit 37 Abb. 1970. (Wv)

Meschkowski, H./I. Ahrens
Theorie der Punktmengen
183 S. mit Abb. 1974. (Wv)

Meschkowski, H./G. Lessner
Aufgabensammlung zur Einführung in die moderne Mathematik
136 S. mit Abb. 1969. (HTB 263)

Neukirch, J.
Klassenkörpertheorie
308 S. 1970. (HTB 713)

Niven, I./H. S. Zuckerman
Einführung in die Zahlentheorie
Band I: Teilbarkeit, Kongruenzen, quadratische Reziprozität u. a.
213 S. 1976. (HTB 46)
Band II: Kettenbrüche, algebraische Zahlen, die Partitionsfunktion u. a.
186 S. 1976. (HTB 47)

Noble, B.
Numerisches Rechnen
Band II: Differenzen, Integration und Differentialgleichungen. 246 S. 1973. (HTB 147)

Oberschelp, A.
Elementare Logik und Mengenlehre
Band I: Die formalen Sprachen, Logik. 254 S. 1974. (HTB 407)
Band II: Klassen, Relationen, Funktionen, Anfänge der Mengenlehre. 229 S. 1978. (HTB 408)

Peschl, E.
Differentialgeometrie
92 S. 1973. (HTB 80)

Peschl, E.
Funktionentheorie I
274 S. mit Abb. 1967. (HTB 131)

Poguntke, W./R. Wille
Testfragen zur Analysis I
96 S. 1976. (HTB 781)

Preuß, G.
Grundbegriffe der Kategorientheorie
105 S. 1975. (HTB 739)

Reiffen, H.-J./G. Scheja/U. Vetter
Algebra
272 S. mit Abb. 1969. (HTB 110)

Reiffen, H.-J./H. W. Trapp
Einführung in die Analysis
Band I: Mengentheoretische Topologie. IX, 320 S. 1972. (HTB 776)
Band II: Theorie der analytischen und differenzierbaren Funktionen. 260 S. 1973. (HTB 786)
Band III: Maß- und Integrationstheorie. 369 S. 1973. (HTB 787)

Rommelfanger, H.
Differenzen- und Differentialgleichungen
(Reihe: Mathematik für Wirtschaftswissenschaftler, Band 4)
232 S. 1977. (Wv)

Rottmann, K.
Mathematische Formelsammlung
176 S. mit Abb. 1962. (HTB 13)

Rottmann, K.
Mathematische Funktionstafeln
208 S. 1959. (HTB 14)

Rottmann, K.
Siebenstellige dekadische Logarithmen
194 S. 1960. (HTB 17)

Rottmann, K.
Siebenstellige Logarithmen der trigonometrischen Funktionen
440 S. 1961. (HTB 26)

Rutsch, M.
Wahrscheinlichkeit I
(Reihe: Mathematik für Wirtschaftswissenschaftler, Band 1)
350 S. mit Abb. 1974. (Wv)

Rutsch, M./K.-H. Schriever
Wahrscheinlichkeit II
(Reihe: Mathematik für Wirtschaftswissenschaftler, Band 2)
404 S. mit Abb. 1976. (Wv)

Rutsch, M./K.-H. Schriever
Aufgaben zur Wahrscheinlichkeit
(Reihe: Mathematik für Wirtschaftswissenschaftler, Band 3)
267 S. mit Abb. 1974. (Wv)

Schick, K.
Lineare Optimierung
331 S. mit Abb. 1976. (HTB 64)

Schmidt, J.
Mengenlehre. Einführung in die axiomatische Mengenlehre
Band I: 245 S. mit Abb. 2., verb. und erweiterte Aufl. 1974. (HTB 56)

Schwabhäuser, W.
Modelltheorie
Band II: 123 S. 1972. (HTB 815)

Schwartz, L.
Mathematische Methoden der Physik
Band I: Summierbare Reihen, Lebesque-Integral, Distributionen, Faltung. 184 S. 1974. (Wv)

Schwarz, W.
Einführung in die Siebmethoden der analytischen Zahlentheorie
215 S. 1974. (Wv)

Tamaschke, O.
Permutationsstrukturen
276 S. 1969. (HTB 710)

Tamaschke, O.
Schur-Ringe
240 S. mit Abb. 1970. (HTB 735)

Teichmann, H.
Physikalische Anwendungen der Vektor- und Tensorrechnung
231 S. mit 64 Abb. 3. Aufl. 1975. (HTB 39)

Tropper, A. M.
Matrizenrechnung in der Elektrotechnik
99 S. mit Abb. 1964. (HTB 91)

Uhde, K.
Spezielle Funktionen der mathematischen Physik
Band I: Tafeln, Zylinderfunktionen. 267 S. 1964. (HTB 55)
Band II: Elliptische Integrale, Thetafunktionen, Legendre-Polynome, Laguerresche Funktionen u. a. 211 S. 1964. (HTB 76)

Voigt, A./J. Wloka
Hilberträume und elliptische Differentialoperatoren
260 S. 1975. (Wv)

Waerden, B. L. van der
Mathematik für Naturwissenschaftler
280 S. mit 167 Abb. 1975. (HTB 281)

Wagner, K.
Graphentheorie
220 S. mit Abb. 1970. (HTB 248)

Walter, R.
Differentialgeometrie
286 S. 1978. (Wv)

Walter, W.
Einführung in die Theorie der Distributionen
VIII, 211 S. mit Abb. 1974. (Wv)

Weizel, R./J. Weyland
Gewöhnliche Differentialgleichungen. Formelsammlung mit Lösungsmethoden und Lösungen
194 S. mit Abb. 1974. (Wv)

Werner, H.
Einführung in die allgemeine Algebra
150 S. 1978. (HTB 120)

Wollny, W.
Reguläre Parkettierung der euklidischen Ebene durch unbeschränkte Bereiche
316 S. mit Abb. 1970. (HTB 711)

Wunderlich, W.
Darstellende Geometrie
Band I: 187 S. mit Abb. 1966. (HTB 96)
Band II: 234 S. mit Abb. 1967. (HTB 133)

Reihe: Jahrbuch Überblicke Mathematik

Herausgegeben von Prof. Dr. Benno Fuchssteiner, Gesamthochschule Paderborn, Prof. Dr. Ulrich Kulisch, Universität Karlsruhe, Prof. Dr. Detlef Laugwitz, Techn. Hochschule Darmstadt, Prof. Dr. Roman Liedl, Universität Innsbruck.

Das Jahrbuch Überblicke Mathematik bringt Informationen über die aktuellen wissenschaftlichen, wissenschaftsgeschichtlichen und didaktischen Fragen der Mathematik. Es wendet sich an Mathematiker, die nach abgeschlossenem Studium in der Forschung, in der Lehre des Sekundar- und Tertiärbereiches und in der Industrie tätig sind und die den Kontakt zur neueren Entwicklung halten wollen.

Jahrbuch Überblicke Mathematik 1975. 181 S. mit Abb. 1975. (Wv)

Jahrbuch Überblicke Mathematik 1976. 204 S. mit Abb. 1976. (Wv)

Jahrbuch Überblicke Mathematik 1977. 180 S. mit Abb. 1977. (Wv)

Jahrbuch Überblicke Mathematik 1978. 224 S. 1978. (Wv)

Jahrbuch Überblicke Mathematik 1979. 206 S. 1979. (Wv)

Reihe: Überblicke Mathematik

Herausgegeben von Prof. Dr. Detlef Laugwitz, Techn. Hochschule Darmstadt.

Diese Reihe bringt kurze und klare Übersichten über neuere Entwicklungen der Mathematik und ihrer Randgebiete für Nicht-Spezialisten; seit 1975 erscheint an Stelle dieser Reihe das neu konzipierte „Jahrbuch Überblicke Mathematik".

Band 1: 213 S. mit Abb. 1968. (HTB 161)
Band 2: 210 S. mit Abb. 1969. (HTB 232)
Band 3: 157 S. mit Abb. 1970. (HTB 247)
Band 4: 123 S. 1972 (Wv)
Band 5: 186 S. 1972 (Wv)
Band 6: 242 S. mit Abb. 1973. (Wv)
Band 7: 265, II S. mit Abb. 1974. (Wv)

Reihe: Methoden und Verfahren der mathematischen Physik

Herausgegeben von Prof. Dr. Bruno Brosowski, Universität Göttingen, und Prof. Dr. Erich Martensen, Universität Karlsruhe.

Diese Reihe bringt Originalarbeiten aus dem Gebiet der angewandten Mathematik und der mathematischen Physik für Mathematiker, Physiker und Ingenieure.

Band 1: 183 S. mit Abb. 1969. (HTB 720)
Band 2: 179 S. mit Abb. 1970. (HTB 721)
Band 3: 176 S. mit Abb. 1970. (HTB 722)
Band 4: 177 S. 1971. (HTB 723)
Band 5: 199 S. 1971. (HTB 724)
Band 6: 163 S. 1972. (HTB 725)
Band 7: 176 S. 1972. (HTB 726)
Band 8: 222 S. mit Abb. 1973. (Wv)
Band 9: 201 S. mit Abb. 1973. (Wv)
Band 10: 184 S. 1973. (Wv)
Band 11: 190 S. mit Abb. 1974. (Wv)
Band 12: 214 S. mit Abb. 1975. Mathematical Geodesy, Part 1. (Wv)
Band 13: 206 S. mit Abb. 1975. Mathematical Geodesy, Part 2. (Wv)
Band 14: 176 S. mit Abb. 1975. Mathematical Geodesy, Part 3. (Wv)
Band 15: 166 S. 1976. (Wv)
Band 16: 180 S. 1976. (Wv)

Informatik

Alefeld, G./J. Herzberger/ O. Mayer
Einführung in das Programmieren mit ALGOL 60
164 S. 1972. (HTB 777)

Bosse, W.
Einführung in das Programmieren mit ALGOL W
249 S. 1976. (HTB 784)

Breuer, H.
Algol-Fibel
120 S. mit Abb. 1973. (HTB 506)

Breuer, H.
Fortran-Fibel
85 S. mit Abb. 1969. (HTB 204)

Breuer, H.
PL/1-Fibel
106 S. 1973. (HTB 552)

Breuer, H.
Taschenwörterbuch der Programmiersprachen ALGOL, FORTRAN, PL/1
157 S. 1976. (HTB 181)

Dotzauer, E.
Einführung in APL
248 S. 1978. (HTB 753)

Grami, J./H. Weber
Numerische Verfahren für programmierbare Taschenrechner I
Etwa 200 S. 1979. (HTB 803)

Haase, V./W. Stucky
BASIC
Programmieren für Anfänger
230 S. 1977. (HTB 744)

Mell, W.-D./P. Preus/P. Sandner
Einführung in die Programmiersprache PL/1
304 S. 1974. (HTB 785)

Mickel, K.-P.
Einführung in die Programmiersprache COBOL
206 S. 1975. (HTB 745)

Müller, D.
Programmierung elektronischer Rechenanlagen
249 S. mit 26 Abb. 3., erweiterte Aufl. 1969. (HTB 49)

Müller, K. H./I. Streker
FORTRAN.
Programmierungsanleitung
215 S. 2. Aufl. 1970. (HTB 804)

Rohlfing, H.
PASCAL. Eine Einführung
217 S. 1978. (HTB 756)

Rohlfing, H.
SIMULA
243 S. mit Abb. 1973. (HTB 747)

Schließmann, H.
Programmierung mit PL/1
206 S. 2., erweiterte Aufl. 1978. (HTB 740)

Zimmermann, G./P. Marwedel
Elektrotechnische Grundlagen der Informatik I
Elektrostatik, Oszillograph, Logikschaltungen, Digitalspeicher. 200 S. mit Abb. 1974. (HTB 789)

Zimmermann, G./J. Höffner
Elektrotechnische Grundlagen der Informatik II
Wechselstromlehre, Leitungen, analoge u. digitale Verarbeitung kontinuierlicher Signale. 194 S. mit Abb. 1974. (HTB 790)

Reihe: Informatik

Herausgegeben von Prof. Dr. Karl Heinz Böhling, Universität Bonn, Prof. Dr. Ulrich Kulisch, Universität Karlsruhe, Prof. Dr. Hermann Maurer, Technische Universität Graz.

Diese Reihe enthält einführende Darstellungen zu verschiedenen Teildisziplinen der Informatik.

Band 1:
Maurer, H.
Theoretische Grundlagen der Programmiersprachen. Theorie der Syntax
254 S. Neudruck 1977. (Wv)

Band 2:
Heinhold, J./U. Kulisch
Analogrechnen
242 S. mit Abb. 1976. (Wv)

Band 4:
Böhling, K. H./D. Schütt
Endliche Automaten
Teil II: 104 S. 1970. (HTB 704)

Band 5:
Brauer, W./K. Indermark
Algorithmen, rekursive Funktionen und formale Sprachen
115 S. 1968. (HTB 817)

Band 6:
Heyderhoff, P./Th. Hildebrand
Informationsstrukturen.
Eine Einführung in die Informatik
218 S. mit Abb. 1973. (Wv)

Band 7:
Kameda, T./K. Weihrauch
Einführung in die Codierungstheorie
Teil I: 218 S. 1973. (Wv)

Band 8:
Reusch, B.
Lineare Automaten
149 S. mit Abb. 1969. (HTB 708)

Band 9:
Henrici, P.
Elemente der numerischen Analysis
Teil I: 227 S. 1972. (HTB 551)
Teil II: IX, 195 S. 1972. (HTB 562)

Band 10:
Böhling, K. H./G. Dittrich
Endliche stochastische Automaten
138 S. 1972. (HTB 766)

Band 11:
Seegmüller, G.
Einführung in die Systemprogrammierung
480 S. mit Abb. 1974. (Wv)

Band 12:
Alefeld, G./J. Herzberger
Einführung in die Intervallrechnung
XIII, 398 S. mit Abb. 1974. (Wv)

Band 13:
Duske, J./H. Jürgensen
Codierungstheorie
235 S. 1977. (Wv)

Band 14:
Böhling, K. H./B. v. Braunmühl
Komplexität bei Turingmaschinen
324 S. mit Abb. 1974. (Wv)

Band 15:
Peters, F. E.
Einführung in mathematische Methoden der Informatik
348 S. 1974. (Wv)

Band 16:
Wedekind, H.
Datenbanksysteme I
227 S. mit Abb. 1975. (Wv)

Band 17:
Holler, E./O. Drobnik
Rechnernetze
195 S. mit Abb. 1975. (Wv)

Band 18:
Wedekind, H./T. Härder
Datenbanksysteme II
430 S. 1976. (Wv)

Band 19:
Kulisch, U.
Grundlagen des numerischen Rechnens. Mathematische Begründung der Rechnerarithmetik
467 S. 1976. (Wv)

Band 20:
Zima, H.
Betriebssysteme. Parallele Prozesse
325 S. 1976. (Wv)

Band 21:
Mies, P./D. Schütt
Feldrechner
150 S. 1976. (Wv)

Band 22:
Denert, E./R. Franck
Datenstrukturen
362 S. 1977. (Wv)

Band 23:
Ecker, K.
Organisation von parallelen Prozessen. Theorie deterministischer Schedules
280 S. 1977. (Wv)

Band 24:
Kaucher, E./R. Klatte/Ch. Ullrich
Höhere Programmiersprachen ALGOL, FORTRAN, PASCAL in einheitlicher und übersichtlicher Darstellung
258 S. 1978. (Wv)

Band 25:
Motsch, W.
Halbleiterspeicher. Technik, Organisation und Anwendung
237 S. 1978. (Wv)

Band 26:
Görke, W.
Mikrorechner
225 S. 1978. (Wv)

Band 27:
Mayer, O.
Syntaxanalyse
432 S. 1978. (Wv)

Band 28:
Schrack, G.
Grafische Datenverarbeitung. Eine Einführung
264 S. 1978. (Wv)

Physik

Baltes, H. P./E. R. Hilf
Spectra of Finite Systems
In englischer Sprache. 116 S. 1976. (Wv)

Barut, A. O.
Die Theorie der Streumatrix für die Wechselwirkungen fundamentaler Teilchen
Band I: Gruppentheoretische Beschreibung der S-Matrix. 225 S. mit Abb. 1971. (HTB 438)
Band II: Grundlegende Teilchenprozesse. 212 S. mit Abb. 1971. (HTB 555)

Bethge, K.
Quantenphysik. Eine Einführung in die Atom- und Molekülphysik
271 S. 1978. Unter Mitarbeit von Dr. G. Gruber, Universität Frankfurt. (Wv)

Bjorken, J. D./S. D. Drell
Relativistische Quantenmechanik
312 S. mit Abb. 1966. Aus dem Englischen. (HTB 98)

Bjorken, J. D./S. D. Drell
Relativistische Quantenfeldtheorie
409 S. Unveränderter Neudruck 1978. Aus dem Englischen. (HTB 101)

Bleuler, K./H. R. Petry/D. Schütte (Hrsg.)
Mesonic Effects in Nuclear Structure
In englischer Sprache. 181 S. mit Abb. 1975. (Wv)

Bodenstedt, E.
Experimente der Kernphysik und ihre Deutung
Band I: 290 S. mit Abb. 2., durchgesehene Aufl. 1979. (Wv)
Band II: XIV, 293 S. mit Abb. 2., durchgesehene Aufl. 1978. (Wv)
Band III: 302 S. mit Abb. 2., durchgesehene Aufl. 1979. (Wv)

Borucki, H.
Einführung in die Akustik
236 S. mit Abb. 1973. (Wv)

Donner, W.
Einführung in die Theorie der Kernspektren
Band II: Erweiterung des Schalenmodells, Riesenresonanzen. 107 S. mit Abb. 1971. (HTB 556)

Dreisvogt, H.
Spaltproduktabellen
188 S. mit Abb. 1974. (Wv)

Eder, G.
Atomphysik.
Quantenmechanik II
259 S. 1978. (Wv)

Eder, G.
Elektrodynamik
273 S. mit Abb. 1967. (HTB 233)

Eder, G.
Quantenmechanik I
324 S. 1968. (HTB 264)

Feynman, R. P.
Quantenelektrodynamik
249 S. mit Abb. 1969. Aus dem Englischen. (HTB 401)

Fick, D.
Einführung in die Kernphysik mit polarisierten Teilchen
VI, 255 S. mit Abb. 1971. (HTB 755)

Gasiorowicz, S.
Elementarteilchenphysik
742 S. mit 119 Abb. 1975. Aus dem Englischen. (Wv)

Groot, S. R. de
Thermodynamik irreversibler Prozesse
216 S. mit 4 Abb. 1960. Aus dem Englischen. (HTB 18)

Groot, S. R. de/P. Mazur
Anwendung der Thermodynamik irreversibler Prozesse
349 S. mit Abb. 1974. Aus dem Englischen. (Wv)

Haken, H.
Licht und Materie I.
Elemente der Quantenoptik
Etwa 200 S. 1979. (Wv)

Heisenberg, W.
Physikalische Prinzipien der Quantentheorie
117 S. mit Abb. 1958. (HTB 1)

Henley, E. M./W. Thirring
Elementare Quantenfeldtheorie
336 S. 1975. Aus dem Englischen. (Wv)

Hesse, K.
Halbleiter.
Eine elementare Einführung
Band I: 249 S. mit 116 Abb. 1974. (HTB 788)

Hund, F.
Geschichte der physikalischen Begriffe
Teil I: Die Entstehung des mechanischen Naturbildes. 221 S. 2., neu bearbeitete Aufl. 1978. (HTB 543)
Teil II: Die Wege zum heutigen Naturbild. 233 S. 2., neu bearbeitete Aufl. 1978. (HTB 544)

Hund, F.
Geschichte der Quantentheorie
262 S. mit Abb. 2. Aufl. 1975. (Wv)

Källén, G./J. Steinberger
Elementarteilchenphysik
687 S. mit Abb. 2., verbesserte Aufl. 1974. Aus dem Englischen. (Wv)

Kertz, W.
Einführung in die Geophysik
Band I: Erdkörper. 232 S. mit Abb. 1969. (HTB 275)
Band II: Obere Atmosphäre und Magnetosphäre. 210 S. mit Abb. 1971. (HTB 535)

Kippenhahn, R./C. Möllenhoff
Elementare Plasmaphysik
297 S. mit Abb. 1975. (Wv)

Luchner, K.
Aufgaben und Lösungen zur Experimentalphysik
Band I: Mechanik, geometrische Optik, Wärme. 158 S. mit Abb. 1967. (HTB 155)
Band II: Elektromagnetische Vorgänge. 150 S. mit Abb. 1966. (HTB 156)
Band III: Grundlagen zur Atomphysik. 125 S. mit Abb. 1973. (HTB 157)

Lüscher, E.
Experimentalphysik
Band I: Mechanik, geometrische Optik, Wärme.
1. Teil: 260 S. mit Abb. 1967. (HTB 111)
Band I/2. Teil: 215 S. mit Abb. 1967. (HTB 114)
Band II: Elektromagnetische Vorgänge. 336 S. mit Abb. 1966. (HTB 115)
Band III: Grundlagen zur Atomphysik.
1. Teil: 177 S. mit Abb. 1970. (HTB 116)
Band III/2. Teil: 160 S. mit Abb. 1970. (HTB 117)

Lüst, R.
Hydrodynamik
234 S. 1978. (Wv)

Mittelstaedt, P.
Der Zeitbegriff in der Physik
164 S. 1976. (Wv)

Mitter, H.
Quantentheorie
320 S. mit Abb. 2. Aufl. 1979. (HTB 701)

Moller, C.
Relativitätstheorie
316 S. 1977. (Wv)

Möller, F.
Einführung in die Meteorologie
Band I: Meteorologische Elementarphänomene. 222 S. mit Abb. 1973. (HTB 276)
Band II: Komplexe meteorologische Phänomene. 223 S. mit Abb. 1973. (HTB 288)

Neff, H.
Physikalische Meßtechnik
160 S. mit Abb. 1976. (HTB 66)

Neuert, H.
Experimentalphysik für Mediziner, Zahnmediziner, Pharmazeuten und Biologen
292 S. mit Abb. 1969. (HTB 712)

Neuert, H.
Physik für Naturwissenschaftler
Band I: Mechanik und Wärmelehre. 173 S. 1977. (HTB 727)
Band II: Elektrizität und Magnetismus, Optik. 198 S. 1977. (HTB 728)
Band III: Atomphysik, Kernphysik, chemische Analyseverfahren. 326 S. 1978. (HTB 729)

Rollnik, H.
Physikalische und mathematische Grundlagen der Elektrodynamik
217 S. mit Abb. 1976. (HTB 297)

Rollnik, H.
Teilchenphysik
Band I: Grundlegende Eigenschaften von Elementarteilchen. 188 S. mit Abb. 1971. (HTB 706)
Band II: Innere Symmetrien der Elementarteilchen. 158 S. mit Abb. z. T. farbig. 1971. (HTB 759)

Rose, M. E.
Relativistische Elektronentheorie
Band I: 193 S. mit Abb. 1971. (HTB 422)
Band II: 171 S. mit Abb. 1971. (HTB 554)

Scherrer, P./P. Stoll
Physikalische Übungsaufgaben
Band I: Mechanik und Akustik. 96 S. mit 44 Abb. 1962. (HTB 32)
Band II: Optik, Thermodynamik, Elektrostatik. 103 S. mit Abb. 1963. (HTB 33)
Band III: Elektrizitätslehre, Atomphysik. 103 S. mit Abb. 1964. (HTB 34)

Seiler, H.
Abbildungen von Oberflächen mit Elektronen, Ionen und Röntgenstrahlen
131 S. mit Abb. 1968. (HTB 428)

Sexl, R. U./H. K. Urbantke
Gravitation und Kosmologie. Eine Einführung in die Allgemeine Relativitätstheorie
335 S. mit Abb. 1975. (Wv)

Teichmann, H.
Einführung in die Atomphysik
135 S. mit 47 Abb. 3. Auflage 1966. (HTB 12)

Teichmann, H.
Halbleiter
156 S. mit Abb. 3. Auflage 1969. (HTB 21)

Wagner, C.
Methoden der naturwissenschaftlichen und technischen Forschung
219 S. mit Abb. 1974. (Wv)

Wegener, H.
Der Mössbauer-Effekt und seine Anwendung in Physik und Chemie
226 S. mit Abb. 1965. (HTB 2)

Wehefritz, V.
Physikalische Fachliteratur
171 S. 1969. (HTB 440)

Weizel, W.
Einführung in die Physik
Band II: Elektrizität und Magnetismus. 180 S. mit Abb. 5. Auflage 1963. (HTB 4)
Band III: Optik und Atomphysik. 194 S. mit Abb. 5. Auflage 1963. (HTB 5)

Weizel, W.
Physikalische Formelsammlung
Band II: Optik, Thermodynamik, Relativitätstheorie. 148 S. 1964. (HTB 36)
Band III: Quantentheorie. 196 S. 1966. (HTB 37)

Zimmermann, P.
Eine Einführung in die Theorie der Atomspektren
91 S. mit Abb. 1976. (Wv)

Astronomie

Becker, F.
Geschichte der Astronomie
201 S. mit Abb. 3., erweiterte Aufl. 1968. (HTB 298)

Bohrmann, A.
Bahnen künstlicher Satelliten
163 S. mit Abb. 2., erweiterte Aufl. 1966. (HTB 40)

Schaifers, K.
Atlas zur Himmelskunde
96 S. 1969. (HTB 308)

Scheffler, H./H. Elsässer
Physik der Sterne und der Sonne
535 S. mit Abb. 1974. (Wv)

Schurig, R./P. Götz/K. Schaifers
Himmelsatlas (Tabulae caelestes)
44 S. 8. Aufl. 1960. (Wv)

Voigt, H. H.
Abriß der Astronomie
556 S. mit Abb. 2., verbesserte Aufl. 1975. (Wv)

Philosophie

Glaser, I.
Sprachkritische Untersuchungen zum Strafrecht am Beispiel der Zurechnungsfähigkeit
131 S. 1970. (HTB 516)

Kamlah, W.
Philosophische Anthropologie. Sprachkritische Grundlegung und Ethik
192 S. 1973. (HTB 238)

Kamlah, W.
Von der Sprache zur Vernunft. Philosophie und Wissenschaft in der neuzeitlichen Profanität
230 S. 1975. (Wv)

Kamlah, W./P. Lorenzen
Logische Propädeutik.
Vorschule des vernünftigen Redens
239 S. 2., erweiterte Aufl. 1973. (HTB 227)

Kanitscheider, B.
Vom absoluten Raum zur dynamischen Geometrie
139 S. 1976. (Wv)

Leinfellner, W.
Einführung in die Erkenntnis- und Wissenschaftstheorie
226 S. 2., erweiterte Aufl. 1967. (HTB 41)

Lorenzen, P.
Normative Logic and Ethics
In englischer Sprache. 89 S. 1969. (HTB 236)

Lorenzen, P./O. Schwemmer
Konstruktive Logik, Ethik und Wissenschaftstheorie
331 S. mit Abb. 2., verbesserte Aufl. 1975. (HTB 700)

Mittelstaedt, P.
Philosophische Probleme der modernen Physik
227 S. mit Abb. 5., überarbeitete Aufl. 1976. (HTB 50)

Mittelstaedt, P.
Die Sprache der Physik
139 S. 1972. (Wv)

Mittelstaedt, P.
Der Zeitbegriff in der Physik
164 S. 1976. (Wv)

Chemie

Cordes, J. F. (Hrsg.)
Chemie und ihre Grenzgebiete
199 S. mit Abb. 1970. (HTB 715)

Freise, V.
Chemische Thermodynamik
288 S. mit Abb. 2. Aufl. 1972. (HTB 213)

Grimmer, G.
Biochemie
376 S. mit Abb. 1969. (HTB 187)

Kaiser, R.
Chromatographie in der Gasphase
Band I: Gas-Chromatographie. 220 S. mit Abb. 1973. (HTB 22)
Band IV/2. Teil: Quantitative Auswertung. 118 S. mit Abb. 2., erweiterte Aufl. 1969. (HTB 472)

Laidler, K. J.
Reaktionskinetik
Band I: Homogene Gasreaktionen. 216 S. mit Abb. 1970. (HTB 290)

Preuß, H.
Quantentheoretische Chemie
Band I: Die halbempirischen Regeln. 94 S. mit Abb. 1963. (HTB 43)
Band II: Der Übergang zur Wellenmechanik, die allgemeinen Rechenverfahren. 238 S. mit Abb. 1965. (HTB 44)
Band III: Wellenmechanische und methodische Ausgangspunkte. 222 S. mit Abb. 1967. (HTB 45)

Riedel, L.
Physikalische Chemie.
Eine Einführung für Ingenieure
406 S. mit Abb. 1974. (Wv)

Schmidt, M.
Anorganische Chemie
Band I: Hauptgruppenelemente. 301 S. mit Abb. 1967. (HTB 86)
Band II: Übergangsmetalle. 221 S. mit Abb. 1969. (HTB 150)

Steward, F. C./A. D. Krikorian/ K.-H. Neumann
Pflanzenleben
268 S. mit Abb. 1969. (HTB 145)

Wagner, C.
Methoden der naturwissenschaftlichen und technischen Forschung
219 S. mit Abb. 1974. (Wv)

Wilk, M.
Organische Chemie
291 S. mit Abb. 2. Aufl. 1970. (HTB 71)

Medizin

Forth, W./D. Henschler/W. Rummel (Hrsg.)
Allgemeine und spezielle Pharmakologie und Toxikologie
Für Studenten der Medizin, Veterinärmedizin, Pharmazie, Chemie, Biologie sowie für Ärzte und Apotheker.
2., überarbeitete und erweiterte Aufl. 1977. 686 S. Über 400 meist zweifarbige Abb., sowie mehr als 320 Tabellen. Format 19x27 cm. (Wv)

Das Standardwerk für den Bereich der Pharmakologie und Toxikologie. Lehrbuchmäßige Darstellung des gesamten Stoffes für Studenten der Medizin, Veterinärmedizin, Pharmazie, Chemie, Biologie. Geeignet zum Selbststudium, zur Vorbereitung auf Seminare, als Repetitorium – vor allem aber auch als umfassendes Handbuch und Nachschlagewerk für den praktisch tätigen Arzt, den Apotheker und für Wissenschaftler verwandter Gebiete.

Ingenieurwissenschaften

Beneking, H.
Praxis des Elektronischen Rauschens
255 S. mit Abb. 1971. (HTB 734)

Billet, R.
Grundlagen der thermischen Flüssigkeitszerlegung
150 S. mit Abb. 1962. (HTB 29)

Billet, R.
Optimierung in der Rektifiziertechnik unter besonderer Berücksichtigung der Vakuumrektifikation
129 S. mit Abb. 1967. (HTB 261)

Billet, R.
Trennkolonnen für die Verfahrenstechnik
151 S. mit Abb. 1971. (HTB 548)

Böhm, H.
Einführung in die Metallkunde
236 S. mit Abb. 1968. (HTB 196)

Bosse, G.
Grundlagen der Elektrotechnik
Band I: Das elektrostatische Feld und der Gleichstrom. Unter Mitarbeit von W. Mecklenbräuker. 141 S. mit Abb. 1966. (HTB 182)
Band II: Das magnetische Feld und die elektromagnetische Induktion. Unter Mitarbeit von G. Wiesemann. 154 S. mit Abb. 2., überarbeitete Aufl. 1978. (HTB 183)
Band III: Wechselstromlehre, Vierpol- und Leitungstheorie. Unter Mitarbeit von A. Glaab. 135 S. 2., überarbeitete Aufl. 1978. (HTB 184)
Band IV: Drehstrom, Ausgleichsvorgänge in linearen Netzen. Unter Mitarbeit von J. Hagenauer. 164 S. mit Abb. 1973. (HTB 185)

Feldtkeller, E.
Dielektrische und magnetische Materialeigenschaften
Band I: Meßgrößen, Materialübersicht und statistische Eigenschaften. 242 S. mit Abb. 1973. (HTB 485)
Band II: Piezoelektrische/magnetostriktive und dynamische Eigenschaften. 188 S. mit Abb. 1974. (HTB 488)

Glaab, A./J. Hagenauer
Übungen in Grundlagen der Elektrotechnik III, IV
228 S. mit Abb. 1973. (HTB 780)

Klein, W.
Vierpoltheorie
159 S. mit Abb. 1972. (Wv)

Mahrenholtz, O.
Analogrechnen in Maschinenbau und Mechanik
208 S. mit Abb. 1968. (HTB 154)

Marguerre, K./H. Wölfel
Technische Schwingungslehre. Lineare Schwingungen vielgliedriger Gebilde
Etwa 300 S. 1979. (Wv)

Marguerre, K./H.-T. Woernle
Elastische Platten
242 S. mit 125 Abb. 1975. (Wv)

Mesch, F. (Hrsg.)
Meßtechnisches Praktikum
217 S. mit Abb. 2. Aufl. 1977. (HTB 736)

Pestel, E.
Technische Mechanik
Band I: Statik. 284 S. mit Abb. 1969. (HTB 205)
Band II: Kinematik und Kinetik.
1. Teil: 196 S. mit Abb. 1969. (HTB 206)
Band II/2. Teil: 204 S. mit Abb. 1971. (HTB 207)

Piefke, G.
Feldtheorie
Band I: Maxwellsche Gleichungen, Elektrostatik, Wellengleichung, verlustlose Leitungen. 264 S. Verbesserter Nachdruck 1977. (HTB 771)
Band II: Verlustbehaftete Leitungen, Grundlagen der Antennenabstrahlung, Einschwingvorgang. 231 S. mit Abb. 1973. (HTB 773)
Band III: Beugungs- und Streuprobleme, Wellenausbreitung in anisotropen Medien. 362 S. 1977. (HTB 782)

Rößger, E./K.-B. Hünermann
Einführung in die Luftverkehrspolitik
165, LIV S. mit Abb. 1969. (HTB 824)

Sagirow, P.
Satellitendynamik
191 S. 1970. (HTB 719)

Schrader, K.-H.
Die Deformationsmethode als Grundlage einer problemorientierten Sprache
137 S. mit Abb. 1969. (HTB 830)

Stüwe, H. P.
Einführung in die Werkstoffkunde
197 S. mit Abb. 2., verbesserte Aufl. 1978. (HTB 467)

Stüwe, H. P./G. Vibrans
Feinstrukturuntersuchungen in der Werkstoffkunde
138 S. mit Abb. 1974. (Wv)

Waller, H./W. Krings
Matrizenmethoden in der Maschinen- und Bauwerksdynamik
377 S. mit 159 Abb. 1975. (Wv)

Wasserrab, Th.
Gaselektronik
Band I: Atomtheorie. 223 S. mit Abb. 1971. (HTB 742)
Band II: Niederdruckentladungen, Technik der Gasentladungsventile. 230 S. mit Abb. 1972. (HTB 769)

Wiesemann, G.
Übungen in Grundlagen der Elektrotechnik II
202 S. mit Abb. 1976. (HTB 779)

Wiesemann, G./W. Mecklenbräuker
Übungen in Grundlagen der Elektrotechnik I
179 S. mit Abb. 1973. (HTB 778)

Wolff, I.
Grundlagen und Anwendungen der Maxwellschen Theorie
Band I: Mathematische Grundlagen, die Maxwellschen Gleichungen, Elektrostatik. 326 S. mit Abb. 1968. (HTB 818)
Band II: Strömungsfelder, Magnetfelder, quasistationäre Felder, Wellen. 263 S. mit Abb. 1970. (HTB 731)

Reihe: Theoretische und experimentelle Methoden der Regelungstechnik

Herausgegeben von Gerhard Preßler, Hartmann & Braun, Frankfurt.

Die Reihe wendet sich an Studenten und praktizierende Ingenieure, die mit der Entwicklung in diesem Gebiet der technischen Wissenschaften Schritt halten wollen.

Band 1:
Preßler, G.
Regelungstechnik
348 S. mit Abb. 3., überarbeitete Aufl. 1967. (HTB 63)

Band 4:
Klefenz, G.
Die Regelung von Dampfkraftwerken
229 S. mit Abb. 2., verbesserte Aufl. 1975. (Wv)

Band 7:
Schwarz, H.
Frequenzgang- und Wurzelortskurvenverfahren
164 S. mit Abb. Verb. Nachdruck 1976. (Wv)

Band 8/9:
Starkermann, R.
Die harmonische Linearisierung
Band I: 201 S. mit Abb. 1970. (HTB 469)
Band II: 83 S. mit Abb. 1970. (HTB 470)

Band 10:
Starkermann, R.
Mehrgrößen-Regelsysteme
Band I: 173 S. mit Abb. 1974. (Wv)

Band 12:
Schwarz, H.
Optimale Regelung linearer Systeme
242 S. mit Abb. 1976. (Wv)

Band 13:
Latzel, W.
Regelung mit dem Prozeßrechner (DDC)
213 S. mit Abb. 1977. (Wv)

Reihe: Gesellschaft, Recht, Wirtschaft

Herausgegeben von Prof. Dr. Eduard Gaugler, Dr. Wolfgang Goedecke, Prof. Dr. Heinz König, Prof. Dr. Günther Wiese, Prof. Dr. Rudolf Wildenmann, Universität Mannheim.
In dieser Schriftenreihe der Universität Mannheim werden Gastvorträge bedeutender auswärtiger Gelehrter sowie die Beiträge von wichtigen Symposien der Universität veröffentlicht.

Band 1:
Albert, H./M. C. Kemp/ W. Krelle/G. Menges/ W. Meyer
Ökonometrische Modelle und sozialwissenschaftliche Erkenntnisprogramme
111 S. 1978. (Wv)

Literatur und Sprache

Kraft, H. (Hrsg.)
Andreas Streichers Schiller-Biographie
459 S. mit Abb. 1974. (Wv)

Storz, G.
Klassik und Romantik
247 S. 1972. (Wv)

Trojan, F./H. Schendl
Biophonetik
264 S. mit Abb. 1975. (Wv)

Geographie/Geologie/Völkerkunde

Ganssen, R.
Grundsätze der Bodenbildung
135 S. mit Zeichnungen und einer mehrfarbigen Tafel. 1965. (HTB 327)

Gierloff-Emden, H.-G./
H. Schroeder-Lanz
Luftbildauswertung
Band I: Grundlagen. 154 S. mit Abb. 1970. (HTB 358)

Kertz, W.
Einführung in die Geophysik
Band I: Erdkörper. 232 S. mit Abb. 1969. (HTB 275)
Band II: Obere Atmosphäre und Magnetosphäre. 210 S. mit Abb. 1971. (HTB 535)

Lindig, W.
Vorgeschichte Nordamerikas
399 S. mit Abb. 1973. (Wv)

Möller, F.
Einführung in die Meteorologie
Band I: Meteorologische Elementarphänomene. 222 S. mit Abb. und 6 Farbtafeln. 1973. (HTB 276)
Band II: Komplexe meteorologische Phänomene. 223 S. mit Abb. 1973. (HTB 288)

Schmithüsen, J.
Geschichte der geographischen Wissenschaft von den ersten Anfängen bis zum Ende des 18. Jahrhunderts
190 S. 1970. (HTB 363)

Schwidetzky, I.
Grundlagen der Rassensystematik
180 S. mit Abb. 1974. (Wv)

Wunderlich, H.-G.
Bau der Erde.
Geologie der Kontinente und Meere
Band I: Afrika, Amerika, Europa. 151 S., Tabellen und farbige Abb. 1973. (Wv)
Band II: Asien, Australien. 164 S., Tabellen und 16 S. farbige Abb. 1975. (Wv)

Wunderlich, H.-G.
Einführung in die Geologie
Band I: Exogene Dynamik. 214 S. mit Abb. und farbigen Bildern. 1968. (HTB 340)
Band II: Endogene Dynamik. 231 S. mit Abb. und farbigen Bildern. 1968. (HTB 341)

B.I.-Hochschulatlanten

Dietrich, G./J. Ulrich (Hrsg.)
Atlas zur Ozeanographie
76 S. 1968. (HTB 307)

Schaifers, K. (Hrsg.)
Atlas zur Himmelskunde
96 S. 1969. (HTB 308)

Schmithüsen, J. (Hrsg.)
Atlas zur Biogeographie
80 S.1976. (HTB 303)

Wagner, K. (Hrsg.)
Atlas zur physischen Geographie (Orographie)
59 S. 1971. (HTB 304)